砂岩油田聚合物驱提高采收率技术

王渝明　王加滢　康红庆　李景岩　著

石 油 工 业 出 版 社

内 容 提 要

本书简述了聚合物驱油技术的基本常识，重点描述了开发方案编制、数值模拟、开发规律及跟踪调整、采油工艺、地面工艺、室内实验评价及检测、开发经济效果评价等方面的最新研究成果，并介绍了聚合物驱提高采收率现场试验等方面的内容。

本书可供从事三次采油开发工作的技术、管理人员及有关院校师生参考和阅读。

图书在版编目（CIP）数据

砂岩油田聚合物驱提高采收率技术 / 王渝明等著. —北京：石油工业出版社，2019.6

ISBN 978-7-5183-3347-9

Ⅰ. ①砂… Ⅱ. ①王… Ⅲ. ①砂岩油气田-聚合物-化学驱油-提高采收率-技术培训-教材 Ⅳ. ①TE357.46

中国版本图书馆 CIP 数据核字（2019）第 080211 号

出版发行：石油工业出版社
（北京安定门外安华里 2 区 1 号 100011）
网 址：www.petropub.com
编辑部：（010）64210387
图书营销中心：（010）64523633
经 销：全国新华书店
印 刷：北京中石油彩色印刷有限责任公司

2019 年 6 月第 1 版 2019 年 6 月第 1 次印刷
787×1092 毫米 开本：1/16 印张：17.25
字数：430 千字

定价：128.00 元
（如出现印装质量问题，我社图书营销中心负责调换）

前　言

聚合物驱油是砂岩油田水驱之后实施三次采油进一步提高采收率的主要技术之一。大庆油田一直以来高度重视三次采油提高采收率的技术研究，油田开发初期就着手研究聚合物驱油技术，先后经历了室内研究、先导性矿场试验、工业性矿场试验、工业化推广应用4个阶段，逐步发展形成了聚合物驱油理论和成熟的配套技术，建成了世界上最大的三次采油生产基地，创造了巨大的经济效益，为大庆油田的持续稳产做出重要贡献。

“十二五”以来，为了应对聚合物驱油目的层地质条件变化带来的挑战，开辟了6个聚合物驱提高效率试验区和4个多段塞交替注入试验区，通过系统研究与实践，对聚合物驱油机理取得了新的认识，进一步发展和完善了聚合物驱油技术体系，促使聚合物驱开发效率明显提高，注聚区块提高采收率实现了新的突破，为进一步改善开发效果提供了技术支撑。

本书在借鉴前人工作方法、研究成果、实践经验的基础上，系统总结了聚合物驱开发调整技术，引用了大量的聚合物驱区块开发实例，尤其是重点对“十二五”以来在聚合物驱提高效率方面的技术创新进行了阐述，主要包括聚合物驱开发方案设计技术、聚合物驱数值模拟技术、聚合物驱跟踪调整技术、聚合物驱提高效率和多段塞交替注入试验等方面的内容。本书可作为三次采油从业人员在工作中参考学习之用，也可以作为培训教材。

本书由王渝明、王加滢、康红庆、李景岩等多位作者共同编写，最后统编工作由王渝明完成。各章编写人员如下：

第一章聚合物驱技术概述由韩培慧、李勃、曹瑞波和吕昌森编写；第二章聚合物驱开发方案设计技术由王渝明、孙强、王加滢和康红庆编写；第三章聚合物驱油数值模拟技术由陈国、路克微和魏长清编写；第四章聚合物驱开发规律及跟踪调整技术由康红庆、赵起越和王渝明编写；第五章聚合物驱采油工艺技术由周万富、高光磊、代梅和黄小会编写；第六章聚合物驱地面工艺技术由李景岩、李学军、郭延和房永编写；第七章聚合物的室内实验评价及检测由孙刚、李长庆、杨香艳和金光柱编写；第八章聚合物驱开发经济效果评价方法及应用由王加滢、李榕和李伟编写；第九章大庆油田聚合物驱油矿场实例由王加滢、孙强、周钢和李跃华编写。

本书引用了大量的文献和资料，所列参考文献仅是公开发表的一部分，还有许多文献和未公开发表的技术总结等参考资料未能一一列出。

由于笔者水平、经验以及掌握资料局限，书中不足之处在所难免，敬请广大读者批评指正。

前言

目　　录

第一章　聚合物驱技术概述 …… (1)
第一节　聚合物种类及用途 …… (1)
第二节　聚合物溶液性质 …… (11)
第三节　聚合物驱基本原理 …… (14)
第四节　适合聚合物驱的油藏条件 …… (20)
参考文献 …… (23)
第二章　聚合物驱开发方案设计技术 …… (25)
第一节　油藏工程方案 …… (25)
第二节　聚合物驱油方案 …… (34)
第三节　调剖方案 …… (38)
参考文献 …… (44)
第三章　聚合物驱油数值模拟技术 …… (45)
第一节　聚合物驱油基本数学模型 …… (45)
第二节　聚合物黏性驱油机理数学模型 …… (46)
第三节　聚合物弹性驱油机理数学模型 …… (48)
第四节　多种分子量聚合物混合驱油机理数学模型 …… (53)
第五节　聚合物驱油数值模拟前后处理一体化技术 …… (60)
第六节　聚合物驱油数值模拟软件应用实例 …… (69)
参考文献 …… (83)
第四章　聚合物驱开发规律及跟踪调整技术 …… (84)
第一节　开发阶段划分 …… (84)
第二节　聚合物驱开采特征 …… (86)
第三节　聚合物驱油藏动态分析 …… (93)
第四节　跟踪调整技术 …… (95)
第五节　跟踪调整实施效果 …… (116)
参考文献 …… (118)
第五章　聚合物驱采油工艺技术 …… (119)
第一节　注入工艺技术 …… (119)
第二节　举升工艺技术 …… (130)
第三节　解堵增注技术 …… (144)
参考文献 …… (152)
第六章　聚合物驱地面工艺技术 …… (153)
第一节　聚合物驱对地面工艺的基本要求 …… (153)

第二节　聚合物配制注入工艺技术 …………………………………………（155）
第三节　聚合物驱采出液集输处理工艺技术 ……………………………（168）
第四节　聚合物驱采出污水处理工艺技术 ………………………………（177）
参考文献 ……………………………………………………………………（180）
第七章　聚合物的室内实验评价及检测 …………………………………（181）
第一节　聚合物室内实验评价流程和检验标准 …………………………（181）
第二节　聚合物室内评价的内容 …………………………………………（183）
第八章　聚合物驱开发经济效果评价方法及应用 ………………………（194）
第一节　聚合物驱开发效果评价方法 ……………………………………（194）
第二节　经济效益评价方法 ………………………………………………（200）
第三节　聚合物驱经济效益评价实例 ……………………………………（206）
参考文献 ……………………………………………………………………（209）
第九章　大庆油田聚合物驱油矿场实例 …………………………………（210）
第一节　大庆油田聚合物驱矿场试验的回顾 ……………………………（210）
第二节　聚合物驱提效率矿场试验 ………………………………………（212）
第三节　聚合物驱多段塞交替注入矿场试验 ……………………………（249）
参考文献 ……………………………………………………………………（268）

第一章 聚合物驱技术概述

聚合物驱（Polymer Flooding）是指通过在注入水中加入少量水溶性高分子量的聚合物，增加水相黏度，同时降低水相渗透率，改善流度比，提高原油采收率的方法。对于非均质性比较严重、原油黏度相对较高、渗透性适合的油藏，采用聚合物驱油技术通常可以获得较好的开发效果。目前，聚合物驱在大庆和胜利等油田已进入工业化应用阶段。大庆油田从20世纪60年代就开始聚合物驱的研究，于1972年开展第一个聚合物驱先导性现场试验，1992年在北一区断西开展了工业性矿场试验。经过不断的实践、认识、再实践、再认识，聚合物驱油理论取得重大突破，提出了黏弹性驱油理论，突破了国外普遍认为的聚合物驱作为改性水驱仅能提高采收率2~5个百分点的传统认识。聚合物驱于1995年12月开始工业化推广应用，1996年产油量达到100×10^4t，2002年聚合物驱年产油量超过1000×10^4t，聚合物驱工业化区块平均提高采收率12个百分点以上，年产油量占油田1/4，连续14年产量超过1000×10^4t。

第一节 聚合物种类及用途

一、天然聚合物种类

1. 硬葡聚糖

硬葡聚糖（Scleroglucan）是一种经发酵生成的非离子型多糖水溶性生物聚合物。其分子主链由线性连接的β-1，3-D-葡萄糖基组成，主链的第三个侧链上连接着一个β-1，6-D-葡萄糖基。其分子是以棒状三重螺旋形式存在的，在水溶液中表现出半刚性分子特征，总体为非离子性。

由于硬葡聚糖不含离子基团，故其水溶液黏度不受矿化度的影响，与各种离子，包括Ca^{2+}与Mg^{2+}均具有良好的配伍性，抗盐性较强。由于其分子的半刚性特征，具有较好的剪切稳定性及热稳定性。水溶液中，在130℃左右，硬葡聚糖大分子构象由棒状变为无规线团，因此，其水溶液的最高使用温度应为130℃左右。据报道，其水溶液在105℃以下，100天内保持黏度不变，460天后黏度保留率仍高达80%~90%，这在水溶性聚合物中是不多见的。同时，硬葡聚糖水溶液在岩心中的吸附量较小，而残余阻力系数却较高，更有利于提高驱油效果。因此，硬葡聚糖是一种优良的抗盐、耐高温及抗剪切聚合物，在高温及高矿化度油藏条件下，具有较大的应用潜力。

但是，硬葡聚糖在水溶液中具有很强的聚集倾向，易生成超分子聚集体，工业品中还存在低分子量杂质，易堵塞地层，使用前需进行过滤等专门处理，同时，其生产成本仍相对较高，这些都限制了其在三次采油中的应用。

2. 羟乙基纤维素

羟乙基纤维素（HEC）是一种非离子型天然水溶性聚合物，可与一价金属盐（氯化钠、氯化钾等）和许多高价金属盐（氯化钙、氯化镁等）配伍。

像多糖一样，它对水溶液矿化度和机械剪切不敏感，具有良好的渗滤性、弱的弹性、低的吸附性，但热稳定性比黄胞胶差；同时，其增黏能力不如多糖类聚合物，达到相同的黏度需要更高的浓度。但由于其价格低廉，故从经济角度讲仍具有较大的优越性。

目前在油田上已广泛地用作完井液和修井液，与多糖类聚合物相比，其优点在于对通过氧化作用而诱发的热降解表现稳定，降解后产生的不溶固体物较少，对地层的伤害较小。在实验室中，已作为水的稠化剂用于聚合物驱，但尚未在大规模的聚合物驱矿场试验中应用。

其分子结构中的缩醛键使其对酶敏感，可被纤维素酶降解，分子链上带有的氧乙烯长侧链也会降低其抗酶能力，温度升高会使溶液的黏度降低，一般使用温度不宜超过66℃。在制造过程中采用氢氧化钠和氢氧化钾的混合物，可提高其抗酶降解能力。用乙二醛对其进行表面处理，可减慢其水化速度，有助于制备不含块状单体的凝胶。

3. 胞外微生物杂多糖

胞外微生物杂多糖（Simusan）由能利用乙醇作为碳和能量来源的 Aicentobacter 属土壤细菌生成的一种酸性胞外多糖，含有葡萄糖、甘露糖、半乳糖、鼠李糖、葡糖醛酸及丙甜酸的残余物。这种多糖乙酰化程度很高，C_{14}—C_{22}脂肪酸含量可达 3.0%，分子量可达 3.6×10^6。其主链具有 β-1-4 葡聚糖，有两种类型的支链，一种由鼠李糖、葡糖醛酸和甘露糖残余物构成，另一种由甘露糖和半乳糖残余物构成，在第二种支链的甘露糖上连接有丙酮酸。

根据分子结构，它属于黄胞胶型多糖，但由于它含有黄胞胶所没有的疏水性成分（如脂肪酸残余物和脱氧糖，即鼠李糖），并具有很高的乙酸酯含量，因而比黄胞胶具有更强的疏水性，对油具有更好的乳化能力。采用其发酵液作为稳定剂的油包水乳状液，寿命比加入黄胞胶和聚丙烯酰胺的长几倍。它的主链结构显示是一种刚性棒状聚合物，在高矿化度盐水中，溶液具有很高的黏度和假塑性，其水溶液在很宽的剪切速率和浓度范围内均为假塑性流体，同时在100℃以上的高温下具有较强的抗热降解能力。其水溶液当 pH 值介于 2.5~4.0 时黏度值最大，浓度增高时这种影响更强，因而可用于黄胞胶不适用的低 pH 值环境。

目前，胞外微生物杂多糖已可直接用于提高采收率，每吨发酵液（含量 5~10kg/m^3）可增产原油 40~100t，而且可使含水率稳定下降。另外，还可将它与聚丙烯酰胺配制成一种高黏的、具有良好抗热降解能力的混合液用于驱油。

这种聚合物的缺点是 Huggins 常数值很高，具有很强的聚结趋势，容易造成过滤性降低，加之发酵液中含有细菌等不溶成分，可能会妨碍在较低渗透率层中的注入。目前已研究出一种提高其过滤性的最佳物理处理方法——抽空处理法，此方法对任何特性的不溶性颗粒均有效，而且容易大规模推广。经过抽空处理的发酵液既可满足所需的过滤性要求，又保留了足够的黏度。

二、人工合成驱油用聚合物

1. 聚丙烯酰胺

聚丙烯酰胺（Polyacrylamide，简称 PAM），其结构式为：

$$\left[\!-CH_2-\underset{\substack{|\\CONH_2}}{CH}-\right]_n$$

聚丙烯酰胺是丙烯酰胺单体的均聚物或与其衍生物的共聚物的统称，凡含有50%以上丙烯酰胺单体的聚合物都泛称为聚丙烯酰胺。

聚丙烯酰胺是一种线型水溶性高分子化合物，分子量高，可达10^7数量级，水溶性好，是水溶性高分子化合物中应用最为广泛的品种之一。1893年，聚丙烯酰胺由Mourell采用丙烯酰氯与氨在低温下反应制得，1954年在美国实现了工业化生产，20世纪80年代初，美国Dow化学公司已建设了万吨级生产线，一些具有特殊性能的衍生物也实现了工业化生产。我国于20世纪60年代初开始生产聚丙烯酰胺，主要用于净化电解用的食盐水，生产规模很小，直到1979年，由于石油开采工业的需要，其产量才大幅度增长。在石油开采的钻井、固井、完井、修井、压裂、酸化、堵水调剖及三次采油等过程中，都需要用到聚丙烯酰胺，特别是在钻井、堵水调剖及三次采油领域应用更为广泛。

聚丙烯酰胺分子链上的侧基为活泼的酰胺基，可发生多种化学反应，常通过对其进行水解反应，形成含有羧基的产物——部分水解聚丙烯酰胺，反应方程式为：

$$-CH_2-\underset{\substack{|\\CONH_2}}{CH}-CH_2-\underset{\substack{|\\CONH_2}}{CH}- \xrightarrow{OH^-} -CH_2-\underset{\substack{|\\CONH_2}}{CH}-CH_2-\underset{\substack{|\\COO^-}}{CH}-$$

这种聚合物具有与丙烯酰胺—丙烯酸钠共聚物相似的结构，在聚丙烯酰胺中应用领域最广、用量最大，目前，聚丙烯酰胺的生产大部分都是指部分水解聚丙烯酰胺的生产。

聚丙烯酰胺产品主要有3种形式，即乳液、胶体和干粉。乳液状产品采用反相乳液/微乳液聚合法制备，一般为水包油型。胶体和干粉状产品采用水溶液聚合法制备，聚合后直接造粒即可获得胶体状产品，有效含量一般为30%~50%；将胶体状产品干燥、研磨后即可获得干粉状产品，有效含量一般为85%以上，是市场上供应量最大的产品形式。聚丙烯酰胺可有阴离子型、阳离子型和非离子型3种类型，目前产品以阴离子型为主。

1）丙烯酰胺单体

丙烯酰胺是生产聚丙烯酰胺的主要原料，为无色、无味的片状晶体，有毒，易溶于水、醇、丙酮、醚和氯仿等极性溶剂，微溶于苯和甲苯，不溶于正庚烷等脂肪烃，在苯和甲苯中的溶解度随温度的增高而显著增大，可据此采用重结晶法对其进行提纯。

丙烯酰胺的制备方法有很多，但是在当前大规模生产中还是通过丙烯腈水合的方法制备。丙烯腈水合主要有3种方法，即丙烯腈硫酸水合法、丙烯腈铜催化水合法和丙烯腈生物酶催化水合法。我国于20世纪60年代初采用丙烯腈硫酸水合法生产丙烯酰胺，70年代中期开始采用丙烯腈铜催化水合法，90年代后期丙烯腈生物酶催化水合法实现了工业化生产。丙烯腈生物酶催化水合技术具有高活性、高选择性、高收率、在常温常压下反应、能耗和成本低等特点，采用这种方法丙烯腈反应完全，无低聚物等副产物，更没有铜离子等杂质，具有较好的使用性能。

人们对丙烯酰胺对人体的毒害已有共识，职业接触丙烯酰胺及其聚合物中残留丙烯酰胺带来的危险一直是人们高度警觉的对象。丙烯酰胺的急性中毒反应是对皮肤和呼吸道有刺激性，接触部位皮疹。慢性中毒引起神经毒性反应，影响中枢神经和周围神经。安全措施中最基本的一条是避免丙烯酰胺与人体接触，防止皮肤或黏膜吸收升华的丙烯酰胺粉尘或蒸气，工作场所必须有良好的排气和冲洗设备。当发现有丙烯酰胺中毒症状出现时，当事人应立即脱离接触，并请医生检查和治疗。

2）干粉聚丙烯酰胺

聚丙烯酰胺无毒、无嗅，密度为1.302g/cm^3（23℃），玻璃化温度为188℃，软化温度为210℃。除溶于乙酸、丙烯酸、乙二醇、甘油及甲酰胺等少数极性溶剂外，一般不溶于有机溶剂。水是其最好的溶剂，易溶于冷水，溶解能力与产品形式、分子链结构、溶解方法、搅拌、温度及pH值等因素有关。干粉状产品比胶体状产品易溶，乳液状产品溶解性最好，提高温度能够促进溶解。干粉产品在制造时添加一些无机盐（如硫酸钠等）、尿素和表面活性剂等，能够减弱高分子链间的氢键缔合作用，有利于溶解。聚丙烯酰胺水溶液为均匀清澈的液体，水溶液黏度随聚合物浓度和分子量的增加而明显升高。

部分水解聚丙烯酰胺的生产工艺可分为均聚法和共聚法，均聚法又分为均聚共水解工艺和均聚后水解工艺。均聚共水解工艺是以丙烯酰胺单体为原料，聚合和水解过程同时进行，水解剂（主要采用碳酸钠）在聚合之前加入。因水解剂的溶解度限制，聚合反应的起始温度不能太低，聚合过程又受到水解剂中杂质的影响，所以产品的分子量不高，但工艺流程相对简单，技术难度相对较小。均聚后水解工艺是在聚合完成后，在聚丙烯酰胺胶体中加入水解剂（主要采用氢氧化钠）进行水解。它克服了共水解工艺的一些缺点，聚合反应的起始温度可以相对较低，且由于聚合时不加水解剂，避免了其他杂质的引入，可以获得较高分子量的产品。但与共水解工艺相比，多了一道水解工序，产品质量与其密切相关。若胶体造粒时得到的粒度不均匀、大小不合适，同时，水解剂与胶粒混合不均匀，由于水解剂向胶粒内部扩散需要一定时间，就会造成水解产品水解度分布较宽，颗粒小的水解度大，颗粒表面积大的水解度也大。共聚法即是采用丙烯酰胺与丙烯酸钠共聚，此方法无须水解工序，生产周期短，无氨气污染问题，但对原料（主要为丙烯酰胺与丙烯酸）质量要求较高，若不满足则无法获得分子量较高的产品。

部分水解聚丙烯酰胺溶于水后形成带负电荷的高分子链，同一高分子链上不同链段间的阴离子排斥作用导致高分子链在溶液中伸展，这是部分水解聚丙烯酰胺能使其水溶液黏度明显增加的原因。用于聚合物驱的部分水解聚丙烯酰胺水解度一般控制在25%左右，这是因为若水解度太低，溶解性就差且黏度不高；若水解度过高，虽然可改善溶解性并提高黏度，但是稳定性变差，容易与水中的Ca^{2+}和Mg^{2+}作用而产生沉淀。

3）乳液聚丙烯酰胺

所谓乳液，通常是指油分散在水中形成的胶体分散体。乳液聚合是单体和水在乳化剂作用下形成的乳状液中进行的聚合。将油溶性单体在水中即水包油（O/W）型的乳液中聚合称为常规乳液聚合或正相乳液聚合，而将水溶性单体（常用其水溶液），借助油包水（W/O）型乳化剂分散在非极性液体中，形成油包水型乳液（W/O）经引发反应进行的聚合，称为反相乳液聚合。

丙烯酰胺是水溶性单体，故乳液聚丙烯酰胺是由反相乳液聚合法制备的。自1978年实现丙烯酰胺的反相乳液聚合以来，对反相乳液聚合理论和产品的研究日益受到重视。反相乳液聚合法生产聚丙烯酰胺的优点是，聚合时反应液的单体浓度可达20%~40%，比水溶液聚合法高，乳液黏度低，聚合中改善了反应的传热和搅拌混合的效果。而产品乳液聚丙烯酰胺的速溶特性，较之水溶液聚合法生产的胶体和干粉状产品，应用起来更加方便，但缺点是生产技术复杂，销售价格较高。

在丙烯酰胺的反相乳液聚合中，通常选用 Span-Tween、Span-OP、Tetronic 1102、Span 20、多油酸聚甘油酯、N-聚氧乙烯基硬脂酰胺（Centamid-5）等作为乳化剂，聚合反应的成核地点为单体液滴中，乳胶粒径随搅拌速率的增大而减小；同时，由于没有低聚物在分散介质中的扩散，所以在聚合开始后，体系黏度不会有大幅度的上升。采用这种方法制备部分水解聚丙烯酰胺时，一般采用丙烯酰胺与丙烯酸或其钠盐共聚的方法进行。

在聚合过程中，要求乳液稳定，这时乳化剂应“强亲油、紧包水”，其亲水亲油平衡值（HLB）要低。而在使用时，希望乳液能够快速地溶解于水中，这时乳化剂则应以强亲水为好。故此，这里就有一个调整乳液性质，即转相的问题。聚丙烯酰胺反相乳液的转相，实际上是提高反相乳液的亲水性，即是在乳液生产后经过性能调整并检验合格后，或在出厂前应当先调整好乳化体系，将乳化体系的 HLB 值调高。这样，既可使乳液具有速溶特性，又可保证出厂后的乳液在保质期内具有优秀的贮存稳定性。在转相过程中，要加入相反转剂（如 Tween 80 和 OP 10 等）。这种相反转剂的种类、用量、加入速率、搅拌混合速率和转相的温度，对乳液的稳定性都有较大的影响，在调整过程中应力求缓慢和均匀，防止破乳。

2. 黄胞胶

黄胞胶（Xanthan Gum）是由淀粉经黄单孢杆菌发酵代谢而成的多糖，是一种性能优良的水溶性多功能生物高分子聚合物，其分子结构如图 1-1 所示。

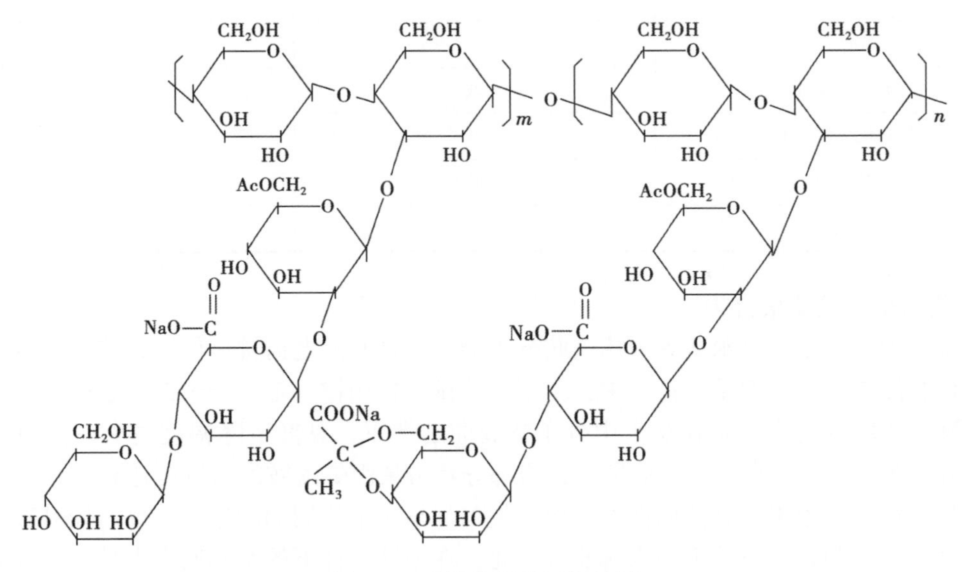

图 1-1　黄胞胶的分子结构图

黄胞胶为浅黄色至淡棕色粉末，稍带臭味。易溶于冷、热水中，溶液呈中性。遇水分散，乳化变成稳定的亲水性黏稠液体，分子量一般为 $200\times10^4\sim600\times10^4$。

黄胞胶分子由 D-葡萄糖、D-甘露糖、D-葡萄糖醛酸、乙酸和丙酮酸组成。它的一级结构由 β-1,4 位连接的 D-葡萄糖基主链与三糖单位的侧链组成，化学结构与纤维素相同，侧链则由D-甘露糖和D-葡萄糖醛酸交替连接，三糖侧链末端的D-甘露糖残基上以缩醛的形式带有丙酮酸，整个分子则带阴离子。它的二级结构是侧链绕主链骨架反向缠绕，通过氢键形成棒状双螺旋结构，三级结构则是棒状双螺旋结构间依靠非共价键作用形成多重螺旋复合体。这种分子结构使其在水溶液中可形成类似棒状的刚性结构。随着溶液矿化度的增加，分子链间的静电排斥作用减小，刚性结构更稳定，产生抗盐性。随着溶液受到的剪切作用的增加，分子结构由棒状结构变为无规则线团结构，溶液黏度降低；当剪切作用降低时，分子结构又重新回到棒状结构，溶液黏度恢复。

黄胞胶与聚丙烯酰胺相比，具有较好的抗盐性，据报道可在170000mg/L矿化度的盐水条件下使用；具有较好的抗剪切性，从溶液配制到注入油层的高剪切过程中，溶液黏度不会因为剪切而降低；具有较强的抗吸附性，不会由于岩石的吸附而造成较大损失，也不会大幅改变油藏渗透率。但是，黄胞胶也有一些严重缺点，它对热氧化和微生物降解敏感，需要采取特殊措施，如除氧、加杀菌剂等；在注入过程中可能堵塞油层，需要进行过滤或做专门处理；刚性较强而弹性较差，导致残余阻力系数小，驱油效果比聚丙烯酰胺差；生产成本相对较高。因此，限制了其在三次采油中的应用。黄胞胶与聚丙烯酰胺的性能对比见表1-1。

表1-1　黄胞胶与聚丙烯酰胺的性能对比

性能指标	黄胞胶	聚丙烯酰胺
耐温性，℃	<71	<93
抗剪切性	高	低
抗盐性	高	低
生物稳定性	低	高
微凝胶堵塞倾向	高	低
滞留量	低	高
价格	高	低

3. 新型耐温抗盐聚合物

在淡水中，由于部分水解聚丙烯酰胺分子链上羧基间的电荷排斥作用，使分子链呈伸展状态，增黏能力很强。但是在盐水中，由于电荷排斥作用被屏蔽，分子链呈卷曲状态，黏度大幅下降。水解度越高，则在盐水中分子链卷曲越严重，黏度下降幅度越大。同时，在含Ca^{2+}和Mg^{2+}等高价金属离子的水溶液中，当部分水解聚丙烯酰胺的水解度达到40%时，就会发生絮凝沉淀，严重影响其使用性能。而三次采油是一个长周期的过程，聚丙烯酰胺分子中的酰胺基在酸性和碱性条件下的水解非常迅速，在中性条件下的水解速率也随着温度升高而迅速加快，导致其长期稳定性不佳。故部分水解聚丙烯酰胺不具备较强的耐温抗盐性，导致其应用的技术经济效益变差，开发具有较好耐温抗盐能力的新型聚合物已成为当务之急。

1）耐温抗盐单体聚合物

耐温抗盐单体聚合物的研制主导思想是研制与钙、镁离子不产生沉淀反应，且在高温下水解缓慢或不发生水解反应的单体，如2-丙烯酰胺基-2-甲基丙磺酸（AMPS）、N-乙烯吡咯烷酮（N-VP）、3-丙烯酰胺基-3-甲基丁酸（AMB）等，将一种或多种耐温抗盐单体与丙烯酰胺共聚，得到的聚合物在高温高盐条件下的水解将受到限制，不会出现与钙、镁离子反应发生沉淀的现象，从而达到耐温抗盐的目的（图 1-2）。

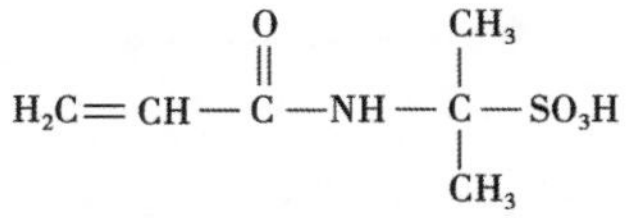

$H_2C{=}CH-C(=O)-NH-C(CH_3)_2-SO_3H$

（a）2-丙烯酰胺基-2-甲基丙磺酸（AMPS）

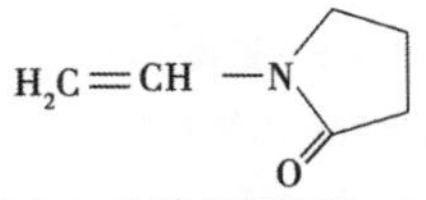

$H_2C{=}CH-N$（吡咯烷酮环，环上 C=O）

（b）N-乙烯吡咯烷酮(N-VP)

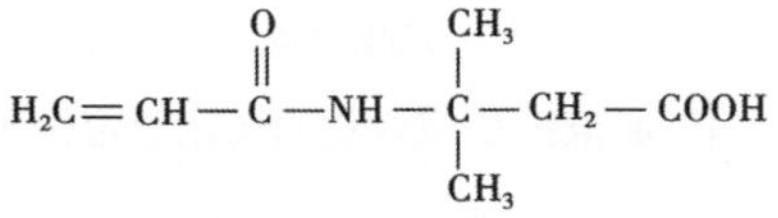

$H_2C{=}CH-C(=O)-NH-C(CH_3)_2-CH_2-COOH$

（c）3-丙烯酰胺基-3-甲基丁酸（AMB）

图 1-2　耐温抗盐单体的分子结构

其中，AMPS 是一种已广泛使用的抗盐单体，其结构中含有亲水性且具有强阴离子性的磺酸基团，与羧基相比，不易被溶液中的电荷所屏蔽，故由其组成的聚合物具有良好的水溶性及对溶液中各种离子（尤其是二价阳离子）的耐受力。同时，由于酰胺基上连有取代基，成为被屏蔽的酰胺基，故与丙烯酰胺相比，不易发生水解反应，具有较好的稳定性。所有这些使其具有优良的综合化学性能，与丙烯酰胺的共聚物成为研究热点。

与部分水解聚丙烯酰胺相比，AM-AMPS 共聚物，在盐水中的黏度较高；同时，90 天老化后，黏度保留率在 60%以上，大幅优于部分水解聚丙烯酰胺（图 1-3 和图 1-4）。

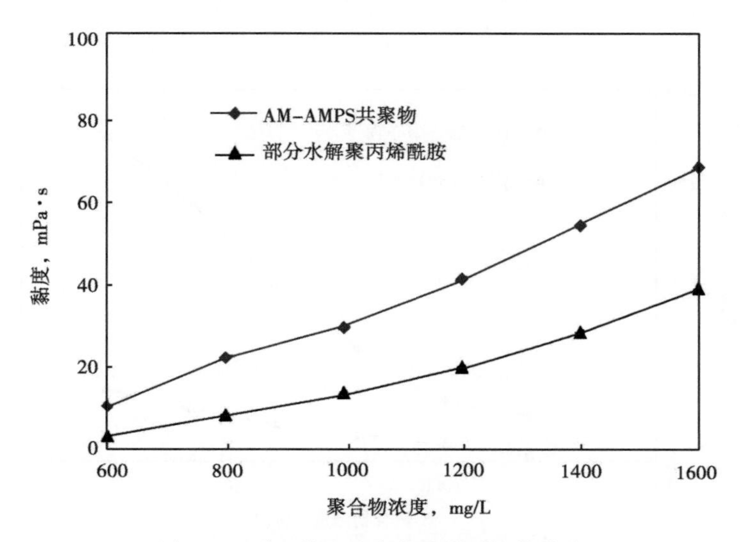

图 1-3　耐温抗盐聚合物的增黏性能曲线

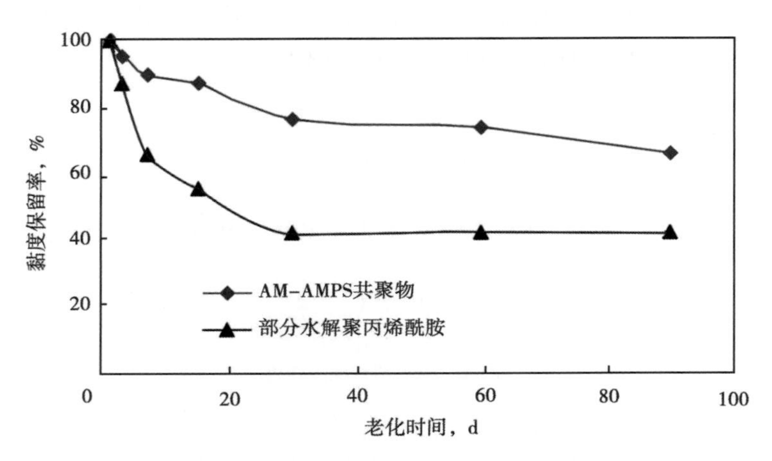

图 1-4　耐温抗盐聚合物的老化稳定性曲线

2）疏水缔合聚合物

疏水缔合聚合物是指在聚合物亲水性高分子链上带有少量疏水基团的水溶性聚合物，其溶液特性与一般聚合物溶液大相径庭。在水溶液中，此类聚合物的疏水基团由于疏水作用而发生聚集，使高分子链产生分子内和分子间缔合。在稀溶液中高分子链主要以分子内缔合的形式存在，使高分子链发生卷曲，流体力学体积减小，黏度降低。当聚合物浓度高于临界缔合浓度后，高分子链通过疏水缔合作用聚集，形成以分子间缔合为主的超分子动态物理交联网络，流体力学体积增大，溶液黏度大幅度升高（图 1-5）。小分子电解质的加入和升高温度均可增加溶剂的极性，使疏水缔合作用增强。在高剪切作用下，由疏水缔合作用形成的动态物理交联网络被破坏，溶液黏度下降，剪切作用降低或消除后高分子链间的物理交联重新形成，黏度又将恢复，不发生一般高分子量的聚合物在高剪切速率下的不可逆机械降解，见表 1-2 和表 1-3。

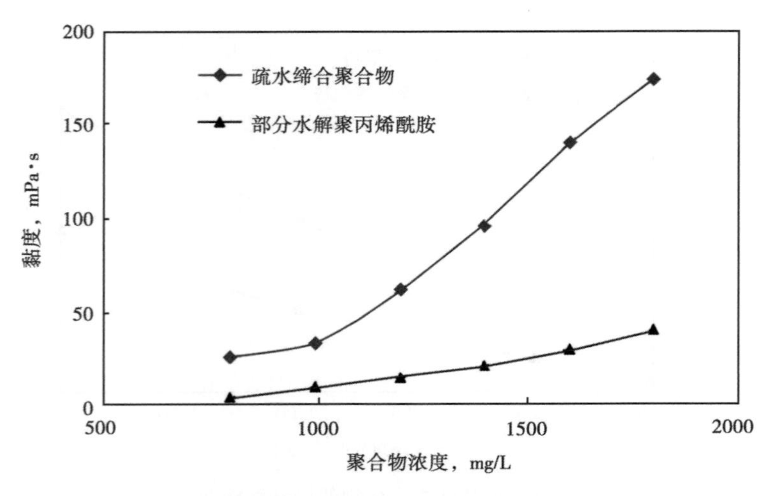

图 1-5　疏水缔合聚合物水溶液的增黏性能曲线

表 1-2　NaCl 浓度对疏水缔合聚合物水溶液黏度的影响

NaCl 浓度，mg/L	950	2410	4000	7000	10000
疏水缔合聚合物黏度①，mPa·s	90.1	67.5	53.3	46.9	41.3
疏水缔合聚合物抗盐黏度保留率②，%	100.0	74.9	59.2	52.1	45.8
部分水解聚丙烯酰胺黏度，mPa·s	28.9	13.8	10.6	8.0	7.1
部分水解聚丙烯酰胺抗盐黏度保留率，%	100.0	47.8	36.7	27.7	24.6

①聚合物浓度为 1000mg/L。

②抗盐黏度保留率为不同 NaCl 浓度下黏度占 950mg/L NaCl 浓度下黏度的百分比。

表 1-3　疏水缔合聚合物水溶液剪切前后溶液黏度变化

性能	疏水缔合聚合物	部分水解聚丙烯酰胺
剪切前黏度，mPa·s	56.5	35.3
剪切后黏度，mPa·s	48.4	23.6
黏度保留率，%	85.7	66.8

可见，疏水缔合聚合物的增黏性能明显好于部分水解聚丙烯酰胺，不同聚合物浓度下的水溶液黏度均高于后者，且随着聚合物浓度的升高，黏度差距逐渐增大，这是由于随着聚合物浓度的升高，疏水缔合作用逐渐增强。在不同 NaCl 浓度下，疏水缔合聚合物的水溶液黏度及抗盐黏度保留率均高于部分水解聚丙烯酰胺，这是由于 NaCl 为小分子电解质，其浓度的升高可使疏水缔合作用增强。同时，疏水缔合聚合物水溶液经高速剪切后，黏度保留率明显好于部分水解聚丙烯酰胺，这是由于疏水缔合作用形成的动态物理交联网络存在可逆性，剪切时被破坏，剪切后又可恢复。

疏水缔合聚合物的研发与应用需注意以下关键因素：

（1）溶解性。疏水基团的存在会对聚合物的溶解性造成影响，疏水基团的疏水性越强，对溶解性的影响越大；疏水基团在聚合物中的含量越高，对溶解性的影响也越大。

在实际应用过程中，聚合物在水溶液中需充分溶解后再注入地层，考虑到地面设施的建设投资，良好水溶性是聚合物投入实际应用的必要前提。若聚合物的溶解时间过长，即便最终的增黏性能较好，在三次采油过程中因无法满足现场条件而难以推广使用。

（2）临界缔合浓度。疏水缔合聚合物的水溶液浓度低于其临界缔合浓度时，其黏度低于同分子量的部分水解聚丙烯酰胺，如果临界缔合浓度过高（如大于 600mg/L），则在应用过程中受到地层水稀释，浓度降低时，会造成黏度大幅下降，影响使用效果。

性能优良的疏水缔合聚合物应不具有明显的临界缔合浓度或临界缔合浓度较低，在较宽的浓度范围内，黏度始终大于同分子量部分水解聚丙烯酰胺的黏度。

3）*表面活性聚合物*

表面活性聚合物（也称高分子表面活性剂、两亲性聚合物、聚合物表面活性剂等），是相对低分子表面活性剂而言，高分子链由亲水链段和疏水链段两部分组成的，具有较高分子量和表面活性功能的高分子化合物。最早使用的表面活性聚合物主要用作胶体保护剂和助剂，如天然海藻酸钠、纤维素、淀粉及其衍生物等天然水溶性高分子，1951 年，Strass 把结合有表面活性官能团的聚 1-十二烷基-4-乙烯吡啶溴化物命名为聚皂，从而出现了合成表面活性聚合物；1954 年，美国 Wyandotte 公司发表了第一种商品化非离子表面活性聚合物聚（氧乙烯氧丙烯）嵌段共聚物型（商品名 Pluronics）。

与部分水解聚丙烯酰胺相比，表面活性聚合物主要有以下特殊性能：

（1）改变界面张力功能。表面活性聚合物的亲水链段和疏水链段能够在界面具有一定的取向性，具有降低界面张力的能力，但一般比低分子表面活性剂差。大多数表面活性聚合物分子量较大，在溶液内部疏水基团相互靠拢，缔合形成以高分子中疏水链段为内核、亲水链段与水接触的极性外壳，即大分子胶束，因此，降低界面张力能力较差，一般的表面活性聚合物的表面活性随分子量的升高而急剧下降。

在现场油水条件下，与部分水解聚丙烯酰胺相比，不同类型的驱油用表面活性聚合物均可有效地降低界面张力，且在 120 天老化过程中保持稳定。

（2）乳化功能。尽管表面活性聚合物分子量较高，但许多表面活性聚合物能够在分散相中形成胶束，并且具有临界胶束浓度，发挥乳化功能，当达到一定用量时具有很好的乳化性和乳化稳定性。将表面活性聚合物溶解于油（水）中，充分振荡后，会使油水体系乳化并保持稳定。

（3）分散功能。由于表面活性聚合物的两亲性结构，其分子链的一部分通过离子键、氢键、范德华力等作用吸附在粒子表面，其他部分溶剂化链则溶于作为连续相的分散介质中，在单体液滴或聚合物粒子表面产生障碍，阻止它们接近而产生凝聚。

（4）增溶功能。当表面活性剂达到一定浓度时，表面活性剂便可形成胶束，胶束极性部分朝向水，非极性部分相互靠拢形成小范围的非极性区，原来不溶或微溶于水的非极性物质就可增溶在体系中的非极性区域。表面活性剂的这种将原本互不相溶的油/水体系得以溶解的性质称为增溶作用，表面活性聚合物在水溶液中聚集能够形成胶束，也能起增溶作用。表面活性聚合物的增溶作用主要是发生在胶束中的现象，在浓度低于临界胶束浓度时仅有微弱的增溶能力，当浓度达到临界胶束浓度以上时增溶作用明显。图 1-6 所示为表面活性聚合物的乳化增溶原油能力比较。

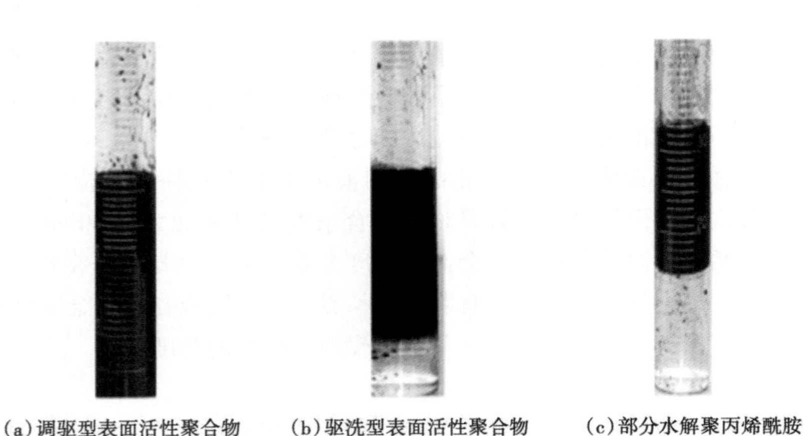

(a) 调驱型表面活性聚合物　(b) 驱洗型表面活性聚合物　(c) 部分水解聚丙烯酰胺

图 1-6　表面活性聚合物的乳化增溶原油能力比较

第二节 聚合物溶液性质

一、聚合物的高效增黏性

驱油用聚合物是水溶性高分子化合物，相对黏均分子质量通常达到 1200×10^4 以上，单个分子的根均方旋转半径达到 150nm 以上。其分子的流体力学体积远远大于一般的小分子溶质，加上分子之间存在的内摩擦和物理缠结作用，因此，其溶液的流动阻力较大，体系的视黏度即表观黏度相对较高。将 1g 的聚合物干粉加入 200mL 的去离子水中，充分溶解后，水溶液黏度能够提高几十至上百倍。对三次采油中应用的聚合物要求其体系黏度越高越好。一般指聚合物浓度为 1000mg/L 的溶液黏度在 40mPa·s 以上。图 1-7 所示为 3 种聚合物溶液黏浓关系曲线。

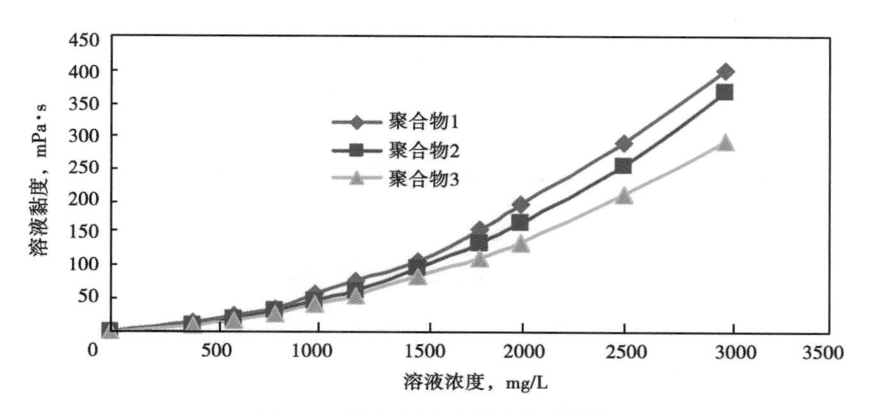

图 1-7 聚合物溶液黏浓关系曲线

通常聚合物溶液随着浓度的升高，溶液黏度增加；随着配制水矿化度的升高，溶液黏度降低；随着油藏温度的升高，溶液黏度下降；随着放置时间的延长，溶液黏度降低。随着聚合物合成技术和生产工艺的不断发展，通过提高驱油用聚合物的分子量或在分子主链上引入抗盐单体，能使聚合物溶液随矿化度增加，黏度不降，或下降不多，在油藏矿化度条件下仍能达到设计要求，或者直接用污水配制仍能达到清水配制的效果。

二、聚合物的黏弹性

部分水解聚丙烯酰胺溶液（简称 HPAM 溶液）在流动过程中表现出的性质介于理想黏性体和理想弹性体之间，因此，HPAM 溶液又被称为黏弹性流体。HPAM 溶液在流动中除了发生永久形变外，还有部分的弹性形变。这种弹性效应使得剪切流动时的法向应力分量不像牛顿流体那样彼此相等，可以用法向应力差来评价弹性效应。第一法向应力差一般为正值，随剪切速率增加而增加；第二法向应力差一般为较小的负值，随剪切速率增加而下降。

传统的聚合物驱油理论认为，聚合物驱只是通过增加注入水的黏度，降低水油流度比，扩大注入水在油层中的波及体积提高原油采收率，聚合物驱并不能增加油藏岩石的微观驱油效率，并认为聚合物驱后残留于孔隙介质中的油的体积与水驱之后相同。经过专家学者多年的理论研究和实践表明，聚合物驱不仅能够扩大波及体积，而且能够提高波及域内的驱油效率。黏弹性驱替液驱替残余油的力与牛顿流体的力不尽相同，它不仅有垂直于油—水界面克服束缚残余油的毛细管力，而且还有较强的平行于油—水界面驱动残余油的拖动力。

聚合物溶液的黏弹性与聚合物分子量、溶液浓度、配制水矿化度等有关，在矿化度和温度等一定时，聚合物分子量越大、浓度越高，聚合物溶液黏度越大，其黏弹性也越大。一般情况下，聚合物溶液的黏度越大，弹性也越大，驱油效果越好；对于相同浓度、相同体系黏度的不同聚合物，通常黏弹性较强的聚合物其驱油效果较好。图 1-8 所示为不同浓度聚合物溶液黏弹曲线。

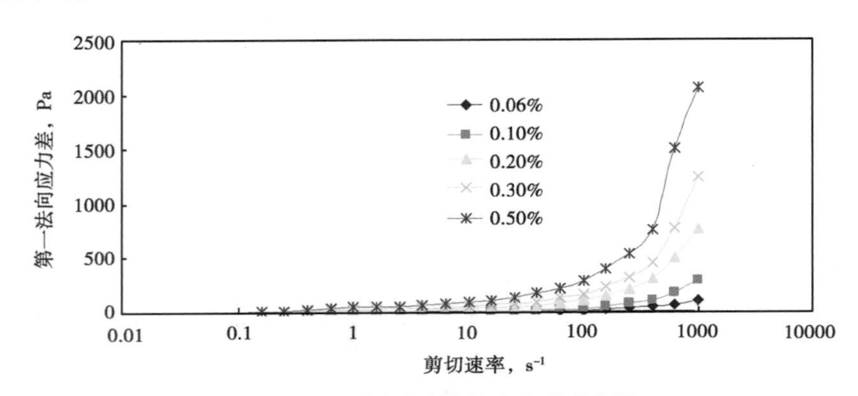

图 1-8　不同浓度聚合物溶液黏弹曲线

三、聚合物的流变性

HPAM 溶液为剪切稀释性流体，在剪切流动时遵循非牛顿流体的幂率定律 $\sigma=K\dot{\gamma}^n$（σ—剪切应力；K—稠度系数；$\dot{\gamma}$—剪切速率；n—流性指数）。

驱油用 HPAM 溶液通常为假塑性流体，n 值小于 1，即随着剪切速率 $\dot{\gamma}$ 的升高，体系表观黏度降低，聚合物溶液为具有黏弹性的非牛顿流体，表现出剪切变稀等特性。聚合物溶液的黏度随剪切速率增大而降低，但在剪切速率非常低和非常高的极限情况下，黏度是常数，这两种极端情况被称为第一牛顿区和第二牛顿区。

聚丙烯酰胺溶液的黏度随着剪切速率的增加而下降，下降的速度随着浓度的增加而加快。这是因为随着剪切速率的增加，聚合物分子间的结构被破坏，分子之间的作用力减小，在相同的剪切速率下，浓度越高，其分子结构破坏得越严重，溶液黏度下降的幅度就越大。另外，聚丙烯酰胺溶液的黏度随着溶液浓度的增加而增加，这是因为在低剪切速率下，分子力起主要作用，浓度越高，单位体积内的分子数越多，分子之间的相互作用力越强，所以黏度越大，如图 1-9 所示。

聚合物溶液的流变性受溶液的浓度、配制水的矿化度、温度及聚合物的分子量影响。聚合物驱室内研究一般采用标准盐水或现场水配制聚合物溶液，用流变仪测定各聚合物溶液的流变曲线，评价聚合物溶液黏度随剪切速率的变化情况。

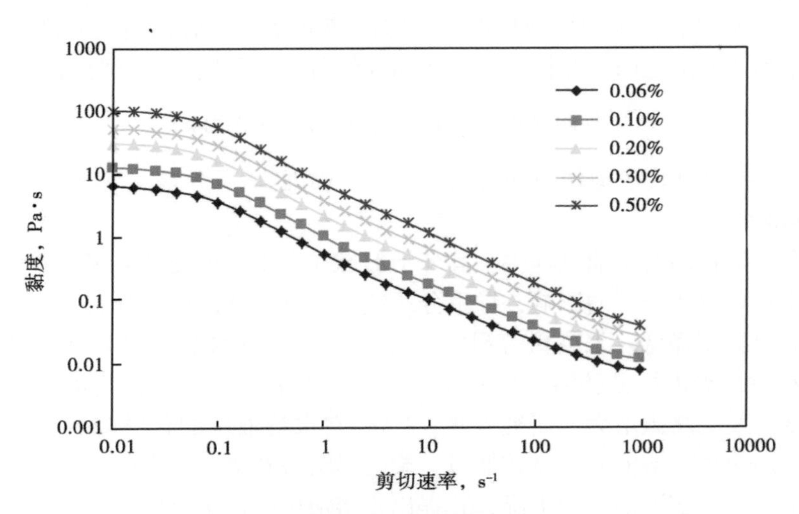

图 1-9　不同浓度聚合物溶液流变曲线

四、聚合物的稳定性

聚合物在地下长期的驱油过程中，其分子形态和大小往往受到诸多非剪切作用如地层细菌、地层温度、污水杂质等的影响，导致分子链发生链转移反应而降解，油田要求 HPAM 溶液在地层条件下具备一定的保持黏度能力，提出了稳定黏度保留率的概念。

$$稳定黏度保留率 = (\eta_2/\eta_1) \times 100\%$$

式中　η_1——放入烘箱前聚丙烯酰胺溶液的黏度，mPa·s；

η_2——放入烘箱 90 天后聚合物溶液的黏度，mPa·s。

目前，聚合物稳定性评价一般采用安珀瓶法和手套箱评价方法，采用区块现场水配制聚合物溶液，抽真空除氧，保存在安珀瓶或密闭容器中，放置于恒温箱中，考察聚合物溶液黏度随时间的变化情况。

五、聚合物的降解

驱油用聚合物在配制、输送、注入以及运移等过程中，聚丙烯酰胺高分子都会受到不同的降解作用，常见的降解有机械降解、化学降解、热降解、生物降解等。

1. 机械降解

聚合物溶液在配制、泵输送、通过炮眼和井筒附近的地层都会受到高强度的剪切作用，在经过机械剪切后，由于部分分子来不及沿剪切方向进行取向作用，其分子链段通常会发生无规则断裂，导致其分子量减小，体系黏度下降。不同的剪切强度往往对应着一定的分子量和分子尺寸极限。

HPAM 溶液在剪切流动时遵循非牛顿流体的幂率定律 $\sigma = K\dot{\gamma}^n$，驱油用 HPAM 溶液通常为假塑性流体，n 值小于 1，即随着剪切速率 $\dot{\gamma}$ 的升高体系表观黏度降低，良好的剪切稀释性也有利于聚合物溶液进入不同渗透率的油层同时保持较大的分子链长。

目前，聚合物驱工业化应用中已能够很好地控制 HPAM 溶液的剪切降黏损失，聚合物驱要求 HPAM 溶液具备一定的抗剪切能力，即溶液黏度不受剪切而大幅度下降，保持在设计要求的工作黏度范围之内。并提出了剪切黏度保留率、黏损等指标要求。

$$剪切黏度保留率 = (\eta_4/\eta_3) \times 100\%$$

式中　η_3，η_4——分别代表剪切前和剪切后溶液的黏度。

2. 化学降解

聚合物在地下长期的驱油过程中，其分子形态和大小往往受到诸多非剪切作用如地层温度、氧、杂质和高价离子等的影响，导致分子链发生链转移反应而降解，造成聚合物分子量降低，从而溶液黏度降低。朱麟勇等研究了在不同条件下水溶液中 PAM 的化学降解过程：(1) 在氧存在时，聚丙烯酰胺溶液的稳定性下降，随着温度升高，溶液黏度逐渐减小；反之，溶液黏度只发生略微增大。研究发现，PAM 在水溶液中的化学降解作用，主要是水解作用和氧化作用两种。溶液矿化度较低时，聚丙烯酰胺在氧气存在时，高分子聚合物链发生断裂，分子量降低，溶液的黏度下降，并提出水溶液中聚丙烯酰胺的氧化降解机理为连锁自由基氧化反应机理。(2) 在大量还原性有机杂质存在时，溶液发生氧化还原反应，活化能的降低促进了聚丙烯酰胺的氧化降解。

3. 生物降解

微生物对聚丙烯酰胺的降解是基于其生长需求，酰胺基侧链可作为氮源被微生物利用，而其碳碳主链可作为微生物生长的碳源，最终被矿化成小分子化合物。1995 年，Kunichika 首次分离纯化得到降解聚丙烯酰胺的单菌，此后研究进展不断加快，在降解菌的多样性、降解机理研究、代谢产物分析等方面取得了一系列研究成果。近年来的研究表明，细菌、真菌和古菌等微生物都会参与对聚丙烯酰胺的降解，最终降解程度和降解产物不仅与聚丙烯酰胺自身性质（如类型、结构和分子量等）相关，而且受环境因素如矿化度、温度等影响。降解聚丙烯酰胺的微生物主要有好氧细菌、厌氧细菌、真菌和混合菌。

HPAM 的降解产物可作为细菌生命活动的营养物质，反过来营养的消耗又会促进 HPAM 降解。聚丙烯酰胺可作为碳源和（或）氮源被好氧细菌利用，发生降解反应，分子量较大的 PAM 碳碳主链断裂成为分子量较小的 PAM 或小分子化合物，导致聚丙烯酰胺的分子量减小、质量浓度或黏度降低。厌氧降解细菌多为硫酸盐还原菌，能使 PAM 碳碳主链发生断裂，生成低分子量的化合物，并释放硫化氢气体，最终使 PAM 溶液质量浓度降低，黏度降低。一般认为，不同种类的微生物携带不同的功能基因而具有不同的代谢功能，在 PAM 的降解过程中发挥不同的作用。聚丙烯酰胺含有大量的 C—N、C—H、C—O、N—H 等化学键，不同种类微生物的共同参与，通过多种协同作用可以大大提高 PAM 的降解速率和效率。

第三节　聚合物驱基本原理

一、流度控制作用

对于均质油层，在通常水驱油条件下，由于注入水的黏度往往低于原油黏度，驱油过程中水油流度比不合理，导致采出液中含水率上升很快，过早地达到采油经济所允许的极限含水率的结果，使注入水出现黏滞性窜流，导致驱油效率降低。而当向油层注入聚合物时，可使驱油过程的水油流度比大大改善，从而延缓了采出液中的含水率上升速度，使驱油效率提高，甚至达到极限驱油效率。

由于聚合物的流度控制作用是聚合物驱油的重要机理之一，为便于加深理解，可结合实例来进一步从理论上讨论这一问题。

我们知道，在水驱油条件下，水突破油层后采出液中油的分流量为：

$$f_o = \frac{\lambda_o}{\lambda_o + \lambda_w} = \frac{\dfrac{KK_{ro}}{\mu_o}}{\dfrac{KK_{rw}}{\mu_w} + \dfrac{KK_{ro}}{\mu_o}} \tag{1-1}$$

式中　f_o——采出液中油的分流量；

λ_o——原油流度；

λ_w——水流度；

K——岩石绝对渗透率；

K_{ro}——油相相对渗透率；

K_{rw}——水相相对渗透率；

μ_o——油相黏度；

μ_w——水相黏度。

式（1-1）经简化，得出：

$$f_o = \frac{1}{1 + \dfrac{\mu_o}{\mu_w}\dfrac{K_{rw}}{K_{ro}}} \tag{1-2}$$

众所周知，油、水两相的相对渗透率 K_{ro} 和 K_{rw} 是含水饱和度的函数，K_{rw} 随含水饱和度增加而增加，K_{ro} 则随含水饱和度增加而降低。因为在向油层中注水的整个过程中，含水饱和度始终是增加的，最终趋向极限值。因而，均质油层注水采油过程中，比值 K_{rw}/K_{ro} 随注水时间的延续始终是增大的，最终趋于无限大（因 K_{ro} 将趋于零）。可见，采出液中油流分数始终是减少的，最终趋于零。换言之，采出液中含水率始终是上升的，最终趋向100%。

式（1-2）表明，油水黏度比 μ_o/μ_w 的大小是控制采出液中含水率上升速度的重要参数。当油水黏度比很大时，采出液中含水率上升速度快，就是说，还在油层中含水饱和度并不很高的情况下，就不得不因采出液含水率已达到采油经济允许的极限含水率而终止开采，因此，实际获得的采出效率远未达到油层的极限驱油效率。相反，在油水黏度比很小时，采出液中含水率上升速度将大大减缓，当它达到采油经济允许的极限含水率时，油层中的含水饱和度可能已经很高，因而获得的实际驱油效率高。

例如，油层原始含油饱和度为0.8，束缚水饱和度为0.2的均质油层，当残余油饱和度为0.3，可知其极限驱油效率为62.5%。假若平均含水饱和度为0.52时开始见水，并且油、水两相相对渗透率可分别按式（1-3）和式（1-4）给出：

$$K_{rw}=1.6\ (S_w-0.2)^2 \tag{1-3}$$

$$K_{ro}=0.8-1.132\ (0.8-S_o)^{0.5} \tag{1-4}$$

式中　S_w——含水饱和度；

　　　S_o——含油饱和度。

那么，我们可以在平均含水饱和度为 0.52~0.7 之间对含水饱和度任意给值，用相对渗透率公式求解指定含水饱和度下的相对渗透率，进而求解在油水黏度比为 15 和 1 两种假定条件下的油分流量，获得的结果见表 1-4。

表 1-4　不同油水黏度比时油分流量随含水饱和度的变化关系

S_w		0.52	0.55	0.58	0.6	0.62	0.65	0.68	0.70
K_{rw}		0.164	0.196	0.231	0.256	0.282	0.324	0.369	0.400
K_{ro}		0.160	0.130	0.100	0.084	0.066	0.041	0.016	0
f_o	($\mu_o/\mu_w=15$)	0.061	0.042	0.028	0.021	0.015	0.008	0.003	0
	($\mu_o/\mu_w=1$)	0.494	0.399	0.302	0.247	0.190	0.112	0.042	0

图 1-10 给出了不同油水黏度比时，采出液中含水率随油层平均含水饱和度的变化关系曲线。图中虚线为假定的采油经济允许的极限含水率 96%。由图 1-10 看到，在油水黏度比为 15 的条件下，油层刚一见水，含水率就已达致 93.9%；达到极限含水率 98%时，油层平均含水饱和度也只上升至大约 0.6，实际获得的驱油效率只有 50%，较该油层的极限驱油效率低 12.5%。而在油水黏度比为 1 的条件下，油层刚一见水时的含水率只有 50.6%，当油层含水饱和度为 0.6 时，含水率也只有大约 75%；达到经济允许的极限含水率 98%时，油层均含水饱和度已上升至 0.69，实际驱油效率高达 61%，比极限驱油效率只低 1.5%，而比油水黏度比为 15 时的实际驱油效率却高出 11%。

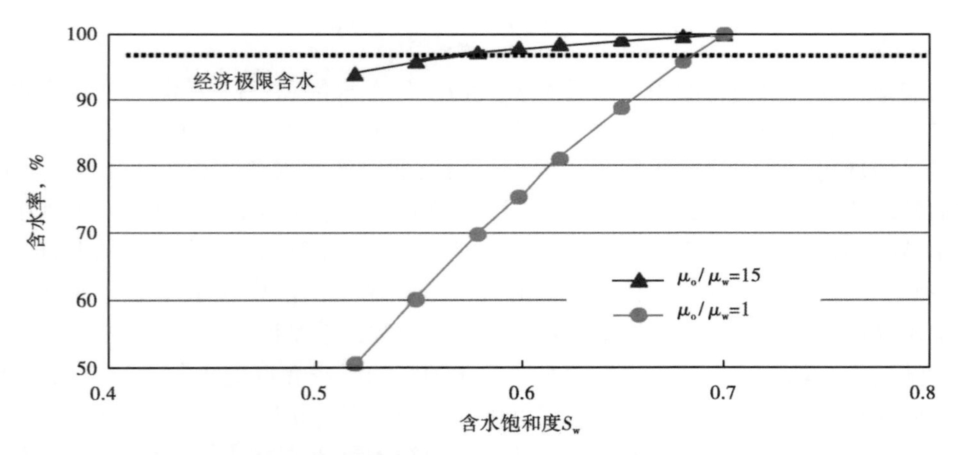

图 1-10　不同油水黏度比时采出液含水率随含水饱和度变化关系曲线

二、黏弹性提高驱油效率

HPAM 溶液在流动过程中表现出的性质介于理想黏性体和理想弹性体之间，因此 HPAM 溶液又被称为黏弹性流体。对于黏性流体来说，流动和形变是能量损耗过程，应力对流体所做的机械功全部转换为热能散失掉。因此，当应力消除后黏性流体不会恢复至原来的状态。而对弹性体，它有一个“自然状态”，拉应力做的功变为弹性能储藏起来，当拉应力解除后，能量释放出来，使体系恢复这一状态。HPAM 溶液在流动中除了发生永久形变外，还有部分的弹性形变。黏弹性与分子的柔曲性直接有关，链的柔曲性越大，黏弹性越显著，HPAM 便是具有黏弹性的分子。这种弹性效应使得剪切流动时的法向应力分量不像牛顿流体那样彼此相等，可以用法向应力差来评价弹性效应。第一法向应力差一般为正值，随剪切速率增加而增加；第二法向应力差一般为较小的负值，随剪切速率增加而下降。

对于相同浓度、相同体系黏度的不同聚合物，通常黏弹性较强的聚合物其岩心驱油实验效果较好。

为了研究聚合物溶液的黏弹性对采收率的影响，进行了相同黏度的甘油驱油与聚合物驱油对比实验。表 1-5 是用几组渗透率相近的人造岩样进行的直接驱油实验结果。直接甘油驱时，采收率平均为 57. 81%；直接聚合物驱时，采收率平均为 63. 95%，比甘油驱提高 6. 14%。而甘油驱后再用聚合物驱，还可提高采收率 5. 32%。

表 1-5　人造岩样甘油和聚合物驱油对比实验结果

样品号	渗透率 mD	孔隙度 %	驱替方式	采收率 %
16-6	700	20. 7	直接聚合物驱	61. 41
16-12	710	21. 5	直接甘油驱	55. 85
C3	838	23. 8	直接聚合物驱	65. 48
C1	824	23. 9	直接甘油驱，甘油驱后聚合物驱	58. 32，63. 85
16-4	810	21. 6	直接聚合物驱	64. 96
16-2	798	21. 7	直接甘油驱，甘油驱后聚合物驱	59. 27，64. 38

用水湿、中性、油湿微观模型，进行的水驱→甘油驱→聚合物驱（甘油与聚合物溶液的黏度相同）的驱油实验结果也有类似结论（图 1-11）。由于平面仿真模型，水驱时存在明显的指进现象，水驱后存在着较多的成片残余油和驱替不到的死角，所以，水驱后用黏性甘油驱也能明显提高原油采收率。而甘油驱后，再用聚合物驱，驱油效率能进一步提高，分

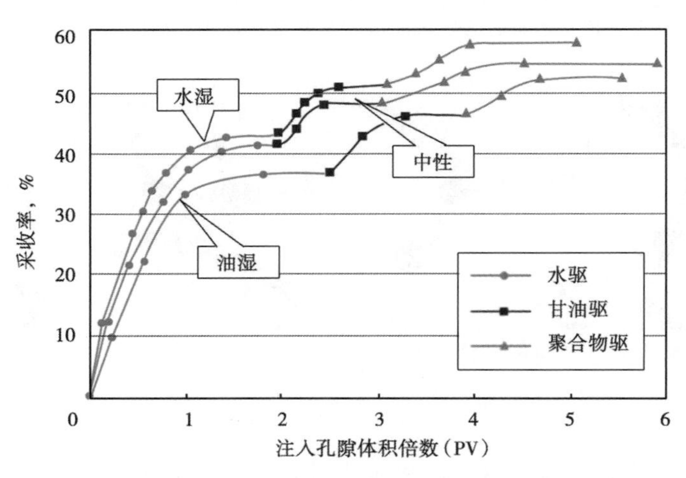

图 1-11　水驱—甘油驱—聚合物驱（微观模型）采收率曲线

别提高 7.0%，6.4%和 5.9%。表明黏弹性聚合物溶液能够驱出黏性甘油水溶液驱后的部分残余油。但驱替顺序若改为水驱→聚合物驱→甘油驱，则聚合物驱后的甘油驱，不能进一步提高采收率（图 1-12）。微观驱油实验图片对比表明，聚合物驱能比甘油驱驱替更多的簇状残余油（图 1-13），而且聚合物驱对甘油驱替不出来的细喉道中的残余油（图 1-14），也有一定的驱替效果。

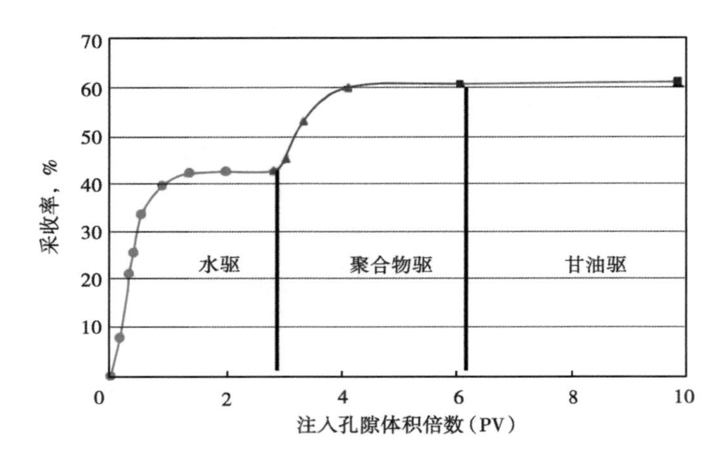

图 1-12　水驱—聚合物驱—甘油驱（微观油湿模型）采收率曲线

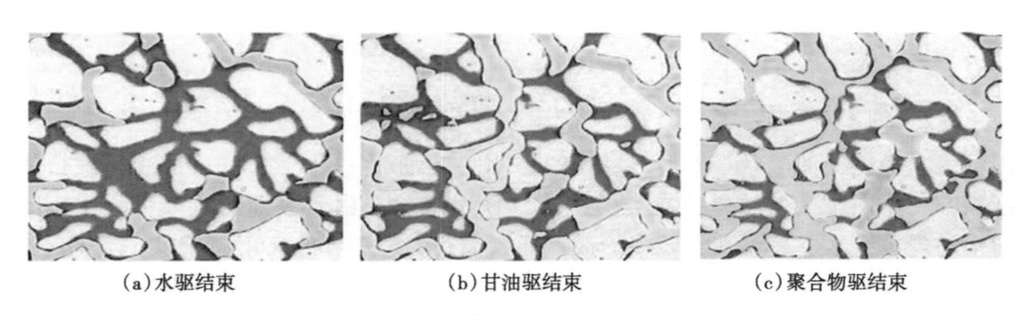

图 1-13　水驱后的残余油被甘油和聚合物驱替后的图象对比

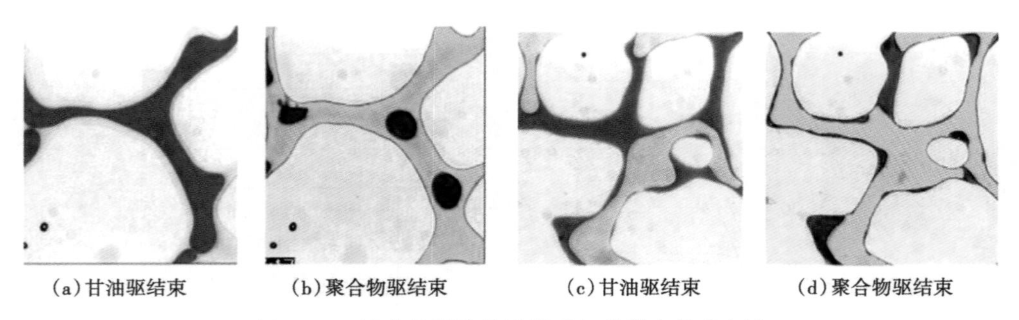

图 1-14　聚合物驱替甘油驱后细喉道中的残余油

用大庆油田萨、葡油层的天然岩样和人造岩心，进行了油湿和水湿孔隙介质，0.57PV 相同黏度的聚合物驱油与甘油驱油对比实验。实验结果列于表 1-6。从表 1-6 中结果可以看出，对于室内岩心驱替实验，黏弹性聚合物驱可比水驱提高驱油效率7.93%，而黏性甘油驱仅能比水驱提高驱油效率3.03%，平均相差4.9%。表1-6中黏度相同的甘油驱与聚合物驱所产生的差别，反映了聚合物溶液的弹性作用。

表1-6　甘油和聚合物驱油对比实验结果

岩心号	渗透率 mD	驱替方式	润湿性	原始含油饱和度 %	水驱采收率 %	最终采收率 %	采收率提高值 %	备注
204-1	1457	水驱—聚合物驱—水驱	油湿	71.2	59.26	67.38	8.12	天然岩心
235	1827	水驱—聚合物驱—水驱		63.7	58.89	67.54	8.65	
354	1308	水驱—聚合物驱—水驱		70.7	61.29	68.85	7.56	
508-1	1034	水驱—甘油驱—水驱		61.9	60.56	63.53	2.97	
388	1353	水驱—甘油驱—水驱		78.7	58.54	61.81	3.23	
16-9	768.0	水驱—聚合物驱—水驱	水湿	63.30	57.56	65.35	7.79	人造岩心
80-中1	731.0	水驱—聚合物驱—水驱		66.00	57.00	64.55	7.55	
79-中2	754.0	水驱—甘油驱—水驱		65.40	58.33	61.14	2.81	
80-中2	722.0	水驱—甘油驱—水驱		64.80	57.22	60.34	3.12	

三、水相渗透率下降

聚合物驱油涉及油相和含聚合物的水相之间的两相渗流过程。由于高分子量聚丙烯酰胺聚合物的非牛顿流体效应和在多孔介质中吸附滞留的影响，使得聚合物驱过程中的渗流机理难于用数学方法表述。但是，聚合物驱油不同于水驱的关键点在于水中加入了聚丙烯酰胺，使得驱替剂的有效渗透率或者叫相对渗透率降低，如图1-15所示。由于聚合物驱使得驱替剂的相对渗透率降低，从而使得水驱采出程度有了大幅度的提高。其主要机理有两点：一是聚合物驱降低了驱替相的渗透率，从而改善了流度比，提高了水驱油在平面上的波及效率，

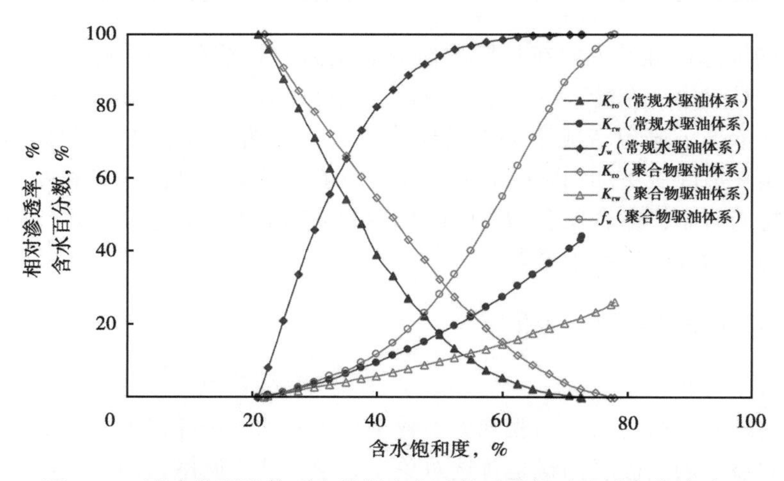

图1-15　聚合物驱油体系和常规水驱油体系的相对渗透率曲线对比

进而提高采出程度；二是聚合物驱降低了驱替相的渗透率，从而使油层的驱替阻力大幅度提升，提高了井底的生产压差，起到了封堵高渗透层、增加低渗透储层水驱动用程度的作用，在纵向上提高了水驱波及效率，进而提高最终采出程度。

第四节　适合聚合物驱的油藏条件

一、聚合物驱油藏筛选标准

提高原油采收率的方法，由于其驱油机理不尽相同，因此，都有其各自适合的油藏条件。也就是说，由于不同油田地质条件、流体性质千差万别，要想获得好的开发效果和较高的经济效益，对于所采用的提高油田采收率的方法应进行严格筛选，并结合现场实施工艺等选择最适宜的提高采收率方法。

聚合物驱油是通过在注入水中加入高分子量的聚合物，增加水相黏度和降低水相渗透率，达到改善油水流度比、提高波及效率和增加原油产量从而提高油田采收率的方法。

对于非均质比较严重、原油黏度相对较高、渗透性适合的油藏，采用聚合物驱油技术通常可以获得较好的开发效果。但是，由于受聚合物产品性能、油藏条件、开发技术水平和经济效益等限制，不是所有的油藏实施聚合物驱都能获得较好的开发效果和效益，根据国内外大量的室内实验和聚合物驱矿场试验结果，结合国内外聚合物驱油技术标准和专家学者意见，给出了一套聚合物驱的筛选指标参数（表 1–7）。

表 1–7　适合聚合物驱的砂岩油藏筛选标准

参数	油藏温度 ℃	地层水矿化度 mg/L	二价阳离子浓度 mg/L	空气渗透率 K mD	地层原油黏度 mPa·s	渗透率变异系数	油藏埋深 m
理论范围	<93.3	<60000	<2000	50~8000	1~200	0.5~0.9	<2743
矿场范围	<80	<24000	<1000	1~12000	1~4000	0.5~0.9	<2100
适宜范围	<80	<30000	<500	10~12000	1~200	0.5~0.9	<2100

表 1–7 中的筛选标准是人们在长期的研究和实践中形成的，并随着技术的进步在不断地修改和完善，虽然也存在着一些争论和分歧，但可以有效地指导聚合物驱的矿场实施，给决策者提供科学依据，避免造成不必要的经济损失。当然，对于某一具体油藏进行聚合物驱，还要根据实际情况做更加细致的研究工作。目前，随着科技的进步和发展，特别是新型抗温耐盐聚合物的研制，适合聚合物驱的砂岩油藏筛选标准也在逐步拓宽，一些以前认为不适合实施聚合物驱的油藏也有了希望。

二、聚合物驱有利条件分析

1. 油藏类型

迄今，国内外所进行的聚合物驱绝大多数是在砂岩油层中完成的，大都获得了较好的技术效果和经济效益，表明砂岩油藏是首选对象。有学者认为碳酸盐岩油层高含量的碳酸钙和碳酸镁及严重的非均质性，不利于聚合物驱油，但是在国外一些碳酸盐岩油藏中进行的聚合物驱也获得的成功，在克拉玛依砾岩油藏聚合物也获得了较好的开发效果。毕竟目前国内对碳酸盐岩油藏和砾岩油藏研究较少，因此，本书仅针对砂岩油藏聚合物驱油技术。此外，需要注意的是，疏松砂岩油藏、带有气顶砂岩油藏、底水油藏、裂缝油藏和断块油藏等特殊情况需要谨慎对待、细致研究。近年来，随着深部调剖技术的发展，有高渗透条带大孔道或微小裂缝的油藏也可以应用聚合物驱油技术，全部为洞穴和裂缝严重的油藏应避免采用聚合物驱技术。

2. 油层温度

聚合物分子的耐热性或热安定性，衡量标准是聚合物的最高使用温度，在高于该温度下，聚合物的性质会发生变化。聚丙烯酰胺和部分水解聚丙烯酰胺的理论玻璃化和分解温度为200℃，脱水温度为210℃，炭化温度为500℃，一般产品的降解温度约为121℃。多数聚合物在70℃左右其性质就会发生变化，聚丙烯酰胺在70℃时表现出很强的絮凝倾向。高温下降解反应会加速，吸附量增大。

聚合物驱的油层温度不能太高，聚合物注入油层后，在高温条件下会发生热降解和进一步水解，破坏聚合物的稳定性，大大降低聚合物的驱油效果。聚合物溶液的黏度随温度的升高而降低，在降解温度之前，其黏度是可以恢复的，即温度降至原来的温度，黏度可以恢复到原来的值。聚合物驱要保证足够的黏度来控制流度，油层温度越高，需要的聚合物浓度越高，导致采油成本增加。温度还会对聚合物驱所需的其他化学添加剂，如杀菌剂、除氧剂等产生影响。油层温度太低对，聚合物驱也有不利的影响，因为在这样的温度下细菌的活动通常会加剧。对于使用一般聚合物，最适合聚合物驱的油层温度为25~60℃；但对于耐温性聚合物，油层温度范围可以适度放宽，参考成功的矿场实践经验应低于80℃为宜。因聚合物在高温下会发生快速水解和自由基降解反应，导致聚合物驱油技术对90℃以上的高温油藏作用变差。因此，高于90℃高温油藏目前仍是聚合物驱油技术的禁区。

3. 地层水矿化度及二价阳离子浓度

地层水矿化度对部分水解聚丙烯酰胺的水溶液黏度有较大的影响，溶液黏度随矿化度的增加而降低，矿化度越高，聚合物溶液的黏度越低。溶液黏度对水中金属阳离子的含量十分敏感，Ca^{2+}、Mg^{2+}和Fe^{3+}等高价阳离子对聚合物溶液黏度的影响比K^{+}和Na^{+}更严重，如果高价金属离子超过一定浓度则会使聚合物沉淀，在低水解度的情况下，这种影响会减弱，但聚合物的增黏能力将减小。聚合物驱一般要求地层水总矿化度小于10000mg/L，配制水矿化度小于1000mg/L，两种水的Ca^{2+}和Mg^{2+}的总含量小于300mg/L，才可能获得比较好的经济效益。对于耐盐性聚合物，矿化度范围可以放宽。

1）地层水总矿化度

常规油田地层水阳离子以一价离子为主（Na^{+}、K^{+}），一般用溶液中离子的总和（矿化度）作为评价聚合物黏度的指标之一，地层水和注入水矿化度低，有利于聚合物增黏。矿化度高，聚合物黏度低，残余阻力小，增加聚合物的注入量，从而增加成本，并且影响聚合物驱采收率。因此，聚合物驱油藏地层水矿化度不应太高，一般应小于10000mg/L，如果聚合物抗盐性能较好且经济上允许的话，可以提高到30000mg/L。

国外高矿化度油田进行聚合物驱时，多采用“预冲洗”的办法，即注聚合物前先注一段淡水（低矿化度水）将聚合物溶液与高矿化度地层水隔开。

2）二价阳离子浓度

高价阳离子不但能够严重降低聚合物的黏度，更严重的是引起聚合物交联，使聚合物从溶液中沉淀出来，这就是所谓的聚合物与油田水不配伍。因此，聚合物驱油藏地层水二价阳离子浓度不应太高，一般应小于300mg/L。如果聚合物抗盐性能较好且经济上允许的话，可以提高到1000mg/L。

在高钙、镁油藏中，由于二价阳离子对黏度的影响远大于一价阳离子，用矿化度作为评价指标不再适用。可利用回归的直线将地层水中 Na^{+} 与 Ca^{2+} 质量浓度等效成单一离子质量浓度，对比不同硬度地层水对聚合物溶液黏度的影响。将等效后的阳离子含量定义为等效阳离子量，等效后的总矿化度定义为等效矿化度。

4. 油层渗透率

油层渗透率及其分布是聚合物驱能否成功的重要因素。如果对于渗透率较低的油层实施聚合物驱，一方面由于注入能力低，注入压力较高，造成注入困难甚至注不进去，另一方面会使注入周期大大延长。实践表明，对于渗透率10~12000mD的油层适合聚合物驱油。

此外，聚合物溶液的渗流能力，不仅取决于油层渗透率，还与聚合物分子量与油层渗透率是否匹配有关。

5. 地层原油黏度

地层原油黏度是评价油藏是否适合聚合物驱的一个重要参数，原油黏度的高低决定着油水流度比的大小，油水流度比小于1或大于50的油层都不宜采用聚合物驱技术。油水流度比在1.0~4.2范围内已进行了成功的试验。图1-16描述了不同原油黏度与聚合物驱提高采收率的关系。

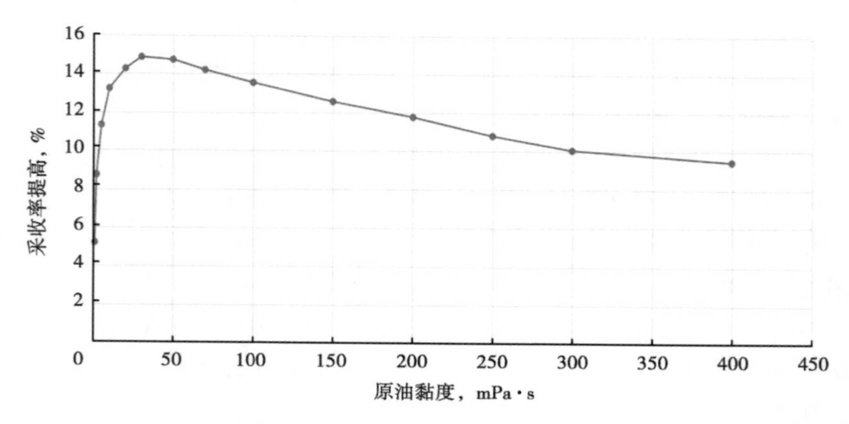

图1-16　不同原油黏度聚合物驱效果

由图1-16中看出，原油黏度在30~50mPa·s范围内采收率增幅最高，大于此范围，采收率随着原油黏度的增加而降低。对于高黏度的原油需要高浓度的聚合物溶液来改善流度控制，这不仅影响聚合物溶液的注入能力，且降低了经济效益。采用聚合物驱时推荐的原油黏度范围应小于100mPa·s。

在聚合物驱在稠油油田上应用方面，调研了加拿大佩利肯莱克（Pelican Lake）油田应用聚合物驱的情况（表1-8），稠油油藏实施聚合物驱后，原油产量从43bbl/d上升至700bbl/d，含水量低于60%。对于黏度较高的区块，含水率下降幅度不是很大，但增油效果仍然良好。CNRL 公司于 2006 年在 Pelican Lake 油田实施的聚合物驱产量达 20000bbl/d。

表 1-8　加拿大 Pelican Lake 油田聚合物驱基本参数表

公司名称	开发时间	生产井数 口	注入井数 口	孔隙度 %	渗透率 mD	深度 m	API 重度 °API	黏度 mPa·s	温度 ℃
CNRL	2006 年	1000	200	29	1000~4000	457	13	1000~4000	15.5
CENOVUS	2004 年	445	280	30	500~5000	305~396	13.5~16.5	1000~5000+	17.2

6. 油层渗透率变异系数

渗透率变异系数是描述油层纵向非均质的参数，它是影响聚合物驱采收率的重要参数之一，也是决定一个油藏是否适合聚合物驱的一个重要指标。

储层一般都是沉积岩，一个厚油层是由许多不同渗透率段组成的，由于沉积环境不同，各层段的渗透率有较大差异，即层内存在非均质。

油层的层间非均质性或者油层内部的非均质性，在聚合物驱情况下都会得到改善。数值模拟研究表明，渗透率变异系数在 0.72 左右时采收率增值最大；小于 0.72 时，采收率增值随渗透率变异系数的增加而增加；大于 0.72 时，采收率增值随之而减小。这是由于渗透率差异过大，聚合物溶液调节沿高渗透率突进的作用减小。

7. 油层埋藏深度

由于油层温度随着油层深度的增加而增加，因此，对油层埋藏深度的要求主要取决于聚合物降解的温度。油层温度与油层深度的关系可用式（1-5）表示：

$$T=\alpha H \tag{1-5}$$

式中　T—油层温度，℃；

　　α——温度梯度，℃/m；

　　H——油层深度，m。

适合聚合物驱开发的油藏一般属于浅层油藏和中深层油藏，通常埋藏深度小于 2500m。

从以上分析可以看出，聚合物油藏的适用条件是变化的，随着科学技术的发展、聚合物产品性能的提高而不断变化的，如果突破一些界限生产出耐温、抗盐的新型聚合物，聚合物油藏的适用条件会相应地放宽。

参考文献

[1] 刘朝霞，张禹坤，蒋平．Weibull 与 HCZ 预测模型在聚合物驱产油量预测中的应用［J］．油气地质与采收率，2007，14（6）：76-78.

[2] 陈元千．对翁氏预测模型的推导及应用［J］．天然气工业，1996，16（2）：22-26.

[3] 孙强，邓兵，马丽梅．广义翁氏与瑞利模型在聚合物驱产量预测中的应用［J］．大庆石油地质与开发，2003，22（5）：58-59.

[4] 周丛丛，李洁，张晓光，等．基于人工神经网络的聚合物驱提高采收率预测［J］．大庆石油地质与开发，2008，27（3）：113-116.

[5] 王兴峰，葛家理，陈福明，等．三次采油指标预测及开发最优接替模型研究［J］．石油学报，2001，22（5）：43-47.

[6] Glover F，Klingman D. Network Models in Optimization and their Application in Practice［M］. New York：

John Wiley &Sons Inc，1993：1-3.
[7] 张俊法，王友启，汤达祯，等．聚合物前缘突破时间预测［J］．油气地质与采收率，2008，15（6）：66-67.
[8] 赵国忠，孟曙光，姜祥成．聚合物驱含水率的神经网络预测方法［J］．石油学报，2004，25（1）：70-73.
[9] 侯健，郭兰磊，元福卿，等．胜利油田不同类型油藏聚合物驱生产动态的定量表征［J］．石油学报，2008，29（4）：577-581.
[10] 单联涛，张晓东，朱桂芳．基于三层前向神经网络的聚合物驱含水率预测模型［J］．油气地质与采收率，2007，14（5）：56-58.
[11] 张继成，宋考平，邓庆军．聚合物驱开发指标计算数学模型的建立与应用［J］．钻采工艺，2003，26（1）：27-29.
[12] 王雨，宋考平，唐放．预测聚合物驱油田产量的两种方法的对比［J］．石油钻探技术，2009，37（2）：70-73.
[13] 周志军，宋考平，闫亚茹，等．聚合物驱驱替特征模型的建立及其应用［J］．大庆石油学院学报，2002，26（1）：101-104.
[14] 元福卿．驱替特征曲线法预测聚合物驱效果研究［J］．断块油气田，2005，12（4）：51-53.
[15] 刘朝霞，韩冬，王强，等．一种预测聚合物驱含水率的新模型［J］．石油学报，2009，30（6）：903-907.
[16] 袁威，吴忠萍．利用回归预测技术进行聚合物驱开发指标预测［J］．国外油田工程，2007，23（2）：42-44.
[17] 张继成，宋考平，张寿根，等．聚合物驱含水率最低值及其出现时间的模型［J］．大庆石油学院学报，2003，27（3）：101-104.
[18] 岳湘安．非牛顿流体力学原理及应用［M］．北京：石油工业出版社，1996：305-306.
[19] 王友启，王军志，王庆红，等．聚合物驱生产规律初步分析［J］．油气采收率技术，2000，7（3）：5-8.
[20] 王敬，刘慧卿，汪超锋，等．聚合物驱数学模型的若干问题［J］．石油学报，2011，32（5）：857-860.

第二章　聚合物驱开发方案设计技术

油田开发方案是指导油田开发的重要技术文件，是油田开发产能建设的依据，油田投入开发必须有正式批准的油田开发方案。油田开发方案编制的原则是确保油田开发取得好的经济效益和较高的采收率。油田开发方案的主要内容是：总论；油藏工程方案；钻井工程方案；采油工程方案；地面工程方案；项目组织及实施要求；健康、安全、环境（HSE）要求；投资估算和经济效益评价。在本章中，主要讲述与聚合物驱开发效果密切相关的油藏工程方案、驱油方案、调剖方案的编写内容与主要要求。

第一节　油藏工程方案

油藏工程方案的编制，是油田开发中最重要的一个环节，在聚合物驱开发过程中，也是同样重要的一环。油藏工程方案的主要内容是在深化油藏地质研究和优化配套技术的基础上，开展石油地质特征、油田地质储量、油藏地质建模等项研究，进行开发层系设计、井网部署、注入参数设计与优化，对方案设计的全过程开发指标进行预测，并开展经济效益评价、多方案的经济比选及综合优选，提出方案实施要求。油藏工程方案应以油田或区块为单元进行编制。

通过编制聚合物驱油藏工程方案，确定了聚合物驱开发层位、井网部署，明确了注入参数等项指标，并为后续的钻井工程方案、采油工程方案、地面工艺设计方案提供了主要编制依据。由于聚合物驱一般是在已经历长期水驱开发的区块上实施的，对油藏已有较高程度的认识，编制聚合物驱油藏工程方案时，地质概况部分的内容可根据实际情况进行概述，对油田开发早期的勘探、钻井、试油试采资料可略去不描述。

一、地质概况

油田开发是一个长期连贯的过程，开发效果与油藏条件、井网类型和开采方法有着密切的联系。因此，在聚合物驱方案编制过程中，要认真研究油藏地质特征、以往的开发历史和效果等问题。通过研究开发区块的油藏地质特征，认清油层的发育状况、油层连通性、油层非均质性、油层物理性及油层液体的性质。主要包括：油藏构造形态，断层发育和分布状况，油层砂体发育状况及其变化规律，油层平面和纵向上非均质的描述，油藏的油、气、水性质，油层温度，油层原始压力，油层原始含油饱和度，开发区块石油地质储量等。

1. 地理位置

需要说明油田的地理位置（包括盆地、构造单元）、行政归属、油田区域范围、地理环境（地形、平均海拔高度、气候、当地交通概况及输油气管道条件等说明），附油田地理交通位置图。简述国家或当地地方对环境保护与生态的要求。提供油田（开发区块）的开发面积与地质储量。

2. 构造特征

需要描述油藏的构造类型、形态、倾角、闭合高度、闭合面积、构造被断层复杂化程度、构造对油藏的圈闭作用等资料。应列出构造要素表，参见表 2-1。

表 2-1 油田（区块）构造要素表示例

层位	高点		闭合幅度 m	闭合登高线海拔 m	长轴 km	短轴 km	长短轴之比	构造圈闭面积 km^2
	埋深 m	海拔 m						

根据油田实际情况，附油田分层组或重点层组顶面构造图，比例为 1:10000 或 1:25000。说明主要断层条数、断层名称、断层级别，描述主要断层的分布状态、密封程度、延伸距离、钻遇井井号，以及断层要素、走向、倾向、倾角及变化、断层落差及在平面上的变化。说明断层与圈闭的配合关系以及断层对流体分布、流动的作用，方案要附主要断层要素统计表（表 2-2）。

表 2-2 油田（区块）主要断层要素统计表示例

断层号	延伸长度 m	倾角 (°)	顶部层位	底部层位	顶部深度 m	底部深度 m	最大断距 m

对裂缝性油藏，要说明地应力测试方法，描述现今地应力状况，确定最大主应力和最小主应力方向和大小，可能的话附地应力分布纲要图或玫瑰图。并利用岩心观察和测井方法描述裂缝性质、产状及其空间分布、密度、间距、开度、裂缝中的填充矿物及填充程度、含油产状、裂缝与岩性的关系等。分析裂缝组系、级次及形成序次。要严格区分天然裂缝与人工诱导缝。利用铸体薄片、荧光薄片等确定微裂缝的分布及其面孔率。

3. 油藏压力、温度系统及油藏类型

1）地层压力系统

根据分油层组实测的原始地层压力和压力系数或压力梯度统计结果，评价油藏的压力系统。若是异常压力系统，要分析其成因。

2）地层温度系统

根据分油层组测试的地层温度和地温梯度统计结果，评价油藏的温度系统。

根据圈闭成因、油气藏形态、储层岩性等确定油藏类型。

4. 油层的岩性、物性、流体性质

1） 岩性和物性

应描述储层微观孔隙结构，内容包括：孔隙类型、喉道类型、孔隙结构特征参数、储层分类、黏土矿物分布特征等。

根据岩心化验分析资料，分层描述储层岩石的矿物组成、杂基、胶结物及其含量、固结程度。根据岩石薄片、铸体薄片、扫描电镜、黏土矿物等描述储层所经历的成岩作用及所处成岩阶段，分析储层成岩作用特征。分层描述随埋深增加颗粒接触关系、黏土矿物、胶结物、含量变化及对孔隙度的影响。

分析储层的水敏、酸敏、碱敏、盐敏和速敏特性，并附必要的敏感性曲线。

2） 流体性质

（1） 原油性质。进行地面原油分析结果及评价，可列出地面原油常规分析、地层原油高压物性结果，说明地层原油高压物性。

（2） 天然气组分。说明天然气类型（溶解气或伴生气），列出天然气常规分析的化学组成，对分析结果作出评价。

（3） 地层水性质。列出地层水常规分析结果，对地层水分析结果作出评价。说明地层水总矿化度、水型、相对密度及地层条件下的黏度、体积系数以及地层水电阻率等。

5. 开发概况

通过分析开发区块的开发历史，能够使我们进一步了解区块的开发状况，对以后分析油层的水淹状况和剩余油分布有很大帮助。主要内容包括：该区块开发初始时间，开发层系，基础井网类型，开采方法开发过程中采取的调整手段、时间、目的，特别要分析聚合物驱目的层的开发过程和当前的开发状况。

1） 历年井网部署

简述自油田投入开发以来，历次开发调整井网部署与演变，主要包括时间、井网部署、开采层位、开发井数、井网密度等。

2） 生产情况

聚合物驱开发区块内有老井也有新井，而且新井分布在老井之间，因此，分析新井资料可使我们对油层有一个进一步的认识。通过分析开发区内的油水井生产状况，可以从宏观上认清各井的生产能力，为方案编制提供指导性的依据。

在分析单井静态与动态资料以及井间连通状况的基础上，分层系、井网统计老井、新井及注入井的生产状况。统计内容：油井的开关井数、日产液量、日产油量、含水状况和采液指数，水井的开关井数、日注量、注入压力和吸水指数，历年来的措施改造情况及调剖等其他措施情况。

二、储层沉积特征

1. 储层沉积特点

细分沉积相、沉积微相，碎屑岩油藏描述到单砂体微相，描述不同沉积微相在空间的分布规律，建立研究区沉积微相模式，综合评价各类沉积微相，描述沉积微相与剩余油分布的关系。表 2-3 和表 2-4 是描述储层沉积特点时常用的表格。

表 2-3 聚合物驱目的层钻遇厚度表统计表示例

层号	平均单井			河道砂			有效厚度≥1.0m 主体砂		
	钻遇率 %	砂岩厚度 m	有效厚度 m	钻遇率 %	砂岩厚度 m	有效厚度 m	钻遇率 %	砂岩厚度 m	有效厚度 m

表 2-4 聚合物驱目的层不同沉积类型钻遇厚度表示例

沉积类型		单元数 个	河道砂			主体砂			非主体砂			表外储层		合计		
			钻遇率 %	砂岩厚度 m	有效厚度 m	钻遇率 %	砂岩厚度 m	有效厚度 m	钻遇率 %	砂岩厚度 m	有效厚度 m	钻遇率 %	砂岩厚度 m	钻遇率 %	砂岩厚度 m	有效厚度 m
内前缘相	水下分流河道															
	枝—坨过渡状															
	坨状砂体															
外前缘相	Ⅱ类砂体															
	Ⅲ类砂体															
	Ⅳ类砂体															
合计																

2. 油层非均质性

平面非均质性：根据砂体在平面上的分布形态、规模及连续性，确定非均质特征参数（渗透率变异系数、突进系数等），描述储层厚度、孔隙度、渗透率的平面非均质特征。

纵向非均质性：描述层内、层间非均质性。层内非均质性特征参数主要有：渗透率变异系数、突进系数、渗透率级差；层间非均质性主要有隔层分布特征、分层系数、砂岩系数、有效砂层系数。

三、油层动用状况分析

定量地分析油层动用状况，是聚合物驱油藏工程方案编制过程中相当重要的一个环节，通过对剩余油分布的定量刻画，从而确定聚合物驱的目的层位与驱油对象。一般地，采用数值模拟方法、水淹层测井解释资料、密闭取心资料来进行分析。

1. 数值模拟方法

选取区块内的一个有代表性的区域建立地质模型，从开发初期开始进行数值模拟。根据数值模拟结果，统计目的层采出程度、含水指标，并计算各小层（沉积单元）剩余储量比例，见表 2-5。

表 2–5　聚合物驱目的层数值模拟结果统计表示例

单元	有效厚度 m	地质储量 10^4t	累计产油 10^4t	剩余储量 10^4t	占总剩余储量比例 %	采出程度 %	含水 %	含水饱和度 %

2. 水淹层测井解释资料

收集并统计聚合物驱区块内近期的新钻井水淹层测井解释资料，可以确定目的层的高水淹、中水淹、低水淹、未水淹比例，了解油层的动用状况（表 2–6）。

表 2–6　聚合物驱目的层水淹状况统计表示例

单元	高水淹		中水淹		低水淹		未水淹	
	厚度，m	比例，%	厚度，m	比例，%	厚度，m	比例，%	厚度，m	比例，%

3. 密闭取心资料

收集并统计区块内或相邻区块内近期的密闭取心井资料，可以了解目的层的水洗情况与驱油效率（表 2–7）。

表 2–7　聚合物驱目的层水洗状况表示例

厚度分类	层位	层数 个	有效厚度 m	水洗有效厚度 m	水 洗 程 度				驱油效率 %
					未洗厚度 m	弱洗厚度 m	中洗厚度 m	强洗厚度 m	
河道砂									
主体砂									
非主体									
合计									

四、开采对象与层系组合

油田中的油水井往往穿透的是多个油层，这些油层之间的性质差异很大，这种差异导致了油田开发中的层间矛盾，即高渗透层的开发效果明显好于低渗透层，如二者一起笼统开采，则高渗透层便抑制了低渗透层的开发效果。在开发过程中，一般以邻近的、油层性质相近的层作为一个层系来组合开采，以减小层间矛盾。

1. 开采对象的确定

聚合物驱作为一种提高采收率方式，有其适用条件与范围。因此，应根据不同类型油藏的特点来确定开采对象。

2. 层系组合原则

从室内物理模拟、数值模拟结果，到长期的聚合物驱开发实践，都表明了单一油层的聚合物驱开发效果最优，但在陆相砂岩油藏中，考虑到经济效益等因素，多采用多油层组合的方式进行开发。如果发育较多的油层，还可以采用优选的方法，来确定多套层系的组合。

（1）同一层系内油层及流体性质、压力系统、构造形成、油水边界应比较接近。

（2）一个独立的开发层系应具备一定的地质储量，满足一定的采油速度，达到较好的经济效益。

（3）各开发层系间必须具备良好的隔层。

（4）同一层系中各小层的开发状况较为接近。

3. 层系组合

依据层系组合原则，对提出的层系组合推荐方案，根据油层厚度发育状况、隔层发育状况、油层射孔情况、聚合物驱控制程度、地质储量等进行分析优选。

五、井网部署

聚合物驱是在水驱基础上采用的开发方式，其井网也是在水驱井网的基础上调整形成的。因此，既要尽可能减少钻井投资，又要取得好的开发效果，便成为进行井网部署主要考虑的问题。钻井投资与钻井数量成正比，井数又在一定程度上与开发效果成正比，合理地解决好这一矛盾就可以得到合理的聚合物驱开发井网。

1. 合理注采井距的确定

根据油层发育特点、目前各套井网注采井距及不同的布井方式，需针对区块采用不同井距的适应性进行分析。

主要考虑以下因素：

（1）不同井距条件下的聚合物驱控制程度。

（2）不同井距单井控制地质储量。

（3）不同井距聚合物驱经济效益。

（4）不同井距条件下的注入速度。

2. 井网部署原则

井网部署的最终结果是在综合考虑各种因素后确定所采用的井网类型和井距大小。

由于聚合物溶液黏度比较高，注入聚合物溶液后，将使油层渗流阻力增大，注入能力大幅度下降，主要表现在注入井注入压力上升，注入量下降。

应用数值模拟方法研究五点法、四点法和反九点法等不同类型的井网对聚合物驱油效果的影响。结果表明，对于不同注采井距，聚合物驱油效果以五点法井网最好。同时，从注采井数比及注入压力等因素来考虑，也是五点法井网最好。

在部署井网时遵循的原则是：

（1）坚持水驱、聚合物驱分开，各自独立形成一套系统的原则，避免或减少水驱、聚合物驱井网的互相干扰问题。

（2）采用五点法面积井网布井方式，井网部署要追求较高的聚合物驱控制程度；充分考虑与原井网的衔接，充分利用老井。

（3）油水井数比控制在 1:1 左右。

（4）如果存在多套层系上、下返的情况，则应使井网能够兼顾多套层系的需求。

（5）为防止套管变形，新布注水井距断层距离在50m以上。

（6）为防止聚合物外流，边界尽量以采出井收边。

在进行井号命名时，要本着井号易于查找，既能与其他层系井区分开，又有利于与原井网衔接的原则。

六、注入参数设计

大量的室内实验、矿场试验及数值模拟研究结果表明，除油层条件外，聚合物注入参数及所采用的注采方式对聚合物驱油效果均有不同程度的影响。在编制聚合物驱方案时应结合室内实验、矿场试验和数值模拟研究结果，充分论证注入参数和注采方式。

1. 聚合物分子量的选择

多年的室内实验和矿场试验结果表明，在油层条件允许的注入压力下，相同用量的聚合物，分子量越高，增黏效果越好，残余阻力系数越大，驱油效果越好；相同分子量的聚合物，分子量分布越宽，残余阻力越大，驱油效果越好。但是分子量过大又会给注入带来困难，甚至造成油层堵塞。因此，可以认为在可行的注入压力及聚合物分子量和油层渗透率相匹配的条件下，应最大限度地采用高分子量的聚合物。

具体选择过程应是根据聚合物分子量与岩心渗透率匹配关系的室内实验结果确定聚合物分子量范围，在此范围内满足聚合物分子回旋半径的5倍小于油层孔隙半径中值。考虑到油层状况的复杂性，还要借鉴油层条件相近的矿场试验结果。

2. 注入浓度和黏度的选择

就聚合物驱效果而言，数值模拟的研究结果表明，在相同用量下，采用高浓度的段塞驱油，比采用低浓度的段塞驱油效果好，对于非均质越严重的油层，更是浓度越高效果越好，但随着段塞浓度提高，注入黏度增大，注入压力升高，聚合物溶液注入会变得更加困难。由此看来浓度提高是有限的，在选择聚合物溶液浓度时要考虑到现场技术的可能性。

在选择聚合物溶液浓度时应考虑数值模拟计算和矿场试验结果。

3. 聚合物用量的选择

衡量聚合物驱油效果的重要指标是聚合物驱比水驱提高采收率值的大小、每吨聚合物增产油量的多少及聚合物驱比水驱节省的水量。

数值模拟研究结果表明，其他条件相同时，聚合物用量越大，驱油效果越好；但是当用量达到一定程度后，每吨聚合物增油量便随聚合物用量的增加而下降。因此，从聚合物驱本身的技术效果看，最佳的聚合物用量应使采收率提高的幅度和每吨聚合物增油量都比较大，且有较高的经济效益。

在注入速度一定时，聚合物驱生产费用随着聚合物用量的增大而增加。在选择聚合物用量时，首先应根据聚合物用量与生产费用的关系确定聚合物用量的范围。再依据数值模拟的研究结果并借鉴相应的矿场试验结果确定合适的用量。

4. 注入速度的选择

理论研究结果表明，注入速度的快慢对聚合物驱的最终驱油效果没有较大的影响，但是它制约着聚合物驱工程的进度，即它影响着聚合物驱工程的时间效益。注入速度高，则见效快，并缩短了聚合物驱开采期。但注入速度高，注入压力就高。因此，注入速度也受到油层条件的限制。

在矿场实际应用时，大量开发实例表明，较高的注入速度对提高采收率数值的大小还是有加大影响的，主要是较高的注入速度易在高渗透率油层中形成优势通道，使大量聚合物不能发挥作用，这一点在小井距条件下表现得更加明显。

在选择注入速度时，一般是用大量注入压力与注入速度的关系确定在最大注入压力不超过开发区油层破裂压力下的注入速度范围。在确定最大注入压力时，要根据矿场试验结果考虑到注聚合物溶液时可能的压力上升值。根据所选定的注入速度范围，应用数值模拟方法对注入速度问题进行优选计算，提出优选意见。分析当前注入井的指示曲线和注入井动态资料，根据各注入井的注入能力调整区块的注入速度。

七、聚合物驱油开采指标预测

1. 初期产能预测

按自然层统计聚合物驱目的层的钻遇砂岩厚度、有效厚度，借鉴相邻区块相同层位开发井投产初期实际情况，依据注采平衡原理，按照一定的采液强度要求测算投产初期平均单井日产液和含水指标，并测算区块整体开发指标。

2. 开采指标预测

开采指标预测是方案设计中一项非常重要的环节，预测精度的高低直接影响是否能正确指导油田聚合物驱工业化生产，包括水驱开发指标预测和聚合物驱开发指标预测两部分，根据多年来的实践经验，聚合物驱开采指标预测是比较成熟的方法。

1）建立数值模拟模型

为了比较准确地模拟和预测区块聚合物驱的动态及聚合物驱开采效果，在进行数值模拟计算时，首先，按照该区块的实际油水井数、井网、区块实际面积和储量及区块内油水井的分布状况，建立了油藏地质模型。模型纵向上按沉积时间单元分不同模拟层，在平面上按每个井点上的油层物性参数建立井间关系，进行聚合物驱区块孔隙体积、地质储量以及从投产开始至编制方案时期的含水、累计产油量、采出程度等的初步拟合。

2）水驱开发指标预测

根据数值模拟拟合结果，进行区块水驱效果预测，给出在达到一定注入孔隙体积倍数、全区综合含水达98%时的阶段采出程度，预计最终累计产油，全区最终采收率。

3）聚合物驱开发指标预测

在进行聚合物驱预测时，给出在聚合物全区综合含水达到最低值时的注入孔隙体积倍数、含水下降最低点。当达到一定注入孔隙体积倍数时，全区注完聚合物溶液，开始转入后续水驱。预测全区综合含水达到98%时的聚合物驱阶段采出程度、累计产油量、全区最终采收率以及与水驱效果相比较的，全区聚合物驱比水驱采收率提高值，累计增油量，吨聚合物增油量的指标。

八、经济效益评价方法

根据开发区块的聚合物驱开发指标的预测结果，就可以进行经济效益评价，评价方法主要是依据中国石油天然气集团有限公司与各地区分公司制定的经济评价参数选取标准及选取办法，采用增产油量计算方法。

通过成本分析、原油价格、敏感性分析、投入产出分析，计算出行业内部收益率、财务净现值和投资回收期，论证方案在经济上的可行性。

九、方案实施要求

方案实施要求主要包括钻井与测井要求、开采管理要求、注入水质要求、资料录取要求4个方面，同时也要符合国家与油气生产企业的安全环保要求。

1. 钻井与测井要求

要求严格按照方案设计井位钻井，如果钻井时需要移动井位，必须与方案设计单位协商解决。从控制开发成本考虑，新钻井一般需重复利用，因此要求尽量采用直井，如受地面条件限制可采用小位移斜井，尽量避免采用丛式井。

为了延长聚合物驱井的使用寿命，要求采用钢级较高的套管，在断层附近及易套损区需采用加高钢级加大套管壁厚及接箍强度的做法。

采用优质钻井液和合适的钻井液密度，减轻对油层的伤害。

编制新井射孔方案时，应采用孔径大、穿深长、对油层伤害程度小的射孔工艺。其中，注入井一般采用大孔径射孔弹射孔完井，采出井一般根据钻遇及隔层发育情况采用多种射孔方式相结合的方式完井。

要考虑好开发层位，适当避射，防止水驱井、聚合物驱井相互干扰影响开发效果。为降低钻井过程中对油层的伤害，新钻井需采用优质完井液完井；未进行压裂的注入井要酸化后再投产。

开发测井项目要执行所在石油企业相应的测井采集资料质量企业标准。

2. 开采管理要求

聚合物注入浓度、黏度及单井注入量需按照驱油方案要求实施，注入压力要求低于油层破裂压力。

聚合物驱采出井一般采用机械采油方式生产，要保证抽油机井占有一定的比例，以满足采出井监测需要。

3. 注入水质要求

注入水质需达到油藏工程方案确定的水质要求，同时也要符合石油企业的相关水质标准。

4. 资料录取要求

聚合物配制站、注入站、注入井、采出井资料录取需执行相关的石油企业标准。

以大庆油田为例，在日常生产资料录取要求上，要求每天记录一次注入量，每小时注入清水量误差不大于0.2m^3，在注聚合物期间，因特殊情况不能注聚合物时，要停注清水。油压、套压、泵压每天录取一次，特殊情况加密录取，每月要有25天以上（不得连续缺3天）。压力表每月校对一次，误差不超过标定的范围，录取压力值在压力表量程的1/3～2/3内。定点井的流压、静压动态监测每年测一次。

在分析化验资料录取要求上，化验资料应按周期录取。注入浓度应符合要求，误差为±100mg/L；黏度应稳定。若超过范围应重新取样分析，找出变化原因。

在测试资料录取要求上，正常分层井每半年测试一次，每天要有分层注入量，措施井施工后10天内测试，特殊情况加密测试。笼统注入井每季度测全井指示曲线一次。

在注入水质监测要求上，注入用水取样每月一次，如有需要可加密取样。分析内容主要是常规6项离子及铁离子含量，并计算总矿化度。

第二节　聚合物驱油方案

聚合物驱油方案的主要内容包括：地质概况、空白水驱开发现状、聚合物驱注入参数及注入方式优选、配产配注方案设计、聚合物驱开发指标预测及效益评价、方案实施要求6个方面的内容。

聚合物驱油方案是在油藏工程方案实施完毕后开始着手编制的，在对聚合物驱目的层的油藏描述、生产井的动态变化上有了更直接的了解，方案编制的重心侧重于聚合物驱注入参数及注入方式优选。

聚合物驱油方案注入参数及注入方式优选的主要原则：

（1）聚合物驱分子量设计确保80%以上油层与选择分子量匹配；

（2）聚合物驱注入方式设计，要最大限度扩大波及体积，以保证获得最大幅度的提高采收率数值；

（3）注入参数采取个性化设计，聚合物分子量、浓度设计，既要考虑注入井单井、单层发育状况，又要考虑井组连通油井油层发育状况；

（4）在设计合理的注入速度的范围内，要考虑给开发调整留有一定的时间余地；

（5）聚合物驱开发过程中要遵循区块注采平衡的原则；

（6）注入压力不能超过油层上覆岩压，防控套管损坏风险。

在编制聚合物驱油方案过程中，要在新钻井地质资料和新钻井投产后的动态资料基础上，重点开展聚合物驱注入参数设计工作。这主要有两方面的原因：一是在编制聚合物驱油藏工程方案时，注入参数设计立足于原有资料基础上，是一个初步结果；二是新钻井的油层解释资料与水驱空白阶段的动态资料，将使方案编制者对油藏的认识更加深化，方案编制结果将更加贴合实际。

一、方案设计

1. 聚合物类型的选择

目前，驱油用聚合物的种类较多，在选择适合聚合物驱区块的聚合物类型时主要考虑以下因素：

一是所选聚合物产品与油层物性较为适宜，驱油性能指标较好；

二是能够大规模工业化生产，在物资采购、运输等环节上较为便利；

三是与注入水质较为匹配，注入体系有较高的注入黏度。

以大庆油田聚合物类型的选择为例，在聚合物驱工业化开发初期，选择的聚合物类型是油田自产的不同分子量的线性阴离子聚丙烯酰胺。“十二五”以后，随着聚合物驱工业化应用规模不断扩大，为满足环保要求，在污水不能外排的情况下，需要利用采出污水稀释聚合物母液。现场配注结果表明，在黏度相同的条件下，污水稀释比清水稀释普通聚合物用量平均增加近50%。近年来，为进一步提高聚合物驱效率，大庆油田筛选、评价、自研了不同分子量抗盐聚合物，并开展了现场试验与工业化应用。

2. 注入体系设计

体系是一个科学术语，泛指一定范围内或同类的事物按照一定的秩序和内部联系组合而成的整体。在聚合物驱中，主要是指用清水（低矿化度水）或污水（高矿化度水）来稀释聚合物母液所形成的清水体系和污水体系。

在实际开发实践中，为提高注入体系质量，在确保污水平衡的前提下，主要是采用开展清水、污水的合理调运的做法，保证在一个开发区内新注聚区块和含水下降区块使用清水体系。

3. 聚合物分子量及浓度

目前，大庆油田聚合物驱主要采用聚合物分子量、质量浓度与油层条件匹配法，来选择聚合物分子量及浓度。

以往主要采用聚合物分子回旋半径作为评价聚合物分子尺寸的重要参数。近几年，利用动态光散射、X 光小角散射等新的实验技术方法，开展采用水动力学半径参数评价高分子聚合物分子尺寸的实验研究，对比了分子回旋半径（R_g）与水动力学半径（R_h）在不同溶液条件下的差别[1]。实验对比结果表明，固定分子量条件下，随着聚合物质量浓度和溶液矿化度的变化，水动力学半径变化，但分子回旋半径几乎不变化。因此，采用水动力学半径更能准确表征聚合物分子尺寸的大小，能够解释矿场试验过程中聚合物注入质量浓度增加，注入能力变差、甚至油层堵塞的现象。

孙刚、杨香艳等根据实验得到的大量基础数据，拟合了分子尺寸的经验计算公式：

$$Y = AX_m^a + (kX_m + B)[e^{b(\rho - C)} - 1] + DX_m e^{(cS_k)} \tag{2-1}$$

式中　X_m——分子量，10^4；

ρ——注入聚合物质量浓度，mg/L；

S_k——矿化度，mg/L；

A，B，C，D，a，b，c，k——常数。

采用数学回归分析法对式（2-1）进行显著性检验，相关系数 r 的绝对值接近于 1，表明此经验公式在数学上是有意义的。通过经验公式计算得到的水动力学半径与实测的水动力学半径误差在 10%以内。

注入参数与油层渗透率的匹配关系图版的建立。注聚区块现场动态分析经验表明，大庆长垣 6 个开发区在相近渗透率条件下，由于油层孔隙结构不同，同一聚合物溶液体系的注入能力存在一定差异。因此，研究了聚合物分子量、质量浓度、配制水矿化度与不同地区油层渗透率的匹配关系，为注入参数个性化设计提供技术支持。

1）不同地区渗透率与孔隙半径的对应关系

通过大量现场数据统计，给出了不同地区渗透率与孔隙半径的对应关系：

$$MK_w^b = R_{孔} \tag{2-2}$$

式中　K_w——有效渗透率，mD；

$R_{孔}$——孔隙半径中值，μm；

M——开发区域相关系数。

2）孔隙半径与水动力学半径对应关系

针对于某一地区，通过渗透率与孔隙半径函数关系，可以计算不同地区渗透率对应的孔隙半径，也可以计算某一渗透率下对应的水动力学半径。在此基础上建立了孔隙半径与水动力学半径的对应关系，通过对应关系可计算得到与油层孔隙半径相匹配的水动力学半径，得到的孔隙半径与水动力学半径对应关系。孔隙半径与水动力学半径的对应关系为：

$$NR_{孔} = R_h \tag{2-3}$$

式中 R_h——水动力学半径，μm；

N——开发区域相关系数。

3）注入参数与油层渗透率的函数关系

依据天然岩心流动实验数据，拟合并给出了渗透率与聚合物分子量、质量浓度函数关系：

$$K_w = EX_m F^p \tag{2-4}$$

式中 E——开发区域相关系数；

F——常数。

4）不同地区注入参数与油层匹配图版

在实验研究的基础上，结合各开发区已注聚区块的实际动态分析结果，绘制了不同地区、不同矿化度条件下，注入分子量、质量浓度与渗透率匹配关系图版（图2-1），直观形象地给出了注入参数与渗透率的对应关系和参数选择范围。

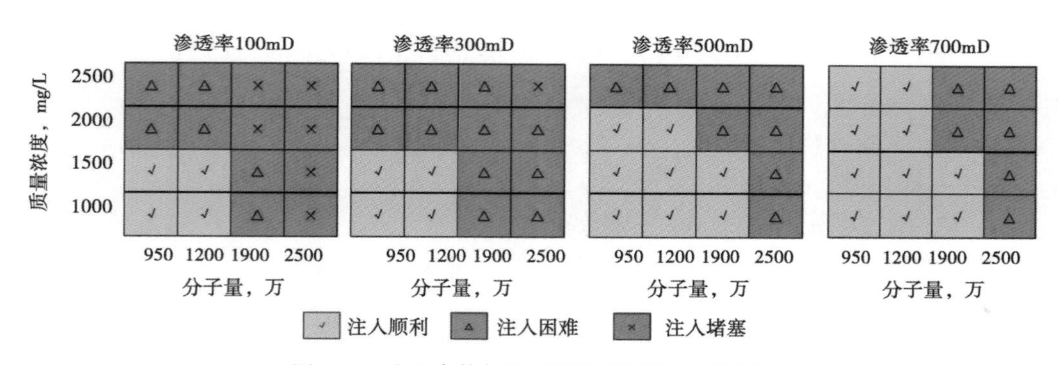

图2-1 注入参数与油层渗透率匹配关系图版

4. 注入段塞设计

由于一个油田或区块进行聚合物驱要兼顾开发效果与经济效益，不会长期进行聚合物注入，而是注入一个或多个段塞。目前，经常采用的有前置高浓度段塞+主段塞的方式，也有前置高浓度段塞+主段塞+交替段塞等方式，每个段塞的大小通常要经过数值模拟结果的优劣来进行评判。

二、聚合物用量的优化

理论研究和开发实践表明，合理的聚合物用量直接关系着聚合物驱的驱油效果和经济效益，聚合物用量越大，最终采收率提高越大，但当聚合物用量达到一定值以后，每吨聚合物的增油量会降低，聚合物驱的经济效益随之降低。

以某区块聚合物用量的确定为例，借鉴工业化生产的实际情况，聚合物驱全过程按注入孔隙体积 0. 8PV 计算，得到不同聚合物用量条件下的提高采收率数据（图 2-2）。

根据结算结果，当聚合物用量达到 1100mg/L · PV 后，提高采收率幅度值明显减缓，继续增加用量，提高采收率幅度值由 0. 29%减缓为 0. 08%。

因此，综合计算和数值模拟结果，确定某区块全过程聚合物用量为 1100mg/L · PV，方案实施时可根据实际动态变化情况适当调整。

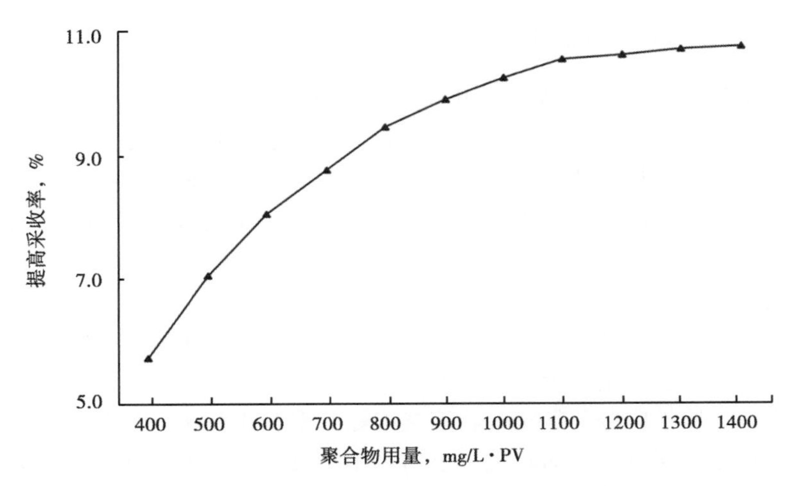

图 2-2　某区块数值模拟聚合物用量与提高采收率关系曲线

三、注入速度的确定

在选择注入速度时，应考虑以下几个因素：

一是注入井的注入压力不应超过油层的上覆岩压。对于一个具体的聚合物驱区块，合理的注入速度应该是在整个注入过程中注入压力低于油层的上覆岩压，并应留有余地。

二是适当控制注入速度，可以降低聚合物溶液通过油层时的剪切降解，使聚合物溶液在油层中有较高的工作黏度。

三是区块的整体速度与注入井单井的注入能力兼顾。

四是注入速度应符合区块开发的整体规划部署要求。

注入速度的确定可采用以下方法：

（1）用公式法来确定最高注入压力与注入速度的关系。

为了确定一个在不超过油层破裂压力下而允许的注入速度，利用井口最高注入压力与注入速度的关系：

$$v = 180p_{max}N_{min}/(L^2\phi) \tag{2-5}$$

式中　v——注入速度，PV/a；

p_{max}——最高井口注入压力，MPa；

ϕ——油层孔隙度，%；

L——注采井距，m；

N_{min}——油层最低视吸水指数，$m^3/(d \cdot m \cdot MPa)$。

聚合物驱阶段视吸水指数下降幅度应控制在30%~50%，以此来计算合理的注入速度。

（2）根据已开发同类区块注采井距与注入强度数据确定合理注入速度。

根据已开发同类区块的实际开发经验，不同井距注入速度差别较大，但注入强度、采液强度差异较小，即注入速度的确定可以依据不同注采井距条件下合理注入强度，且不超注入强度、采液强度开采为基准。

四、注入方案个性化设计的原则

为实现不同类型油层注入参数个性化设计，近年来大庆油田研究了聚合物分子量、浓度、矿化度对聚合物注入能力的影响，发展了聚合物分子尺寸表征方法，建立了不同地区分子量、浓度、矿化度与渗透率匹配关系图版，通过图版可直观确定不同类型油层与其相适应的聚合物类型及其不同水质体系的注入浓度上下限，为个性化设计注入参数提供了技术支撑。

个性化方案设计的原则如下：

一是根据油层发育连通状况和空白水驱阶段的动态反应，在区块整体段塞设计的框架基础上，结合地面注入工艺，确定个性化注入方案设计原则。

二是段塞设计参照不同分子量聚合物溶液浓黏关系曲线及注入浓度与不同渗透率油层匹配关系确定，并根据油层发育连通状况、空白水驱阶段压力水平进行适当调整。

三是依据油层发育好、渗透率较高层段确定较高分子量高浓度段塞注入参数，确保较高分子量高浓度阶段发育好的油层得到有效动用。

四是依据渗透率较低的薄差层确定低分子量、低浓度段塞注入参数，确保低分子量、低浓度阶段薄差层得到有效动用。

五是连通关系复杂、注采能力低井区，为确保连续注聚，总体浓度设计应低于区块水平。

六是对于剩余油分布零散的高水淹地区，如油层发育厚度大，存在高渗透条带，采用注聚前深度调剖+正常注入段塞的设计方式；发育相对较差井区，则在油层条件允许的情况下，尽可能采用适应浓度上限设计。

七是发育连通差井区，方案设计遵循降浓度保速度原则，不同段塞浓度按区块总体方案浓度下限设计。

第三节　调 剖 方 案

影响聚合物驱油效果的因素很多，在油层岩石性质和流体性质及驱替井网一定的前提下，油层非均质性是影响聚合物驱油效果的一个重要因素。由于我国陆相油田的非均质性较为严重，在聚合物驱开发过程中，聚合物溶液沿高渗透条带突进的现象仍然存在，导致聚合物在部分采出井中过早突破，且采出液浓度上升很快，严重影响了聚合物驱开发效果。因此，在聚合物驱开发的空白水驱阶段及注聚合物过程中，开展深度调剖工作，成为聚合物驱中的常规做法。

调剖是指在注水井调整油层的吸水剖面。为使调剖能够有效地提高采收率，这一概念包括4个内涵：区块整体调剖、深度（部）调剖、多轮次调剖和与其他方法综合应用的调剖。

深度调剖则是在近井地带以远开展的调剖，在实施过程中加大了堵剂用量，目前使用的调剖剂主要是可动性凝胶、弱凝胶、颗粒凝胶等。从深度调剖剂的性能可知，其特点是堵而不死，注入地层后还可以被注入水驱动，并可以控制推进速度。

一、调剖技术发展状况及分类

1. 调剖剂的发展状况

国外堵水技术的研究和应用有近50年的历史[2-5]，注水井调剖技术是在油井堵水技术的基础上发展起来的。20世纪50年代在应用原油、黏性油、憎水的油水乳化液，固态烃溶液和油基水泥等作堵水剂；60年代开始使用聚丙烯酰胺类高分子聚合物凝胶技术；70年代以来，Needham等指出，利用聚丙烯酰胺在多孔介质中的吸附和机械捕集效应可有效地封堵高含水层，从而使化学堵水调剖技术的发展上了一个台阶；80年代末，美国和苏联都推出了一批新型化学剂，归纳起来，大致可分为水溶性聚合物凝胶类调剖技术、水玻璃类调剖技术和颗粒调剖剂等。目前，在国外，据统计有应用前景的调剖剂有长延缓交联型凝胶和弱凝胶体等。

我国自20世纪50年代开始进行堵水技术的探索与研究；20世纪70年代以来，大庆油田在机械堵水，胜利油田在化学堵水方面发展较快，其他油田也有相应的发展；20世纪80年代提出了注水井调整吸水剖面来改善一个井组或一个区块整体的注入水波及系数。20世纪90年代，随着油田含水不断升高，提出了在油藏深部调整吸水剖面，迫使液流转向，改善注水开发采收率的要求，从而形成了深部调剖研究的新热点，相应地研制可动性凝胶、弱凝胶、颗粒凝胶等新型化学剂。

2. 调剖剂的分类

可按不同的标准对调剖剂进行分类：

按配制调剖剂时所用的容积或分散介质，可分为水基调剖剂（例如铬冻胶）、油基调剖剂（例如油基水泥）和醇基调剖剂（例如松香二聚物醇溶液）。

按对油和水（产油层和产水层）的选择性，可分为选择性调剖剂和非选择性调剖剂。

按调剖剂作用的空间位置，可分为连续相（冻胶）和分散相调剖剂（微球）。

3. 聚合物驱使用的深度调剖剂

在聚合物驱开展的深度调剖[6-8]，既要求调剖剂有进入深部地层的能力，达到更佳的调剖效果，同时，又要求调剖剂有较高的强度，能大幅度提高高渗透层的流动阻力，明显改善注入井吸水剖面。

近年来，以部分水解聚丙烯酰胺为主体物质的大分子交联体系在油田生产中得到广泛应用。随着交联剂的种类、配比，聚合物的分子量、水解度，交联体系的黏度、成胶时间、凝胶强度和稳定性、破胶方法等方面，国内外均有大量研究。此类聚合物交联体系的名称也由冻胶、凝胶（bulk gel）变化为微凝胶（microgel）、调剖剂（weak gel）、流动凝胶（flow gel）、胶态分散凝胶（colloidal dispersion gel，简称CDG）。目前，大庆油田使用的深度调剖剂主要是各类凝胶体系类调剖剂、体膨颗粒类调剖剂。

二、深度调剖的作用

认清调剖在聚合物驱开发调整中的主要作用，才能更好地把握调剖的对象和时机。通过总结，认为聚合物驱深度调剖的作用表现在5个方面。

1. 加速了注入剖面调整

调剖体系相对于聚合物体系而言，调剖速度快、能力强、作用时间长，有利于提高油层动用程度。例如，某区块的一口注入井，发育葡Ⅰ1、葡Ⅰ2_1^2、葡Ⅰ2_2、葡Ⅰ3_2、葡Ⅰ3_2—葡Ⅰ3_3等5个层。聚合物驱至2003年6月时，剖面改善仍不明显，仅动用葡Ⅰ2_1^2、葡Ⅰ3_2—葡Ⅰ3_3两个层，且葡Ⅰ2_1^2层相对吸水量达到了96.0%，层间动用矛盾比较突出。2003年6—10月对该井实施污水复合离子调剖后，剖面迅速调整，动用层数增加到60%，葡Ⅰ2_1^2层相对吸水量也被控制到52.1%，从2004年4月和2005年3月连续跟踪剖面监测情况看，剖面保持较好。

2. 改善了聚合物驱开发效果

一是针对聚合物驱受效较差的采出井，及时通过注入井调剖调整剖面，可以较大程度地改善聚合物驱效果。例如，某井是2002年11月注聚的一口中心采出井，相邻3口注入井，油层连通较好，但注聚半年后仍没有受效迹象，根据注入剖面分析，主要是注入井动用状况较差。因此，在2003年5—10月对与其相连通的3口注入井均实施了污水复合离子聚合物调剖，从调剖前后的注入剖面资料对比情况看，调剖目的层相对吸水量下降48.0%以上，动用有效厚度比例由40.6%提高到83.5%，增加42.9%。在调剖7个月后，采出井明显受效，日产油最高时达到29t，比调剖前高22t；含水最低时为75.7%，比调剖前低17.0个百分点，并且含水回升速度较慢，调剖效果比较明显。

二是注入井调剖在改善油层动用状况的同时，也协调了井组内的平面矛盾。平面矛盾较突出的井组，通过注入井调剖可以有效控制高含水方向的无效产出，增强低含水方向的供液能力。

3. 促进了聚合物驱二次受效

针对注聚过程中，受效时间短且含水出现回升的采出井，通过调剖改善注入井剖面，可以促使采出井二次受效。例如，某井是2002年1月注聚的一口采出井，于2002年9月受效，日产油逐步由受效前的4t上升到2003年4月的10t，含水由94.1%下降到85.9%，之后含水回升。从其连通的2口注入井的注入剖面看，注聚以来的动用状况不理想，层间动用矛盾较大。为此，于2002年12月至2003年5月对以上2口井实施了清水复合离子调剖，调剖后，2口注入井的有效厚度动用比例分别提高53.9%和24.6%，调剖目的层的相对吸水比例下降30%以上。注入井调剖5个月后，采出井出现二次受效特征，含水再次逐步下降。二次受效含水最低点为78.0%，日产油最高达到24t，分别比第一次受效时低9.7个百分点、高14t。

4. 增大了措施调整空间

聚合物驱注入井调剖后，可以有效地控制厚油层层内高渗透、高水淹条带的注入，在这种情况下，对采出井厚油层也可以实施压裂措施改造，充分挖掘厚油层层内的剩余油。

5. 提高了最终采收率

对一个区块的调剖区进行了数值模拟，该区块在开展历史拟合的基础上进行了预测，同时按照该区块油水井实际工作制度，对比计算了水驱和聚合物驱的预测方案。调剖后最低含水下降到74.5%，比聚合物驱多下降了8个百分点（表2-8）。从计算结果分析，调剖后缩短了注入天数，较大幅度提高了聚合物的应用效率；含水降幅变大，起到了增油降水的效果；累计产油量增加，提高了最终采收率，聚合物驱效果得到了较大程度的改善。预测到综合含水98%时，共累计产油35.1457×10^4t。比水驱增加油量20.8045×10^4t，比纯聚合物驱增加1.94×10^4t油量。比纯聚合物驱多提高采收率1.3个百分点。

表2-8 某区块预测方案开采指标对比

方案	注入时间 d	最低含水 %	含水下降幅度 （百分点）	累计产油 10^4t	增加油量 10^4t	阶段采出程度 %	提高采收率 %
水驱	3705	—	—	14.3412	—	8.2	—
聚合物驱	3377	82.5	—	33.2033	18.8621	22.2	14.0
调聚合物驱	3143	74.5	8.0	35.1457	20.8045	23.5	15.3

三、调剖方案编制要点

1. 区块概况

主要内容是区块地质特征及油藏精细描述，包括地质概况、油藏精细描述、开发简况三部分。地质概况、油藏精细描述的内容可借鉴聚合物驱油方案中的内容，开发简况内容主要依据采取深度调剖时所处的聚合物驱不同开发阶段，在内容上有所侧重。

2. 存在问题

主要分析区块在现阶段的注入采出状况与油层动用状况，注采压力系统是否处于合理状态，从中查找影响开发效果的主要问题，例如注聚前是否存在纵向非均质性严重、动用不均衡的问题，在注聚前或注聚过程中是否存在无效循环的高渗透层段等。

3. 已调剖区块效果分析

主要是对已实施深度调剖措施的区块的开发效果进行分析，一般是从调剖井与非调剖井在注入压力上升趋势、油层动用厚度、井区含水下降幅度等方面进行比较，从而评价调剖效果。

4. 选井选层的原则

1）选井选层原则的制定

在制定选井选层原则前，要综合分析开发区块（开发单元）在所处的开发阶段存在的主要问题，确定主要为层内矛盾的，可采取调剖措施。

选井选层原则一般是：

（1）油层发育连通性好，注入井河道砂发育，渗透率高。

（2）纵向上非均质性严重，层间渗透率级差2.5倍以上。

（3）注入压力低于开发区块（单元）平均注入压力，压力上升空间较大。

（4）吸水剖面不均匀，高中水淹层段吸水比例一般高于40%，吸水强度大于全井的平均水平。

（5）单个井组采出井含水存在较大差异性。

（6）调剖井组平均采出程度低于全区平均水平。

（7）开展注聚过程中调剖时，应选择采聚浓度上升快的井组。

（8）调剖目的层为高、中水淹层，且渗透率大于开发区块（单元）平均渗透率；同时，应考虑平面上的非均质性，选择河道砂体连通方向数2个以上的油层。

2）选井选层方法

在选择调剖井、层时，应在深入研究调剖井区地质特点的基础上，使用压降曲线、吸水剖面等资料，综合分析注入、采出动态变化，进行调剖井的选择。

在调剖井选择过程中，有些注水井的对应油井因含水过低、长期关井、注水不正常或其他一些原因使该井无法进行措施。为此，可先采用排除法将这些无法调剖或暂不需调剖的井排除掉。

（1）使用注入井动态资料选择调剖井。

注水井的吸水能力是油层非均质性的反映和表征，直接导致各注水井间注采平衡矛盾。通常情况下，对存在高渗透层（或条带）的井，层间层内矛盾突出。因此，选择吸水强度相对较大的注水井进行调剖，有利于层间层内矛盾的改善和综合治理含水率的上升。

（2）使用吸水剖面资料选择调剖井。

吸水剖面是反映注水井在纵向上单层吸水量相对大小的一个参数，吸水剖面资料能直接反映注水井单层吸水状况差异，单层吸水强度的不均匀反映了注水井纵向上的渗透率差异。吸水强度大的层吸水量也大，反之则小。吸水强度越大，注入水不均匀推进越严重。因此，选择调剖井时要选择吸水剖面不均匀的井，通常吸水百分数变异系数较大的井是需要进行措施处理的井。

（3）使用压降曲线选择调剖井。

在正常注水条件下关井时，井口压力随时间的变化关系，得到井口压降曲线。根据注水井关井测得的井口压力降落曲线，将曲线积分可计算井口压力指数 PI。由于区块内各注入井的注入量和油层厚度不同，为了与其他注入井比较，每口井的 PI 值需要进行修正。

根据多孔介质渗流理论，注入井 PI 值与油层及流体物性参数有关：

$$PI = \frac{q\mu}{15Kh}\ln\frac{12.5r_e^2\phi\mu C}{Kt} + p_m \tag{2-6}$$

式中 q——注入井日注量，m^3/d；

μ——流体动力黏度，mPa·s；

K——油层渗透率，D；

h——油层厚度，m；

r_e——注入井控制半径，m；

ϕ——油层孔隙度，%；

C——综合压缩系数，Pa；

t——关井时间，s；

p_m——地层开始吸水时井口油管压力，MPa。

从式（2-6）可以看出：

①注水井 PI 值与地层渗透率反相关；

②注水井 PI 值与地层厚度成反比；

③注水井 PI 值与日注量成正比；

④注水井 PI 值与注入流体黏度正相关；

⑤注水井 PI 值与地层系数反相关；

⑥注水井 PI 值与流度反相关。

可见，注入井的 PI 值是储层物性、流体特性等多因素的综合反映结果。吸水能力越大，PI 值越小，越需要调剖。

（4）使用示踪技术选择调剖井。

井间示踪剂测试是一种周期长、准确性高的测井检测手段。其基本原理是将一定量的示踪剂加入注入流体，使其通过注入井进入油层并跟随注入流体进行渗流，最终被采出井采出；通过跟踪检测示踪剂在采出井上的响应，获得注入井到采出井之间的流体和油层的信息。

根据示踪剂检测数据，可以得到流体平面运移速度，可以绘制流线分布，通过进行示踪剂拟合曲线分析，可以了解油层地质特征，对大孔道的存在进行分析判断，从而指导调剖井层的选择。

5. 调剖剂类型优选的原则

目前，国内外的堵水调剖剂发展很快，品种较多，在选择调剖剂类型时可遵循以下原则：

一是与油层配伍性好，能够在油层温度、压力、矿化度等条件下发挥调剖作用，但又不对油层造成伤害。

二是封堵强度高，调剖剂能够停留在油层深部，并且有效期较长。

三是价格低廉，经济效益较好。

四是注入性好，现场施工工艺简便，施工环节较少，操作人员劳动强度较低。

6. 调剖井注入方案设计

1）调剖半径的确定

根据数值模拟研究结果及聚合物驱现场实践，调剖深度选择注采井距 1/3 左右可取得较好的调剖效果。

2）调剖方向的确定

主要考虑：一是调剖层段在注采方向上属于同一河道砂体；二是该层段在注采方向上均有较高的渗透性，即层段的渗透率为高渗透率对高渗透率或高渗透率对中渗透率。

3）调剖剂用量的计算方法

单井调剖剂用量主要根据调剖层厚度、调剖半径、调剖方向数等参数综合确定，具体计算公式为：

$$Q = Sh\phi F_{n}/4 \tag{2-7}$$

式中　Q——调剖剂用量，m^3；

S——调剖面积，m^2；

h——调剖厚度，m；

ϕ——孔隙度；

F_n——调剖方向数。

4）调剖剂段塞设计

为了在驱替前缘达到尽可能有利的流度和调整剖面矛盾的作用，降低调剖化学剂用量，可以采用阶梯段塞注入方式。

第一段塞为前置段塞，是对高渗透层的封堵段塞，注入较高浓度、成胶黏度较高的聚合物凝胶，考虑到施工过程中注入前期压力增长较快，同时，保证对高渗透层有效封堵，设计段塞量为总用量的20%。

第二段塞为主段塞，注入相对较低浓度大剂量聚合物凝胶，充分发挥聚合物凝胶调剖作用，设计段塞量为总用量的60%。

第三段塞为封口段塞，为提高高渗透层渗流阻力，注入较高浓度聚合物凝胶，设计段塞量为总用量的20%。

7. 经济效益预测

首先，要计算调剖剂总体费用，分为各种调剖用化学药剂费用与施工费用。

其次，计算调剖区域调剖后增油量，可以采用类比法，对比相似区域的开发效果来计算增油量，也可与区块的数值模拟跟踪结果对比，得到增油量。按照调剖实施时当年油气产品价格标准，扣除调剖剂总体费用与吨油成本，就得到了经济效益、投入产出比数据。

8. 施工要求

（1）调剖前录取油水井有关动态资料：调剖井注入压力、吸水剖面等；周围采油井产液量、含水、采聚浓度、流压、静压等。

（2）调剖过程中录取药剂的配制、注入及调剖井注入压力、注入量等资料。

（3）调剖过程中，根据调剖井注入压力变化情况，及时对调剖剂粒径、注入浓度、调剖配注进行调整。

（4）调剖结束开井后，观察注入井开井后的注入压力及剖面变化情况。

（5）严格执行QHSE等相关标准及要求。

参考文献

[1] 杨香艳．利用动态光散射法研究聚合物分子尺寸［J］．油气田地面工程，2014，33（8）：13.

[2] 李宇乡，唐孝芬，刘双成．我国油田化学堵水调剖剂开发和应用现状［J］．油田化学，1995，12（1）：88-94.

[3] 白宝君，李宇乡，刘翔鹗．国内外化学堵水调剖技术综述［J］．断块油气田，1998，5（1）：1-4.

[4] 肖传敏，王正良．油田化学堵水调剖综述［J］．精细石油化工进展，2003，4（3）：43-46.

[5] 高国生，杜郢，张宇宏．堵水剂的研究现状及发展趋势［J］．化工进展，2004，23（12）：1320-1323.

[6] 雷光伦，陈月明，李爱芬，等．聚合物驱深度调剖技术研究［J］．油气地质与采收率，2001，8（3）：54-57.

[7] 武海燕，罗宪波，张廷山，等．深部调剖剂研究新进展［J］．特种油气藏，2005，12（3）：1-3.

[8] 陈福明，李颖，牛金刚．大庆油田聚合物驱深度调剖技术综述［J］．大庆石油地质与开发，2004，23（5）：97-99.

第三章　聚合物驱油数值模拟技术

油藏数值模拟，就是用油藏数学模型来表示或者求解真实油藏动态的过程。数值模拟技术是进行油田开发方式方法可行性研究、方案优化设计和效果评价的有力工具[1]。油藏数值模拟技术目前已成为三次采油科研生产中非常重要的技术[2]，它是进行驱油机理研究、制订开发方案、预测油藏动态、分析地下剩余油分布、进行开发方案调整及提高采收率研究必不可少的应用手段[3]。借助于三次采油数值模拟研究结果的帮助，能够有效地减少三次采油的风险，提高经济效益[4]。

大庆油田根据近年来所取得的新的理论认识，研制了聚合物驱油藏数值模拟器。所研制的聚合物驱油藏数值模拟器是一个能够满足油田实际需要的模拟机理完善的聚合物驱数值模拟软件，具有单一分子量聚合物驱、多种分子量聚合物分质分注和聚合物弹性提高微观驱油效率等模拟功能。利用所研制的模拟器可以进行聚合物驱油开发的机理研究、方案优选和开发效果预测，为制订聚合物驱油开发方案和跟踪调整方案提供科学的理论依据。

第一节　聚合物驱油基本数学模型

应用 Darcy 定律给出以第 i 种物质组分总浓度 $\tilde{C}_i$ 形式表达的 i 种物质组分的物质守恒方程为：

$$\frac{\partial}{\partial t}(\phi\tilde{C}_i\rho_i) + \mathrm{div}\left[\sum_{l=1}^{n_\mathrm{p}}\rho_k(C_{il}\boldsymbol{u}_l - \tilde{\boldsymbol{D}}_{il})\right] = Q_i \tag{3-1}$$

式中　C_{il}——l 相中第 i 种物质组分的浓度；

Q_i——源汇项；

n_p——相数；

l——第 l 相；

$\tilde{C}_i$——第 i 种物质组分的总浓度，表示为第 i 种物质组分在所有相（包括吸附相）中的浓度之和。

$$\tilde{C}_i = \left(1 - \sum_{k=1}^{n_{cv}}\hat{C}_k\right)\sum_{l=1}^{n_\mathrm{p}}S_lC_{il} + \hat{C}_i \qquad (i = 1,\cdots,n_c) \tag{3-2}$$

式中　n_{cv}——占有体积的物质组分总数；

$\hat{C}_k$——组分 k 的吸附浓度。

组分 i 的密度 ρ_i 是压力的函数，有：

$$\rho_i = \rho_i^0[1 + C_i^0(p - p_\mathrm{r})] \tag{3-3}$$

式中　ρ_i^0——参考压力下组分 i 的密度；

p——压力；

p_r——参考压力；

C_i^0——组分 i 的压缩系数。

孔隙度 ϕ 与压力的函数关系[5]为：

$$\phi = \phi_0[1 + C_r(p - p_r)] \tag{3-4}$$

式中 C_r——岩石的压缩系数。

相流量 u_l 满足 Darcy 定律，即：

$$u_l = -\frac{K_{rl}\boldsymbol{K}}{\mu_l} \cdot (\text{grad } p_l - \gamma_l \cdot \text{grad}h) \tag{3-5}$$

式中 p_l——相压力；

$\boldsymbol{K}$——渗透率张量；

h——油藏深度；

K_{rl}——相对渗透率；

μ_l——相黏度；

γ_l——相相对密度。

弥散流量 $\widetilde{D}_{il}$具有下面的 Fick 形式：

$$\widetilde{D}_{il} = \phi S_l \begin{pmatrix} F_{xx,\ il} & F_{xy,\ il} & F_{xz,\ il} \\ F_{yx,\ il} & F_{yy,\ il} & F_{yz,\ il} \\ F_{zx,\ il} & F_{zy,\ il} & F_{zz,\ il} \end{pmatrix} \cdot \begin{pmatrix} \dfrac{\partial C_{il}}{\partial x} \\ \dfrac{\partial C_{il}}{\partial y} \\ \dfrac{\partial C_{il}}{\partial z} \end{pmatrix} \tag{3-6}$$

包含分子扩散（D_{kl}）的弥散张量 F_{il}表达形式为：

$$F_{mn,\ il} = \frac{D_{il}}{\tau}\delta_{mn} + \frac{\alpha_{Tl}}{\phi S_l}|\boldsymbol{u}_l|\delta_{mn} + \frac{(\alpha_{Ll} - \alpha_{Tl})}{\phi S_l}\frac{u_{lm}u_{ln}}{|\boldsymbol{u}_l|} \tag{3-7}$$

式中 α_{Ll}，α_{Tl}——l 相的纵向和横向弥散系数；

τ——迂曲度；

u_{lm}，u_{ln}——l 相空间方向流量；

δ_{imn}——Kronecher Delta 函数。

每相向量流量积表达式为：

$$|\boldsymbol{u}_l| = \sqrt{{u_{xl}}^2 + {u_{yl}}^2 + {u_{zl}}^2} \tag{3-8}$$

第二节　聚合物黏性驱油机理数学模型

聚合物溶液的高黏度能够改善油水相间的流度比，抑制注入液的突进，达到扩大波及体积、提高采收率的目的[6]。模型对聚合物的驱油机理分以下几个方面进行描述。

一、聚合物溶液黏度

在参考剪切速率下聚合物溶液的黏度 μ_p^0 是聚合物浓度和含盐量的函数[7]，表示为：

$$\mu_{p}^{0}=\mu_{w}[1+(A_{p1}C_{p}+A_{p2}C_{p}^{2}+A_{p3}C_{p}^{3})C_{SEP}^{S_p}] \tag{3-9}$$

式中　C_p——溶液中聚合物的浓度；

A_{p1}，A_{p2}，A_{p3}——由实验资料确定的常数；

C_{SEP}——含盐量浓度；

S_p——由实验确定的参数。

二、聚合物溶液流变特征

一般说来，高分子聚合物溶液都具有某种流变特征[8]，即认为其黏度依赖于剪切速率，利用 Meter 方程表达这种依赖关系，聚合物溶液的黏度 μ_p 与剪切速率的函数关系为：

$$\mu_{p}=\mu_{w}+\frac{\mu_{p}^{0}-\mu_{w}}{1+(\gamma/\gamma_{ref})^{p_\alpha-1}} \tag{3-10}$$

式中　μ_w——水的黏度；

r_{ref}——参考剪切速率；

p_α——经验系数；

μ_p——聚合物溶液在多孔介质中流动的视黏度；

γ——多孔介质中流体的等效剪切速率。

多孔介质中水相的等效剪切速率 γ 利用 Blake-Kozeny 方程表示：

$$\gamma=\frac{\gamma_{c}|\boldsymbol{u}_{w}|}{\sqrt{\bar{K}K_{rw}\phi S_{w}}} \tag{3-11}$$

其中

$$\gamma_c=3.97s^{-1}$$

式中　C——剪切速率系数，它与非理想影响有关（例如孔隙介质中毛细管壁的滑移现象）；

$\bar{K}$——平均渗透率；

K_{rw}——水相相对渗透率。

$$\bar{K}=\left[\frac{1}{K_x}\left(\frac{u_{xw}}{u_w}\right)^2+\frac{1}{K_y}\left(\frac{u_{yw}}{u_w}\right)^2+\frac{1}{K_z}\left(\frac{u_{zw}}{u_w}\right)^2\right]^{-1} \tag{3-12}$$

式中　u_w——水相流速；

u_{xw}，u_{yw}，u_{zw}——分别是水相的 x，y 和 z 方向的流速；

K_x，K_y，K_z——分别是油层 x，y 和 z 方向的渗透率。

三、残余阻力系数

聚合物溶液在多孔介质中渗流时，由于聚合物在岩石表面的吸附必引起流度下降和流动阻力增加。利用残余阻力系数 R_k 描述这一现象：

$$R_{k}=1+\frac{(R_{KMAX}-1)b_{rk}C_{p}}{1+b_{rk}C_{p}} \tag{3-13}$$

其中 R_{KMAX} 表达式为：

$$R_{KMAX}=\left\{1-\left[c_{rk}\tilde{\mu}^{\frac{1}{3}}\Big/\left(\frac{\sqrt{K_xK_y}}{\phi}\right)^{\frac{1}{2}}\right]\right\}^{-4} \tag{3-14}$$

$$\tilde{\mu}=\lim_{C_p\to 0}\frac{\mu_o-\mu_w}{\mu_w C_p}=A_{pl}C_{SEP}^{Sp};$$

式中 $\tilde{\mu}$——聚合物溶液本征黏度；

b_{rk}，c_{rk}——输入参数。

四、不可及孔隙体积

实验发现，流经孔隙介质时聚合物比溶液中的示踪剂流动得快，这可解释为聚合物能够流经的孔隙体积小，这是由于聚合物的高分子结构决定的[9]。聚合物不能进入的这部分孔隙体积称为不可及孔隙体积。在模型中表示为：

$$IPV=\frac{\phi-\phi_p}{\phi} \tag{3-15}$$

式中 IPV——聚合物溶液的不可及孔隙体积分数；

ϕ——盐水测的孔隙度；

ϕ_p——聚合物溶液测的孔隙度。

五、聚合物吸附

利用 Langmuir 模型模拟聚合物的吸附[10]：

$$\hat{C}_p=\frac{aC_p}{1+bC_p} \tag{3-16}$$

式中 $\hat{C}_p$——聚合物的吸附浓度；

a，b——常数。

第三节　聚合物弹性驱油机理数学模型

关于聚合物驱溶液的驱油机理，传统的观点认为主要有两个方面：驱替液中由于聚合物的引入致使黏度增加，从而改善了油水流度比，具有很好的稳油控水作用；与此同时，由于聚合物的高分子结构特点，聚合物在多孔介质中会发生滞留，再加上聚合物溶液的高黏度特点，聚合物溶液能够扩大驱替液的波及体积。近年来，国内外一些学者等提出聚合物溶液能够提高微观驱油效率的观点，并通过微观驱油实验观察到了这种现象，同时，从机理方面也进行了细致的分析。

以前的聚合物驱数值模拟模型只是从黏度和吸附滞留方面描述聚合物溶液的驱油过程，不具备聚合物黏弹性提高微观驱油效率模拟功能。从实验和生产的角度迫切需要研制出具有模拟功能齐全的聚合物驱数学模型，以使数值模拟技术不断满足聚合物驱油科研和生产的需要，为油田科学地开展实验和生产提供正确的理论指导，提高油田开发经济效益。根据近年来聚合物溶液弹性驱油理论研究取得的新认识，建立了聚合物弹性提高微观驱油效率机理数学模型。

一、聚合物溶液的黏弹性分析

黏弹性是指物质对施加外力的响应表现为黏性和弹性的双重特性，材料在外力作用下要产生相应的响应——应变。理想的弹性固体服从虎克定律：应力与应变成正比，比例常数为模量；应力恒定时，应变是一个常数，撤掉外力后，应变立即回复到零。而理想的黏性液体服从牛顿定律：应力与应变速率成正比，比例常数为黏度；在恒定的外力作用下，应变的数值随时间延续而线性增加，撤掉外力后，应变不再回复，即产生永久变形。实际材料随刺激速度及响应时间表现出介于理想固体和理想液体之间的力学性质，即所谓黏弹性[11]。

聚合物的力学行为有很强的时间依赖性，如聚合物溶液的 Weisenberg 爬杆现象、挤出胀大现象和无管虹吸现象等，这些现象都是由于聚合物溶液具有黏弹性造成的。黏弹性流体与黏性流体的特性及区别也已在许多著作中有论述，这里不再详述，只重点讲 3 个主要区别：(1) 黏弹性流体可以“拉动”其后面的流体；黏性流体只能“推”，不能拉。(2) 去掉外力后，弹性体可以全部恢复其形状；黏弹性流体可以部分恢复；黏性流体不能恢复。(3) 在外力作用下，流体会产生与外力方向相同的变形（或位移）；弹性体和黏弹性流体除产生上述与外力同方向的变形（或位移）外，还会产生一个与外力方向相垂直的力，即法向力，使黏弹性流体各方向上的应力不相等，产生法向应力差。拉伸时，与拉伸方向（主应力）相垂直的应力小于主应力。流体运动时的流体方向就相当于拉伸方向。根据水力学的原理，黏性流体各方向上的应力相等，因此不会产生法向应力差。与普通的牛顿流体的层间黏性切应力相比，黏弹性流体则会表现出不同的力学行为。在流动过程中，黏弹性流体会由于微观结构的原因表现为各向异性，产生非等值的法向应力分量（法向应力差非零）。法向应力差会引起 Weisenber 爬杆效应及无管虹吸现象等。

二、聚合物弹性提高微观驱油效率模型建立

实验室关于聚合物弹性提高微观驱油效率实验结果表明，残余油饱和度是弹性和毛细管数的函数[12]，当聚合物弹性一定时，随着毛细管数的增加，残余油饱和度降低、采收率提高；在同一毛细管数条件下，聚合物溶液的弹性越大，残余油饱和度越低，采收率越高

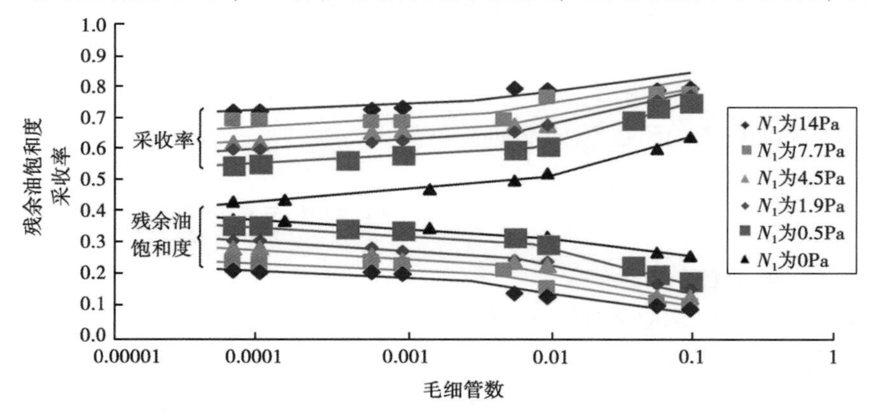

图 3-1　聚合物溶液毛细管驱油曲线

（图 3-1），图 3-1 中图例内的 N_1 表示聚合物溶液的第一法向应力差[13]。

1. 第一法向应力差

聚合物溶液的弹性大小与聚合物的分子量和浓度有关[14]，分子量和浓度越大，弹性越大。利用第一法向应力差表征聚合物溶液的弹性大小，第一法向应力差 N_{pl} 是聚合物浓度 C_{p} 和分子量 M_{r} 的函数，利用下面的二次多项式表达第一法向应力差与聚合物浓度和分子量的关系：

$$N_{\mathrm{pl}} = C_{n1}(M_r) \cdot C_p + C_{n2}(M_r) \cdot C_{\mathrm{p}}^2 \tag{3-17}$$

式中：第一法向应力差 N_{pl} 与聚合物浓度和分子量的关系由实验室测定给出，$C_{n1}(M_r)$ 和 $C_{n2}(M_r)$ 是与聚合物分子量 M_r 有关的参数。

式（3-17）表达的第一法向应力差与聚合物浓度和分子量的关系能够较为准确地模拟实验室关于第一法向应力差与聚合物浓度关系的测量结果。实验室实测了不同浓度聚合物溶液的第一法向应力差，然后利用式（3-17）对实测点进行拟合，当参数 $C_{n1}(M_r)=2.1$，$C_{n2}(M_r)=210$ 时，拟合与实测对比结果如图 3-2 所示，从对比结果可见，实测结果与拟合结果非常吻合，表明利用式（3-17）形式的表达式能够准确描述第一法向应力差与聚合物浓度的对应关系。

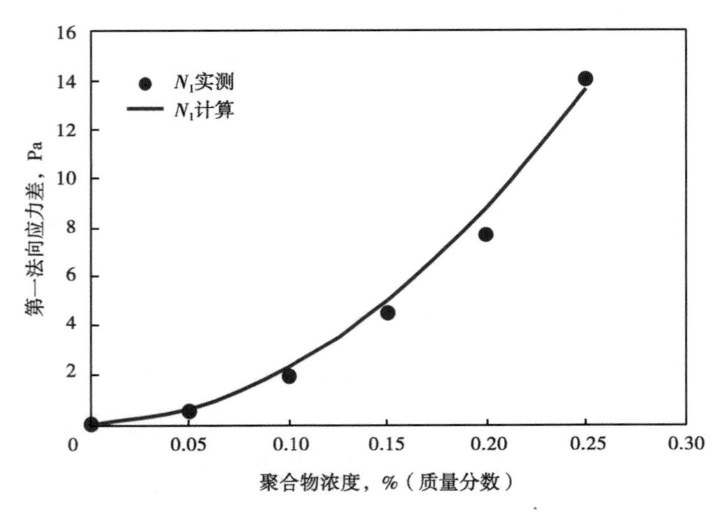

图 3-2 第一法向应力差实测与模拟对比结果

2. 毛细管数

毛细管数是界面张力的函数❶，定义如下：

$$N_{cl} = \frac{|\boldsymbol{K} \cdot \mathrm{grad}\Phi_{l'}|}{\sigma_{ll'}} \quad (l=\mathrm{w},\ \mathrm{o};\ l'=\mathrm{w},\ \mathrm{o}) \tag{3-18}$$

式中 $\boldsymbol{K}$——油藏渗透率张量；

$\sigma_{ll'}$——被驱替相 l 和驱替相 l' 之间的界面张力；

$\Phi_{l'}$——驱替相的势函数；

❶ Schlumberger. Eclipse Technical Despcription，2011.

下标 w 和 o 分别表示水相和油相。

3. 相残余饱和度

油相残余油饱和度 S_{or}是第一法向应力差 N_{pl}和毛细管数 N_c 的函数[1]：

$$S_{or} = S_{or}^h + \frac{S_{or}^w - S_{or}^h}{1 + T_1 N_{pl} + T_2 N_{co}} \tag{3-19}$$

式中 S_{or}^h——高弹性和高毛细管数理想情况下聚合物驱后残余油饱和度的极限值；

S_{or}^w——水驱后的残余油饱和度；

T_1，T_2——由实验资料确定的参数。

式（3-19）表达的残余油饱和度与第一法向应力差的关系能够较为准确地模拟实验室关于残余油饱和度与第一法向应力差关系的测量结果。实验室实测了不同第一法向应力差下的残余油饱和度，然后利用式（3-19）对实测点进行拟合，当参数 T_1=0.11 时，实测与拟合对比结果如图 3-3 所示，从对比结果可见，实测结果与拟合结果非常吻合，表明利用式（3-19）形式的表达式能够准确描述第一法向应力差与残余油饱和度的对应关系。

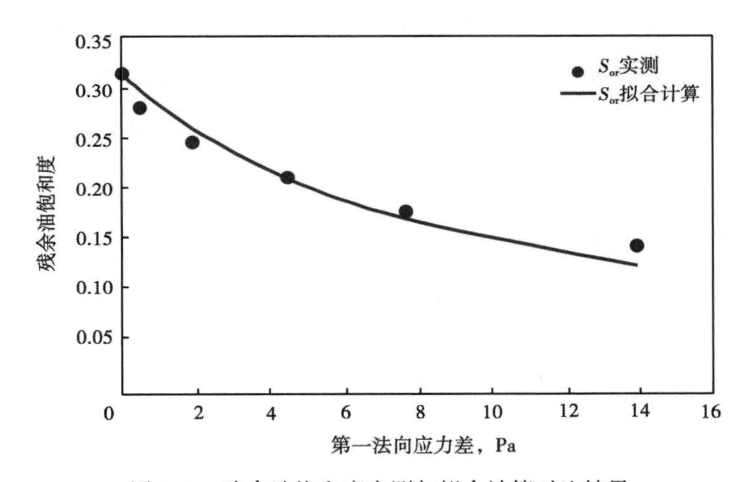

图 3-3 残余油饱和度实测与拟合计算对比结果

水相残余饱和度 S_{wr}是毛细管数 N_{cw}的函数：

$$S_{wr} = S_{wr}^h + \frac{S_{wr}^w - S_{wr}^h}{1 + T_w N_{cw}} \tag{3-20}$$

式中 S_{wr}^h——高毛细管数理想情况下聚合物驱后束缚水饱和度的极限值；

S_{wr}^w——水驱后的束缚水饱和度；

T_w——实验资料确定的参数。

4. 相对渗透率曲线

通常来讲，油藏数值模拟模型有两种相对渗透率曲线表达方法，一种是以表格的形式给

[1] Grand. GrandTM Technical Despcription，2006.

出相对渗透率曲线，给出不同相饱和度下相的相对渗透率；另一种是以公式的形式给出相对渗透率曲线，公式形式需要给出相残余饱和度以及相对渗透率曲线的端点值和指数值。

相残余饱和度的变化必然会引起相对渗透率曲线发生改变❶，对不同的相对渗透率曲线表达方式，需要利用不同的模型描述由于相残余饱和度的改变引起的相对渗透率变化。

对于以表格形式给出的相对渗透率曲线，需要给出低聚合物弹性和低毛细管数水驱情况下的相对渗透率曲线，同时，还要给出高聚合物弹性和高毛细管数聚合物驱情况下的相对渗透率曲线，然后，利用这两套相对渗透率曲线插值计算由于相残余饱和度改变引起的相对渗透率变化❷，插值模型如下：

$$K_{ro} = K_{ro}^{w} + (K_{ro}^{h} - K_{ro}^{w})\left(\frac{S_{or}^{w} - S_{or}}{S_{or}^{w} - S_{or}^{h}}\right) \tag{3-21}$$

$$K_{rw} = K_{rw}^{w} + (K_{rw}^{h} - K_{rw}^{w})\left(\frac{S_{wr}^{w} - S_{wr}}{S_{wr}^{w} - S_{wr}^{h}}\right) \tag{3-22}$$

式中 K_{ro}——聚合物驱过程中油相的相对渗透率；

K_{ro}^{w}，K_{rw}^{w}——分别是低聚合物弹性和低毛细管数条件下油相和水相的相对渗透率；

K_{ro}^{h}，K_{rw}^{h}——分别是高聚合物弹性和高毛细管数条件下油相和水相的相对渗透率。

对于以公式形式给出的相对渗透率曲线，相对渗透率曲线以如下的形式表达：

$$k_{rl} = k_{rl}^{0}(S_{n,l})^{n_l} \quad (l = w,\ o) \tag{3-23}$$

式中 $S_{n,l}$——l 相的正规化饱和度。

$$S_{n,l} = \frac{S_l - S_{rl}}{1 - \sum_{l=1}^{n_p} S_{rl}} \quad (l = w,\ o) \tag{3-24}$$

式中 S_l——l 相饱和度；

S_{rl}——l 相残余饱和度。

在高聚合物弹性和高毛细管数情况下，相残余油饱和度会发生改变，从而引起相的相对渗透率发生变化，在相对渗透率曲线模型公式中，通过修正端点值和指数值的方式描述由于相残余饱和度的变化引起的相对渗透率改变。利用线性插值方法由高聚合物弹性高毛细管数情况和低聚合物弹性低毛细管数情况的端点值和指数值计算变化后的端点值和指数值，端点值 $k_{r,l}^{0}$和 n_l 指数值的计算表达式分别是：

$$k_{r,l}^{0} = k_{r,L,l} + \frac{S_{r,L,l} - S_{r,l}}{S_{r,L,l} - S_{r,H,l}}(k_{r,H,l} - k_{r,L,l}) \quad (l = w,o) \tag{3-25}$$

$$n_l = n_{L,l} + \frac{S_{r,L,l} - S_{r,l}}{S_{r,L,l} - S_{r,H,l}}(n_{H,l} - n_{L,l}) \quad (l = w,o) \tag{3-26}$$

---

❶ Landmark Graphics Corporation. VIP Exacutive Technical Reference, 2009.

❷ CMG. User's Guide STARS Advanced Process and Thermal Reservoir Simulator, Version 2011.

式中　$k_{r,L,l}$，$n_{L,l}$——分别是低毛细管数和低弹性条件下的相对渗透率曲线端点值和指数值；

$k_{r,H,l}$，$n_{H,l}$——分别是高毛细管数和高弹性条件下的相对渗透率曲线端点值和指数值；

$S_{r,L,l}$——低毛细管数和低弹性条件下是 l 相残余饱和度；

$S_{r,H,l}$——高毛细管数和高弹性条件下是 l 相残余饱和度。

第四节　多种分子量聚合物混合驱油机理数学模型

一、多种分子量聚合物混合后的溶液特性实验研究

为了建立多种分子量聚合物溶液混合驱油机理数学模型，需要对溶液中有多种分子量聚合物同时存在时溶液所表现出来的黏度变化特性进行实验研究。

1. 选用聚合物分子量及各项理化性能指标

选取低分子量、中分子量和高分子量 3 种聚合物（分子量分别为 500 万、1500 万和 3500 万），进行复配实验。表 3-1 列出了实验研究所用聚合物的分子量以及对应的各项理化性能指标。

表 3-1　实验所用聚合物和相应理化性能指标

检验项目		低分子量（500 万）聚合物	中分子量（1500 万）聚合物	高分子量（3500 万）聚合物
分子量（10^4）		519	1474	3479
特性黏数，dL/g		10.1	21.05	35.45
水解度，%（摩尔分数）		23.6	24.4	24.6
粒度，%	≥1.00mm	0	0	0
	≤0.20mm	0.1	0.2	0.5
黏度，mPa·s		26.0	45.3	78.9
固相含量，%（质量分数）		91.1	90.5	90.6
筛网系数		11.7	23.1	73.6
残余单体，%（质量分数）		0.019	0.024	0.019
过滤因子		1.1	1.2	2.2
水不溶物，%（质量分数）		0.013	0.024	0.050

2. 单一分子量聚合物黏浓关系

对于选定的低分子量、中分子量和高分子量三种聚合物，在浓度为 200mg/L、400mg/L、600mg/L、800mg/L、1000mg/L 和 1200mg/L 条件下分别测定了 3 种分子量单一溶液的黏度，表 3-2 和图 3-4 给出了黏浓关系测试结果。

表 3-2　标准盐水配制不同分子量聚合物的黏浓关系

聚合物浓度，mg/L		200	400	600	800	1000	1200
黏度 mPa·s	低分子量（500 万）聚合物	3.1	6.6	13.6	21.0	32.8	43.6
	中分子量（1500 万）聚合物	5.3	13.4	23.9	38.1	53.3	73.6
	高分子量（3500 万）聚合物	8.9	22.1	41.3	64.6	94.4	121.6

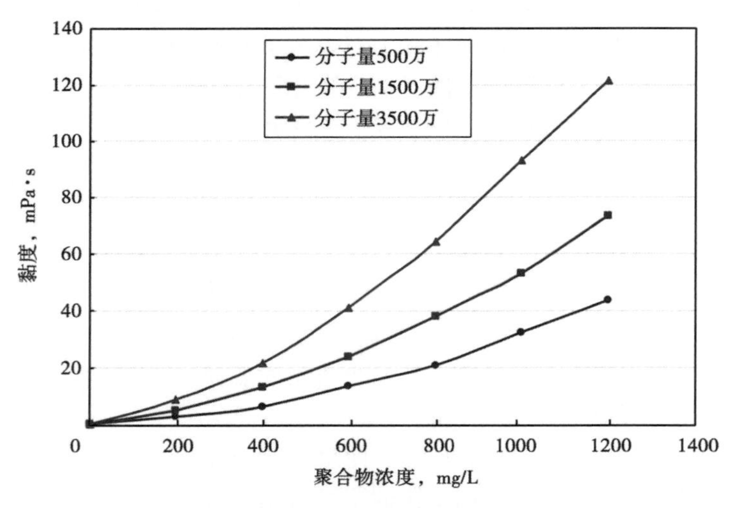

图 3-4　不同分子量聚合物黏浓关系曲线

3. 不同分子量、不同聚合物浓度复配的黏度测定

选取分子量为 500 万、1500 万和 3500 万的聚合物，用标准盐水配制浓度为 5000mg/L 的母液，取其三种聚合物母液混合，复配至不同的溶液浓度，测定其复配后聚合物溶液黏度。

（1）复配后聚合物溶液浓度为 600mg/L。

在复配溶液的低浓度点，低分子量聚合物与中分子量聚合物复配后，其聚合物溶液的黏度呈线形上升趋势；中分子量聚合物与超高分子量聚合物复配后，其聚合物溶液的黏度虽有增加，但随着超高分子量聚合物溶液浓度的增加，复配体系的溶液黏度值增加很小或不再增加，这说明复配体系的溶液黏度值主要取决于超高分子量聚合物的贡献；三种聚合物溶液复配，在一定浓度范围内，复配体系的溶液黏度变化明显，从黏度值可以看出低分子量聚合物对复配体系的溶液黏度值贡献不大。复配实验结果见表 3-3。

表 3-3　复配后聚合物溶液浓度为 600mg/L 实验结果

序号	浓度，mg/L			
	低分子量（500 万）聚合物	中分子量（1500 万）聚合物	高分子量（3500 万）聚合物	溶液黏度，mPa·s
1	500	100	—	14.6
2	400	200	—	16.6
3	300	300	—	18.4
4	200	400	—	20.5
5	100	500	—	22.2
6	—	500	100	32.9
7	—	400	200	33.6
8	—	300	300	35.8
9	—	200	400	35.9

续表

序号	浓度，mg/L			
	低分子量（500 万）聚合物	中分子量（1500 万）聚合物	高分子量（3500 万）聚合物	溶液黏度，mPa·s
10	—	100	500	36. 0
11	100	200	300	31. 6
12	100	300	200	28. 5
13	200	300	100	23. 6
14	200	100	300	29. 3
15	300	200	100	22. 1
16	300	100	200	24. 6

（2）复配后聚合物溶液浓度为 900mg/L。

低分子量聚合物与中分子量聚合物复配后，其聚合物溶液的黏度呈线形上升趋势，在低分子量与中分子量混合比例为 8:1 点，复配体系的溶液黏度值基本体现为低分子量聚合物溶液黏度值，当二者比例为 1:8 时，基本体现为中分子量聚合物溶液黏度值；中分子量聚合物与超高分子量聚合物复配后，其聚合物溶液的黏度稳步上升；三种聚合物溶液混合比例 2:3:4 点，其复配体系的溶液黏度值变化范围不大，当低、中、超高分子量聚合物混合比例为 3:4:2 和 4:2:3 时，以及三者比例为2 :4 :3和 3:2:4 时，复配体系的溶液黏度值接近，这说明随着复配体系浓度的增加，适当调整三者的比例，对复配体系的溶液黏度影响是有效的。复配实验结果见表 3-4。

表 3-4　复配后聚合物溶液浓度为 900mg/L 实验结果

序号	浓度，mg/L			
	低分子量（500 万）聚合物	中分子量（1500 万）聚合物	高分子量（3500 万）聚合物	溶液黏度，mPa·s
1	800	100	—	27. 3
2	600	300	—	31. 8
3	300	600	—	38. 7
4	100	800	—	43. 3
5	—	700	200	56. 0
6	—	600	300	59. 7
7	—	500	400	62. 7
8	—	400	500	68. 3
9	—	300	600	72. 5
10	—	200	700	72. 6
11	200	400	300	52. 8
12	200	300	400	56. 8
13	300	400	200	46. 9
14	300	200	400	53. 2
15	400	300	200	45. 1
16	400	200	300	47. 4

（3）复配后聚合物溶液浓度为1200mg/L。

无论是低分子量聚合物与中分子量聚合物复配还是中分子量聚合物与超高分子量聚合物复配，随着复配体系浓度的增加，复配体系的溶液黏度值都稳步上升；在三者复配比例按1∶2∶3变化，复配体系溶液黏度值符合聚合物的黏浓规律变化，在比例为3∶2∶1和2∶3∶1时，复配体系溶液黏度值变化不大；适当调整三者的比例，可以实现对复配体系黏度值一定范围内的调整。复配实验结果见表3-5。

表3-5　复配后聚合物溶液浓度为900mg/L实验结果

序号	浓度，mg/L			
	低分子量（500万）聚合物	中分子量（1500万）聚合物	高分子量（3500万）聚合物	溶液黏度，mPa·s
1	900	300	—	49.7
2	800	400	—	51.8
3	600	600	—	58.3
4	400	800	—	62.8
5	300	900	—	66.3
6	—	1000	200	80.0
7	—	900	300	85.3
8	—	800	400	88.5
9	—	600	600	98.1
10	—	400	800	107.7
11	—	300	900	112.0
12	—	200	1000	116.3
13	200	600	400	88.5
14	200	400	600	99.2
15	400	600	200	68.3
16	400	200	600	100.3
17	600	400	200	67.2
18	600	200	400	77.9

二、多种分子量聚合物混合驱油机理数学模型建立

根据多种分子量聚合物溶液复配实验研究结果，建立多种分子量聚合物溶液混合驱油机理数学模型。模型的建立方法为，油藏中有多种分子量聚合物溶液同时存在时，每一种分子量聚合物在油藏中流动满足各自独立的物质传输规律，包括对流、弥散、扩散、吸附和不可及孔隙体积，利用独立的组分浓度方程求解每一种聚合物在油藏中的运移过程；在驱油机理上表现为多种分子量聚合物溶液浓度加和的总浓度总体驱油过程，驱油机理数学模型中的参数表示为各种分子量聚合物相应参数浓度加权平均的形式，这些过程包括聚合物溶液黏度、聚合物溶液流变性、残余阻力系数和弹性驱油过程。

1. 多种分子量聚合物溶液混合总浓度

多种分子量聚合物（设有n种分子量聚合物）溶液混合后总浓度C_{pt}是每一种分子量聚

合物溶液浓度 C_{pi} 的加和：

$$C_{pt} = \sum_{i=1}^{n} C_{pi} \tag{3-27}$$

2. 多种分子量聚合物溶液混合后驱油机理模型的参数

将多种分子量聚合物溶液混合后的总浓度代入单一分子量聚合物驱油机理数学模型，包括黏度模型、残余阻力系数模型、弹性驱油机理数学模型，可以得到多种分子量聚合物溶液混合驱油机理数学模型。其中，每个驱油机理模型中的参数表示为每种分子量聚合物相应参数的浓度加权平均的形式：

$$\alpha = \frac{\sum_{i=1}^{n} C_{pi}\alpha_i}{\sum_{i=1}^{n} C_{pi}} \tag{3-28}$$

式中　α——多种分子量聚合物溶液混合后驱油机理数学模型状态方程中的参数；

α_i——第 i 种分子量聚合物溶液单独驱油时驱油机理数学模型状态方程中的参数。

1）黏度模型

在零剪切速率下，单一分子量聚合物 pi 溶液黏度模型为：

$$\mu_{pi}^{0} = \mu_{w}[1 + (A_{p1}^{pi}C_{pi} + A_{p2}^{pi}C_{pi}^{2} + A_{p3}^{pi}C_{pi}^{3})C_{SEP}^{S_{pi}}] \tag{3-29}$$

多种聚合物溶液混合后的黏度模型表示为：

$$\mu_{pt}^{0} = \mu_{w}[1 + (A_{p1}^{t}C_{pt} + A_{p2}^{t}C_{pt}^{2} + A_{p3}^{t}C_{pt}^{3})C_{SEP}^{S_{pt}}] \tag{3-30}$$

其中，系数 A_{p1}^{t}，A_{p2}^{t}，A_{p3}^{t} 和 S_{pt} 计算公式分别为：

$$A_{p1}^{t} = \frac{\sum_{pi=1}^{n} C_{pi}A_{p1}^{pi}}{\sum_{i=1}^{n} C_{pi}} \tag{3-31}$$

$$A_{p2}^{t} = \frac{\sum_{pi=1}^{n} C_{pi}A_{p2}^{pi}}{\sum_{i=1}^{n} C_{pi}} \tag{3-32}$$

$$A_{p3}^{t} = \frac{\sum_{pi=1}^{n} C_{pi}A_{p3}^{pi}}{\sum_{i=1}^{n} C_{pi}} \tag{3-33}$$

$$S_{pt} = \frac{\sum_{pi=1}^{n} C_{pi}S_{pi}}{\sum_{i=1}^{n} C_{pi}} \tag{3-34}$$

2）聚合物溶液流变性模型

单一分子量聚合物 pi 溶液驱油流变性模型为：

$$\mu_{\mathrm{p}} = \mu_{\mathrm{w}} + \frac{\mu_{\mathrm{p}}^{0} - \mu_{\mathrm{w}}}{1 + (\gamma / \gamma_{\mathrm{ref}})^{P_{\alpha}^{\mathrm{p}i} - 1}} \tag{3-35}$$

多种聚合物溶液混合后的流变性模型表示为：

$$\mu_{\mathrm{p}} = \mu_{\mathrm{w}} + \frac{\mu_{\mathrm{p}}^{0} - \mu_{\mathrm{w}}}{1 + (\gamma / \gamma_{\mathrm{ref}})^{P_{\alpha}^{\mathrm{t}} - 1}} \tag{3-36}$$

其中，系数 p_{α}^{t} 的表达式为：

$$P_{\alpha}^{\mathrm{t}} = \frac{\sum_{\mathrm{p}i=1}^{n} C_{\mathrm{p}i} P_{\alpha}^{\mathrm{p}i}}{\sum_{i=1}^{n} C_{\mathrm{p}i}} \tag{3-37}$$

3）残余阻力系数模型

单一分子量聚合物 pi 溶液驱油残余阻力系数模型为：

$$R_{\mathrm{k}} = 1 + \frac{(R_{\mathrm{KMAX}} - 1) b_{\mathrm{rk}}^{\mathrm{p}i} C_{\mathrm{p}i}}{1 + b_{\mathrm{rk}}^{\mathrm{p}i} C_{\mathrm{p}i}} \tag{3-38}$$

多种聚合物溶液混合后的残余阻力系数模型表示为：

$$R_{\mathrm{k}} = 1 + \frac{(R_{\mathrm{KMAX}} - 1) b_{\mathrm{rk}}^{\mathrm{t}} C_{\mathrm{pt}}}{1 + b_{\mathrm{rk}}^{\mathrm{t}} C_{\mathrm{pt}}} \tag{3-39}$$

其中，系数 $b_{\mathrm{rk}}^{\mathrm{t}}$的表达式为：

$$b_{\mathrm{rk}}^{\mathrm{t}} = \frac{\sum_{\mathrm{p}i=1}^{n} C_{\mathrm{p}i} b_{\mathrm{rk}}^{\mathrm{p}i}}{\sum_{i=1}^{n} C_{\mathrm{p}i}} \tag{3-40}$$

4）聚合物溶液弹性驱油机理模型

对于多种分子量聚合物溶液弹性驱油机理数学模型，根据单一分子量聚合物溶液弹性驱油机理数学模型，采取上面类似的方法建立模型。

3. 模型的实验验证

实验室实测了中分子量聚合物溶液、高分子量聚合物溶液、中高分子量聚合物比例为6:4混合溶液、中高分子量聚合物比例为 2:8 混合溶液的黏度浓度关系曲线。利用所建立的多种分子量聚合物溶液混合驱油机理数学模型对上述几种聚合物溶液的黏度浓度关系进行了模拟计算，将模拟计算结果与实测结果进行了对比，对比结果如图 3-5 至图 3-8 所示。从对比结果可见，所建立的多种分子量聚合物溶液混合驱油机理数学模型能够准确地模拟多种分子量聚合物溶液混合驱油过程。

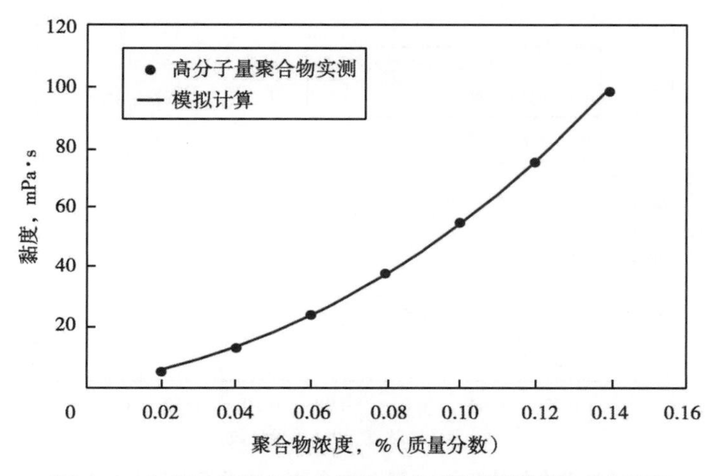

图 3-5 高分子量聚合物黏浓关系实测与模拟计算对比曲线

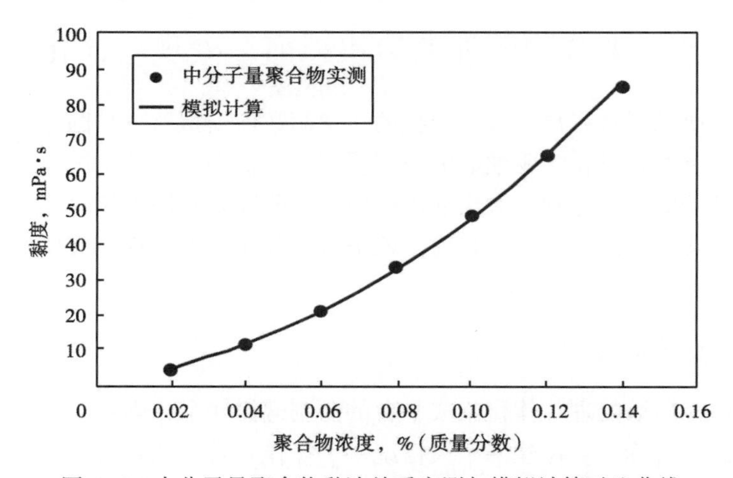

图 3-6 中分子量聚合物黏浓关系实测与模拟计算对比曲线

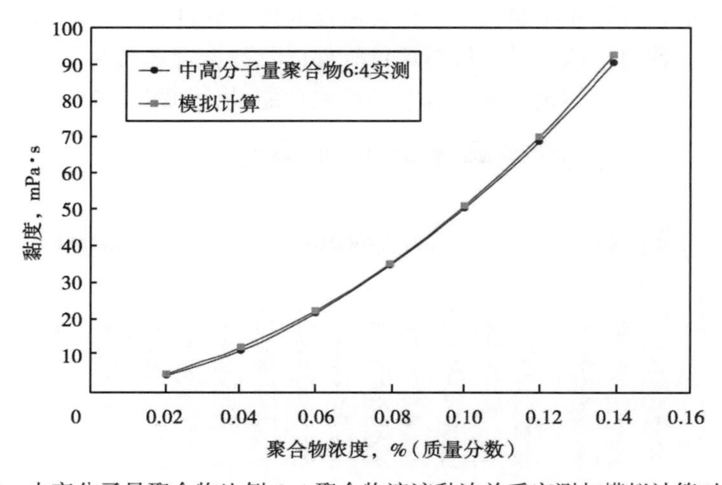

图 3-7 中高分子量聚合物比例 6:4 聚合物溶液黏浓关系实测与模拟计算对比曲线

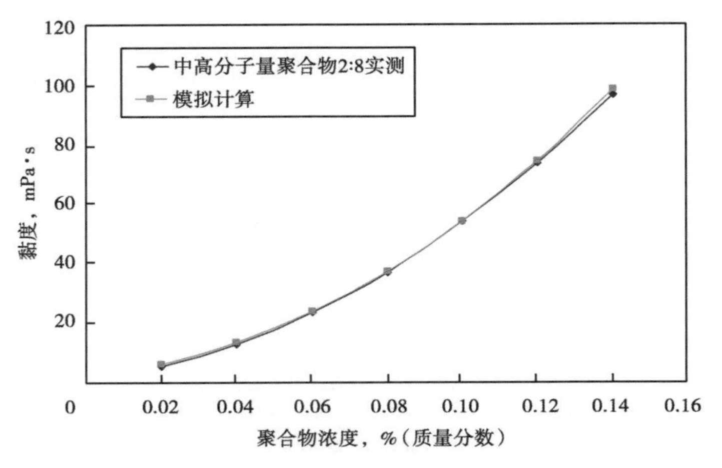

图 3-8　中高分子量聚合物比例 2∶8 聚合物溶液黏浓关系实测与模拟计算对比曲线

第五节　聚合物驱油数值模拟前后处理一体化技术

大庆油田开发研制了具有自主知识产权的化学驱数值模拟器。与国际同类商业化模拟器相比，大庆油田研制的新型化学驱油数值模拟器在驱油机理方面处于国际领先水平。为了进一步促进自主软件的商业化进程，大庆油田勘探开发研究院利用 5 年时间开发了化学驱数值模拟前后处理一体化集成运行平台。目前，该平台已开始在油田推广应用，极大地提高了数值模拟的工作效率和精度。

一、软件开发总体设计

化学驱数值模拟前后处理一体化集成平台的研制遵循 4 个原则：实用性、模块化、易操作和美观性。其总体目标是：搭建一个风格统一、操作一致、项目管理界面化、数据处理流程化、作业运行与调度自动化、前后处理软件交互化的一体化集成运行平台。为实现上述目标，分 5 个功能模块进行独立研制，主要包含数据前处理软件、后处理曲线显示软件、二三维场图形显示软件、数值模拟结果分析与评价软件以及数据管理与共享，最终将这些独立的功能模块进行集成，形成一体化集成平台。各模块功能设计如图 3-9 所示。

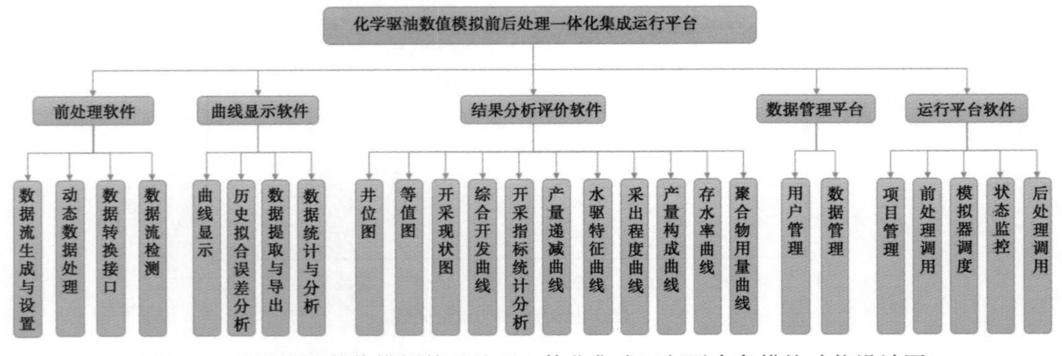

图 3-9　化学驱油数值模拟前后处理一体化集成运行平台各模块功能设计图

二、化学驱油数值模拟前后处理一体化集成运行平台研制

1. 前后处理一体化集成运行平台

研制了化学驱数值模拟前后处理一体化集成平台，其主界面如图 3-10 所示，通过集成平台可实现对数据、软件、结果的管理。

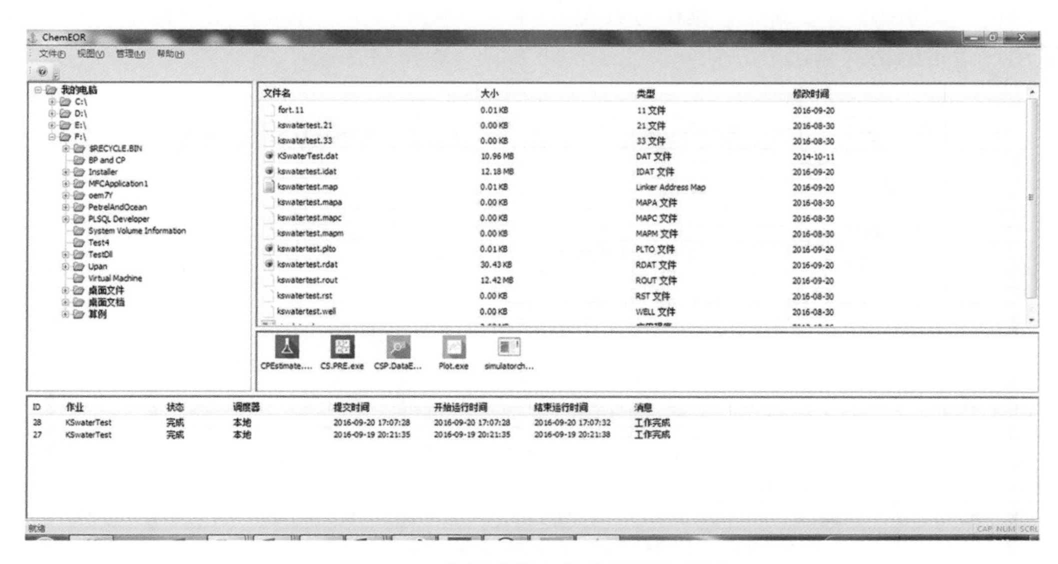

图 3-10　数值模拟一体化平面主界面

2. 数值模拟作业的运行调度和监控

1）作业调度

数值模拟作业的运行调度（图 3-11），可通过界面操作实现模拟作业的本地运行与远程调度运行，并将模拟运算结果以图形化方式实时反馈到客户端，客户端可根据模拟运算结果状态，能够实现对作业的终止。

2）作业监控

作业状态实时监控功能（图 3-12），可将本地或远程运行的作业实时反馈到客户端界面上，实现了模拟运算结果的图形化显示，并可实现模拟观测数据与计算数据对比显示。

图 3-11　作业调度运行界面

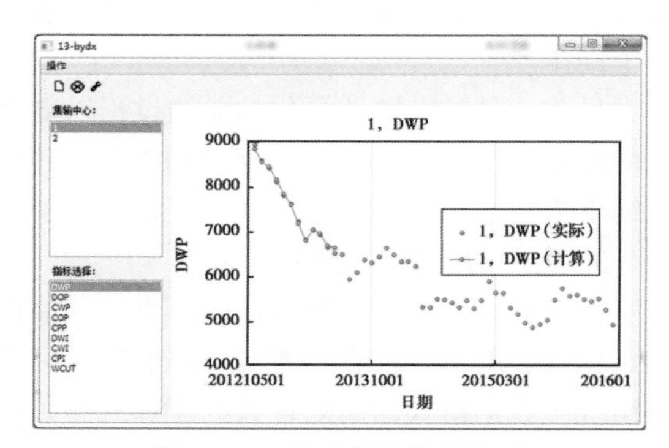

图 3-12　实时曲线显示界面

三、化学驱数值模拟数据前处理软件

1. 前处理主模块

前处理主模块能通过可视化窗口（图 3–13）直接填写属性参数、或通过导入数据库中数据，或建模形成的数据来形成和编辑自主研发数值模拟软件最基本的数据流 dat 文件和 obs 文件。可利用现有数据流将其部分或全部内容替换后产生，并可依用户需求读写处理后按照用户指定的格式输出。

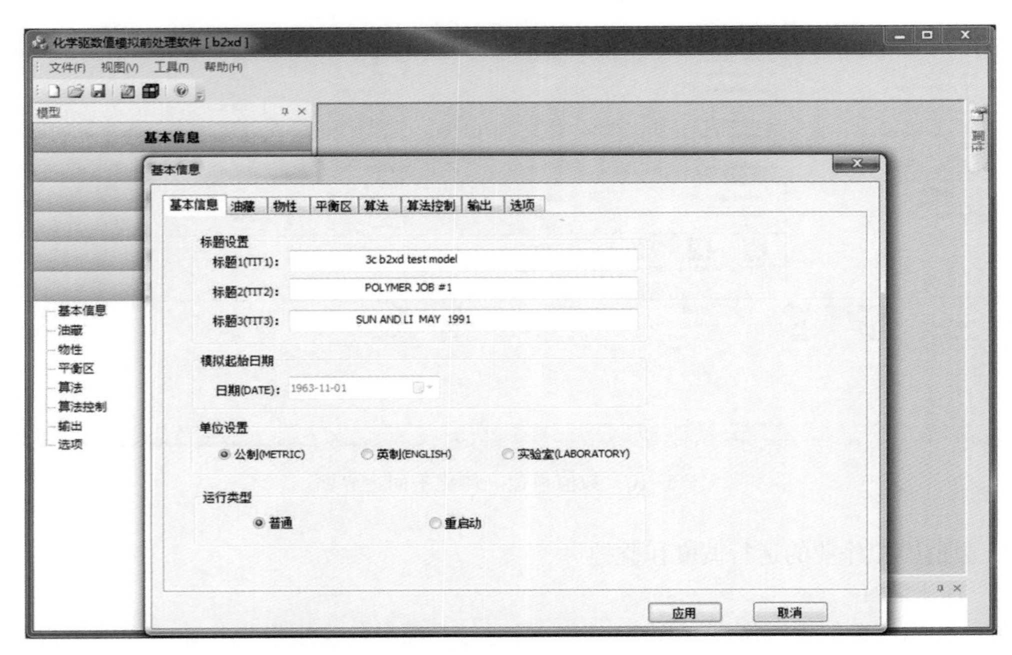

图 3–13　数据流基本信息设置界面

2. 化学剂物理化学性质参数估算

化学剂物化性质参数是描述化学驱油机理的重要指标，以化学剂物化性质参数求解计算数学模型为基础，可根据室内实验数据绘制相应的曲线和图，并具有化学驱数值模拟参数估算和拟合功能，开发了具备可视化计算功能的软件，不仅提高了参数求解计算的质量，而且易于操作。

目前，具备求解计算化学驱油过程以复杂非线性方程形式描述的 8 个方面的化学剂物化性质参数功能（图 3–14）：聚合物吸附、残余阻力系数、聚合物黏浓关系、聚合物流变性、束缚水饱和度、残余油饱和度、聚合物弹性、表面活性剂与碱竞争吸附。

3. 生产动态数据处理

井工作制度数据处理软件，可直接从油田开发数据库或软件自有数据库中按指定条件查询、加载、展示、计算、查错、提取研究区块的静态和动态数据，在模块中按用户需要输入输出统一数据格式的前处理数据流和观测数据流。生产的模拟井数据流存储在数据库中，能够记录整个数据流的生成过程，并随时根据需要导出指定的数据流文件（图 3–15）。

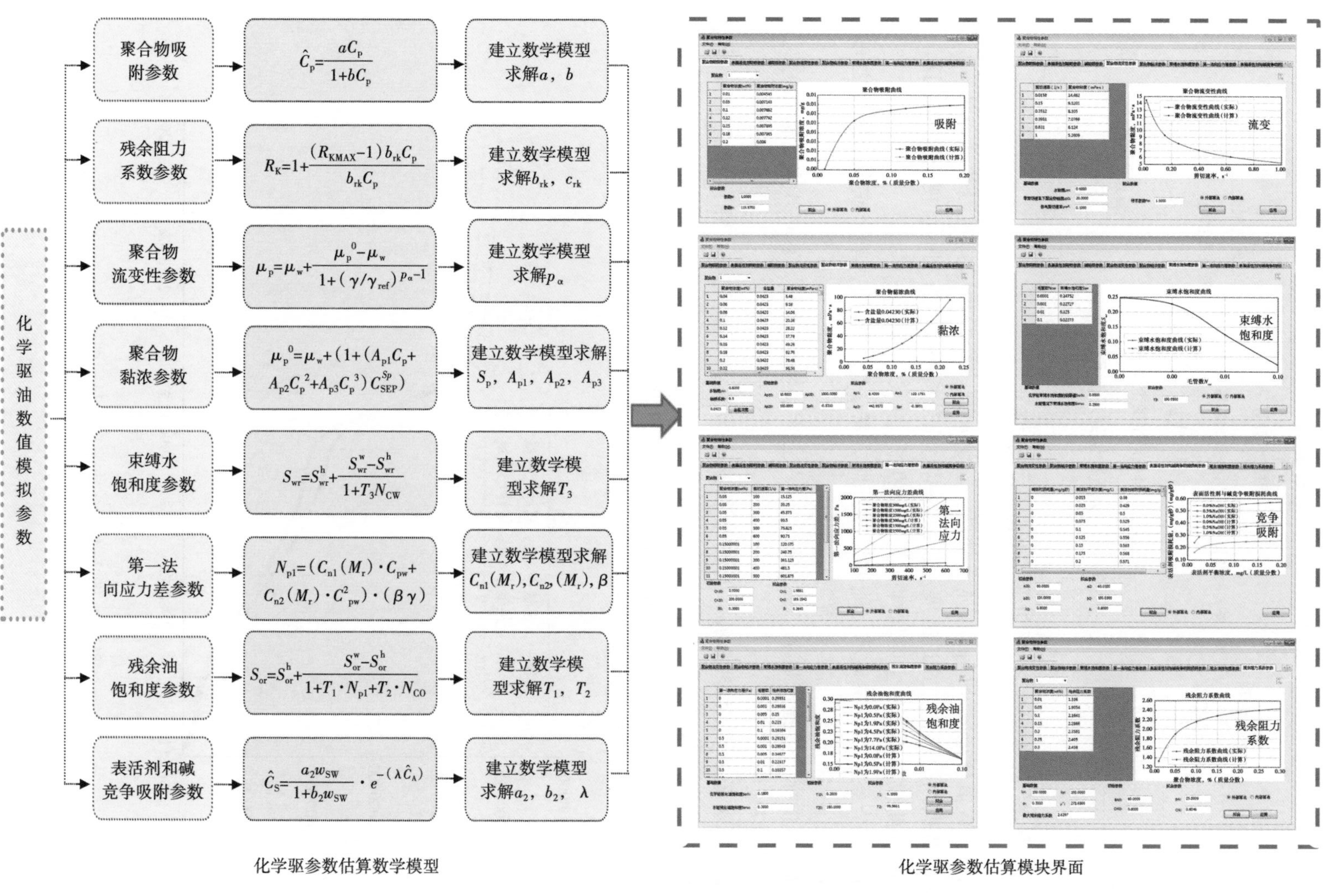

图 3-14　化学剂物化参数求解计算软件基本功能

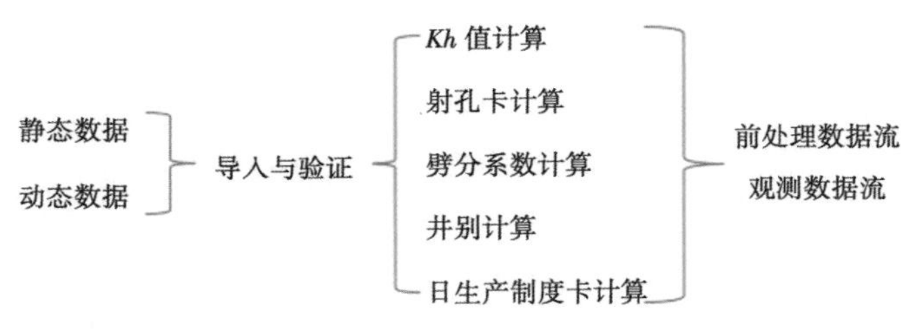

图 3-15　动态数据处理流程图

四、化学驱数值模拟后处理曲线显示软件

化学驱数值模拟后处理曲线显示软件，能够加载多个数值模拟观测数据与计算结果数据，并将数据以图形化方式进行展示，为数据对比分析提供了有利的可视化操作工具。

后处理曲线显示软件主要具有以下 4 种功能：

（1）单方案、多方案显示。能够绘制不同方案、同一对象、单个或多个指标之间的对比显示（图 3-16）。

（2）单指标、多指标显示。能够绘制同一方案、不同对象、不同开采指标间的对比曲线（图 3-17）。

（3）单对象、多对象显示。能够绘制同一方案，不同对象、相同指标的对比显示（图 3-18）。

（4）数据提取功能。数据提取功能是将显示的曲线图进行数据提取，并可将显示的数据导出指定类型的文件（图 3-19）。

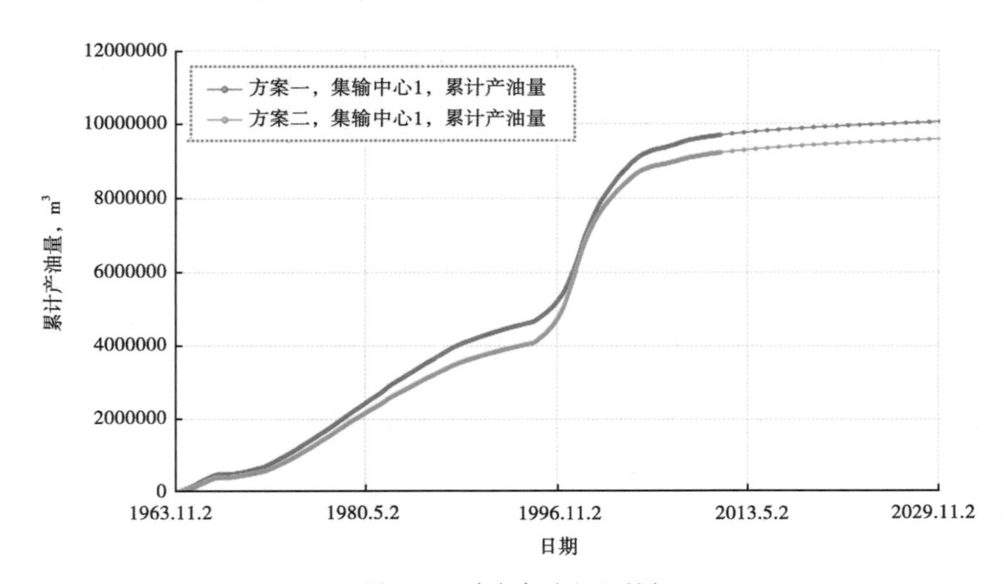

图 3-16　多方案对比显示图

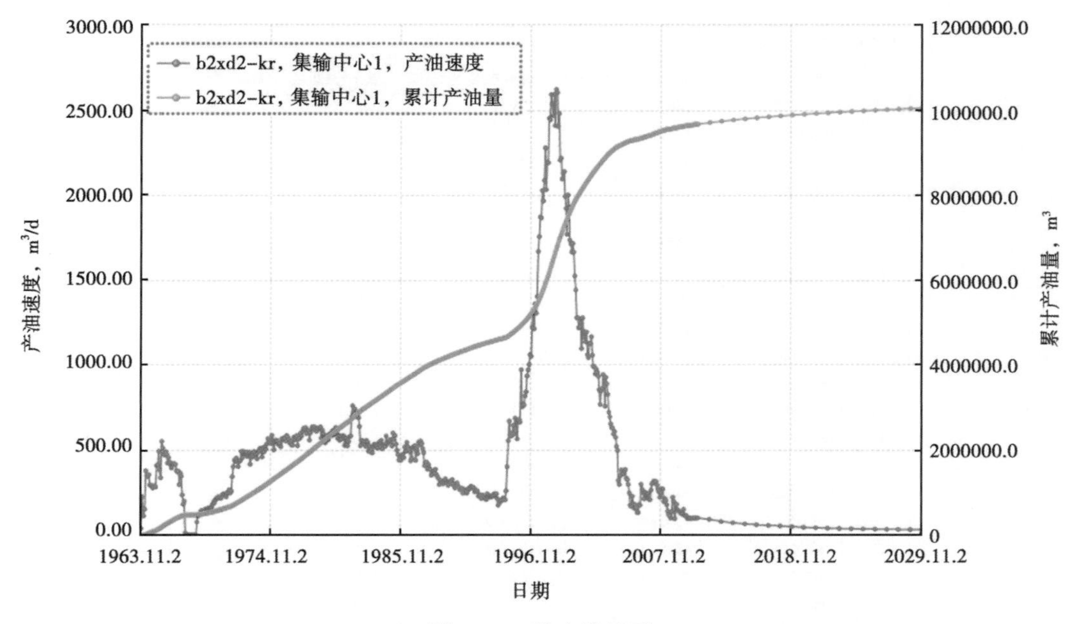

图 3-17　单方案显示

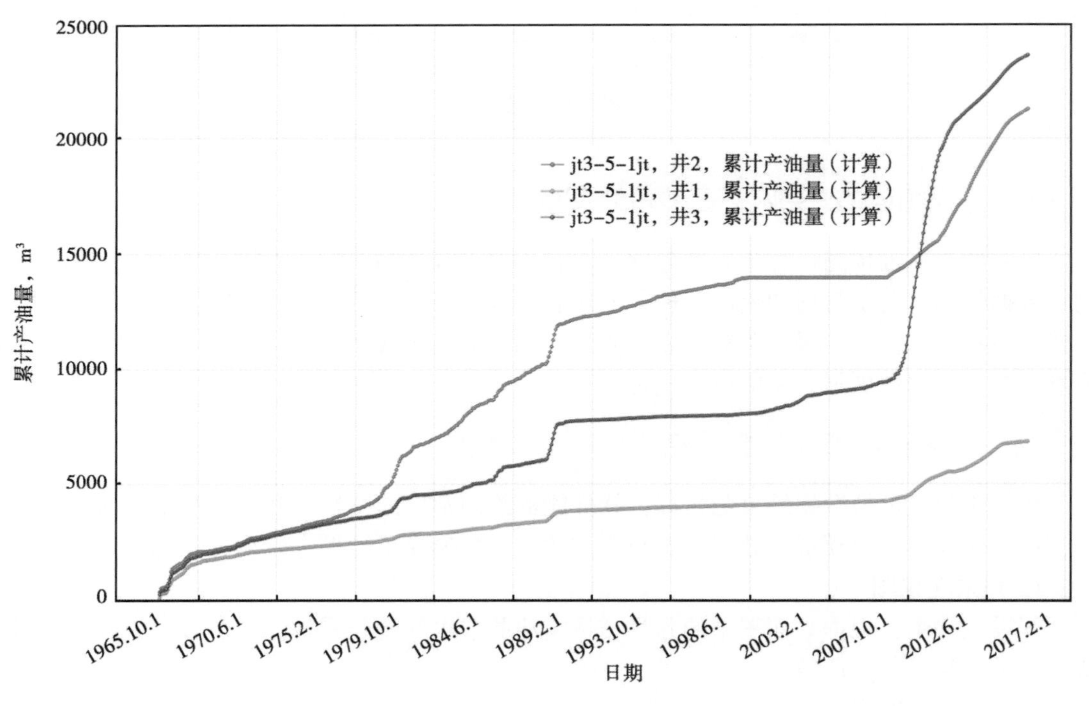

图 3-18　多对象同一指标曲线图

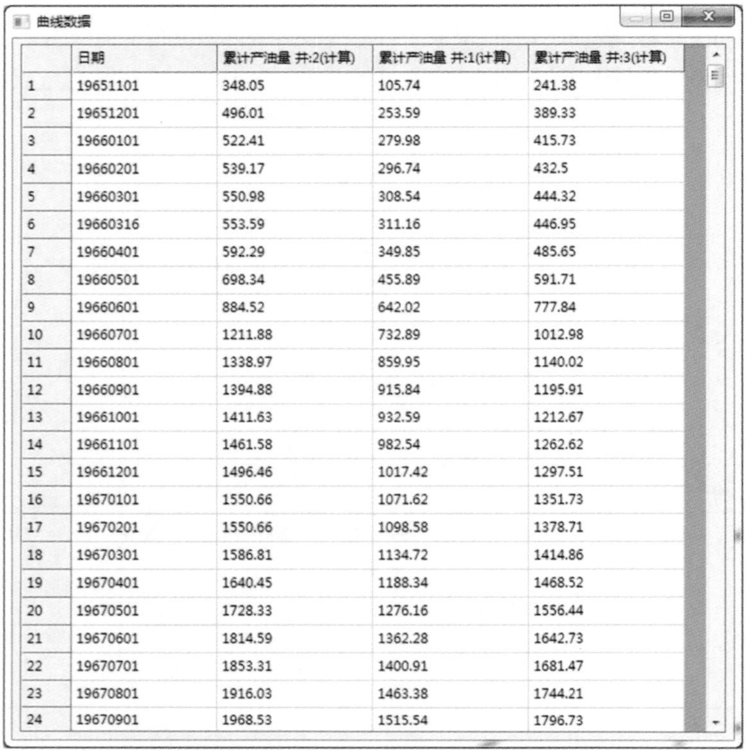

曲线数据

	日期	累计产油量 井:2(计算)	累计产油量 井:1(计算)	累计产油量 井:3(计算)
1	19651101	348.05	105.74	241.38
2	19651201	496.01	253.59	389.33
3	19660101	522.41	279.98	415.73
4	19660201	539.17	296.74	432.5
5	19660301	550.98	308.54	444.32
6	19660316	553.59	311.16	446.95
7	19660401	592.29	349.85	485.65
8	19660501	698.34	455.89	591.71
9	19660601	884.52	642.02	777.84
10	19660701	1211.88	732.89	1012.98
11	19660801	1338.97	859.95	1140.02
12	19660901	1394.88	915.84	1195.91
13	19661001	1411.63	932.59	1212.67
14	19661101	1461.58	982.54	1262.62
15	19661201	1496.46	1017.42	1297.51
16	19670101	1550.66	1071.62	1351.73
17	19670201	1550.66	1098.58	1378.71
18	19670301	1586.81	1134.72	1414.86
19	19670401	1640.45	1188.34	1468.52
20	19670501	1728.33	1276.16	1556.44
21	19670601	1814.59	1362.28	1642.73
22	19670701	1853.31	1400.91	1681.47
23	19670801	1916.03	1463.38	1744.21
24	19670901	1968.53	1515.54	1796.73

图 3-19　对比曲线数据表显示界面

五、化学驱数值模拟二三维后处理软件

研制的二三维场图形显示后处理软件主程序是基于 MFC 多文档视图实现，具备图形绘制、数据管理、模型管理和辅助管理 4 大功能。具有功能实用、界面友好、使用灵活、操作便捷、显示速度快、结果准确等特点；而且与同类商化模拟器相比，绘制的图幅种类更多、质量更高、实用性更强，功能更加完善。

六、化学驱数值模拟数据结果分析评价软件

化学驱数值模拟数据结果分析评价软件能够绘制常用的图幅，并提供常见的油藏工程方法，可对化学驱数值模拟前处理动态与静态数据和数值模拟结果进行动态分析与评价。

1. 开采现状图

开采现状图，根据平面图中的井号，指定油井或水井的开采指标，以饼状图或柱状图形式显示某一年月的生产数据。

2. 产量递减曲线

可提供 3 种产量递减模式分析方法，如指数递减、调合递减、双曲递减等；可根据用户指定对产量递减曲线进行分段拟合，并给出产量递减公式［图 3-21（a）］。

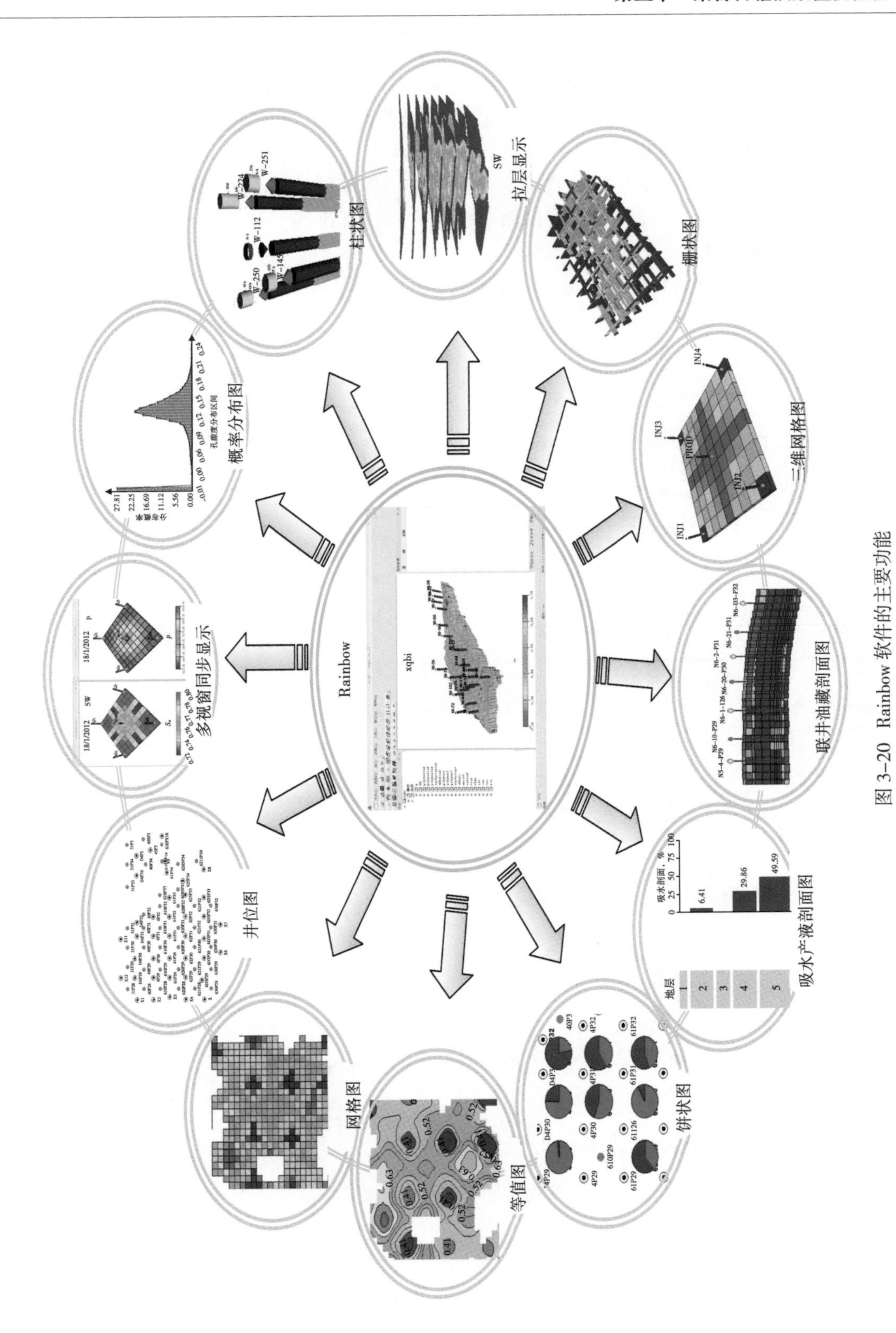

图 3–20　Rainbow 软件的主要功能

3. 水驱特征曲线

目前，国内注水油田开发评价和可采储量标定中最主要、最常用的 4 类水驱特征曲线［图 3-21（b）］为甲型曲线、乙型曲线、广义丙型曲线和广义丁型曲线。

4. 含水率和采出程度曲线

应用童宪章推导出的半经验公式确定含水与采出程度的关系，可根据实际数据绘制含水和采出程度关系曲线，并提供童宪章图版法供用户添加标准线［图 3-21（c）］。

5. 产量构成曲线

产量构成曲线是指将多井的同一开采指标进行统计，采用面积堆积图进行图形化展示［图 3-21（d）］。

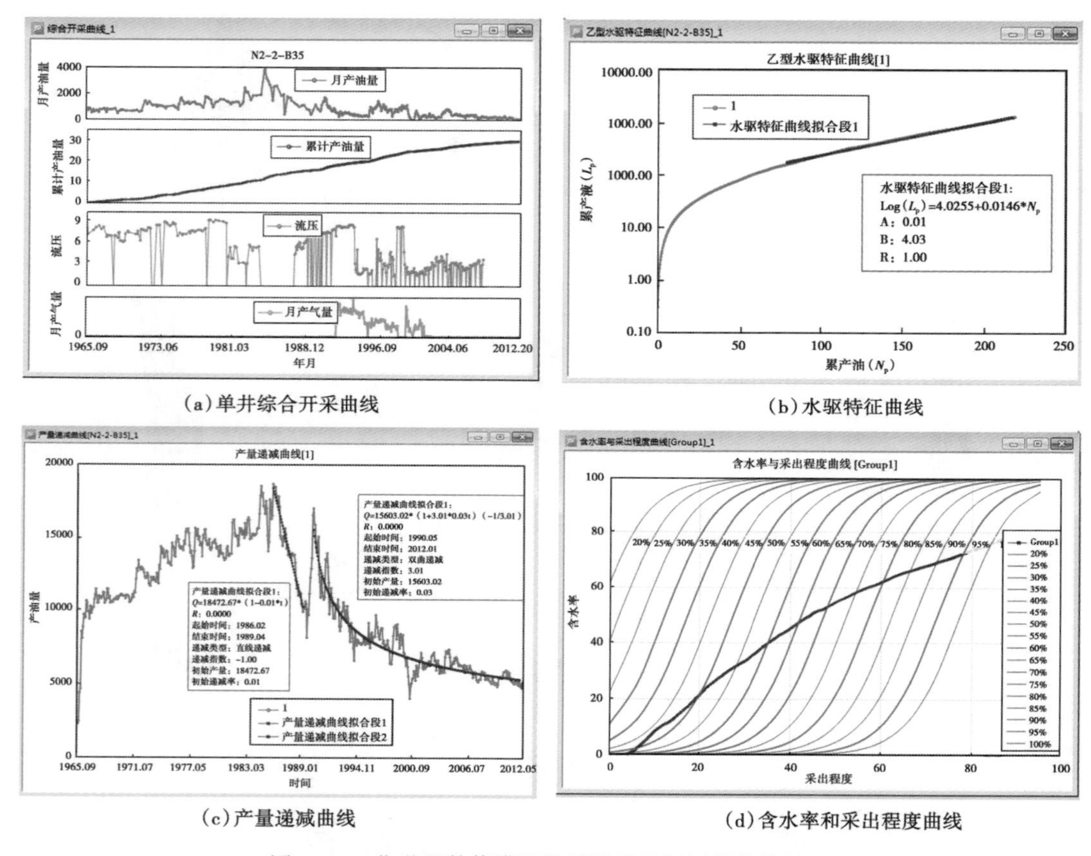

(a)单井综合开采曲线

(b)水驱特征曲线

(c)产量递减曲线

(d)含水率和采出程度曲线

图 3-21　化学驱数值模拟数据结果分析评价软件界面

七、化学驱数值模拟数据管理与共享软件

化学驱数值模拟数据管理与共享软件通过建立化学驱数值模拟数据管理数据库，实现数据管理与共享。

1. 账户的管理与设置

用户权限分为普通用户与管理员用户，管理员能够实现数据的管理，普通用户可查询指定权限范围内的数据。

2. 项目数据归档管理

项目数据归档管理是将数据存储到服务器端，进行数据归档。其管理的数据范围包括：模拟区块的基本信息、岩石流体物理化学性质参数、化学剂物理化学性质参数、地质属性场数据体、区块生产动态数据等数值模拟所需相关数据。

3. 项目数据查询

项目数据查询提供了灵活、多样的查询功能，根据用户权限，实现数据按指定条件进行查询，并可将查询数据结果以图表方式进行展示（图 3-22）。

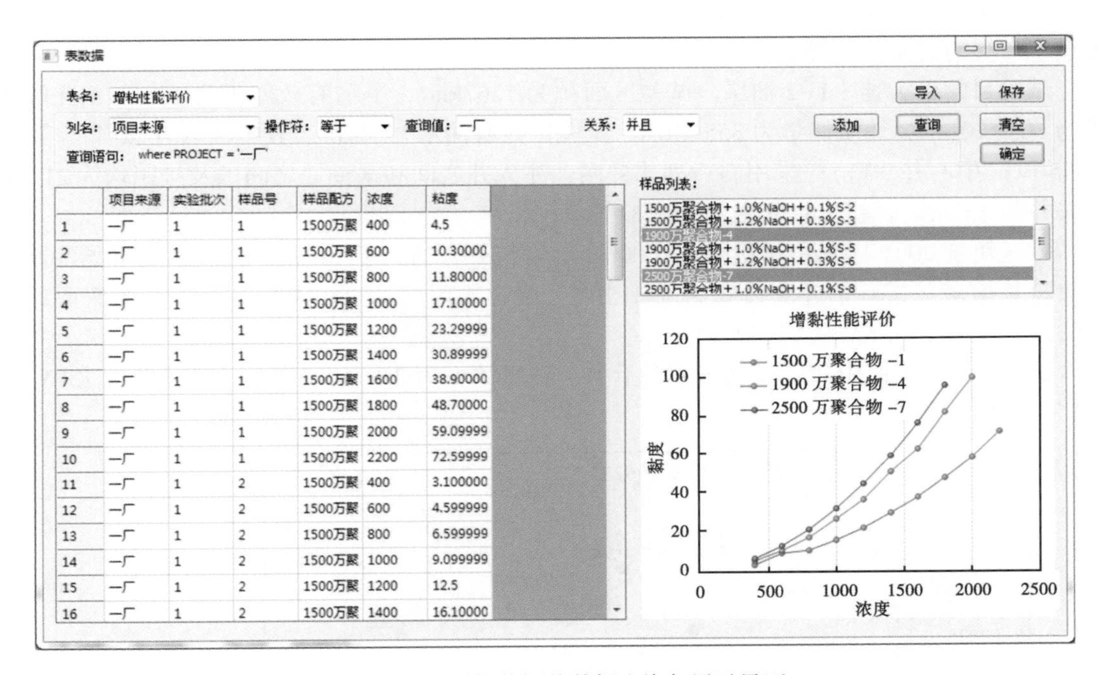

图 3-22　增黏性能评价数据查询与展示界面

第六节　聚合物驱油数值模拟软件应用实例

所研制的化学驱模拟器已成功应用于大庆油田化学驱油的科研和生产实践，本节给出了该模型在大庆油田一类油层高浓度聚合物驱油试验和二类油层聚合物分质注入和三元复合驱的应用实例。

一、数值模拟方法反求高浓度聚合物溶液地下工作黏度

室内研究表明，使用高浓度聚合物体系能够获得较高的采收率。为探索高浓度聚合物驱提高采收率的经济技术可行性，2003 年 6 月，在喇嘛甸油田北西块 4-4#注入站开展了高浓度聚合物驱油试验。经过 5 年多的实践，试验区注入压力上升，含水上升速度明显减缓，采收率进一步提高。但是，高浓度聚合物溶液在多孔介质中工作黏度到底多大一直以来都没有明确的定论，为此，开展了数值模拟研究，反求聚合物溶液地下工作黏度。在数值模拟研究

过程中，考虑了两种情况：一种是考虑聚合物溶液的弹性，另一种是不考虑聚合物溶液的弹性。通过跟踪拟合试验区的开发动态（包括压力和含水指标），给出了高浓度聚合物溶液在多孔介质中流动过程的真实黏度。分析认为，考虑弹性情况得到的地下聚合物溶液黏度能够反映地下流体的真实，拟合结果是可信的。

1. 高浓度试验区开发现状

1）试验区地质和开发简况

试验区位于喇嘛甸油田北西块4-4#注入站，该站位于北西块中东部，处于油田构造轴部，西南角有29号断层。北起6-2015井与7-2015井边线，南至6-P2288井与8-2235井连线，东端与北东块相邻。

试验目的层为葡Ⅰ1-2油层，试验区面积为1.67km^2，平均有效厚度为12.7m，孔隙体积为$603×10^4m^3$，地质储量为$355×10^4t$。试验区共有油水井55口、其中注入井20口、采油井35口（中心井9口）。采用斜行列式井网，注入井之间和采油井之间以及排距均为212m，注采井距237m。试验区井位分布如图3-23所示。

该区块于2001年2月开始注入1000mg/L常规聚合物，于2003年6月25日开始注高浓度聚合物溶液，试验前注聚体积为0.315PV，聚合物用量为290PV·mg/L，提高采收率为7.63个百分点，综合含水为69.1%。

试验方案设计使用2500万分子量聚合物，注聚浓度为2500mg/L，注入速度为0.13PV/a，

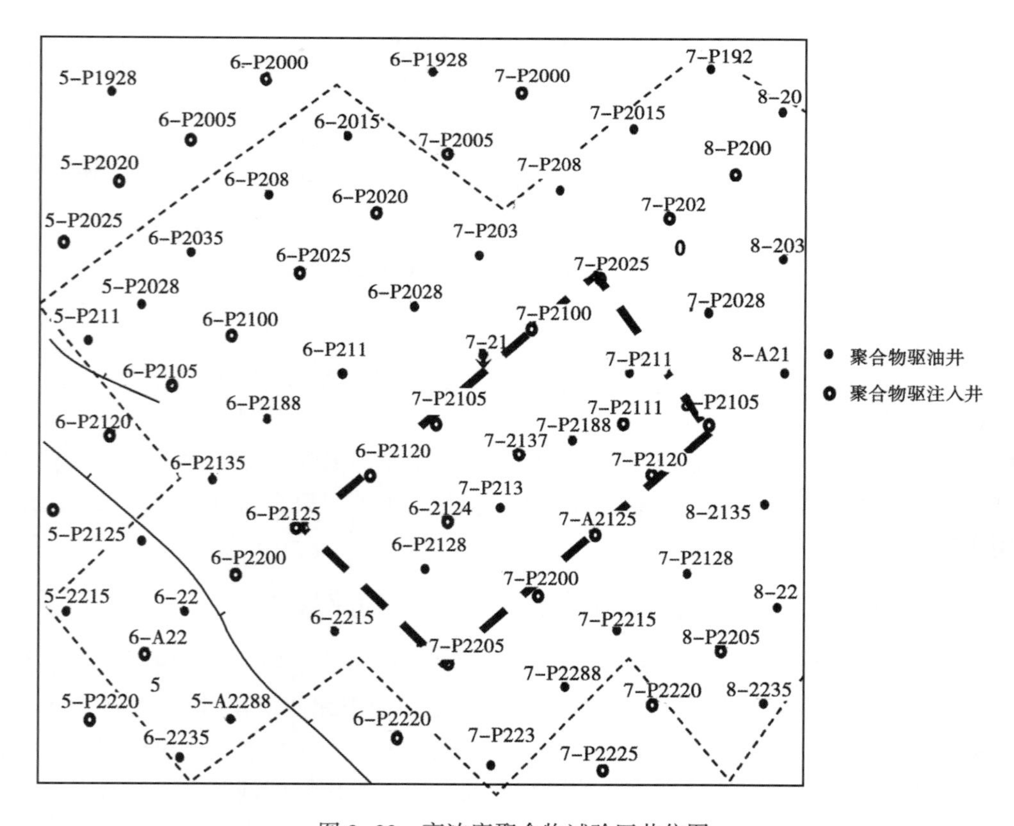

图3-23　高浓度聚合物试验区井位图

聚合物用量为 2000PV · mg/L。

截至 2006 年 3 月，累计注入聚合物干粉 7012.89t（商品量），累计注入聚合物溶液 $393.63\times10^4m^3$，注入油层孔隙体积为 0.653PV，聚合物用量为 1050.23PV · mg/L，其中注入高浓度聚合物溶液 $204.13\times10^4m^3$，注入油层孔隙体积 0.338PV，高浓度段塞聚合物用量为 759.83PV · mg/L。

2）试验区开发存在的问题

自注入高浓度聚合物溶液以来，试验区表现出注入压力上升、注入速度下降、采出井含水上升速度减缓的趋势。存在的问题是注采井距大，高浓度体系段塞推进困难，在试验区注入高浓度段塞油层孔隙体积 0.16PV 后，试验区出现注采困难的问题。试验过程中虽采取大量增注增产措施，但注采困难的矛盾依然突出。一是试验区注入能力下降幅度大。自试验开展以来，试验区注入压力不断上升，全区平均注入压力最高达到 12.3MPa，比注高浓度前的 9.6MPa 上升了 2.7MPa，其中部分井达到油层破裂压力。二是油井产液能力下降。2006 年 3 月，全区 27 口采出井日产液 1967t，与常规聚合物驱相比，产液量下降 21.8%。9 口中心井日产液 599t，平均单井日产液只有 67t。试验区采液速度与试验前相比下降 32.2%。三是高浓度段塞驱动困难。

高浓度聚合物驱试验目前暴露的问题是注采井距过大，高浓度段塞难以形成有效驱动，油井见效缓慢。为明确下一步的试验方向，为试验评价提供依据，计划在高浓度试验区开展缩小井距试验。

2. 缩小井距试验方案设计

1）试验井的确定

（1）选井原则。

高浓度聚合物驱小井距试验井确定原则：一是缩小井距区块选择在目前的高浓度试验区，尽可能利用现试验区的注采井；二是不改变目前试验区注采井的工作制度；三是缩小井距区块油层发育好，连通状况好；四是缩小井距以老井利用为主，尽可能不钻新井；五是缩小井距利用井可以提高储量动用程度，不形成滞留区；六是缩小井距区块的平均注采井距应在 100~150m。

根据选井原则，在目前北西块 212m×237m 的斜行列井网条件下，在高浓度试验区 6-P2128和 7-P211 采出井井排间选取 3 口老井作为注入井，井号为 6-2124、7-2137 和 7-2111，形成两排注入井夹一排采油井，中间井排间注间采的行列井网，区块共有注聚井 13 口，采出井 4 口（图 3-25）。

（2）缩小井距区块基本概况。

缩小井距区块位于喇嘛甸油田北西块 4-4#注入站中部，北起 7-P211 井，南至 6-P2128 井，西端为 7-P2025 井与 6-P2125 井边线，东端为 8-P2105 井与 7-P2205 井连线，目的层为葡Ⅰ1-2 油层，区块面积 $0.34km^2$，地质储量 71×10^4t，孔隙体积 $120\times10^4m^3$，新利用注入井平均注采井距为 133m（表 3-6）。

2）缩小井距区块地质概况

缩小井距区块平均有效厚度 13.0m，油层厚度平面分布存在差异，西北部厚度较薄，油层有效厚度低于 10m，厚度最小井 7-P2105 井仅为 9.3m；南部厚度较大，7-P2205 井厚度最大（21.1m）。区块砂体一类连通率为 83.3%。

表 3-6　缩小井距利用注聚井与试验区采出井井距关系

<table>
<tr><th colspan="3">缩小井距利用注聚井</th><th colspan="3">高浓度试验区采出井</th><th>井距</th></tr>
<tr><th>井号</th><th>有效厚度，m</th><th>渗透率，D</th><th>井号</th><th>有效厚度，m</th><th>渗透率，D</th><th>m</th></tr>
<tr><td rowspan="2">6-2124</td><td rowspan="2">11.9</td><td rowspan="2">0.505</td><td>FP062128</td><td>12.0</td><td>1.731</td><td>93</td></tr>
<tr><td>FP070213</td><td rowspan="2">16.1</td><td rowspan="2">0.676</td><td>125</td></tr>
<tr><td rowspan="2">7-2137</td><td rowspan="2">21.4</td><td rowspan="2">0.451</td><td>FP070213</td><td>154</td></tr>
<tr><td>FP072188</td><td rowspan="2">14.4</td><td rowspan="2">0.864</td><td>128</td></tr>
<tr><td rowspan="2">7-2111</td><td rowspan="2">12.0</td><td rowspan="2">0.700</td><td>FP072188</td><td>161</td></tr>
<tr><td>FP070211</td><td>11.5</td><td>0.461</td><td>136</td></tr>
<tr><td>平均单井</td><td>12.0</td><td>0.6</td><td></td><td>13.5</td><td>0.933</td><td>133</td></tr>
</table>

缩小井距区块葡Ⅰ1-2 油层纵向上可划分为 4 个沉积单元：葡Ⅰ1、葡Ⅰ2^1、葡Ⅰ2^2 和葡Ⅰ2^3。其中，葡Ⅰ1 单元与上部油层的隔层条件比较好，而其他层之间的隔层条件较差，大多为上下连通。各沉积单元的特征如下：

（1）葡Ⅰ1 单元为分流平原上的小型顺直分流的决口水道及水下分流河道沉积，河道砂体规模窄小，油水井大部分尖灭，河道砂渗透率低（0.271D）。

（2）葡Ⅰ2^1 单元为大型高弯曲分流河道沉积，以河道砂发育为主，砂体规模较宽，平均有效厚度 4.7m，其最小值为 0.9m，最大为 7.4m，渗透率较高（0.946 D），砂体连通状况较好，砂体一类连通率 77.7%。

（3）葡Ⅰ2^2 单元以河道砂及河间砂发育为主，局部砂体发育变差，钻遇率只有 69.2%，平均有效厚度 2.1m，其最小值为 1.3m，最大为 5.4m，平均有较渗透率 0.926 D。砂体一类连通率只有 40.9%。

（4）葡Ⅰ2^3 单元为大型的砂质辫状河道沉积，平均有效厚度 5.5m，其最小值为 3.1m，最大为 9.1m，平均有较渗透率 0.648D，砂体一类连通率 86.4%。

3）注聚方案初步设计

缩小井距区块新转注聚的 3 口利用井采用 2500 万分子量聚合物，注聚浓度为 2500mg/L，注入速度为 0.13PV/a，采用清水配制聚合物溶液，区块原注聚井保持注入方案不变。

根据注聚方案设计，缩小井距的 3 口注聚井配注共 395m^3/d，其中 6-2124 井配注 105m^3/d，7-2137 井配注 185m^3/d，7-2111 井配注 105m^3/d，高浓度聚合物试验区原相关注聚井注入方案进行相应调整，10 口原注聚井共下调配注 170m^3/d。

由于缩小井距区块新转注聚的 3 口利用井为原水驱注采井，转注聚井后改变了生产层位，原水驱井网的注水量应进行相应调整，根据原水驱井网的注采关系，对水驱注水方案进行调整，增加配注 225m^3/d。

根据试验区注高浓度聚合物体系后的吸水剖面资料分析，在注入速度 0.1PV/a 时，高浓度聚合物体系注入 0.1PV 时，高浓度体系段塞平均推进 128m，按照段塞推进的速度计算，当注采井距缩小到 130m，注入速度提高到 0.13PV/a 时，预计缩小井距区块在注入一年左右的时间能够见到驱油效果。

3. 缩小井距试验数值模拟研究

1）数值模拟地质模型建立

数值模拟地质模型边界选取为缩小井距区域外边界注入井再向外扩至相邻生产井排，地质模型平面网格划分为 69×45，纵向上分 3 个层，总网格节点数为 9315，*X* 方向空间步长 16. 78m，*Y* 方向空间步长 19. 78m。网格划分和井位分布如图 3-24 所示。地质模型有效厚度分布如图 3-25 所示，地质模型渗透率分布如图 3-26 所示。

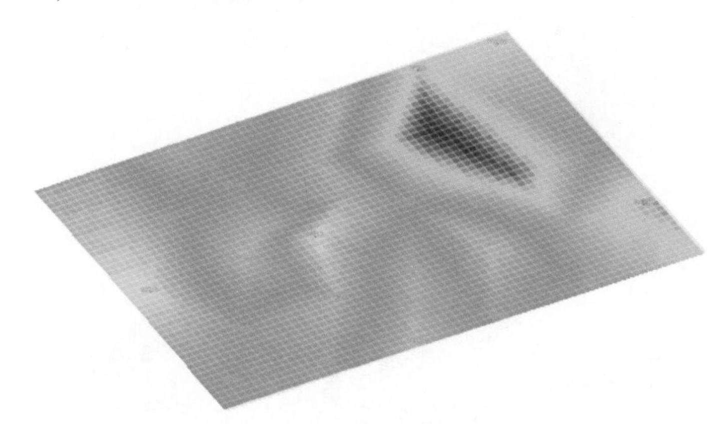

图 3-24　数值模拟地质模型网格

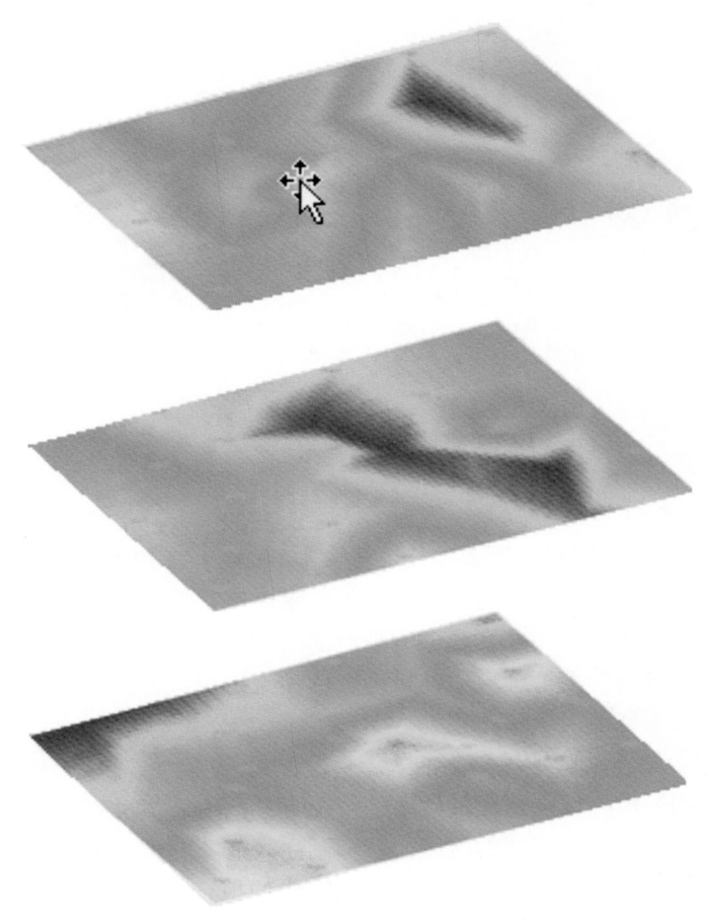

图 3-25　数值模拟地质模型有效厚度分布

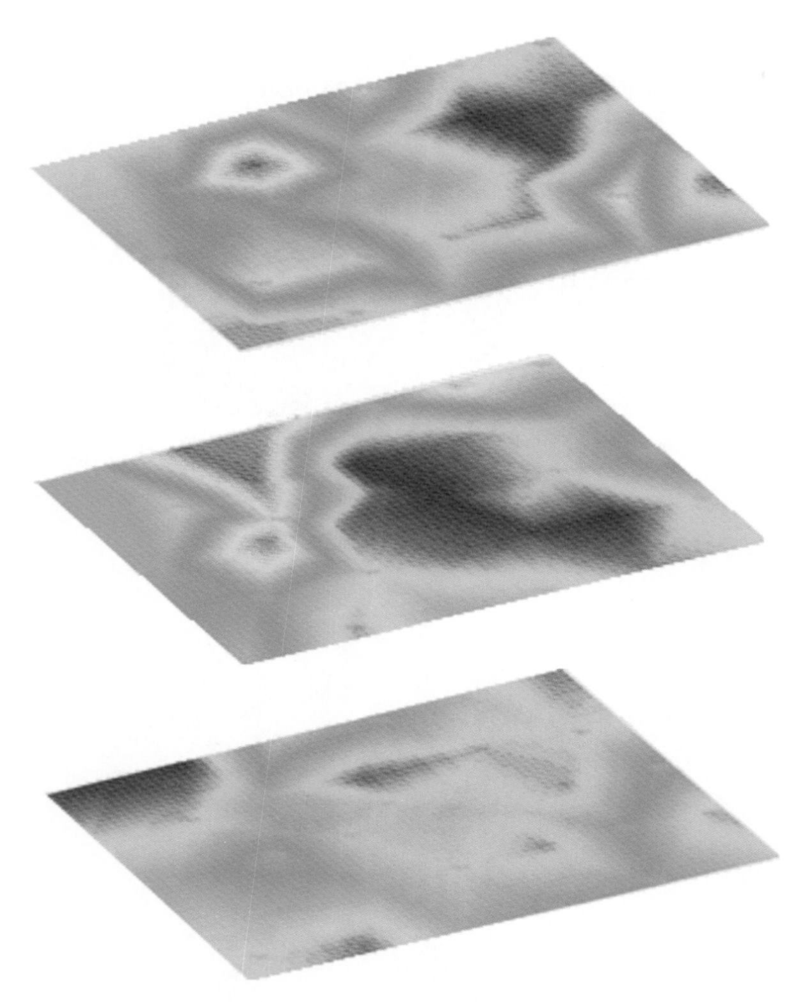

图 3-26　数值模拟地质模型渗透率分布

2）数值模拟历史拟合

对试验区的历史拟合从 2001 年 2 月开始注入 1000mg/L 常规聚合物开始，至 2007 年 10 月结束。拟合的主要指标有生产井的瞬时产油量、瞬时产水量和含水率。为了应用数值模拟方法反求高浓度聚合物溶液在多孔介质中流动时的工作黏度，进行了两种驱油机理的历史拟合：第一种是不考虑聚合物溶液弹性驱油机理数值模拟历史拟合；第二种是考虑聚合物溶液弹性提高微观驱油效率数值模拟历史拟合。

（1）不考虑聚合物溶液弹性提高驱油效率情况。

在不考虑聚合物溶液弹性提高驱油效率的情况下，数值模拟过程中驱油机理主要是聚合物溶液的高黏度能够改善油水相间的流度比，抑制注入液的突进，达到扩大波及体积，提高采收率的目的。根据这样的驱油机理，数值模拟完成的拟合和预测结果如图3-27至图 3-30 所示，数值模拟过程中聚合物溶液的黏度场分布如图 3-31 所示，注采井井底流压差模拟结果如图 3-32 所示。

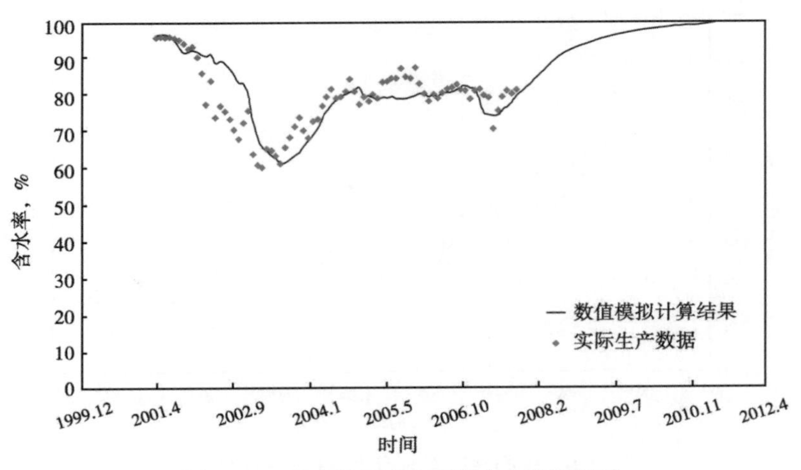

图 3-27　中心井区含水率拟合和预测结果

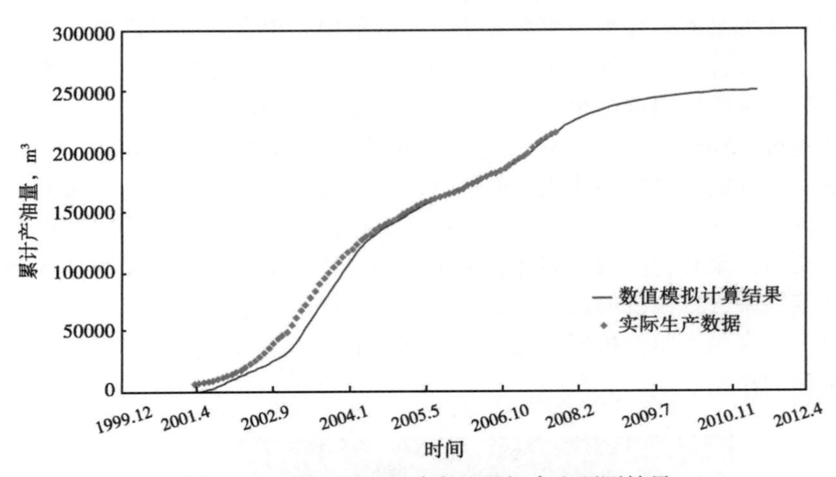

图 3-28　中心井区累计产油量拟合和预测结果

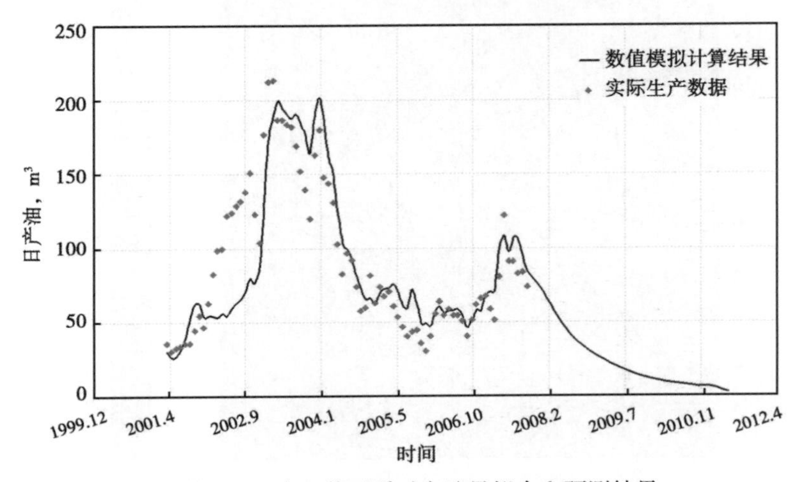

图 3-29　中心井区瞬时产油量拟合和预测结果

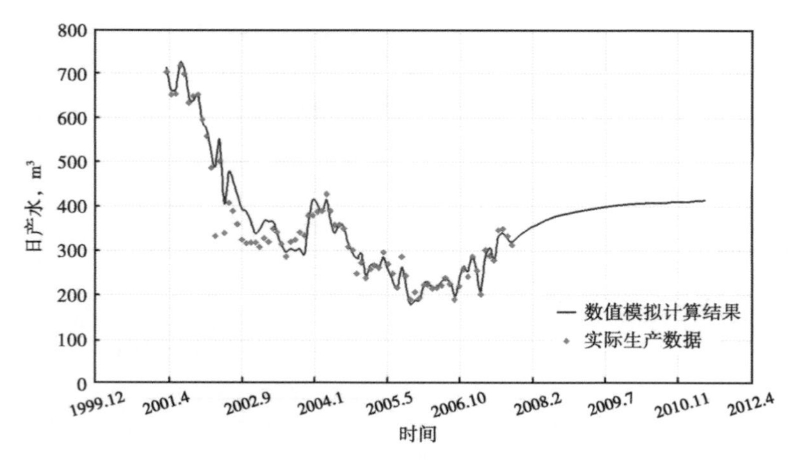

图 3-30 中心井区瞬时产水量拟合和预测结果

在不考虑聚合物溶液弹性提高驱油效率时，数值模拟聚合物驱油机理主要考虑聚合物溶液提高水相黏度，改善油水流度比驱油，按照这样的机理，依靠聚合物溶液的黏度也能够取得比较好的产量指标历史拟合结果。现场试验从注采井之间取高浓度聚合物溶液返排样，实验室测试黏度超过 120mPa・s，图 3-31 中是数值模拟过程中聚合物溶液的工作黏度场分布，与聚合物溶液返排样实验测定的体相黏度结果基本一致。但是，按照这样的工作黏度计算的注入井的井底流压非常大（图 3-32），会造成注采压差非常大，而实际注采井压差没有达到这么大。由此说明，聚合物溶液在多孔介质中流动过程中的视黏度不会像图 3-31 中给出的那么大，尽管依靠聚合物溶液的黏度也能够取得比较好的产量指标历史拟合结果，但是压力是不对的，仅仅依靠黏度驱油机理无法对聚合物驱油过程进行数值模拟研究，必须考虑聚合物弹性驱油机理的作用。

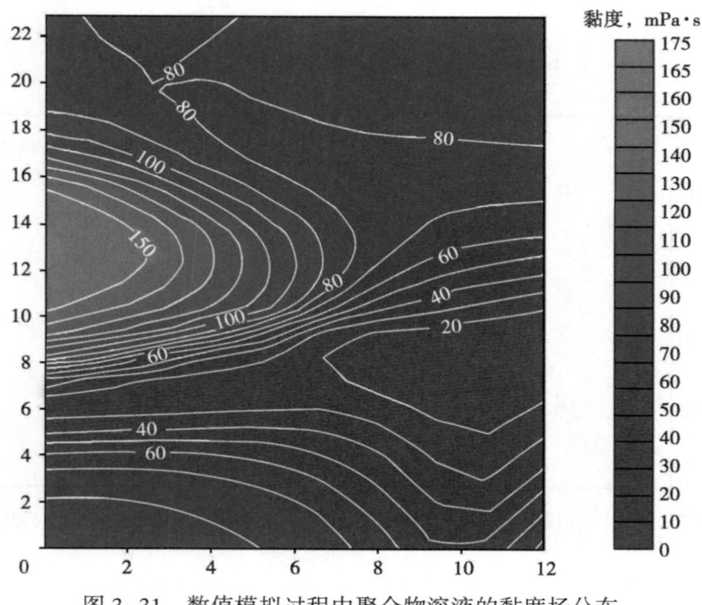

图 3-31 数值模拟过程中聚合物溶液的黏度场分布

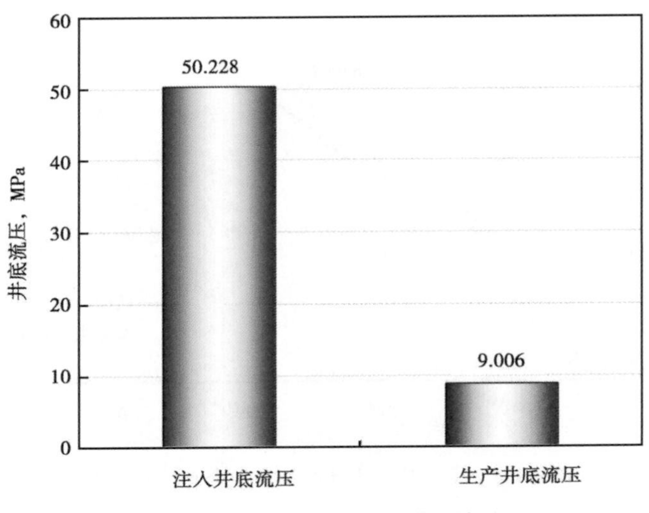

图 3-32　注采井底流压模拟结果

（2）考虑聚合物溶液弹性提高驱油效率情况。

在考虑聚合物溶液弹性提高驱油效率的情况下，对试验区进行了历史拟合，此时数学模型对聚合物的驱油机理的模拟除驱替液中由于聚合物的引入增加了水相黏度，改善油水流度比外，还考虑了聚合物溶液的弹性提高微观驱油效率模拟功能。考虑聚合物弹性驱油机理后的数值模拟历史拟合结果如图 3-33 至图 3-38 所示，其中图 3-33 是中心井区含水率数值模拟和实际对比结果，图 3-34 是中心井区累计产油量数值模拟和实际对比结果，图 3-35 是中心井区日产油量数值模拟和实际对比结果，图 3-36 是中心井区日产水量数值模拟和实际对比结果，图 3-37 是注入压力数值模拟和实际对比结果，图 3-38 是数值模拟高浓度聚合物溶液在多孔介质中流动时的工作黏度场。

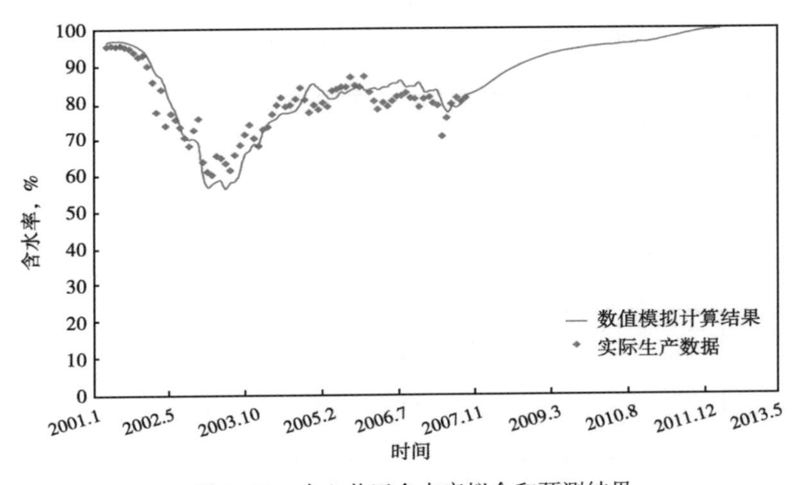

图 3-33　中心井区含水率拟合和预测结果

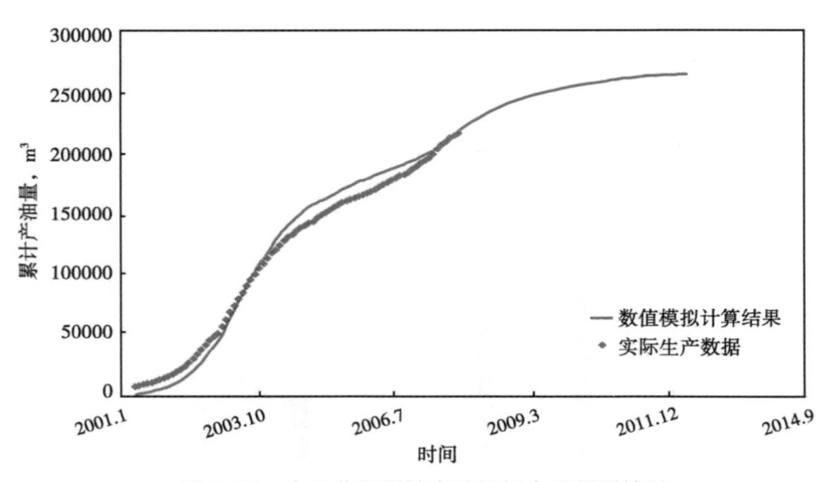

图 3-34 中心井区累计产油量拟合和预测结果

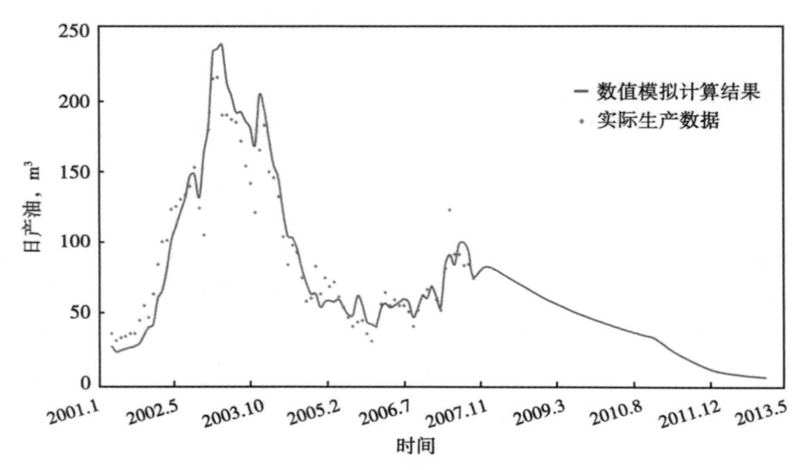

图 3-35 中心井区瞬时产油量拟合和预测结果

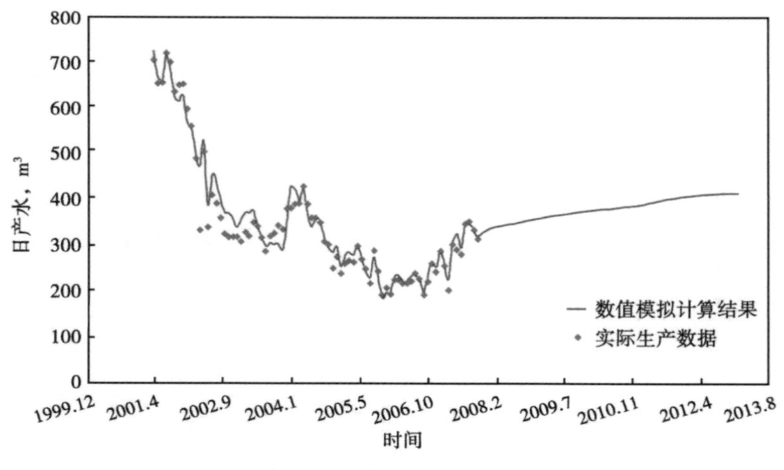

图 3-36 中心井区瞬时产水量拟合和预测结果

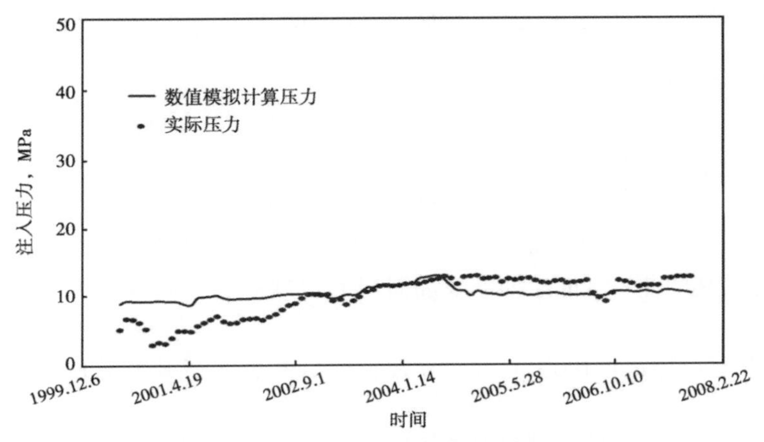

图 3-37　注入压力数值模拟和实际对比结果

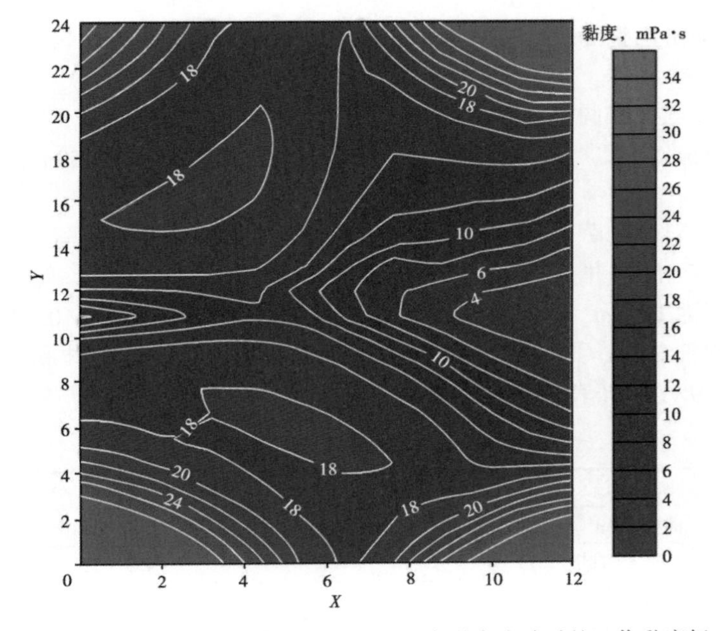

图 3-38　数值模拟高浓度聚合物在多孔介质中流动时的工作黏度场

（3）数值模拟结论。

在不考虑聚合物溶液弹性提高驱油效率时，数值模拟聚合物驱油机理主要考虑聚合物溶液提高水相黏度，改善油水流度比驱油，按照这样的机理，依靠聚合物溶液的黏度也能够取得比较好的产量指标历史拟合结果。但是，按照这样的工作黏度计算的注采井之间的压差非常大，而实际注采井压差没有达到这么大，说明数学模型仅仅考虑聚合物溶液黏度驱油机理无法正确模拟聚合物驱油过程。

数值模拟方法考虑了聚合物溶液黏度和弹性驱油机理的双重作用机理后，不仅正确拟合了产量指标，而且还较为准确地拟合了压力指标，反求出了聚合物溶液在地下的工作黏度。高浓度聚合物溶液地下工作黏度在 30mPa · s 左右。

二、北一断东西块二类油层聚合物驱分质注入开发方案设计

1. 地质开发方案概要

1）地质概况

北一区断东位于萨中开发区北部，北起北一区三排，南至中三排，西至98号断层，位于萨尔图背斜构造上，构造平缓，地层倾角1°～2°，98号断层为正断层，走向北北西向，延伸长度5.95km，最大断距145m，由于北一区断东井数多，按照井数之半，把北一区断东分为东西两部分。其中北一区断东西部含油面积11.17km^2，区域内无断层。

2）开采简史

北一区断东萨葡油层于1960年投入开发，先后部署5套开发井网，目前井网密度为93.1口/km^2。

葡Ⅰ组油层采用行列井网，开采对象为PⅠ1-7，井距500m；萨尔图+葡Ⅱ组油层采用不规则四点法面积注水，开采对象萨尔图+葡Ⅱ组，井距500m。

1987年一次加密调整井投产，采用不规则四点法面积布井，井距为200～250m。开采对象SP。

1995年进行二次加密调整，不规则五点法注水井网，220m井距。

1996年开始对高含水、高产液的葡Ⅰ组进行了聚合物驱，采用250m注采井距的五点法面积井网。

2005年9月，对该区萨Ⅱ10—萨Ⅲ10上返进行二类油层聚合物驱，采用150m井距的五点法面积井网，有油水井453口。该区油水井采用一次射孔方式，全区钻遇砂岩厚度为29.0m，有效厚度为19.2m，平均渗透率为0.525D，原始地层压力为10.3MPa，破裂压力为11.7MPa，地下原油黏度、原始油气比、原油性质中等。有效孔隙体积为4017.2×10^{4}m^3，地质储量为1912.9×10^{4}t（表3-7和图3-8）。

表3-7　北一区断东西部基本情况表

项　　目	全　　区
面积，km^2	11.17
总井数（水井+油井），口	453（228+225）
平均砂岩厚度，m	18.8
平均有效厚度，m	12.2
平均有效渗透率，D	0.634
原始地质储量，10^{4}t（萨Ⅱ+萨Ⅲ）	1912.9
孔隙体积，10^{4}m^3（萨Ⅱ+萨Ⅲ）	4017.2
目前采出程度，%	36.23

表3-8　北一区断东西块基本情况表

井别	井数，口	砂岩厚度，m	有效厚度，m	渗透率，D
采油井	228	21.2	13.1	0.616
注入井	225	16.3	11.3	0.656
平均		18.8	12.2	0.634

2. 聚合物驱油方案设计

在聚合物注入参数和注入方式选择的基础上，结合北一区断东西块上返油层的地质特征、水淹特点和油水井动态情况，制订聚合物驱油方案如下：

（1）聚合物驱注入速度为0.14PV/a。225口注入井日注聚合物溶液15408m^3/d，平均单井日注聚合物溶液68.5m^3。

（2）聚合物用量为650mg/L·PV。聚合物溶液采用单一整体段塞注入方式，段塞浓度为1000mg/L，井口黏度不低于40mPa·s。

（3）注入聚合物溶液前需注入清水作为前置段塞，聚合物溶液使用污水配制。

三、聚合物驱油开采指标预测

1. 数值模拟地质模型的建立

北一区断东位于萨中开发区北部，北起北一区三排，南至中三排，西至98号断层，位于萨尔图背斜构造上，由于北一区断东井数多，按照井数之半，把北一区断东分为东西两部分。北一区断东西部含油面积11.17km^2，共有油水井480口，其中注入井222口、生产井258口。聚合物驱开采层位是萨Ⅱ10—萨Ⅲ10。根据沉积特征，建立数值模拟地质模型时，纵向上分为9个模拟层：萨Ⅱ10、萨Ⅱ11、萨Ⅱ12、萨Ⅱ13—萨Ⅱ14、萨Ⅱ15+16a—萨Ⅱ15+16b、萨Ⅲ1—萨Ⅲ3b、萨Ⅲ4—萨Ⅲ7、萨Ⅲ8、萨Ⅲ9a—萨Ⅲ10b。平面X方向划分为120个网格节点，Y方向划分为80个网格节点，总网格节点数为$120\times80\times9=86400$个节点。

本方案运用了GPTmap软件附带的相约束三维建模模块进行了相控建模，确定了模拟层的各项地质参数：顶界深度、砂岩厚度、有效厚度、孔隙度、渗透率以及含水饱和度等。GPTmap软件附带的相约束三维建模模块是基于相控地质建模的思想建立的，符合二类油层的地质特点。通过这项技术，实现了按砂体类型对储层属性分别描述，将精细地质的研究成果与油藏数值模拟技术紧密结合，使油藏地质模型更全面、准确。在进行相控地质建模时，直接应用了相同格式的沉积相带图，即由GPTmap绘制而成的沉积相带图，这样使油藏数值模拟与精细地质描述结合的更为贴切、更为准确。分别对31个沉积单元的沉积相进行填充后，利用沉积相对厚度、渗透率、含水饱和度和孔隙度等进行约束、插值，完成对建模数据的前处理工作。

2. 聚合物驱油开发效果预测

根据聚合物注入参数和注入方式优化结果，结合北一区断东西块上返油层的地质特征、水淹特点和油水井动态情况，确定聚合物驱油总体方案如下：（1）聚合物驱注入速度为0.14PV/a。（2）用量650 mg/L·PV。聚合物溶液采用单一整体段塞注入方式，段塞浓度为1000mg/L，井口黏度不低于40mPa·s。（3）注入聚合物溶液前需注入清水作为前置段塞，聚合物溶液使用清水配制。

1）水驱开发效果预测

水驱预测结果：北一区断东西块聚合物驱上返开发区开采层位为萨Ⅱ10—萨Ⅲ10的井在注入孔隙体积1.399PV时，全区综合含水达到98%，最终累计产油112.86×10^{4}t，全区最终采收率为42.14%，阶段采出程度5.9%。

2）聚合物驱开发效果预测

根据北一区断东西块的地质特征，分别考虑采用了两种不同的聚合物注入方式，并分别对开采层位的聚合物驱效果进行了预测。

（1）全区注入 1200 万～1600 万中分子量聚合物

全区所有井均注入 1200 万～1600 万中分子量聚合物，聚合物驱预测结果：聚合物驱上返开发区开采层位为萨Ⅱ10—萨Ⅲ10 的井在注入孔隙体积 0.08PV 时，全区综合含水达到最高值 93.8%。当注入孔隙体积 0.307PV 时，全区综合含水达到最低值 83.66%，含水下降幅度 10.14%。当注入孔隙体积 0.727PV 时，全区注完聚合物溶液，转入后续水驱。当全区综合含水达到 98%时，总注入孔隙体积数为 1.216PV，此时，聚合物驱阶段采出程度为 14.1916%，全区最终采收率为 50.43%，最终累计产油 271.47×10^4t。

与水驱效果相比，全区聚合物驱提高采收率 8.3%。累计增油 158.61×10^4t。

（2）选取部分井注入 1900 万～2500 万高分子量聚合物，其他井仍注入 1200 万～1600 万中分子量聚合物

根据区块的具体地质特征，分别在中 15-2 站、中 213 站和聚中 603 站选取了部分开采层位发育较好的井，注入分子量为 1900 万～2500 万的高分子量聚合物，通过对沉积特征、孔渗特性等具体分析，共选取了 70 口井注入高分子量聚合物，其他 152 口注入井仍注入中分子量聚合物。采用这种注入方式，对全区的聚合物驱效果进行了预测，预测结果：在注入孔隙体积为 0.08PV 时，全区综合含水达到最高值 93.8%。当注入孔隙体积为 0.307PV 时，全区综合含水达到最低值 81.57%，含水下降幅度 12.23%。当注入孔隙体积为 0.727PV 时，全区注完聚合物溶液，转入后续水驱。当全区综合含水达到 98%时，总注入孔隙体积为 1.20PV，此时，聚合物驱阶段采出程度为 15.1%，全区最终采收率为 51.34%，最终累计产油 288.84×10^4t。

与水驱效果相比，全区聚合物驱提高采收率 9.2%。累计增油 175.98×10^4t。预测结果如图 3-39 和图 3-40 所示。

3）方案预测结论

对比采用两种不同聚合物注入方式的聚合物驱预测结果表明，选取部分井注入高分子量聚合物（方式 2）的最终预测结果比全区注入中分子量聚合物（方式 1）的预测结果要好。

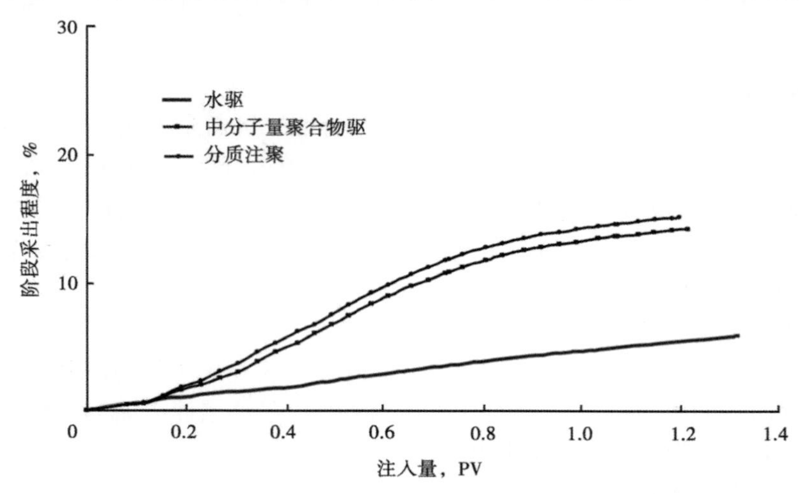

图 3-39 北一区断东西块不同驱油方式阶段采收率预测曲线

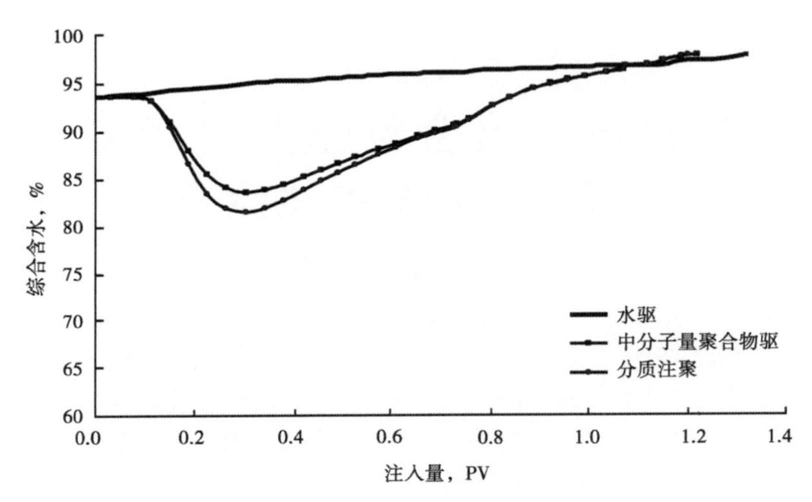

图 3-40　北一区断东西块不同驱油方式含水率预测曲线

因此，本方案建议采用选取部分井注高分子量聚合物的方式，这样能获得更好的开采效果和经济效益。

参考文献

[1] 沈平平，等. 大幅度提高石油采收率的基础研究［M］. 北京：石油工业出版社，2001.

[2] 冈秦麟. 化学驱油论文集［M］. 北京：石油工业出版社，1998.

[3] 叶仲斌. 提高采收率原理［M］. 北京：石油工业出版社，2007.

[4] 张景存. 三次采油［M］. 北京：石油工业出版社，1995.

[5] 杨胜来，等. 油层物理学［M］. 北京：石油工业出版社，2004.

[6] 胡博仲. 聚合物驱采油工程［M］. 北京：石油工业出版社，1997.

[7] 王德民，程杰成，杨清彦. 黏弹性聚合物溶液能够提高岩心的微观驱油效率［J］. 石油学报，2000，21（5）：45-51.

[8] 夏惠芬，王德民，刘中春，等. 黏弹性聚合物溶液提高微观驱油效率的机理研究［J］. 石油学报，2001，22（4）：60-65.

[9] 郑晓松. 聚合物溶液的弹性黏度理论及应用［D］. 大庆：大庆石油学院，2004.

[10] 聚合物溶液黏弹性对驱油效率的作用［D］. 大庆：大庆石油学院，2003.

[11] 王德民，程杰成，夏惠芬，等. 黏弹性流体平行于界面的力可以提高驱油效率［J］. 石油学报，2002，23（5）：48-52.

[12] Ivar Aavatsmark. Multipoint Flux Approximation Methods for Quadrilateral Grids［C］. 9th International Forum on Reservoir Simulation，2007.

[13] 张宏方，王德民，岳湘安，等. 利用聚合物溶液提高驱油效率的实验研究［J］. 石油学报，2004，25（2）：55-58，64.

[14] Wang Demin，Cheng Jiecheng，Yang Qingyan. Viscous-elastic Polymer Can Iincrease Microscale Displacement Efficiency in Cores［R］. SPE 63227，2000.

第四章　聚合物驱开发规律及跟踪调整技术

聚合物驱跟踪调整贯穿整个聚合物驱开发过程，从区块投产开始，动态分析人员根据区块的动态变化实施跟踪调整，“十一五”以来，随着对聚合物驱油机理认识的深入，同时二类油层投产规模的不断扩大，注采井距的进一步缩小，跟踪调整更加频繁，近几年，年度调整工作量上升到1万井次以上，尤其是处于注聚阶段的注入井跟踪调整，平均每口注入井每年都需要调整一次。

一般情况下，聚合物驱跟踪调整具有目的性，为了达到某种调整目的而实施调整，比如，改善注采状况、调整注采平衡、挖潜剩余油或者提高产液速度等，无论要达到哪种调整目的，跟踪调整都要从区块或井组的动态分析入手，明确需要解决的问题或者调整目标，然后制订有针对性的调整措施。目前，在聚合物驱油现场，一般的调整措施包括：注入量调整、注入质量浓度调整、注入聚合物分子量调整、停注聚合物调整、注入井措施调整和采油井措施调整等。

第一节　开发阶段划分

在聚合物驱开发过程中，聚合物驱油生产表现出明显的阶段性，在实际生产管理中，可以根据聚合物驱分析需要，参照驱替介质的不同及综合含水的变化特征，把聚合物驱全过程划分为3~7个开发阶段，在不同的开发阶段，根据其开发特点，应用相应的调整技术方法，实现改善开发效果的目标。

聚合物驱开发阶段划分方法如下：

方法1，3阶段划分法。在聚合物驱开发全过程中，要经历注水开发—注聚开发—注水开发的过程，因此，可以按照驱替介质的不同，将聚合物驱开发全过程粗略分为3个开发阶段，即空白水驱阶段、注聚合物溶液阶段和后续水驱阶段。

方法2，5阶段划分法。在注聚合物溶液阶段，综合含水的变化表现出持续下降、保持稳定、逐步上升的阶段性动态变化规律。根据这个动态变化规律，把注聚合物溶液阶段进一步细分为含水下降阶段、低含水稳定阶段和含水上升阶段等3个开发阶段（有时，也称为注聚初期、注聚中期和注聚后期）。所以，聚合物驱开发全过程可以依据驱替介质不同和含水变化规律相结合的方法，把聚合物驱开发阶段划分为5个开发阶段，即空白水驱阶段、含水下降阶段、低含水稳定阶段、含水上升阶段和后续水驱阶段。

方法3，7阶段划分法。动态管理人员有时为了便于开发区块的动态分析和日常管理，在5阶段划分法的基础上，把区块投注聚后含水未出现明显下降的一段时期单独划分出来作为一个开发阶段，称为注聚未见效阶段；把持续时间最长的含水上升阶段进一步分为含水上升前期和含水上升后期。所以，聚合物驱开发全过程可以进一步划分为 7 个开发阶段，即空白水驱阶段、注聚未见效阶段、含水下降阶段、低含水稳定阶段、含水上升前期、含水上升后期和后续水驱阶段（图 4-1）。

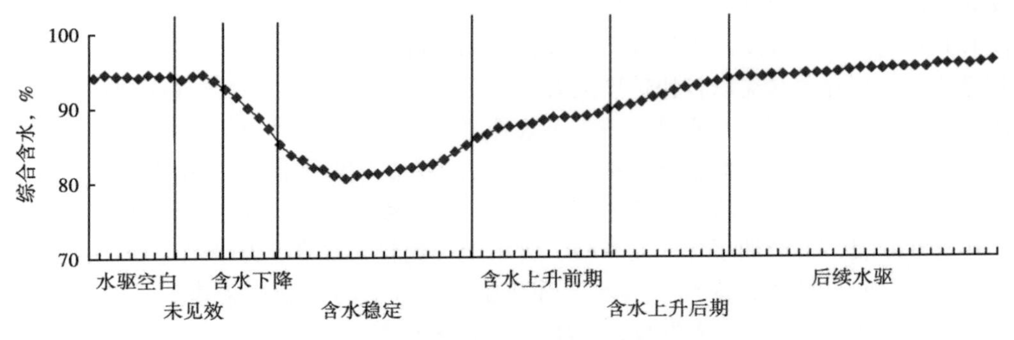

图 4-1 聚合物开发阶段示意图

无论采取哪种聚合物驱阶段划分方法，每个开发阶段都有其明显的特点，区别于其他开发阶段。以下介绍采取 7 阶段划分法时，各阶段特有的注采参数动态特点和生产目标、分析重点、调整技术方法等方面。

空白水驱阶段：此开发阶段采取注水开发，一般注入压力比较低，为 6～10MPa；综合含水比较高，达到 90%以上，个别区块甚至达到 98%以上。此开发阶段持续时间长短不一，可短至几个月或半年，个别区块持续时间接近 2 年甚至更长。在此开发阶段主要开展注聚前的准备工作，包括开展地质研究、调整注采平衡、均衡压力系统、录取各种动态资料、编写驱油方案和调剖方案等。

注聚未见效阶段：此开发阶段起始点为区块投注聚时间点，持续到综合含水出现下降趋势，持续时间一般较短。区块投注聚后，综合含水一般不会马上下降，会在短时间内保持平稳，甚至小幅度上升，此时，采油井未见到聚合物驱效果，区块处于注聚未见效阶段。在此开发阶段，总体上保持驱油方案设计的注入参数稳步注入，不开展大规模的方案调整，只对个别注入压力突升或注入压力高的注入井实施措施改造，对部分压力上升缓慢井实施分层注聚，使注入压力稳步上升。

含水下降阶段：此开发阶段一般持续时间相对较长，从综合含水出现下降趋势开始，至含水下降速度明显变缓时结束，综合含水始终处于下降的状态，区块处于含水下降阶段。在此开发阶段，不同井区在见效时间和各动态参数变化方面表现出的差异很大，但总体上按照聚合物驱规律，注入压力快速上升、视吸水指数快速下降、产液量缓慢下降、综合含水持续下降、日产油量持续上升，采聚浓度持续上升。在开展跟踪调整时，配合分层注聚实施注入质量浓度调整及注入量调整，控制单方向或单层的聚合物溶液推进速度；对部分采油井实施压裂引效，努力提高见效井比例，促进采油井均衡受效。

低含水稳定阶段：对于不同的开发区块，此开发阶段的持续时间一般差异很大，短至半年，长至 1 年以上甚至更长。在综合含水下降开始明显变缓以后，在较长时间内稳定在较低的水平并出现含水最低点，之后含水开始回升。在此过程中，综合含水变化曲线呈中间平两端略翘的形态，注入压力保持平稳，视吸水指数缓慢下降，产液量缓慢下降，综合含水稳定在较低水平，日产油量保持在较高水平，采聚浓度继续上升。此时，采油井见效比例已经提高到较高水平，含水降幅达到最大。在开展跟踪调整时，通过实施注入井压裂、解堵等措施，保证区块良好注入状况；通过实施采油井压裂、调大参数等措施努力放大生产压差，控制产液量递减速度，努力延长区块的低含水稳定期。

含水上升前期：此开发阶段持续时间较长，一般持续半年到1年。从综合含水曲线形态明显上翘开始，综合含水先以较快速度上升，然后上升速度明显变缓；日产油量持续下降。在此开发阶段，油层动用状况明显变差，一般围绕控制含水上升速度开展各项工作，尽量提高区块分注率，对部分井采取细分，提高低渗透层注入的同时控制高渗透层注入。

含水上升后期：此开发阶段持续时间较长，一般持续半年到1年。在此开发阶段，综合含水上升速度变缓，日产油下降速度变缓，含水上升到较高水平，经济效益变差，此时，注采井措施工作量明显减少，为控制含水上升速度，应该适当控制注采速度，在含水上升至92.0%左右时，着手编制停注入方案，实施个性化停注聚。

后续水驱阶段：此阶段驱替介质由聚合物溶液改为水，从区块全部停注聚开始，到区块综合含水上升到98%结束，一般持续时间很长，是聚合物驱开发阶段中持续时间最长的一个，可长达三至五年，甚至更长。虽然此开发阶段的区块综合含水很高，但对区块的最终提高采收率的贡献依然很大，通常结合细分注水、周期注水等措施，控制注采速度，控制含水上升和产量递减。

第二节　聚合物驱开采特征

一、注入井动态变化特征

1. 注入能力的变化

注入能力的变化是注聚阶段最早出现的动态变化特征，在空白水驱阶段，注入井的注入能力较强；注聚后，注入井的注入能力快速下降，其影响因素很多，是多种影响因素共同作用的结果。静态因素主要包括油层厚度、渗透率、注采井连通状况、注采井距等；动态因素主要包括注入体系、注采速度。

1）注入压力变化特征

注入压力力一般指注入井的井口压力，注入压力的变化是注入能力变化的最重要最直接的体现。注入压力在区块的整个聚合物驱开发过程中是不断变化的，先后经历低水平稳定、快速上升、高水平稳定、逐步下降和低水平稳定的变化过程，且不同开发阶段的注入压力水平差异很大（图4-2）。

空白水驱阶段：主要由于驱替介质为黏度较低的水，相对其他开发阶段，注入井的注入能力较强，注入压力较低，一般注入压力仅为6~10MPa，注入压力上升空间较大，有的区块可达到4MPa以上。

含水下降阶段：驱替介质由水改为黏度更高的聚合物溶液，由于聚合物在油层孔隙中的吸附捕集，注入井近井地带渗透率快速下降，导致注入压力快速上升，一般较注聚前上升2~5MPa。

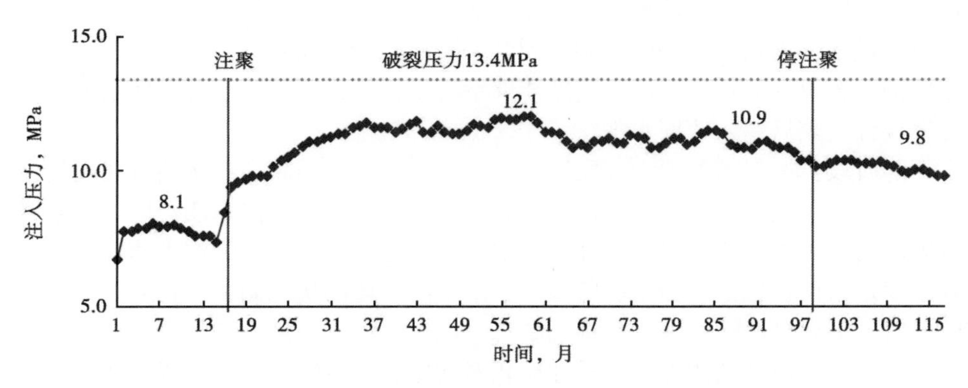

图 4-2　某区块注入压力变化曲线

低含水稳定及含水回升阶段：随着注聚时间的延长，聚合物用量的逐渐增加，油层的吸附捕集逐步达到平衡，注入压力不再上升，逐渐趋于稳定并在较长时间内保持在较高水平，注入压力上升空间缩小到 1.0~2.0MPa。

后续水驱阶段：由于注入介质由聚合物溶液改为黏度更低的水，注入压力会经历短期快速下降、缓慢下降、基本稳定的变化过程。最终，注入压力一般稳定在较空白水驱高 1~3MPa 的水平。

2）注入速度的变化特征

注入速度指年度注入聚合物溶液量占油层孔隙体积的百分比，其单位是 PV/a。在日常生产中，为了便于开展动态分析，一般用折算的年注入速度，先用月度注入聚合物溶液量折算成年度注入聚合物溶液量，然后计算其占油层孔隙体积的百分比。由于这一注入速度的基础动态数据是月度注入溶液量，所以通常称为月度注入速度，有时也简称注入速度。

注入速度在区块的整个聚合物驱开发过程中是不断变化的，在不同的开发阶段，在区块的注采两端都能够正常生产的情况下，注入速度规律性变化，随着开发时间的延长，总体上呈现缓慢下降的趋势。但很多时候，注入速度的高低需要根据区块的开发形势需要进行调整（图 4-3）。

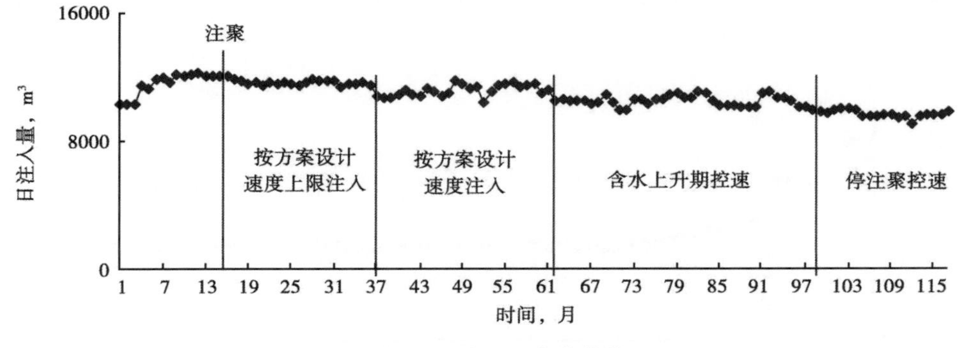

图 4-3　注入量变化曲线

空白水驱阶段：为了在区块投注聚前尽可能弥补地下亏空，补充地层能量，一般采取较快的注入速度注入，逐步把区块注采调整到注采平衡状态；同时，为了使空白水驱阶段的注入速度与驱油方案设计的注聚后注入速度能够平稳衔接，在注前几个月，区块的注入速度应保持在方案设计注聚后注入速度水平。

含水下降阶段：一般情况下，开发区块的注入速度要按照聚合物驱油方案设计注入速度执行；对空白水驱阶段地下亏空严重的区块，有时会出现在注聚前未能把区块注采调整到注采平衡状态的情况，为了进一步弥补地下亏空，可以适当提高区块的注入速度。

低含水稳定阶段：通过空白水驱阶段、含水下降阶段的优化调整，在开发区块进入低含水稳定阶段时，一般已经达到注采平衡的状态，此时，注入速度应该尽量保持在驱油方案设计水平，并在较长一段时期内保持注采速度相对稳定；有些时候，可以根据注入压力水平及升幅，适当对注入速度进行小幅度调整。

含水回升阶段：为了保证注入状况稳定，控制注入溶液在油层的推进速度，防止区块综合含水上升速度过快，需要适当小幅度地下调注入速度，使注入速度保持在略低于驱油方案设计水平。

后续水驱阶段：区块实施停注聚后，驱替介质由聚合物溶液改为黏度更低的水，为了控制注入水的推进速度，防止个别层或个别方向出现注入水推进速度过快，导致含水突升现象，一般适当下调注入速度。

3）视吸水指数变化特征

视吸水指数指单井日注入量与井口注入压力之比，是注聚井注入能力的最直接体现。其表达式为：

$$I'_{w} = \frac{q_{iw}}{p_{iwh}} \tag{4-1}$$

式中 I'_{w}——视吸数指数，$m^3/(MPa \cdot d)$；

q_{iw}——单井日注水量，m^3/d；

p_{iwh}——井口注入压力，MPa。

在聚合物驱的开发全过程，依据注入量的变化规律和注入压力的变化规律，从以上关系表达式可以得出，随着开发时间的延长，视吸水指数规律性变化，总体上呈现持续下降或保持平稳的变化趋势（图4-4）。

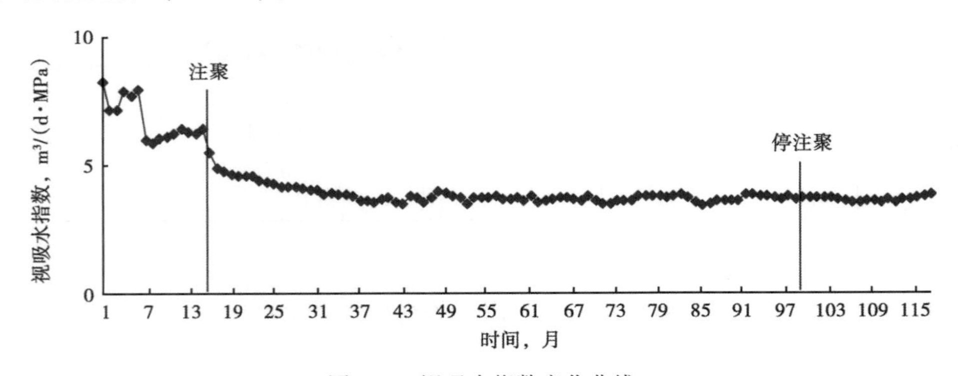

图4-4 视吸水指数变化曲线

注聚后，先快速后缓慢下降，然后保持在较低水平稳定到停注聚前，在后续水驱阶段先小幅度下降，然后保持平稳。

注聚阶段：随着聚合物用量的增加，注入压力快速大幅度上升，然后长期保持较高水平，注入速度缓慢下降或保持平稳。所以，随着聚合物用量的增加，视吸水指数先快速后缓慢下降，然后长时间保持在某一较低水平。

后续水驱阶段：区块实施停注聚后的短时间内，与含水回升后期对比，视吸水指数会有小幅度低下降。然后，随时开发时间的延长，视吸水指数一般稳定在某一较低水平。

2. 吸液剖面的变化

吸液剖面是指通过生产测井取得的一种动态分析材料，反映了在一定的注入压力下，注入井的每个层段或者单层的绝对吸液量和相对吸液量，在开展聚合物动态分析时应用十分广泛，可以帮助动态分析人员了解各层动用状况，从而指导注入井的方案调整。

在聚合物驱油过程中，注入井吸液剖面会发生有规律性变化，实质上，这种规律性变化反映了聚合物溶液扩大波及体积、提高采收率的作用。注入井的吸液剖面反映出注入井在一定的注入压力下，每个层段或单层的绝对吸液量、相对吸液量和吸液厚度，剖面的变化直接反映了目的层在录取剖面资料时的动用状况，进而影响剩余油的分布状况，是聚合物驱动态分析的一项重要资料，可以指导调剖、分注等措施的选井选层。

空白水驱阶段：由于油藏的非均质性，存在层间及层内渗透率差异，在驱替过程中，注入水优先通过高渗透层或部位，中低渗透层或部位吸液量少，或者不吸液，此时，吸液剖面表现为吸液层单一且吸液厚度薄，而且吸液层的吸液强度相对较大。

注聚阶段：注入井投注聚合物后，吸液剖面的变化相对复杂，但有一定的规律性。聚合物溶液优先进入高渗透层或部位，由于聚合物在油层中的吸附捕集作用，吸液油层的渗透率会快速下降，注入压力快速上升；当达到中低渗透层启动压力时，聚合物溶液开始进入中低渗透层或部位，吸液层数及吸液厚度增加，中低渗透层或部位相对吸入量增加，此时，聚合物溶液起到了调整剖面的作用，吸液剖面得到改善，这一改善过程一般发生在含水下降期和含水稳定期。但是，这种剖面的改善并不能长时间持续，随着中低渗透层或部位聚合物溶液的不断进入，其渗流阻力增大导致其吸水量逐渐下降，甚至不吸水，聚合物溶液从中低渗透层（或部位）退回到原来的高渗透层（或部位），波及体积缩小，吸液剖面发生返转，这一反转过程一般发生在含水回升期。

后续水驱阶段：由于驱替介质由聚合溶液改成黏度较低的水，注入压力下降，在驱替过程中，注入水优先通过高渗透层（或部位），中低渗透层（或部位）的吸液量降低或者不吸液，吸液剖面又一次表现为吸液层单一且吸液厚度薄，而且吸液层的吸液强度相对较大。

聚合物驱开发过程中，目的油层经过注水—注聚—注水开发的过程后，各小层的渗流能力会发生不断变化，同时，层间渗流能力差异不断变化，油层的吸液厚度和各小层的相对吸液量呈现规律性变化，不同渗透率级别油层的累计动用厚度比例都会有不同程度的提高，一般情况下，渗透率级别越低，提高幅度越大。通常，阶段吸液厚度比例在持续上升到低含水稳定期的最高点后逐步下降，聚合物驱开发结束后，累计动用厚度比例可达到90%以上（表4-1）。

表 4-1 聚合物驱剖面变化情况表

开发阶段	<300mD		300~500mD		500~800mD		>800mD		合计
	吸入厚度比例 %	相对吸入量 %	吸入厚度比例 %	相对吸入量 %	吸入厚度比例 %	相对吸入量 %	吸入厚度比例 %	相对吸入量 %	吸入厚度比例 %
空白水驱	41.1	12.4	50.5	13.5	62.5	10.9	75.1	63.2	55.9
含水下降	53.5	25.9	63.7	25.8	69.9	21.2	77.0	27.1	64.2
低值期	61.8	28.7	67.1	26.9	77.8	22.3	80.4	22.1	70.0
含水上升	56.7	31.2	64.2	25.1	76.2	21.3	78.3	22.4	67.1
后续水驱	41.6	14.3	55.6	15.8	73.2	16.7	75.8	53.2	57.5
所有开发阶段	90.3	28.5	92.5	26.6	95.6	21.6	96.8	23.3	93.2

二、采油井动态变化特征

1. 产液能力的变化

1）影响产液能力变化的主要影响因素

采油井产液能力的变化主要表现在产液指数的变化，产液指数指单位采油压差下采油井的日产液量，其计算公式为：

$$J_L = Q_L/(p - p_{wf}) \tag{4-2}$$

式中 J_L——产液指数，t/(MPa·d)；

Q_L——产液量，t/d；

p——静压，MPa；

p_{wf}——流压，MPa。

2）产液能力的变化特征

在工业化生产实践中，一般产液指数的变化趋势与日产液量的变化趋势是一致的，日产液量的变化是产液能力变化的直接表现。为了日常区块动态分析的方便，通常通过分析日产液的变化来分析产液能力的变化。

在空白水驱阶段，油层的驱替介质为低黏度的水，渗流阻力较小，供液能力较强，产液能力较强，日产液量较高。区块投注聚后，由于驱替介质由水改为黏度较高的聚合物溶液，驱替介质的流度降低、渗流阻力增大、油层的压力传导能力变差，供液能力快速下降，导致采油井流压下降、产液能力降低、日产液量快速下降；区块进入低含水稳定期后，此时驱油效果达到最佳，产液能力下降变缓，日产液量保持稳定或缓慢下降，在整个注聚阶段，产液量降幅一般在20%以内。区块停注聚后，由于控制了区块注入速度，产液量缓慢下降（图 4-5）。

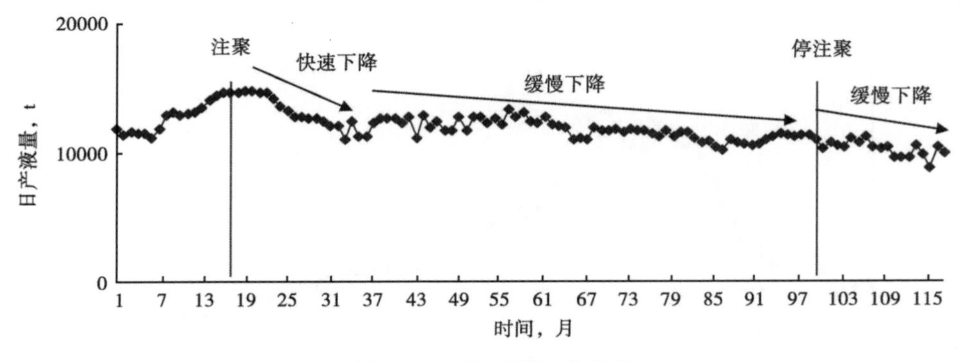

图 4-5 日产液量变化曲线

2. 产油能力和含水的变化

1）产油能力和含水变化的关系

注聚前，一般开发区块的综合含水在 90% 以上，近年来，个别区块注聚前综合含水高达 98% 以上；注聚后，综合含水最大下降幅度一般在 10 个百分点左右，剩余油富集的区块可以达到 20 个百分点甚至更好。在注聚过程中，通过优化方案调整及实施各种增产增注措施，保证良好的注采状况，可以把产液量下降幅度控制在 20% 以内。由于聚合物驱油具有这种初含水高、含水降幅大的特点，当把产液量下降幅度控制在相对较小的合理范围内时，综合含水的下降幅度对产油量的增加起决定性作用，所以，在工业化生产中，一般通过尽最大努力提高含水降幅、延长低含水稳定期来实现最大幅度提高采收率的目标。

2）产油能力和含水的变化特征

工业化生产中，聚合物驱含水的变化具有明显的阶段性。注聚前，综合含水一般处于较高水平；投注聚后，随着聚合物用量的增加，先后经历缓慢下降或不下降、明显下降、稳定、快速上升、缓慢上升等 5 个阶段；然后又一次进入高含水阶段，区块转入后续水驱开发（图 4-6）。

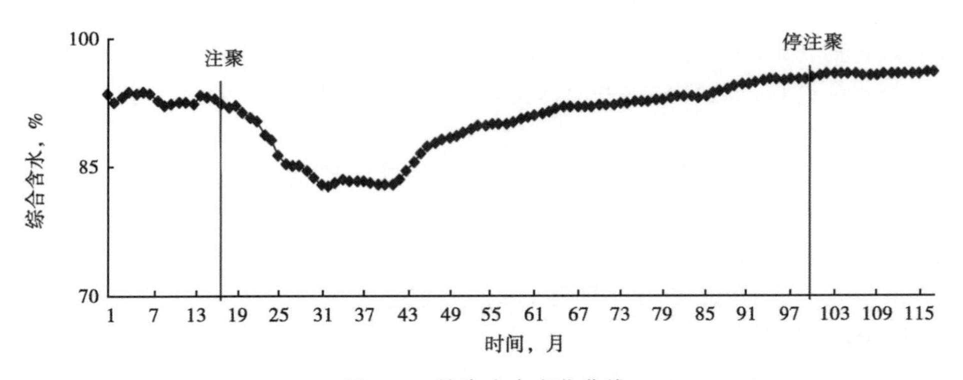

图 4-6 综合含水变化曲线

由产液量、产油量和含水的逻辑关系可以看出，在产液量降幅不大的情况下，日产油量的变化趋势与综合含水的变化趋势相反。注聚前，日产油量处在较低水平；投注聚后，随着聚合物用量的增加，先后经历缓慢上升、快速上升、稳定、快速下降、缓慢下降等 5 个阶段；然后区块转入后续水驱开发，日产油量下降到较低水平，甚至低于注聚前日产油量（图4-7）。

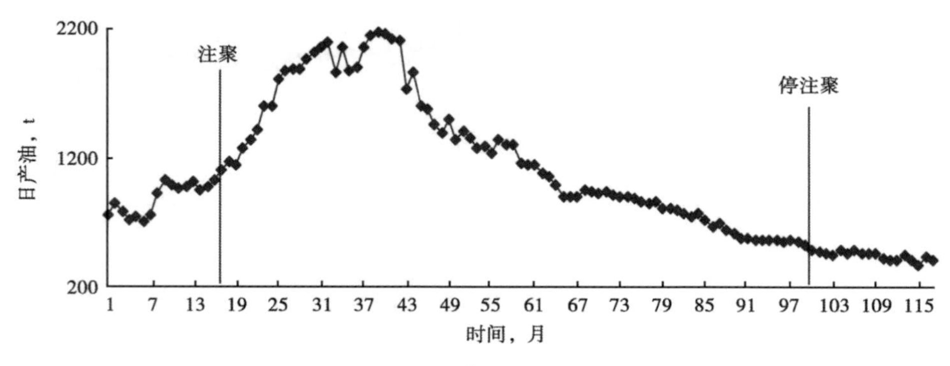

图4-7　日产油量变化曲线

3. 产液剖面的变化

产液剖面是指通过生产测井取得的一种油层动用材料，反映了纵向上的产液、产油、产水在每个层的分布。在开展聚合物动态分析时，应用产液剖面可以帮助动态分析人员了解各层的日产液量、含水和日产油量，识别高、低含水层，从而指导采油井挖潜措施及连通注入井的方案调整，有效控制低效和无效循环、挖掘剩余油潜力。

在日常工业化生产中，受产液剖面的现场录取条件的制约，录取产液剖面资料比较少，在分析油层的动用状况时，动态分析人员一般以分析注入井吸液剖面为主、采油井的产液剖面为辅。采油井的产液剖面在现场主要是应用在采油井措施效果分析方面，比如，当采油井实施某个高含水层封堵时，可以在封堵前后分别录取产液剖面，通过措施前后的剖面对比，来判断需要封堵的目的层是否封堵成功，分析剩余的各油层的产液量及含水如何变化。

4. 地层压力的变化

地层压力是指地层孔隙内流体所承受的压力，在油层开采以前的地层压力称为原始地层压力，原始地层压力与某个开发时期的地层压力的差，叫总压差。

在开展聚合物驱开发区块的动态分析时，一般认为地层压力保持在原始地层压力附近较好。在聚合物驱全过程，区块总压差应保持在-0.5～+0.5MPa范围内，同时，地层压力的平面分布应保持均衡。

开发区块处于空白水驱阶段时，地层压力通常处于较低水平，经常出现总压差小于-0.5MPa的情况，此时，需要开展注采速度调整工作，逐步恢复地层压力；区块投注聚后，地层压力水平应该恢复到原始地层压力附近，并尽量保持在原始地层压力以上，区块总压差尽量保持在0～+0.5范围内；在含水回升后期，一般地层压力会有小幅度的下降，总压差应保持在-0.5～0MPa范围内。在工业化生产中，在区块开发的每一个开发阶段，都有可能由于某种原因导致区块注采不平衡，经常出现地层压力水平偏低或者分布不均衡的现象，影响开发效果。如发生此类状况，应该及时进行稳步调整，平稳地把地层压力调整到合理水平，并且平面分布均衡。

5. 采聚浓度的变化

采聚浓度为生产井采出的单位体积溶液中含有聚合物药剂的质量，其单位为mg/L。当注聚前一段时间内采取清水注入时，地层中没有聚合物，在这种情况下，当采油井采出液化验出存在聚合物时，称为见聚时间。当注聚前采取含聚污水注入时，注聚前的地层中已经含有聚合物，采油井采出液化验可以得到采聚浓度值，在这种情况下，采聚浓度值从注聚开始短时间内保持较低水平，然后出现明显上升，当采聚浓度出现明显升高时，称之为见聚时间。

聚合物驱开发区块在投注聚后，从含水下降期采油井见聚开始，到开发全过程结束，采聚浓度呈现规律性变化。区块采油井见聚后，采聚浓度短期内保持在较低水平或缓慢上升，随着采油井的逐步见效，区块进入低含水稳定期，采聚浓度上升速度加快，进入含水回升期后，上升速度减缓，在达到某一最高值后出现一个相对平稳期，区块转入后续水驱阶段后，采聚浓度开始缓慢下降（图 4-8）。

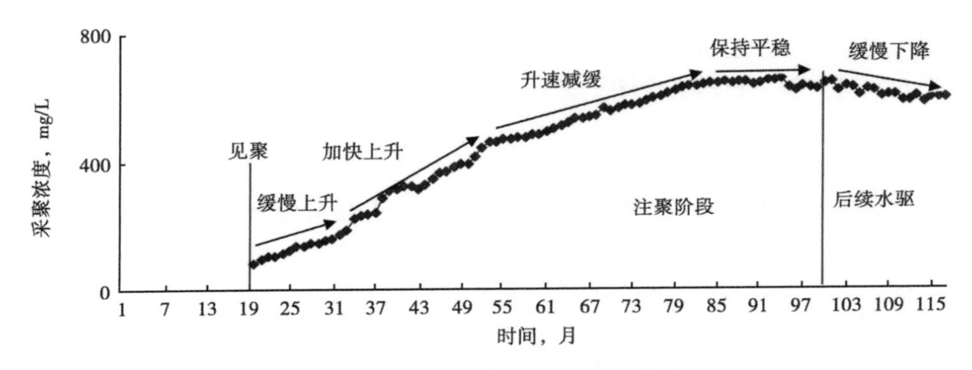

图 4-8　聚合物驱采聚浓度变化曲线

第三节　聚合物驱油藏动态分析

从开发区第一口井投产以后，到开发全过程结束，整个油藏都处于不断的动态变化之中，油藏的地质条件越复杂，动态变化就更复杂。动态分析就是分析油藏内部在聚合物驱开发过程中的多因素变化，如地层压力变化、油水分布变化等，并把这些变化有机地联系起来，从而解释现象，发现规律，预测动态变化趋势，明确调整挖潜方向，不断实施有针对性的优化调整，充分挖掘地下油层潜力，改善油田开发效果，较大幅度地提高聚合物驱采收率。动态分析是动态管理人员的基本功，在实际工作中，分析对象可以是单井、井组、层系或区块，其中，井组动态分析和区块动态分析对油田开发更具有指导意义，依据地质资料、工艺措施资料等基础资料，利用统计、画图、数值模拟等方法开展井组分析或区块分析，其基本要求是：资料准确，不使用有疑义的或虚假的资料；重点突出，抓住主要矛盾，分析主要问题；动静结合，切忌脱离静态的动态分析；注采结合，切忌注采两端分别独立分析；对策可行，针对问题提出的治理对策要经济可行，可操作性强。

一、区块动态分析

以区块为单元，在分析各种静态资料的基础上，开展注入量、产液量、综合含水及采聚浓度等各种动态参数分析，分析主要注采参数变化规律及原因，分析油水运动状况，分析层间关系及各油层工作状况，评价开发效果，寻找区块开发存在的主要问题，提出治理对策，及时进行跟踪调整，改善开发效果。

1. 区块动态分析的目的

通过分析区块动态与静态资料，客观评价区块开发效果，预测动态变化趋势，明确区块调整潜力，寻找区块开发存在的主要问题，提出治理方案，改善开发效果。

2. 区块动态分析主要资料准备

区块动态分析的内容主要有：油藏地质再认识、层系井网分析、开发现状况分析、存在问题和调整建议、油藏动态预测等。通常重点分析开发状况，主要内容有区块开发方案或调整方案的执行情况及调整效果分析，注采平衡状况分析，油层动用状况及油水分布状况分析，注入压力、日产液量及综合含水等主要参数的动态分析。主要资料有：沉积相带图、注入状况曲线、综合开采曲线、数值模拟曲线、对标分类曲线、有效厚度等值图、渗透率等值图、注入压力等值图、注入量等值图、注入质量浓度等值图、注入井吸液剖面图、日产液等值图、综合含水等值图、流压等值图、采聚浓度等值图、地层压力等值图、采油井产液剖面图、注采井井史数据。

3. 区块动态分析方法

在聚合物驱工业化推广实践过程中，动态分析人员开展区块分析一般先介绍区块的基本情况及地质认识，然后介绍优化调整工作及主要注采参数变化，再寻找区块开发存在的主要问题，然后提出切实可行的解决问题的措施方法，从而实现改善开发效果的目的。根据上述分析思路，一般的区块分析包含 5 个部分，即区块基本概况、地质认识、已开展的主要工作及效果、目前开发形势、存在的问题及下步调整建议。区块分析的格式不是固定不变的，可以根据分析需要进行调整。

二、井组动态分析

井组分析是小型的区块分析，是以某一注入井或采油井为中心，以井组为单元，在分析井组的各种静态资料的基础上，开展各种动态参数分析，分析各连通方向、各连通层的油水运动状况及潜力分布状况，寻找井组存在的主要问题，及时提出解决方案，改善井组注采状况，提高井组开发效果。

1. 井组动态分析目的

通过分析井组动态与静态资料，客观评价井组开发效果，明确井组调整潜力，寻找井组存在的主要问题，提出治理方案，改善注采状况，提高开发效果。

2. 井组动态分析资料准备

井组动态分析的内容主要有：油层条件及连通状况，开发现状况分析，存在问题和调整建议，油藏动态预测等。通常重点分析开发状况，主要内容有调整方案的执行情况及调整效果分析，注采平衡状况分析，油层动用状况分析，注入压力、日产液量及综合含水等主要参数的动态分析。主要资料有：注入状况曲线、综合开采曲线、井组栅状图、注入井吸液剖面图、采油井产液剖面图、地层压力、注采井井史数据等。

3. 井组动态分析方法

同区块分析类似，在聚合物驱工业化推广实践过程中，动态分析人员开展井组动态分析一般先介绍井组的基本情况及油层条件，然后，分析主要注采参数变化，再寻找井组存在的主要问题，提出切实可行的解决问题的措施方法，从而实现改善开发效果的目的。根据上述分析思路，一般的井组动态分析包含5个部分，即井组基本概况、油层条件及连通状况、已开展的主要工作及效果、目前存在的问题及下步调整建议。也有的动态分析人员在井组分析时，介绍完基本概况后直接提出井组目前存在的问题，然后针对问题开展具体分析并提出下步调整建议。

第四节　跟踪调整技术

一、对标分类评价方法

聚合物驱开发受储层条件、注聚参数、驱油体系等因素的影响，不同区块之间的开发效果及效益差异较大。以往聚合物驱开发区块的开发效果评价，重点分析区块的含水、增油倍数、注入压力、注采指数等指标的变化情况。由于各区块储层条件、井网井距差异较大，不利于区块之间的分析对比。

1. 对标分类方法的建立

以开发区块“提高采收率值”为纵坐标，以“累计聚合物用量”为横坐标，建立开发区块注聚全过程的阶段提高采收率随累计聚合物用量的变化关系，绘制了一类油层、二类油层“效果分析图”，并参考若干个聚合物驱开发区块的实际动态资料和数值模拟资料，结合油田聚合物驱开发的提高采收率工作目标，制订了聚合物驱开发全过程A、B、C、D共4个等级的分类标准，从而分别绘制了一类油层、二类油层分类评价图版，建立了分类评价方法（图4-9和图4-10）。

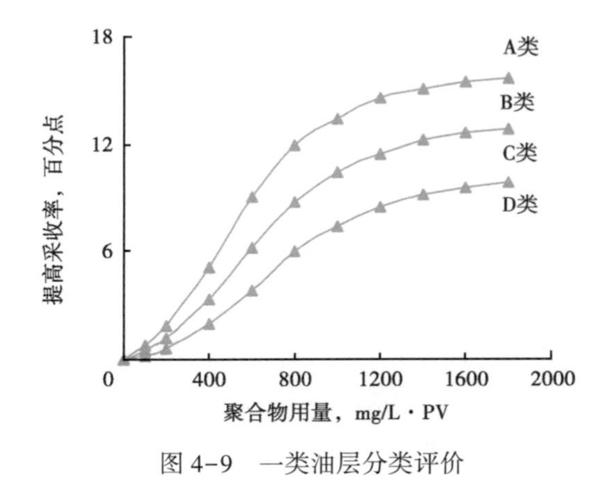

图4-9　一类油层分类评价

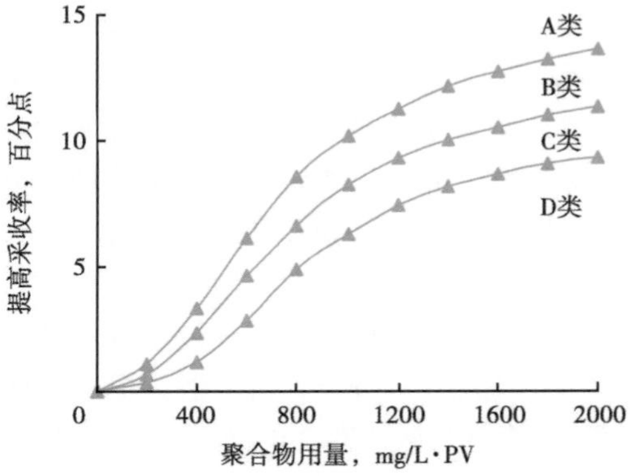

图4-10　二类油层分类评价

2. 聚合物驱区块对标分类评价结果

2010年底，应用建立的对标分类评价方法，对大庆油田53个注聚区块进行了对标分类评价，绘制了38个一类油层注聚区块和15个二类油层注聚区块的对标分类评价曲线图（图4-11和图4-12）。

通过对标分类评价发现，同类油层不同区块之间开发效果差异很大，在相同聚合物用量情况下，提高采收率幅度差异高达10个百分点以上，即使地理位置相邻，油层条件相近，

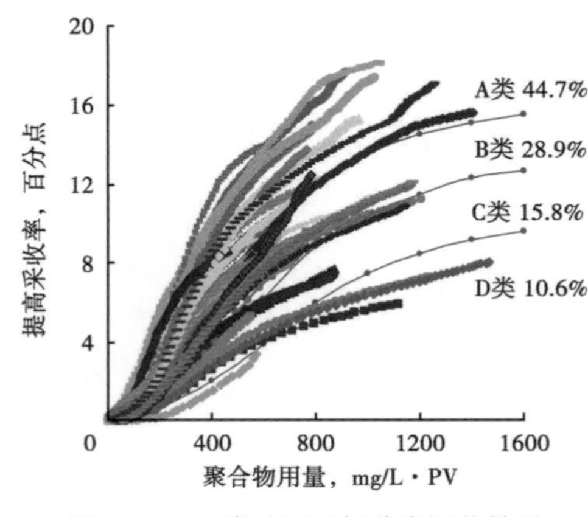

图 4-11　一类油层对标分类评价结果

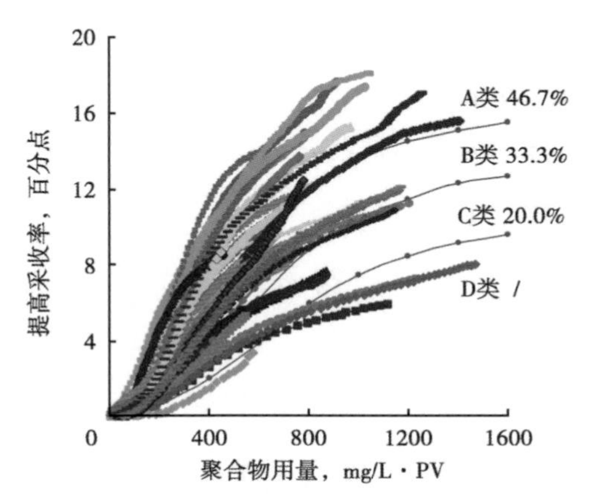

图 4-12　二类油层对标分类评价结果

最终聚合物用量基本相同，提高采收率幅度差异也达到 2 个百分点左右。

在聚合物驱油现场，一般认为对标分类水平达到 A 类或 B 类的区块开发效果相对较好，C 类或 D 类区块块开发效果相对较差。从 53 个区块对标分类评价结果看，一类油层区块中有 28 个区块属于 A 类或 B 类区块，占区块总数的 73. 6%，二类油层区块中有 12 个区块属于 A 类或 B 类区块，占区块总数的 80. 0%；同时，一类油层区块中有 10 个区块属于 C 类或 D 类区块，占区块总数的 26. 4%，二类油层区块中有 3 个区块属于 C 类或 D 类区块，占区块总数的 20. 0%，此类区块开发效果较差。

3. 对标分类方法的应用

在聚合物驱开发调整过程中，对标分类评价方法主要在以下 5 个方面得到了广泛应用：

（1）对标分类方法的建立过程既考虑了开发效果，又考虑了开发效益，应用该方法可以对区块注聚全过程开发效果、开发效益进行跟踪分析评价。

（2）将处于不同开发阶段、不用聚合物用量的开发区块放到了同一坐标系下进行对标，可实现分类评价、分类研究、分类管理、分类调整。

（3）依据分类评价结果，可以辅助分析影响开发效果的关键因素，如：地质条件相近的区块，分类评价差异大，应重点分析注入参数匹配情况；反之，注入参数相近的区块，分类评价差异大，应重点分析油层条件对开发效果的影响。

（4）应用对标分类评价方法，根据对标分类曲线形态的变化，可以辅助动态分析人员及时发现注聚开发区块存在的问题，及早进行跟踪调整，改善开发效果，提高聚合物驱效率。

（5）应用对标分类评价方法，可以指导开发区块优化停注聚，开发区块在进入含水回升后期后，对标分类曲线会明显向横坐标偏移，区块继续注聚对提高采收率作用逐渐降低，吨聚增油水平逐渐下降，对标分类曲线的这一变化特征，可以辅助动态分析人员确定合理的停注聚时机，避免聚合物干粉的浪费。

［应用实例］ 杏六区西部。

杏六区西部于 2015 年 9 月投注聚，开采葡Ⅰ2—葡Ⅰ3 油层，地质储量为 696. 7×10^4t，有效厚度为 7. 5m，渗透率为 561mD，采取 2500 万分子量聚合物清配清稀体系注入，注聚前综合含水为 97. 7%。

2016年底，通过开展全油田注聚区块对标发现，杏六区西部处于D类开发区块，开发效果差，此时区块处于含水下降期，聚合物用量为400mg/L·PV，注入孔隙体积0.24PV，需要列入油田重点开发调整区块，进行区块深入剖析，实施有针对性地跟踪调整，改善开发效果。

通过开展动态分析发现，区块主要存在以下几个方面问题：

一是采取2500万分子量聚合物清配清稀注入体系，注入质量浓度长期保持在1500 mg/L左右的高水平，注入质量浓度与油层匹配较差，同时，还导致注入压力快速上升了5.4MPa，部分井区出现了注入困难情况。

二是区块不同渗透率级别油层动用差异大，虽然整体动用厚度比例较注聚前提高7.7个百分点，但小于300mD和300~500mD的中低渗透层动用厚度较注聚前分别下降了11.6个百分点和1.5个百分点。

三是空白水驱阶段高速注采，注采速度达到0.28 PV/a以上，在注聚前，为了与注聚阶段的注采速度衔接，仅用半年时间，将区块的注采速度快速下调至0.20PV/a，在整个空白水驱阶段，区块注采比长期处于1.0以下的低水平。

四是区块见效后，大幅度提高注采速度到0.28 PV/a左右，注聚阶段高速注采导致聚合物溶液推进速度过快，部分井含水不再下降或出现含水回升趋势。

针对区块存在的问题制订了“逐步降低注入质量浓度、缓慢控制注采速度、稳步提高注采比”的调整思路，实施了大规模的跟踪调整。将注入质量浓度下调至1100mg/L左右，注入质量浓度匹配率提高5.0个百分点；实施注入井增注措施，注入状况差的问题得到缓解；注采速度由0.28 PV/a左右调整到0.22 PV/a左右，月度注采比调整到1.1以上；通过调整，区块的综合含水进一步下降至含水最低点85.81%，较调整前下降3.0个百分点，较注聚前下降11.9个百分点（图4-13），且低值期持续1年以上，对标曲线明显上翘，由D类区域进入到C类区域（图4-14）。

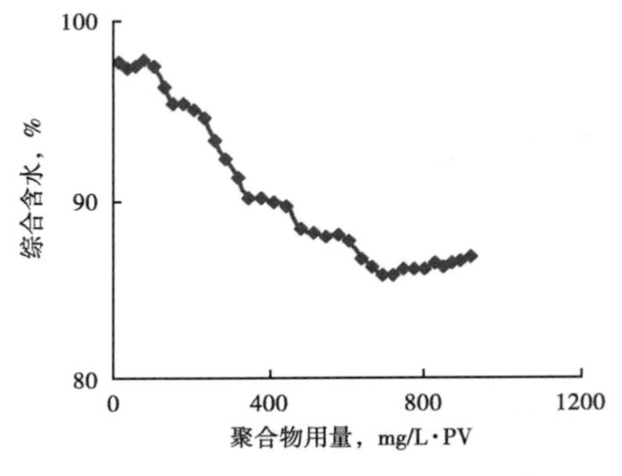

图4-13　杏六区西部含水变化曲线

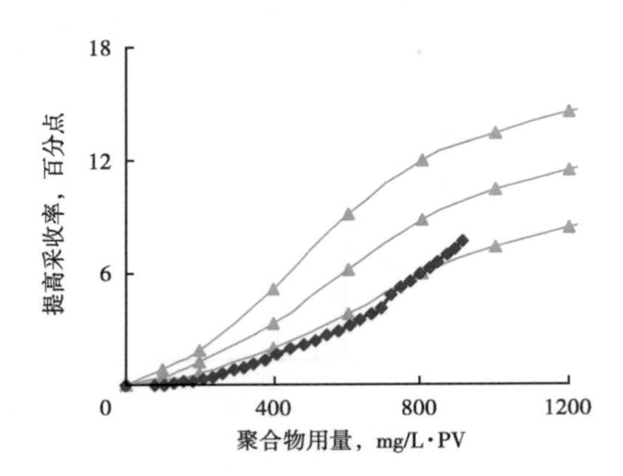

图4-14　杏六区西部对标曲线

二、注入参数合理匹配

驱替溶液采用聚合物的分子量、质量浓度及黏度并非越高越好，也不是越低越好。在油层条件已经确定的前提下，如果为了追求高黏度注入，选择的注入分子量过高，质量浓度过高，容易造成油层堵塞，增加注聚过程中增注措施的投入，导致产液量异常快速下降，严重影响开发效果；如果采取过低的分子量及质量浓度注入，注入黏度过低不利于扩大波及体积，影响聚合物驱提高采收率。

为了给聚合物驱方案设计及跟踪调整提供依据，技术人员在实验研究的基础上，结合各开发区已注聚区块的实际动态分析结果，绘制了不同地区、不同矿化度条件下，注入分子量、质量浓度与渗透率匹配关系图版（见第二章第二节），指导聚合物驱跟踪调整。

在区块投注聚后，随着聚合物用量的增加，区块的注采能力会逐步下降，注采两端的动态参数会不断发生变化，聚合物驱油方案设计的单井配注方案会陆续出现不适用区块开发需要的现象，需要确定适用区块、注入站、单井的分子量类型和的注入质量浓度，进行方案跟踪调整。

［**应用实例**］大庆油田的两个二类油层区块 1 和区块 2，两个区块地理位置相邻，井网井距相同，聚合物驱目的层相同，油层条件相近，注聚初期的注入聚合物分子量相同，注入质量浓度相近，以注入参数匹配关系图版为指导，两个区块都进行了注入质量浓度的优化调整，都取得了良好的调整效果，由于调整的时机不同，调整后取得的效果有差异。

应用注入参数匹配关系图版检查两个区块的注入质量浓度匹配程度发现，两个区块的注入质量浓度不合理，质量浓度为 2000mg/L 左右，质量浓度匹配率都在 70%以下，需要实施跟踪调整，逐步下调质量浓度（图 4-15），把质量浓度匹配率提高到 90%以上的合理水平。两个区块对比，区块 1 优化调整时间较早，调整时聚合物用量为 500mg/L · PV 左右，区块综合含水还在持续下降，还未下降到最低点，区块 2 优化调整时间较晚，调整时聚合物用量达到 900mg/L · PV 左右，已经进入含水回升期。

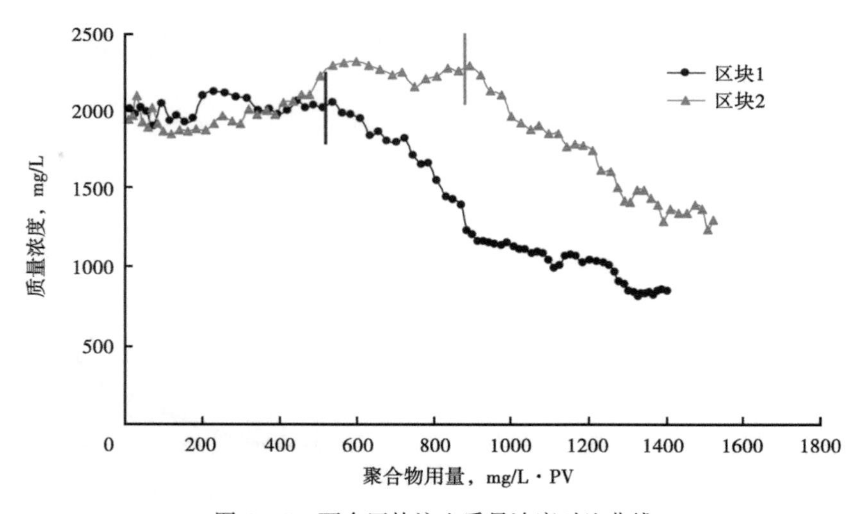

图 4-15　两个区块注入质量浓度对比曲线

从两个区块的综合含水变化看，调整相对较早的区块 1 调整后综合含水持续下降半年左右，含水降幅相对较大，含水最大降幅较区块 2 高 4.0 个百分点以上；调整相对较晚的区块 2 调整后含水回升速度明显减缓，两个区块对比，区块 1 开发效果改善更加明显（图 4-16）。

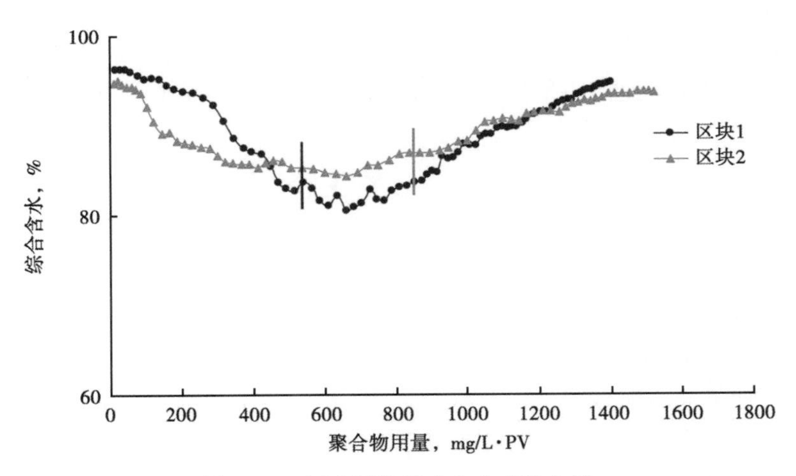

图 4-16 两个区块综合含水对比曲线

从对标分类评价曲线看，调整相对较早的区块 1 调整后对标分类曲线明显上翘，实现了跨类改善，从 C 类逐步跨入到 A 类，较注聚初期节省聚合物干粉投入 20%以上的同时，阶段提高采收率达到 16 个百分点以上；调整相对较晚的区块 2 调整后也实现了跨类改善，对标分类曲线从 C 类跨入 B 类（图 4-17）。

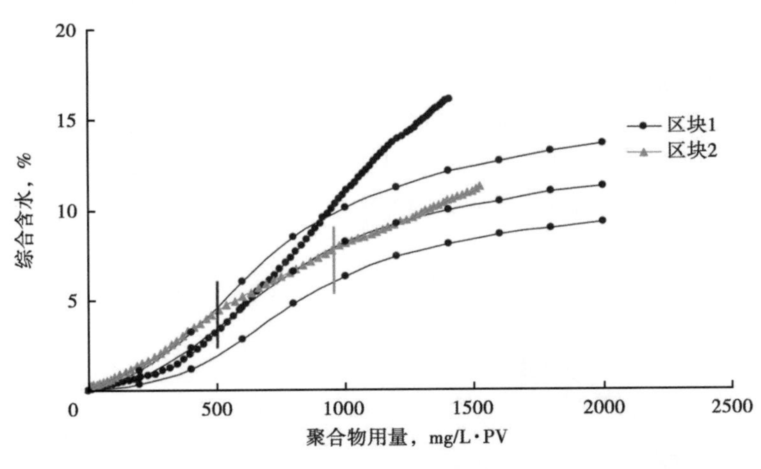

图 4-17 两个区块对标情况对比曲线

三、注采平衡调整

注采平衡是聚合物驱开发的根本，在聚合物驱工业化生产中，注采平衡调整贯穿区块聚合物驱开发全过程，无论是短期的还是长期的注采不平衡，无论是何种原因导致的注采不平衡，都会对区块的开发效果造成不好的影响，注采不平衡状况出现得越早，对区块开发效果的影响就越大，影响时间就越长，在工业化生产中，通常采用累积注采比这一参数来表述开发油藏的注采平衡状况。

1. 注采比的计算方法

注采比指注入溶液（水或聚合物溶液）的地下孔隙体积与采出溶液的地下孔隙体积之比，我们一般所说的注采比指的是月度注采比、年度注采比或累积注采比。

公式为：

$$R_{IP} = \frac{Q_{iw}}{\frac{Q_o}{\gamma_o}B_o + Q_W} \tag{4-3}$$

式中 R_{IP}——注采比；

Q_{iw}——注水量，m^3；

Q_o——产油量，t；

γ_o——原油密度，kg/m^3；

B_o——原油体积系数；

Q_W——产水量，m^3。

当式（4-3）中的注水量、产油量和产水量为月度数据时，计算所得的注采比为月度注采比；同理，可计算年度、累积注采比，或者计算任何一个时间段的注采比。

当累积注采比接近或等于1时（在0.9~1.1），即注入溶液的地下体积接近或等于采出溶液的地下体积时，油藏处于注采平衡状态，否则，油藏处于注采不平衡状态。注采不平衡又分为两种情况：当累积注采比大于1.1时，油藏处于注采超平衡状态；当累积注采比小于0.9时，油藏处于注采欠平衡状态。

2. 注采比的合理范围

为了确定聚合物驱油的合理注采比，很多人做过室内研究，研究结果一致表明，在聚合物驱开发过程中，把注采比控制在1.0左右时，含水下降幅度最大（图4-18），提高采收率幅度最大（图4-19），聚合物驱开发效果最好[3]。

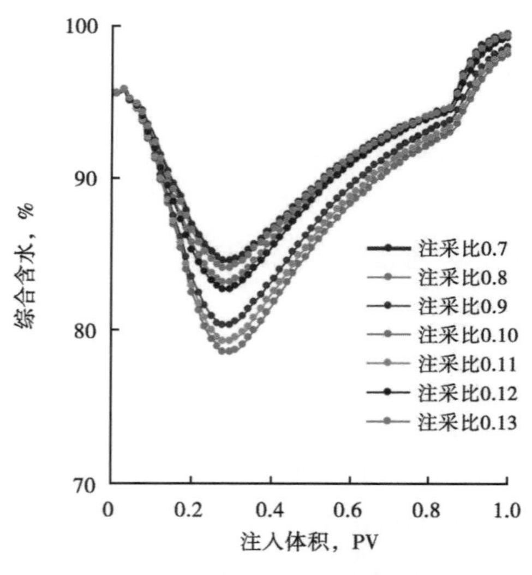

图4-18 不同注采比含水对比曲线

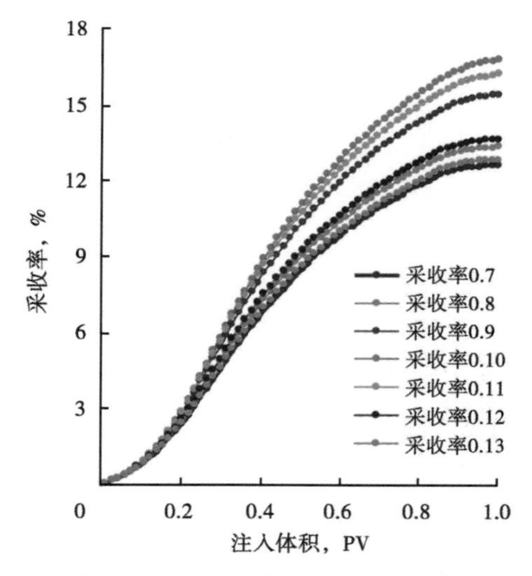

图4-19 不同注采比采收率对比曲线

统计大庆油田聚合物驱油56个含水回升期及后续水驱区块的现场数据，分别绘制了40个一类油层区块、16个二类油层区块的最大综合含水下降值与达到最大综合含水下降值时的累积注采比的关系散点图（图4-20和图4-21），现场数据分析得出，在区块累积注采比为0.9~1.1时，即油藏处于注采平衡状态时，区块综合含水下降幅度大，在油藏处于欠平衡状态时，区块综合含水下降幅度小。

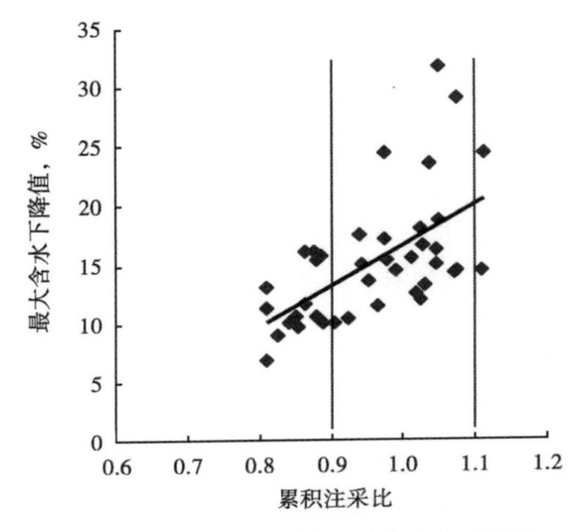

图4-20　一类油层区块注采比含水对比图

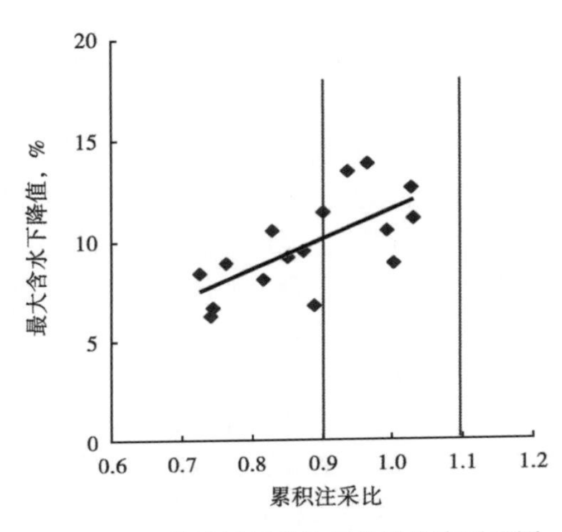

图4-21　二类油层区块注采比采收率对比图

室内研究结果与聚合物驱油生产实际一致表明，聚合物驱油注采比的合理范围为0.9~1.1，即在注采保持平衡时聚合物驱开发效果好，在聚合物驱油现场，在各个开发阶段都应该尽量保持注采平衡。

3. 注采不平衡的原因

在工业化生产实践中，导致注采不平衡的原因很多，但最常见的有以下5种原因：

（1）由于注采井投产不同步，导致注采不平衡。有些时候为了完成短期生产目标，新井区块投产初期采取先投产采油井、后投产注入井的抢投方式，出现月度及累积注采比都远小于1.0的现象，造成地下亏空，导致区块注采严重不平衡。

（2）污水不能平衡，导致注采不平衡。为了避免产出污水外排污染生态环境，需要将大量采出污水回注地下，一般选择后续水驱区块回注，有时也选择含水回升后期区块回注，此时，回注区块容易出现月度及阶段注采比都远大于1.0的现象，导致注采不平衡。

（3）急于上产，导致注采不平衡。对于产量紧张的开发区块，有时为了完成生产任务，通过实施大幅度提高产液速度的方式达到快速上产的目的，容易出现月度及阶段注采比都远小于1.0的现象，导致注采不平衡。

（4）受钻井影响，导致注采不平衡。在实施钻井前，通常采取大幅度下调井区注入速度，使产液速度远大于注入速度的方式来实现降压目的，这必然会造成井区阶段性注采不平衡。

（5）水驱井封堵不及时或封堵失效造成隐性的注采不平衡。当同一开发区块区域内聚合物驱井网、水驱井网同时开采聚合物驱目的层时，按照聚合物驱层系井网封堵原则，需要尽早对同层系的部分水驱油水井进行层系封堵，如果封堵进度缓慢，容易造成注采不平衡。

4. 注采不平衡对开发效果的影响及调整注采平衡的方法

无论在聚合物驱开发过程的哪个开发阶段，注采不平衡现象都会对开发效果产生不良影响。空白水驱及未见效阶段经常出现地下亏空现象，容易导致注入压力上升缓慢，见效时间推迟，综合含水下降缓慢等后果；在含水下降期及含水稳定期如果注采不平衡，容易导致中低渗透层动用差、含水降幅小、稳定期短等问题；含水回升期及后续水驱经常出现阶段性注采比高的情况，容易导致含水回升快、产量下降快的问题。

在聚合物驱油藏开发过程中，应该尽量避免出现注采不平衡现象，但是，有些时候，注采不平衡现象必然发生，如大面积钻井。当聚合物驱油藏出现注采不平衡现象时，为了减小其对聚合物驱开发效果的影响，应该及时进行调整。调整方法总体遵循：要体现及时性，尽可能早地进行调整；要有针对性，要针对高、低注采比井区，结合地层压力、注入压力局部调整；要缓慢调整，无论从注入端入手还是从采出端入手进行调整，都切忌大幅度调整；要方法得当，应该在综合分析注采速度、注入压力、注入质量浓度、采聚浓度、注入干粉分子量及措施改造等的基础上进行综合调整。

［**实例**］如某个区块在含水下降期时，由于累积注比低，注采不平衡，导致在注聚见效期剖面改善不理想，动用厚度比例低，含水降幅小的问题，通过实施大规模注采速度调整，少量的注入井增注措施，区块开发效果明显改善。调整方法如下：对注入速度高的低注采比井组，控制采液速度；对注入压力低、注入速度低的低注采比井组，上调注入速度；对注入压力高且注入质量浓度高的井组采取降浓提速；对薄注厚采、注入井完不成配注的低注采比井组实施措施增注。通过实施调整，使得月度注采比长时间保持在 1.1 以上，逐步把区块的累积注采比从 0.85 以下提高到 0.9 以上，区块开发效果明显改善，取得了综合含水二次下降的好效果（图 4-22）。

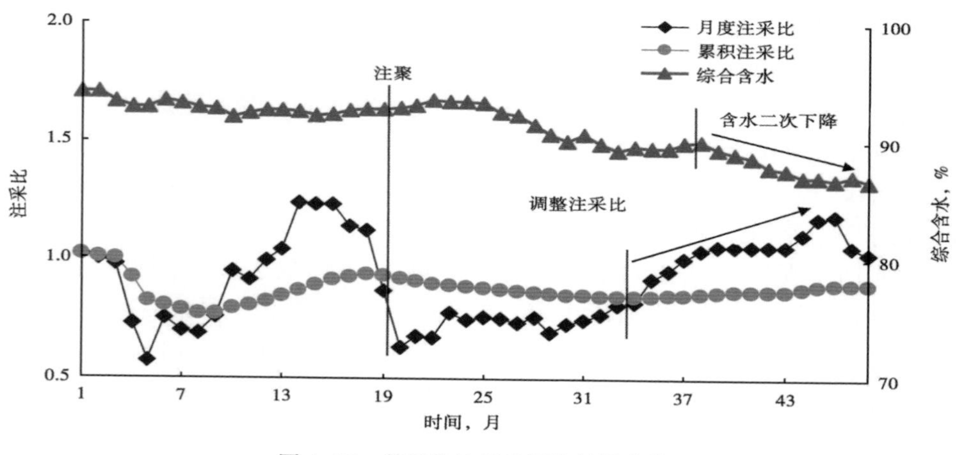

图 4-22　某区块注采比调整效果曲线

四、主要措施优选

1. 注入井分注措施优选

在聚合物驱开发过程中，由于层间渗透率级差的存在，导致不同油层吸液能力存在较大差异，如果采取笼统注聚方式，聚合物溶液会从高渗透层突进，中低渗透层不能得到充分动用，不利于扩大波及体积，影响注入井吸入剖面的改善，从而影响开发效果，在工业化生产中，一般采用注入井分层技术来缓解层间矛盾，解决上述问题。

分层注聚指在注入井下封隔器，把性质差异较大的油层分隔开，分层配注，使得高渗透油层注入量得到控制，中低渗透层注入量得到加强，使各类油层都能够得到充分动用的一种工艺。

1）分注时机的确定

为了确定分注时机，开展了数值模拟研究，绘制了在渗透率级差分别为 3.0、5.0 和 7.0 的情况下，采收率与分层注聚时聚合物用量的关系曲线（图 4-23）。从三条曲线的变化可以得出看出，分层注聚越早，采收率越高，渗透率级差越小，采收率越高，在聚合物用量达到 200mg/L · PV 以前，采收率值与分层注聚的早与晚关系不大，渗透率级差的大小对采收率的影响也不大，但是，当聚合物用量达 200mg/L · PV 以后，随着分注时间的推迟，对采收率的影响逐步加大，而且，渗透率级差越大，影响越大。因此，确定聚合物驱分注时机为聚合物用量 200mg/L · PV 以前，此时，区块一般处于含水下降阶段。

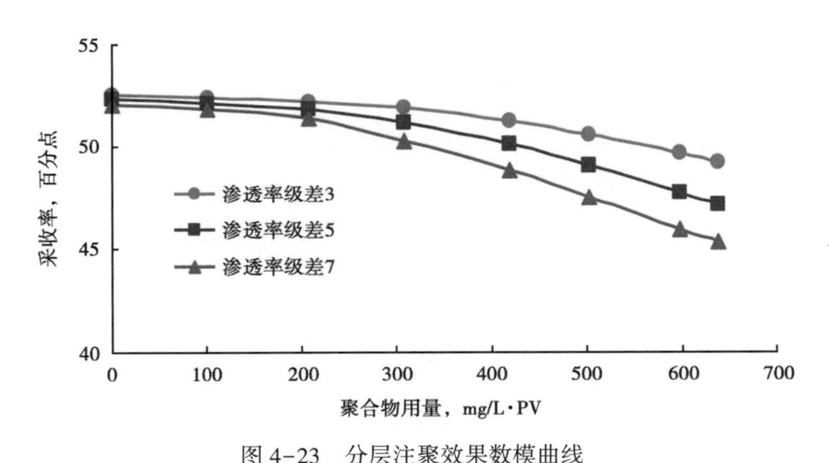

图 4-23　分层注聚效果数模曲线

2）选井选层及配注原则

结合现场聚合物驱分层工艺、配注工艺及地质因素，充分考虑单井的动态变化特征，确定分层注聚选井选层原则及注聚阶段的配注原则（表 4-2）。

表 4-2　注入井分层选井选层及配注原则

选井选层原则	配注原则
层间渗透率级差大于 3； 隔层厚度≥1m 且分布较稳定； 层间吸水量相差 70%以上； 层段间适用同一种聚合物； 层段厚度：1.0m 以上	注聚初期，按照层段强度分层配注； 含水下降期或低含水期，差层增注，好层不控注； 含水上升期，差层增注，好层控注

3）分注技术的现场应用

在聚合物驱油现场，受现场的许多条件制约，并不是所有满足分层注聚选井选层原则的注入井都需要分层，并不是可以分层的注入井都应该在含水下降期分层，如某注入井，在区块处于含水下降阶段时，在连通采油井全部正常生产且井组注采均衡的情况下，注入压力已经上升到较高水平，距离破裂压力仅有不足0.5 MPa，为了避免分层后出现注入困难现象，此时，该注入井不应该采取分层措施。

随着聚合物驱开发对象的逐步变差，层间矛盾突出问题逐步凸显，需要大规模推广应用日益成熟的分层注聚技术，提高开发区块分注规模来解决这一问题。目前，某油田的注聚区块分注率已经达到70%以上，个别区块达到90%以上，分注层段数由原来的2段提高到3~4段，通过规模的分层调整，区块取得了较好的开发效果。

典型区块：某区块开发层系发育18个沉积单元，井段长且层间差异大，按照注入井分层注聚选井选层原则，可以分层的注入井比例达到95%以上，为了缓解层间矛盾，在区块开发的过程中，实施了大规模分层注聚。在空白水驱阶段，对注入压力上升空间大于4MPa的注入井全部采取分层注入，区块分注率为40%左右；在注阶段，根据注入压力的变化逐步扩大分注规模，在进入含水回升期时，区块分注率提高到90%；个别注入压力相对效高但能够连续注入的注入井，在实施停注聚时或在停注聚后实施分层。该区块施的规模分注取得了很好的调整效果。

对比分析空白水驱阶段实施分层注聚井油层动用状况，在各个开发阶段，分层井的油层动用厚度比例较笼统注入井高3.0个百分点以上（表4-3）。

表4-3　分层注入井油层动用厚度比例对比表　　单位：%

分类	空白水驱	含水下降	含稳定期	含水回升期
笼注井	55.7	63.9	67.5	66.1
分层井	61	68.1	70.5	69.8
差值	+5.3	+4.2	+3.0	+3.7

对比分析空白水驱阶段实施分层注聚井组聚合物驱油增油降水效果，在空白水驱阶段笼统注入时，单井日产油和综合含水基本相当，投注聚后，分层井组的综合含水降幅较笼统注入井组高1.0个百分点左右，增油效果始终好于笼统注入井组（图4-24）。

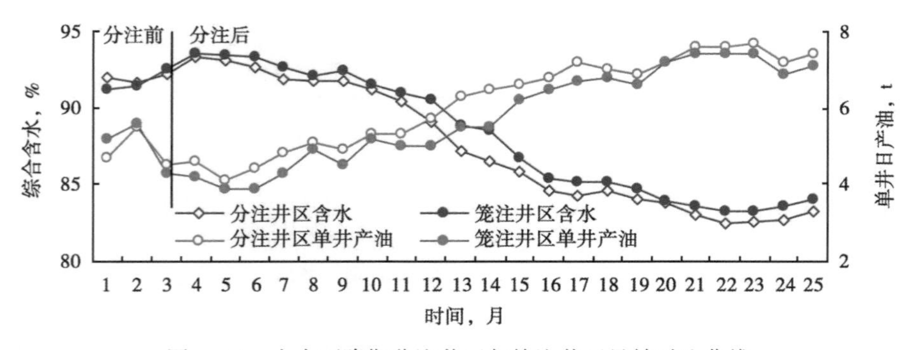

图4-24　含水下降期分注井区与笼注井区见效对比曲线

该区块某口注入井在含水下降期实施了分层注聚，井段长且层间渗透率级差达到 7.0 以上；隔层厚度不小于 1m 且分布较稳定；厚度大、渗透率高、水淹程度高的层段 1 相对吸液量达到 80%以上，吸液强度超过 10.0m³/(d·m)，层间动用差异很大；与之连通的 4 口采油井处于含水下降期，实施分层前含水下降至 83.0%，处于全区平均水平。

实施分层后，发育较好的控制层注入强度下降至 7.0m³/(d·m) 以下，相对吸液量控制到 53.6%，发育较差且剩余油相对富集的加强层注入强度提高到 11.0m³/(d·m) 以上，相对吸液量提高到 46.4%（图 4-25），注入压力由分层前的 9.14 MPa 上升到 11.0MPa，上升了 1.86MPa，较区块其他注入井多上升 0.55MPa；视吸水指数下降了 1.7m³/(d·MPa)，较区块其他注入井多降 1.3m³/(d·MPa)。与之连通的 4 口采油井综合含水继续下降至 71.4%，日产油量由 59t 提高到 106t，见效程度明显好于同期的全区平均水平。

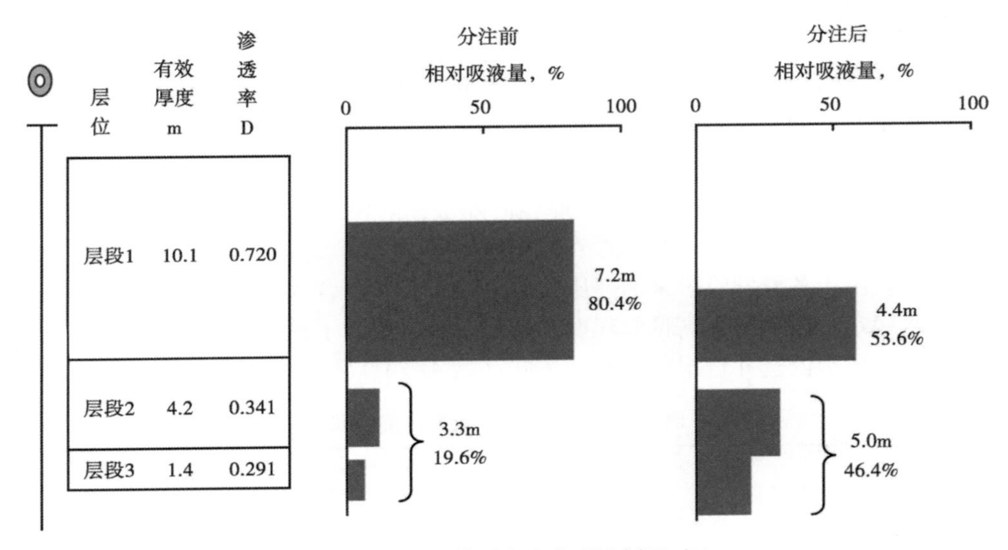

图 4-25　分层前后注入井吸液剖面对比

2. 采油井压裂措施优选

采油井压裂作为一项有效的增产措施在聚合物驱工业化生产中得到广泛应用。在注聚过程中，针对部分采油井聚合物驱受效后产液能力大幅度下降，剩余油相对富集的中低渗透油层动用程度低等情况，对部分采油井采取压裂措施，改善渗流条件，合理恢复产液量，能够提高单井产量，进一步改善聚合物驱效果。

1）压裂时机的确定

为优选采油井压裂时机与压裂对象，建立 1 个四注一采的地质模型，设计计算了 4 种压裂方案，井区地质储量 25.23×10^4t，孔隙体积 40.36×10^4m³，采出井初含水为 93.5%（表 4-4）。

方案 1：含水下降期分别压裂好油层与差油层；

方案 2：含水稳定期分别压裂好油层与差油层；

方案 3：含水回升初期分别压裂好油层与差油层；

方案 4：含水下降期压裂好油层，在含水回升初期压裂差油层。

表 4-4 数值模拟计算结果统计表

方案编号	压裂层位	累计增油量 10^4t	压裂增油量 10^4t	提高采收率 %
基础方案	不压裂	3.152	—	—
方案一	主力油层	3.395	0.243	0.96
	薄差油层	3.235	0.083	0.33
方案二	主力油层	3.390	0.238	0.94
	薄差油层	3.250	0.098	0.39
方案三	主力油层	3.175	0.023	0.09
	薄差油层	3.295	0.143	0.56
方案四	主力+薄差油层	3.485	0.333	1.32

数值模拟计算结果表明，在采油井处于含水下降期或含水低值期时对相对厚油层压裂效果较好，在含水回升期对薄差油层压裂效果较好。

2）选井选层原则

工艺要求：压裂层段具有 0.5m 以上厚度的隔层，确保封隔器能够分卡；压裂井的套管无变形、破裂和穿孔；固井质量好，管外无窜槽。

地质原则：由于各开发阶段采油井压裂的目的有差异，含水下降阶段为了促进聚合物驱见效，低含水稳定阶段为了提高见效程度，含水回升阶段为了挖掘薄差层剩余油，所以，各开发阶段采油井压裂的选井选层地质原则不同（表 4-5）[4-8]。

表 4-5 各阶段压裂选井选层标准

阶段	选井原则	选层原则	压裂方式
下降期	日产液降幅≥20%，产液量较低； 含水降幅低于区块平均水平； 沉没度≤300m	厚度≤2.0m； 层数比例≥80%； 砂岩厚度 6.0m	普通压裂 细分压裂 多裂缝 宽短缝压裂
低值期	产液指数低于区块平均值 20%； 含水≤ 85%； 沉没度≤300m； 井组注采比≥1.2； 单位厚度累计增油低于全区平均水平	厚度≤1.5m； 层数比例≥80%； 砂岩厚度 4.0m	普通压裂 普通+选压 宽短缝压裂
回升期	薄差层动用差，吸液比例≤ 20%； 产液量较低； 含水回升，采聚浓度高于全区 30%； 单位厚度累计增油低于全区平均水平	厚度≤1.0m； 层数比例≥80%； 砂岩厚度 3.0m	普通+多裂缝 压裂+堵水 薄隔层压裂

3）采油井压裂技术的现场应用

在聚合物驱油现场，在水驱空白、含水上升后期、后续水驱阶段，一般不实施采油井压裂，在含水下降阶段和含水稳定阶段实施采油井压裂增油效果较好且有效期较长。为了保证井区注采相对均衡，控制注入溶液推进速度，防止井区出现综合含水突升及产量突降的现象，无论是在时间上还是在平面分布上，压裂采油井都不应该过于集中。

［**单井实例**］压裂措施采油井聚合物驱目的层为葡Ⅰ1-7，全井射开砂岩厚度为 18.4m，有效厚度为 11.3m，渗透率为 0.293D，措施井与周围的 3 口注入井连通状况好（图 4-26），3 口注入井措施时均已经采取了分层注入，有利于实施措施对应层位提水，井组累积注采比超过 1.20，井区地层压力较高，总压差为+0.64MPa，保证了措施井组良好的供液能力。

措施采油井实施压裂时处于含水低值期，该井组注聚后，注入井注入压力稳步上升，注入状况良好，采油井见到较好的聚合物驱效果，含水由注聚前的 95.9% 下降到最低点

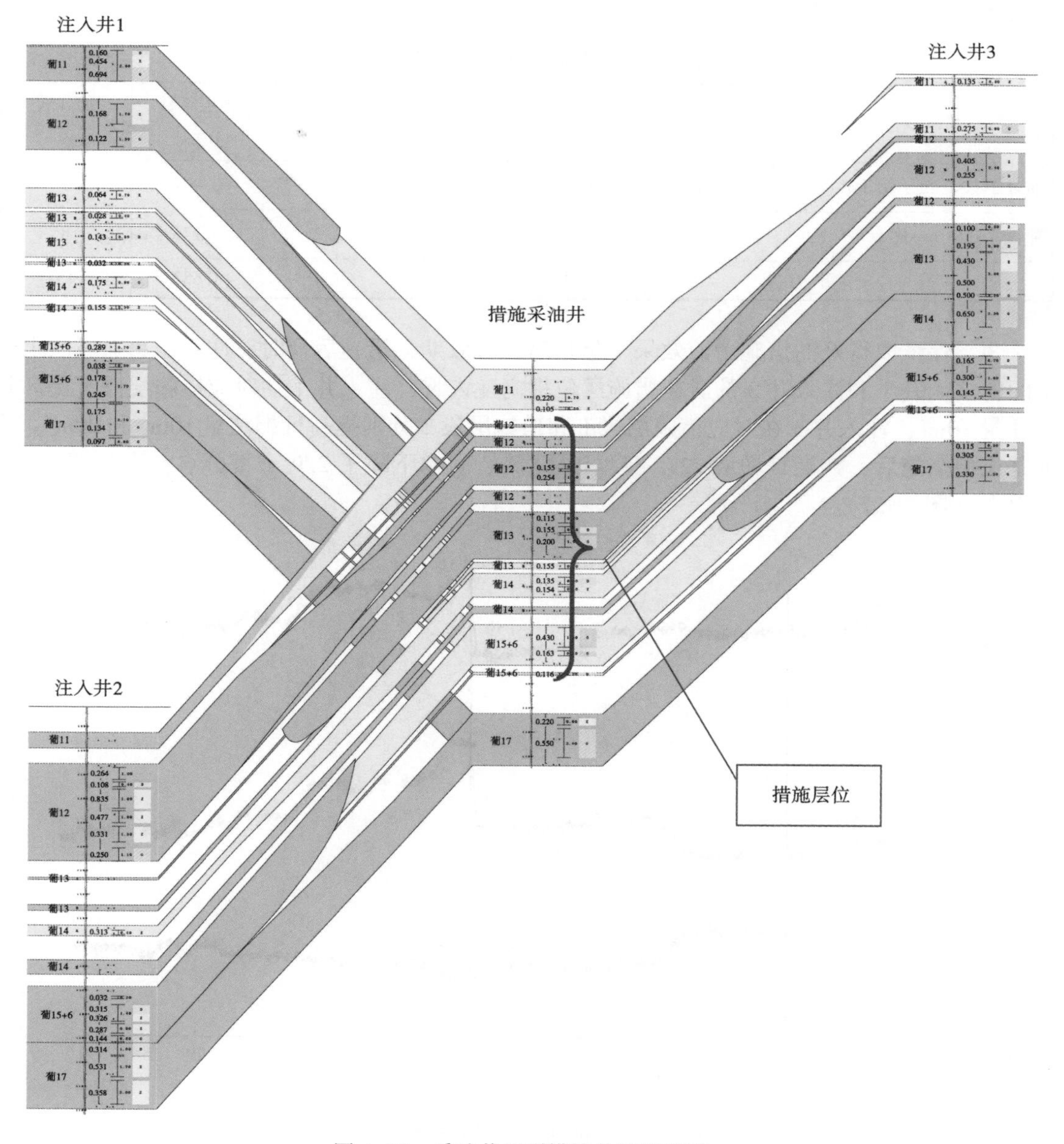

图 4-26　采油井压裂措施井组删状图

84.8%，下降了11.1个百分点。但是，由于见效后产液指数快速下降，日产液量下降幅度较大，由注聚前的98t下降到措施前的59t，下降了39.8%，导致在含水保持良好的见效趋势的情况下，日产油量由注聚前的4.0t上升到10.6t后逐步下降到措施前的8.6t，累计增油量略低于区块平均水平，沉没度逐步下降至300m以下。

经过开展井组分析，确定采油井聚合物驱目的层的中段葡I 2—葡I 5+6与3口注入井连通状况良好，是该采油井的主产层，是导致见效后产液量大幅度下降的主要层段，且水淹程度主要为中、低水淹，产液剖面资料显示层段的6个小层含水在81.3%~86.1%，因此，确定为压裂措施层段，层段砂岩厚度为10.2m，有效厚度为7.4m，由于措施层段较长，厚度较大，且层段顶部、中部、底部有大于0.5m的隔层，因此决定分两段实施普通压裂（表4-6）。

表4-6　措施井井压裂方案编制情况

措施层位	方式	小层数，个	砂岩 m	有效厚度 m	地层系数 D·m	加砂量 m^3
葡I 2（3，2）—葡I 4（1）	普通压裂	4	9.9	5.2	0.907	7
葡I 5+6（1）—葡I 5+6（2）	普通压裂	2	3.7	2.2	0.776	8
合　　计		6	13.6	7.4	1.683	15

为了保证取得好的措施增液效果，延长措施有效期，措施后及时对注入压力有较大上升空间的注入井1和注入井3的对应措施层位提高注入量，注入井1在对应措施层段1提高日配注量10m^3，注入井3在对应措施层段1和措施层段2分别提高日配注量10m^3和20m^3。采油井压裂措施后，初期日增液72t，日增油14.3t，含水下降了2.9个百分点，有效期长达1年以上（图4-27）。

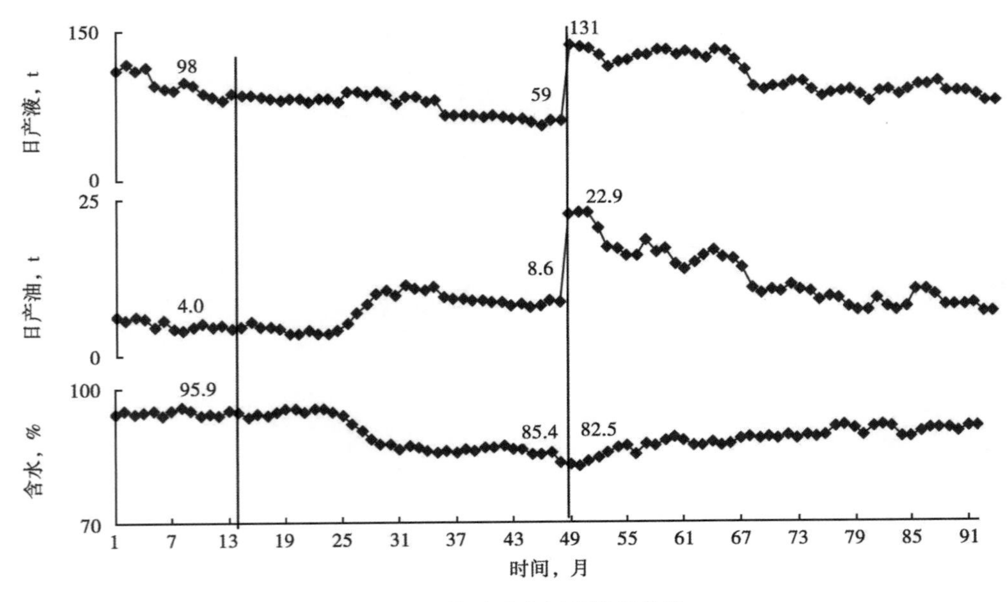

图4-27　某采油井压裂效果曲线

五、注入井深度调剖现场应用

聚合物驱深度调剖可以调整注聚井的吸液剖面，提高注入压力，扩大波及体积，从而改善开发效果。作为一项有效的调整措施在聚合物驱工业化生产中广泛应用，一般在空白水驱阶段实施规模较大，且平面分布上相对集中，在注聚阶段注实施规模相对较小，且平面分布上相对零散，一般在后续水驱阶段不实施深度调剖，从调剖效果上看，空白水驱阶段效果最好，含水回升阶段调剖效果相对较差。

1. 空白水驱阶段深度调剖

1）实施深度调剖的意义

空白水驱阶段实施深度调剖在开始实施时间上有严格要求，一般与区块投注聚同时进行，或者较区块投注聚时间略早，在调剖井调剖结束前全区块实施注聚，这样就尽量避免了注水对调剖的影响，保证了深度调剖的效果。空白水驱阶段对非均质性比较严重的油层进行深度调剖，可以有效堵塞聚合物驱目的层的高渗透部位，确保注入压力稳步上升，更有效地改善注入井吸液剖面，扩大波及体积，提高聚合物的有效利用率，保证调剖井区的聚合物驱见效时间提前，具有更大的含水降幅，最终达到增油控液的目的。

2）调剖井动态变化

当分析空白水驱阶段深度调剖井的动态变化时，所分析的各个动态参数不但要与调剖前水平对比，还要和非调剖井的变化趋势对比。

调剖井在空白水驱阶段的注入压力明显低于非调剖井，在区块投注聚后，在一段时期内，这两类井的注入压力都会上升，但上升速度和上升幅度有明显差异，一般调剖井注入压力上升速度较快，上升幅度较大，随着注聚时间的延长，调剖井的注入压力与非调剖井的差距会逐渐缩小，甚至有时会超过非调剖井注入压力，经过一段时间注聚后，调剖井与非调剖井的注入压力都会上升到一个合理的压力水平（图 4-28）。

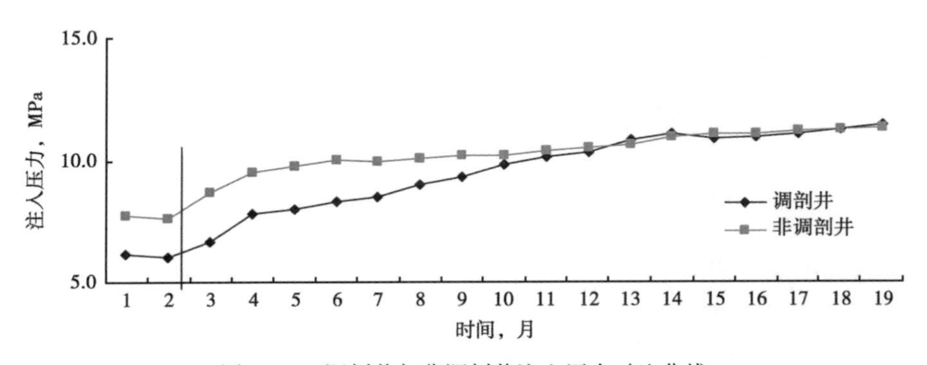

图 4-28　调剖井与非调剖井注入压力对比曲线

区块投注聚后，调剖井和非调剖井的视吸水指数都会下降，但下降速度和下降幅度有明显差异，一般调剖井视吸水指数下降速度较快，下降幅度较大，随着注聚时间的延长，调剖井与非调剖井的视吸水指数差距逐渐缩小，经过一段时间注聚后，调剖井与非调剖井的视吸水指数都会下降到一个合理的压力水平（图 4-29）。

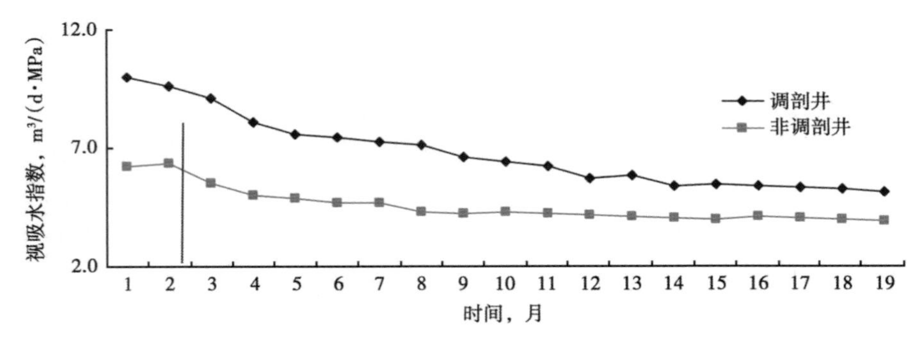

图 4-29 调剖井与非调剖井视吸水指数对比曲线

通过实施深度调剖，使注聚井调剖层段的渗透率大幅度下降，同时，调剖层段的吸液量也大幅度下降，从而达到调整吸液剖面的目的。与非调剖井对比，一般调剖井吸液剖面的改善更加明显，高渗透层吸液厚度和相对吸液量下降幅度更大，甚至不吸液，同时，中低渗透层吸液厚度和相对吸液量上升更明显。

3）调剖井组效果分析

一般在空白水驱阶段开展深度调剖，相对于非调剖井区，在含水下降阶段，产液量大幅度下降且下降速度较快，同时，含水大幅度下降且下降速度较快（图 4-30）。也就是说，空白水驱阶段深度调剖，可以使见效时间提前，且增油降水效果明显，增油倍数大，相对于其他开发阶段开展深度调剖，对提高最终采收率贡献最大。

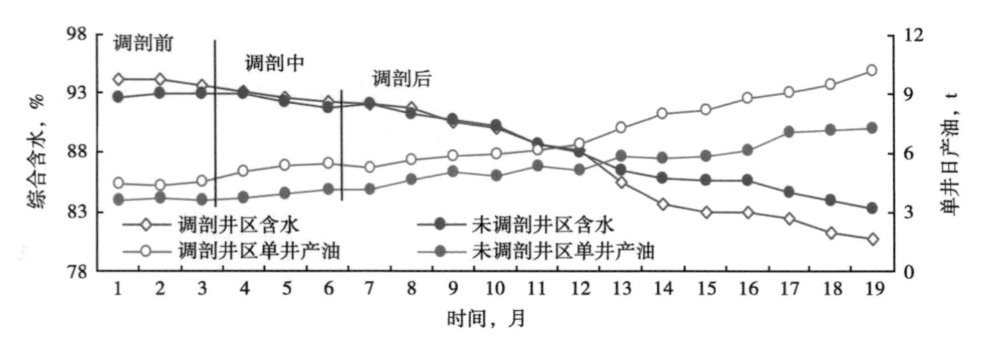

图 4-30 调剖井与非调剖井主要采出参数对比曲线

2. 注聚过程中深度调剖

1）实施深度调剖的意义

注聚阶段实施深度调剖，可以有效堵塞聚合物驱目的层的高渗透部位，促使注入压力稳步上升到合理水平，有效地调整注入井吸液剖面，进一步扩大波及体积，提高聚合物的有效利用率，促进含水较快速度下降，或者延长低含水稳定期，或者控制含水回升速度，最终达到增油控液或稳油控液的目的。

2）调剖井动态变化

在注聚过程中实施深度调剖，可以使注入压力在较短时间内，从较低水平进一步上升到合理的压力值，而同期的非调剖井的注入压力缓慢上升或者不升。

以处于含水上升阶段的某区块为例，通过实施深度调剖，调剖井注入压力由 10.5MPa 上升到 11.3MPa，上升了 0.8MPa，而同期非调剖井注入压力没有明显上升（图 4-31）。

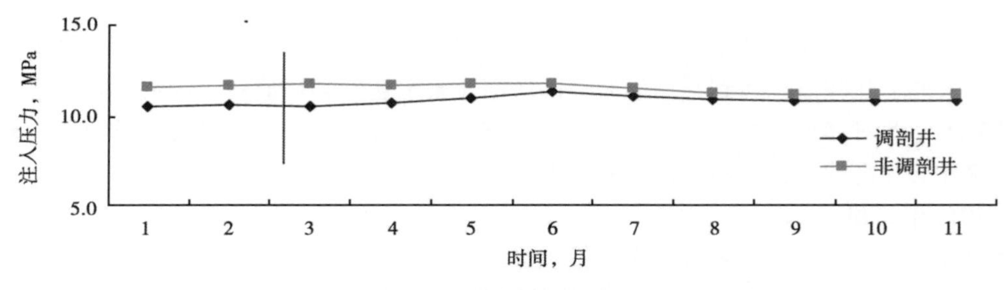

图 4-31　调剖井与非调剖井注入压力对比曲线

调剖井的视吸水指数由 6.6m^3/(d·MPa) 下降到 5.0m^3/(d·MPa)，下降 1.6m^3/(d·MPa)，而同期非调剖井没有明显变化（图 4-32）。

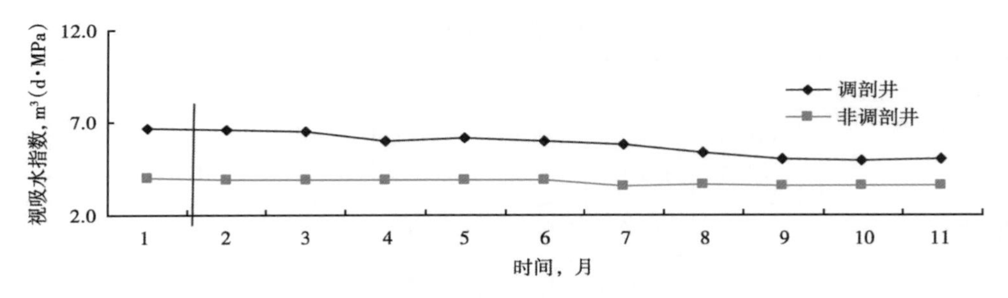

图 4-32　调剖井与非调剖井视吸水指数对比曲线

3）调剖井效果分析

以含水上升阶段深度调剖为例。一般在含水上升阶段开展深度调剖，能够有效控制高含水层的产液量，与非调剖井区对比，调剖井区的产液量会出现相对大幅度下降，综合含水上升速度明显较低，甚至在短期内可以实现含水不升，与调剖前对比，一般日产油量会出现小幅度上升或者不升，也就是说，含水上升阶段深度调剖，可以控制低效无效产液，控制含水上升速度，但增油效果不明显（图 4-33），相对于空白水驱阶段开展深度调剖，对提高最终

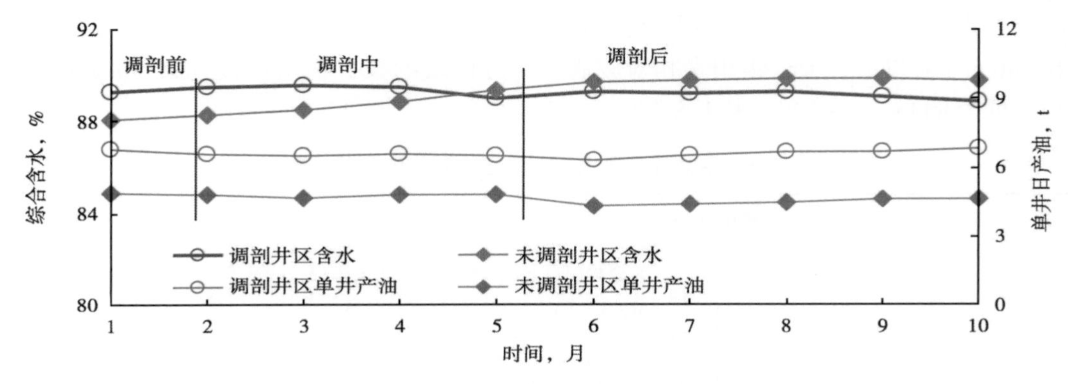

图 4-33　调剖井与非调剖井主要采出参数对比曲线

采收率贡献不大。

六、个性化停注聚

聚合物油藏数值模拟及工业化生产实践都表明，当特定的某一个区块聚合物用量达到某个值，注入地下孔隙体积达到某一值后，区块综合含水达到某一值后，区块的采收率提高幅度明显减小，此时如果继续注聚，虽然仍可以进一步提高采收率，但经济效益明显变差，为了追求较高的经济效益，必然要考虑停注聚时机的问题。

1. 停注聚时机

综合含水是衡量区块是否应该实施停注聚的一个非常重要的指标，为了确定区块实施停注聚综合含水界限，统计了27个后续区块停注聚前后月含水上升速度、日产油递减率等开采指标的变化，统计结果表明，当含水大于92%时，继续注聚或停止注聚含水上升速度和产量递减率接近，因此，确定区块停注聚综合含水界限为92%，此时着手编制区块停注聚方案，实施停注聚（表4-7）。

表4-7 区块停注聚前后开采指标变化统计表

停注聚时综合含水 %	区块数 个	含水上升速度，百分点/月				日产油递减率，%			
		停聚前6个月	停聚后6个月	停聚后7~12个月	停聚后12~18个月	停聚前6个月	停聚后6个月	停聚后7~12个月	停聚后12~18个月
90~92	4	0.25	0.32	0.21	0.17	2.29	2.68	2.03	1.67
92~94	11	0.15	0.17	0.12	0.08	1.75	1.73	1.33	1.33
94~96	11	0.11	0.13	0.09	0.05	1.44	1.58	1.35	1.35
96~98	1	0.02	0.03	0.02	0.01	0.83	1.05	0.53	0.53

统计27个后续水驱区块，当区块综合含水上升到92%区块停注聚界限时的注入孔隙体积和聚合物用量。一类油层区块平均注入孔隙体积为0.71PV，由于早期投注聚的一类油层区块注聚过程中注入聚合物质量浓度一般保持在1000~1200mg/L的较低质量浓度水平，聚合物用量相对较低，一般在600~800mg/L·PV，平均用量为736mg/L·PV；二类油层区块平均注入孔隙体积为0.70PV，注聚过程中受注入体系相对较差影响，注入质量浓度一般保持在1400mg/L以上，聚合物用量相对较高，部分区块的聚合物用量接近1000mg/L·PV，平均用量为843mg/L·PV（表4-8）。

表4-8 区块综合含水92%时注入孔隙体积及用量表

区块数 个	一类油层（23个）		二类油层（4个）	
	孔隙体积 PV	聚合物用量 mg/L·PV	孔隙体积 PV	聚合物用量 mg/L·PV
27	0.71	736	0.7	843

2. 停注聚方法

在实际生产过程中，受诸多静态地质条件差异及聚合物驱过程中动态注采参数差异等因素影响，不同采油井的见效规律必然不同，含水变化规律也不相同，当区块整体综合含水达到区块停注聚界限92%时，井间含水差异自然较大，如果此时实施全区块停注聚，必然影响相对低含水井组的最终聚合物驱效果，而如果延长这部分较低含水（低于92%）井组的注聚量则可使全区进一步提高采收率。

按照实施停注聚前单井的不同含水级别进行数据统计，分析停注聚前后月度含水上升速度、日产油递减率等开采指标的变化，分析结果表明，在采油井含水达到94%时，继续注聚或停止注聚含水上升速度和产量递减率接近，因此，确定单井停注聚含水界限为94%。在聚合物驱油工业化应用中，是否对注入井实施停注聚需要综合考虑井组含水、高含水方向数、井组连通状况以及井区剩余油分布状况等因素，还需要考虑到各种地面设备的运行要求，在聚合物驱油现场，一般在考虑外输母液量不低于注入站极限排液量的条件下，按照“停层不停井，停井不停站，停站不停区块”的个性化停注聚原则，实施分批次停注聚，即高含水井、层先实施停注聚，而低含水井、层适当延长注聚，直至符合停注聚界限[9]。

3. 停注聚注采井配套措施

为了防止注入井停注聚后，注入水在单层或者沿单方向突进速度过快，导致连通采油井含水突然上升，影响聚合物驱效果，在聚合物驱油现场，与注入井实施停注聚相结合，一般需要适当控制区块的整体注采速度，控制高渗透层注水和产液的同时适当提高低渗透层注水和产液，配套实施必要的调整措施，对具有分层条件的笼统注入井实施分注，对能够细分的分层注入井实施细分，对高含水的高产液层实施采油井堵水，努力把调整工作精细到“层”。

4. 停注聚前后主要生产参数变化特征

由于实施个性化、分批次地停注聚，并配套实施注采井综合调整，从整个区块看，各主要参数的变化并不十分明显。

注入压力先下降后平稳。注入压力一般会在实施停注聚1~3个月内出现小幅度下降，一般下降1~2MPa，然后下降速度逐步变缓，最终稳定在一个相对较低的压力水平，一般比空白水驱阶段注入压力高1~2MPa。

日产液量缓慢下降，综合含水缓慢上升，日产油量逐步下降。一般实施停注聚的同时会适当控制区块注入速度，控制分层井高渗透层注入强度，必然会导致产液量出现下降，但这一过程非常缓慢，且降幅不大；实施配套的注采井综合调整后，高含水产液层的产液量得到控制，适当提高相对低含水层产液。因此，一般不会出现综合含水快速上升，日产油量大幅度递减的情况。

5. 个性化停注聚技术的现场应用

在聚合物驱油现场，实施个性化停注聚时，除了要考虑地质因素外，还要考虑配置站、注入站的运行状况，当区块符合延长注聚的注入井很少，外输母液低于极限排液量时，应该实施注入站全站或者全区块停注聚。

[**典型区块**] 某含水回升后期区块。

区块共有注入井270口，采油井284口，区块综合含水回升到92.0%时，区块聚合物用量接近 1000mg/L · PV 左右，达到了方案设计用量，阶段提高采收率达到 14.0 个百分点左右，在油田处于较高水平，吨聚增油由见效高峰期的 100t 以上逐步下降至 40t 左右。从以上几个参数看，区块应该开始实施个性化停注聚。

统计区块采油井含水分级情况表明，采油井间含水差异较大，有 30.6%的采油井含水超过单井停注聚含水界限 94.0%，同时，仍有近 39.8%的采油井综合含水相对较低，仅为 87.0%，单井日产油 4t 以上，应适当延长注聚（表 4-9）。

表 4-9 某含水回升后期区块含水分级表

分级	井数 口	比例 %	单井日产液 t	单井日产油 t	含水 %	采聚浓度 mg/L
≤90	113	39.8	32.2	4.2	87.0	512
90~92	26	9.2	33.7	2.9	91.4	543
92~94	58	20.4	48.9	3.4	93.1	532
>94	87	30.6	48.0	2.0	95.8	542
合计	284	100.0	40.6	3.2	92.0	528

从该区块单井含水的平面分布看（图 4-34），含水高于 94%的高含水井和含水低于 90%的低含水井分布都相对集中，应该对低含水井区适当延长聚合物用量，对含水大于 94.0%的高含水井区，实施分井组的个性化、分批次停注聚。

通过进一步开展井组动态分析，考虑井组聚合物用量、井组含水、高含水方向数、井组连通状况以及井区剩余油分布状况等因素，对 52 口注入井实施第一批次停注聚。当区块综合含水进一步上升到 94.0%左右时，再一次开展动态分析，对 119 口注入井实施第二批次停注聚；当区块综合含水进一步上升到 95.0%左右时，不符合停注聚标准的注入井剩下 45 口，且零星分布在 5 个注入站，考虑到外输母液极限排液量，同时兼顾方便现场管理，对剩余的 99 注聚井全部实施停注聚。

该区块分三批实施了个性化分批次停注聚，在每个批次实施停注聚的同时进行了大量的方案调整及措施调整。在适当降低延长注聚井注入质量浓度的同时，重点对停注聚井区开展综合调整，在注入速度调整方面，先适当控制采液速度后逐步把注入速度由 0.17PV/a 控制到 0.15PV/a 左右；在注入井措施调整方面，实施了 24 口井分注，51 口井细分等措施，将区块分注率提高到 90%左右，平均分注层段数提高到 2.7 个，在较大幅度控制分层井高渗透层的注入强度的同时适当加强低渗透层的注入；在采油井措施方面，实施了 5 口井的 9 个层进行了采油井堵水。

该区块的个性化停注聚历时 2 年多，通过开展个性化分批次停注聚，实施大规模配套调整，区块保持了良好的开发形势，停注聚前后对比，注入压力仅下降 0.8MPa，综合含水月度上升仅为 0.09 个百分点（图 4-35）。

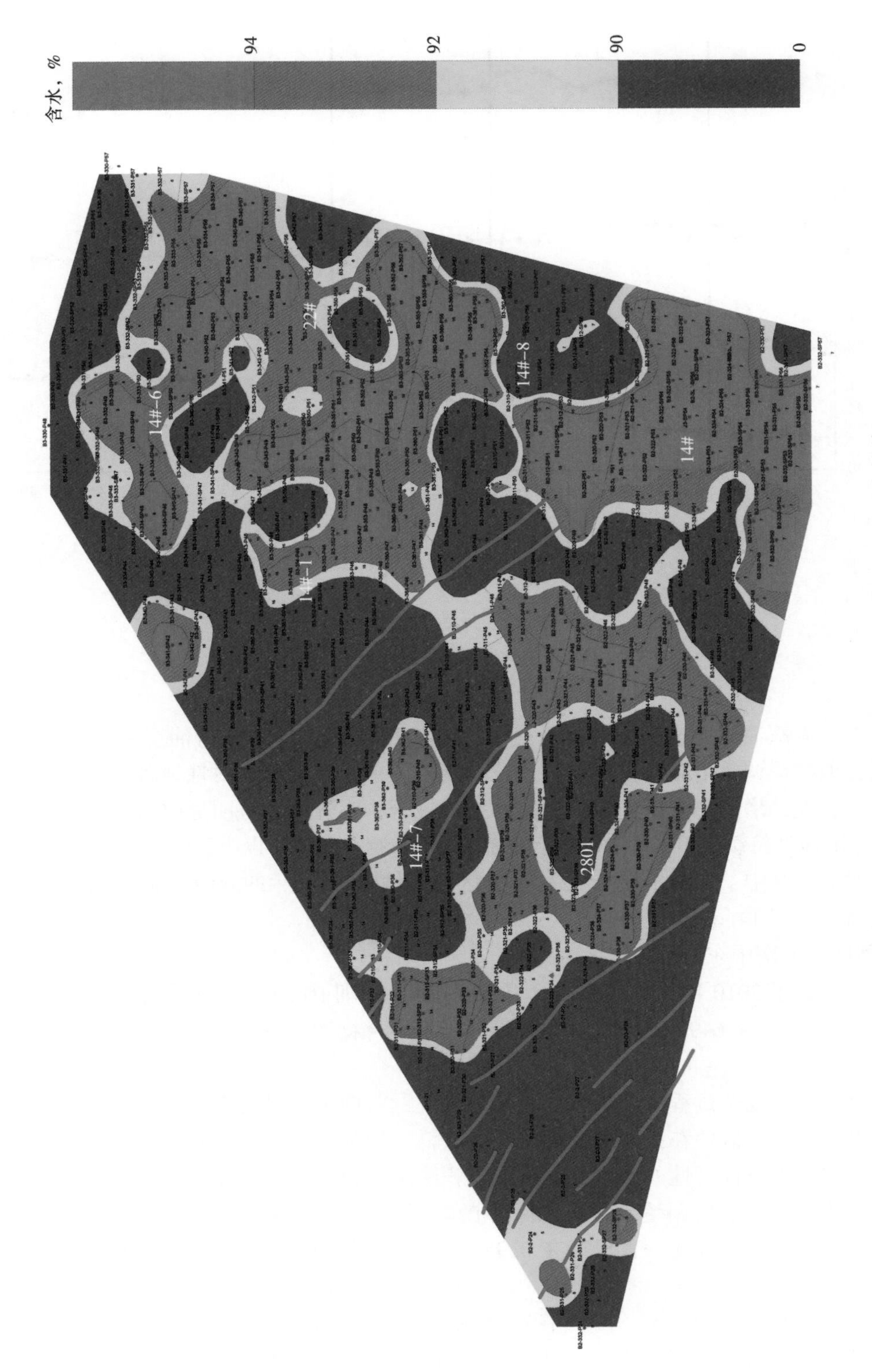

图 4-34　某含水回升后期区块综合含水 92% 时含水等值图

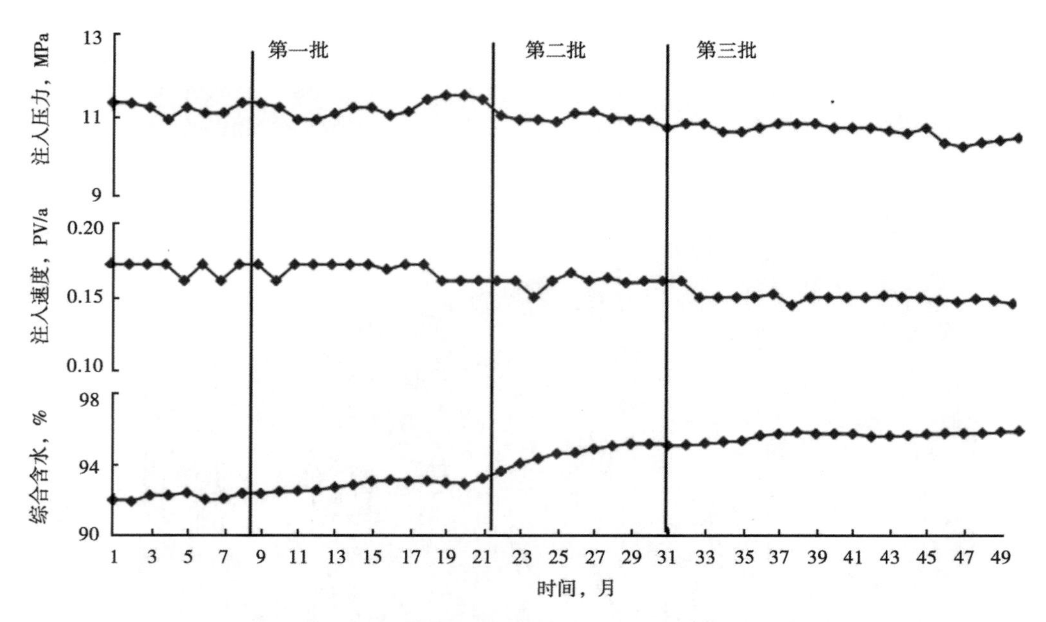

图 4-35　某区块分批次停注聚前后主要参数变化曲线

第五节　跟踪调整实施效果

近年来，大庆油田通过实施对标分类管理，应用注入质量浓度与油层条件匹配关系图版，按照各项跟踪调整措施的实施原则及技术规范要求，实施有针对性地跟踪调整，各项注采参数趋于合理，增产增注措施保持较高水平，聚合物驱开发形势明显改善，年均节省干粉 2×10^4t，吨聚增油持续上升，由 2011 年的 37.2t 逐步提高到 57t 以上，A 类和 B 类区块区块比例逐年增加，其中，二类油层 A 类和 B 类区块比例由 2011 年的 80.0%提高到 92.9%，实现阶段提高采收率 14.65 个百分点。

[**典型区块**] 南中东一区 。

南中东一区于 2010 年 7 月投注聚，开采萨Ⅲ4—萨Ⅲ10 油层，地质储量 765×10^4t，有效厚度 8.1m，渗透率 649mD，采取 2500 万分子量聚合物清配污稀体系注入，注聚前综合含水 94.5%。

在聚合物驱开发全过程中，根据区块开发需要，实施了大量的综合调整措施。

注采平衡调整：区块在投产初期地层压力较低，地下油藏处于注采欠平衡状态，虽然在空白水驱阶实施了有针对性的调整，但阶段累积注采比仍然达不到 1.0，在投注聚初期，实施了为期半年的注采平衡调整，注采比保持在 1.0~1.2，注入压力平稳上升4MPa左右。调整结束后，区块月度注采比一直保持在 0.9~1.1 的合理水平，累积注采比保持在 1.0 左右(图 4-36)。

注入聚合物质量浓度调整：为了配合注采平衡调整，区块投在注聚初期，采取了较低的聚合物质量浓度注入，注入聚合物质量浓度保持在 1500~2000mg/L，注采平衡调整结束后，注入聚合物质量浓度保持在方案设计水平 2000mg/L 左右，在区块聚合物用量达到

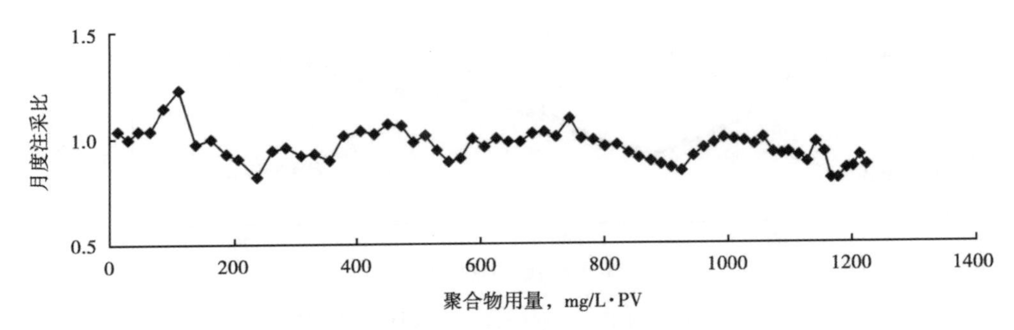

图 4-36　南中东一区注采比曲线

300mg/L · PV 左右，注入孔隙体积达到 0. 16PV 时，区块已经初步见效，注入井吸入剖面明显改善，综合含水保持了持续下降的趋势，此时，区块根据的动态变化，逐步下调注入聚合物质量浓度，在含水上升前期保持在 1500mg/L 左右，在含水上升后期调整到 1000mg/L 左右（图 4-37）。

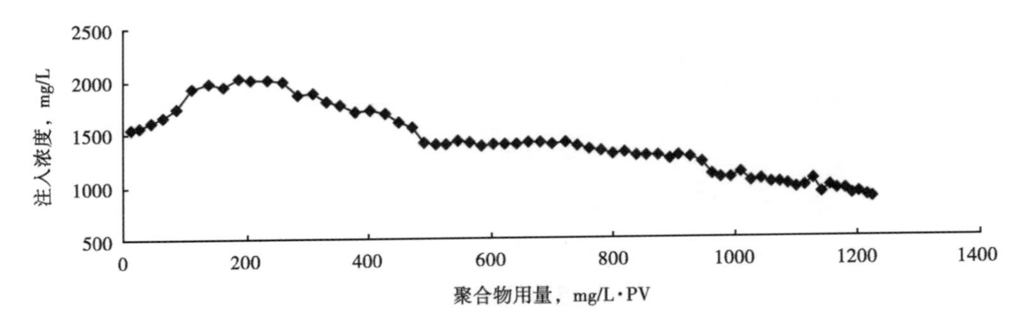

图 4-37　南中东一区注入聚合物质量浓度曲线

措施调整：在聚合物驱开发调整过程中，根据开发需要，实施了及时的措施调整。为了改善注入状况，实施了注入井压裂 35 口、解堵 33 口；为了缓解层间矛盾，实施了分注 85 口；为了缓解层内矛盾，改善注入井吸液剖面，实施注入井深度调剖 50 口；为了提高低含水井、层的产液量，实施采油井压裂 97 口。

通过开展聚合物驱全过程的综合调整，区块取得了较好的开发效果。

综合含水及日产油：注聚半年后，综合含水出现明显下降趋势，综合含水由注聚前的 94. 6%持续下降至含水最低点 80. 2%，下降了 14. 4 个百分点，低含水稳定期持续 17 个月。在整个注聚过程中，日产液量基本按照开发规律稳步下降，日产油量随着综合含水的变化呈规律性变化，注聚见效后，由 280t 左右持续上升至最高点 1030t，进入含水回升期后，日产油量逐步下降（图 4-38）。

对标分类评价：在聚合物用量为 300mg/L · PV 左右时，对标分类评价曲线实现上翘，在聚合物用量为 900mg/L · PV 左右时，实现了 D 类→C 类→B 类→A 类的连续跨类改善（图 4-39）。最终聚合物用量为 1224mg/L. PV，阶段提高采收率 14. 37 个百分点。

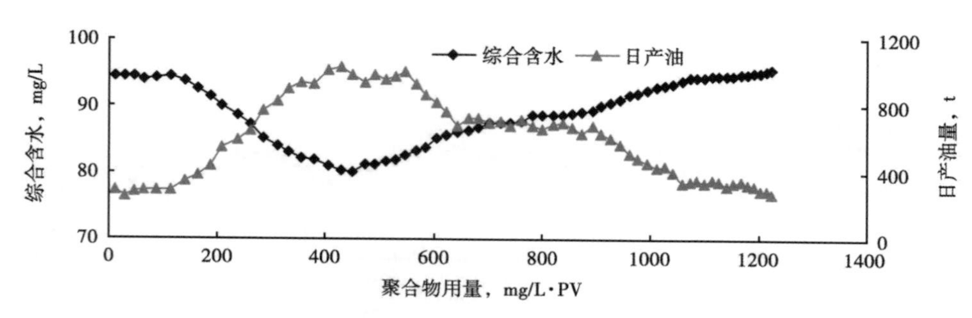

图 4-38　南中东一区综合含水及日产油量曲线

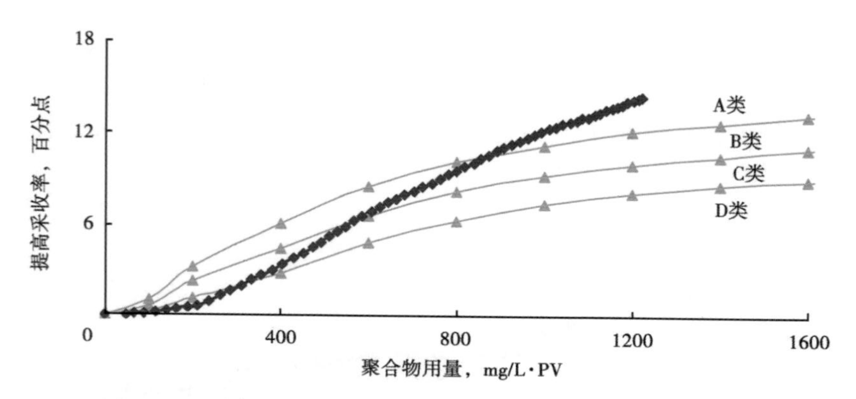

图 4-39　南中东一区对标分类评价曲线

参考文献

[1] 杨香艳．利用动态光散射法研究聚合物分子尺寸［J］．油气田地面工程，2014，33（8）：13.

[2] 孙龙德，伍晓林，周万富，等．大庆油田化学驱提高采收率技术［J］．石油勘探与开发，2018，45（4）：636-645.

[3] 张继成，宋考平，张寿根，等．聚合物驱含水率最低值及其出现时间的模型［J］．大庆石油学院学报，2003，27（3）：101-104.

[4] 张秀云，刘启，周钢．二类油层聚合物驱措施选井选层方法［J］．大庆石油地质与开发，2008，27（3）：117-120.

[5] 钟连彬．大庆油田三元复合驱动态特征及其跟踪调整方法［J］．大庆石油地质与开发，2015，34（4）：124-128.

[6] 佟胜强．二类油层聚合物驱压裂时机的确定［J］．大庆石油地质与开发，2011，30（4）：131-134.

[7] 陈敏霞，王华，沙宗伦，等．喇嘛甸油田北东块一区聚合物驱提效矿场试验［J］．大庆石油地质与开发，2013，32（1）：114-119.

[8] 季柏松．喇嘛甸油田二类油层聚合物驱调整措施分析［J］．大庆石油地质与开发，2013，32（1）：120-124.

[9] 邵振波，付天郁，王冬梅．合理聚合物用量的确定方法［J］．大庆石油地质与开发，2001，20（2）：60-62.

第五章　聚合物驱采油工艺技术

随着大庆油田开发的不断深入，三次采油已成为提高采收率、保持油田可持续发展、实现原油 4000×10^4t 持续稳产的重要技术手段，其中聚合物驱技术已形成规模生产。为提高聚合物驱的开发效果，解决聚合物驱过程中聚合物溶液低效无效循环、注入井堵塞、采出井结垢、杆管偏磨等问题，研究了适用于聚合物驱的分层注入、物理举升、解堵增注等关键技术，取得了较好的试验效果，为聚合物驱技术的推广应用提供了技术支撑。

第一节　注入工艺技术

一、分层注入工艺技术发展情况

大庆油田油层多、非均质性严重，在聚合物驱过程中，如果采用笼统注入方式，聚合物溶液主要进入高渗透层，这些层见聚快，油层吸液能力高；而中低渗透率油层受层间矛盾的影响，动用程度较低，影响了聚合物驱开发效果。这些因素要求大庆油田聚合物驱必须采用分层开采。

随着聚合物驱油技术的工业化推广应用，聚合物驱分注工艺技术发展迅速，技术水平不断提高，较好地改善了聚合物驱效果。

大庆油田于 1995 年在北二西东块进行了地面双管双泵、井下双管分层注入试验，取得了很好的效果，使薄差层动用状况得到较大改善。聚合物驱双管分注工艺，共应用 16 口井，在北二西东块应用了 3 口井，实现了葡Ⅰ组二套油层的分注。统计北二西东块注聚初期双管分注的聚合物驱效果表明，分注井的葡Ⅰ1-4 和葡Ⅰ5-7 两个砂岩组的注入压力上升幅度均为 4.0MPa 左右，比该区块笼统注入井多上升 0.6MPa，并且葡Ⅰ1-4 和葡Ⅰ5-7 的相对吸入量始终保持较小的差异，周围 8 口采出井含水最低点下降了 25.6 个百分点，比全区多下降 4.0 个百分点，单位有效厚度累计增油量较全区平均水平高 209t，聚合物驱双管分注工艺如图 5-1 所示。

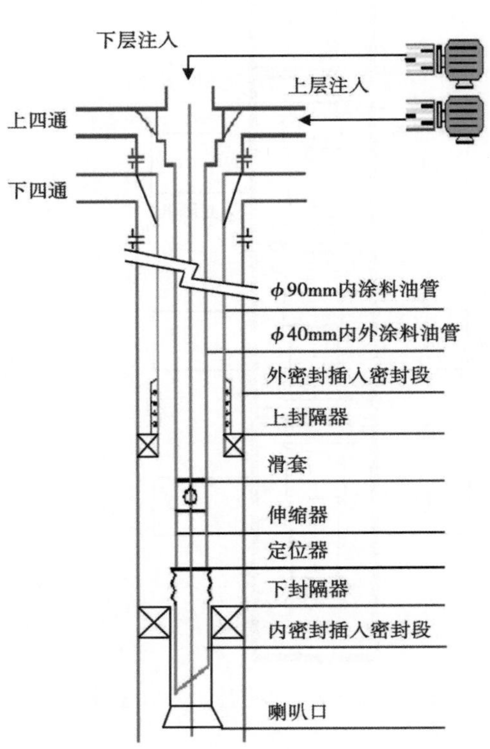

图 5-1　聚合物驱双管分柱工艺示意图

由于地面投资大、无法实现多层分注，同

时，考虑大庆油田地面注聚系统的实际情况，聚合物驱双管分注工艺不适合规模应用。为此，结合大庆油田的实际特点，先后经历发展了同心分注工艺、偏心分注工艺、分质分压注入工艺以及全过程一体化分注工艺4代工艺技术。

1. 聚合物驱同心分注技术[1]

1）工艺原理

聚合物驱同心分注技术在地面采用单泵单管供液，井下管柱采用单管同心分注形式。根据地质方案下入聚合物同心分注管柱，用封隔器把各层段封隔开，每一层段对应一级同心配注器。注聚过程中，聚合物溶液流过同心配注器时，可形成足够的节流压差，从而降低注入压力，控制限制层注入量。同时，可通过升高注入压力，提高加强层注入量。在地面同一注聚压力下，通过对分层注入压力的调节，控制各个层段的注入量，从而达到分层配注的目的，聚合物驱同心分注工艺如图5-2所示。

2）管柱结构

聚合物驱同心分注管柱主要由同心配注器、封隔器等井下工具组成。封隔器可选用可洗井或不可洗井的压缩式封隔器，但要求内通径必须大于60mm。同心配注器由井下工作筒和配注芯组成（图5-3），配注芯坐入井下工作筒后与其内表面形成环形空间过流通道。配注芯采用环形降压槽结构，聚合物溶液流过配注芯时，单个节流单元下产生很小的节流压差，而多个单元组合产生足够的节流压差，通过调节配注芯长度来改变节流压差，控制注入压力，限制高渗透层注入量。

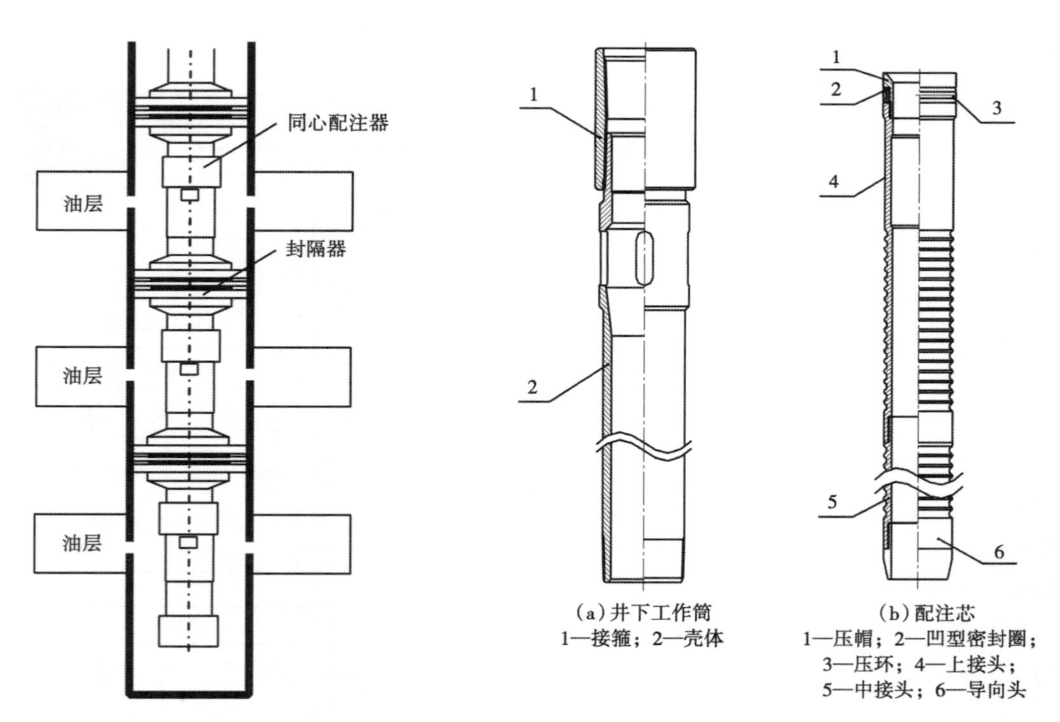

图5-2　聚合物驱同心分注工艺示意图

图5-3　同心配注器示意图

同心配注器分为 ϕ58mm、ϕ56mm 和 ϕ54mm 三种规格。井下工作筒最大外径为 ϕ89mm，分为接箍及壳体两大部分，壳体有定位台阶，用于配注芯及坐封堵塞器的定位。配注芯也分为三种规格，分别与 ϕ58mm、ϕ56mm 和 ϕ54mm 的同心配注器配套使用，最小内通径为 42mm，能够满足分层流量和注入剖面测试要求，适应聚合物 2~3 层分注。

3）工艺参数

配注器可控制注入量 20~150m^3/d，最大控制压差 3.0MPa，聚合物溶液的黏损率小于 4.2%。

4）应用情况

现场应用 1044 口井。分注后注入井的吸入剖面得到改善，限制层相对吸入量由分注前的 73.6%下降为 35.9%，加强层由分注前的 24.6%上升为 64.1%。

2. 聚合物驱偏心分注技术[2]

随着聚合物驱开发不断深入，聚合物驱分注要求不断提高，原有同心分注技术只适用于聚合物 2~3 层分注，测试调配需逐级投捞的特点，已不能满足聚合物驱开发的要求，为此开展了聚合物驱偏心分注技术的研究。

1）工艺原理

聚合物驱偏心分注技术适应于聚合物多层分注，地面采用单泵单管供液，井下管柱采用单管偏心分注形式。根据地质方案下入聚合物偏心分注管柱，用封隔器把各层段封隔开，每一层段对应一级偏心配注器。注聚过程中，聚合物溶液流过偏心配注器时可形成足够的节流压差，从而降低注入压力，控制限制层注入量。同时，可升高注入压力，提高加强层注入量。因此，在地面同一注聚压力下，通过对分层注入压力的调节，控制各个层段的注入量，从而达到分层配注的目的，聚合物驱偏心分注工艺如图 5-4 所示。

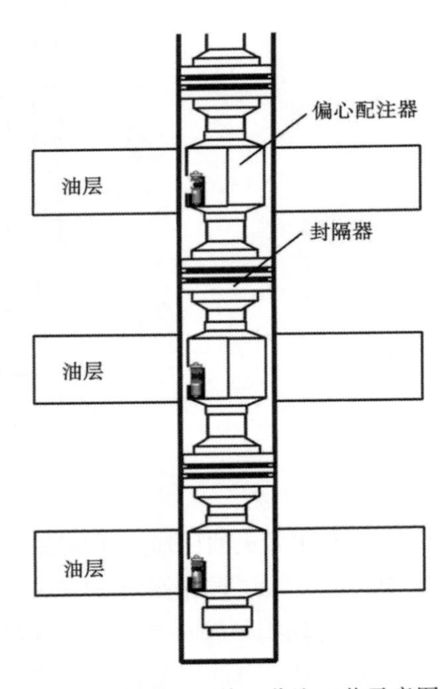

图 5-4　聚合物驱偏心分注工艺示意图

2）管柱结构

聚合物驱偏心分注工艺管柱主要由偏心配注器、封隔器等井下工具组成。偏心配注器由偏心工作筒、堵塞器及配注芯等组成，如图 5-5 所示。

偏心工作筒主要由扶正体、工作筒主体、导向体、导向体支架、上下接头和上下连接套等件组成。偏心工作筒上设计了桥式通道，供在测试过程中下部层段流体通过。主体上有 ϕ20mm 偏孔，偏孔内外壁上分别开有进液和出液孔，主体中心留有 ϕ46mm 的主通道（作投捞工具和井下仪器通道及测试用）。主体上有 6 个 ϕ18mm 的过液孔，与进液孔和出液孔构成桥式通道。为防止调配过程中，配注芯捞出后，地层返吐物沉积，在偏孔下部设计了导流孔，配注芯长度可调（最长 550mm），起控制注入压力的作用。

3）工艺参数

偏心配注器单层控制注入量范围为 10~50m^3/d，最大控制压差为 3.0MPa，对聚合物剪切降解率小于 15%。

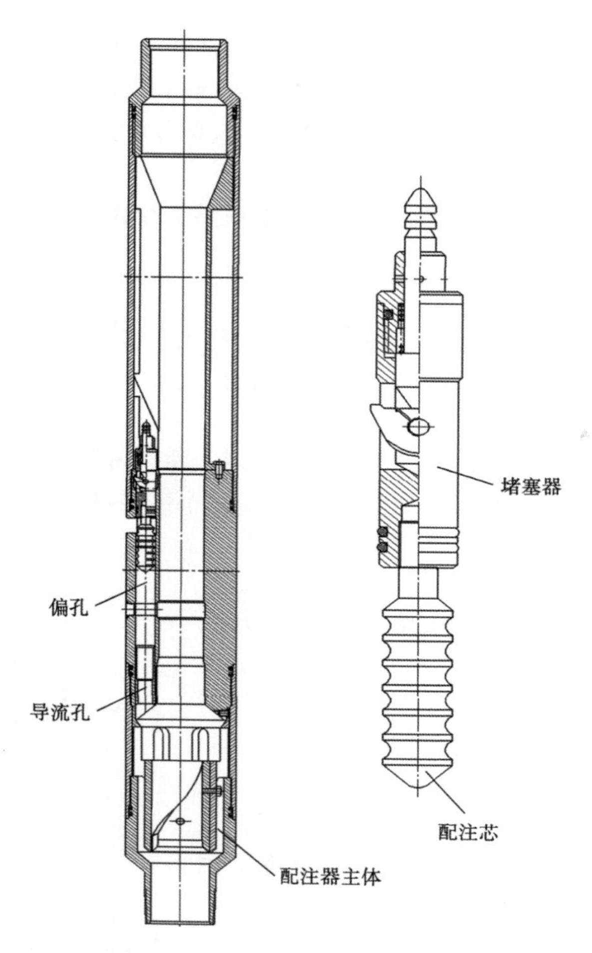

图 5-5　偏心工作筒、堵塞器及配注芯示意图

4）应用情况

该技术在大庆油田应用了 123 口井，与笼统注聚时对比，分注后吸水层段数增多，吸水厚度增大，吸水层数比例由 23.5%增加到 43.1%。

3. 聚合物驱单管分质分压注入技术[3]

大庆油田主力油层聚合物驱结束后，聚合物驱驱替对象已转向渗透率更低、层间差异更大的二类油层。从实际注入情况看，二类油层注聚普遍注入压力较高，分析其原因是由于层间渗透率差异过大，导致对中、高分子量聚合物适应性变差，注入溶液主要流向性质好、连通好的油层，而薄差油层由于渗透率低，随着吸附捕集作用增加，阻力系数增大，渗流能力大幅度下降，动用程度低，影响了聚合物驱效果。

对于渗透率不同的一套层系，随着分子量的增加，一方面聚合物溶液黏度、阻力系数与残余阻力系数增加，改善油水流度比的能力增强，驱油效果提高；另一方面，聚合物分子不可进入的低渗透油层孔隙体积增加，聚合物驱控制程度降低，影响聚合物驱最终效果。因此，确定二类油层区块聚合物分子量时必须综合考虑两方面因素：一方面要考虑选择尽可能高的聚合物分子量；另一方面，要考虑聚合物分子与不同渗透率油层的匹配关系，这样才能获得更好的聚合物驱效果。

1）工艺原理

整体降低聚合物分子量，虽然可增加控制程度，但高渗透层段的驱油效果将受到影响，影响总体开发效果。

聚合物驱单管分质分压注入技术可较好地解决这一难题，聚合物分质分压注入就是对高渗透层注入高分子量聚合物，同时，通过降低注入压力来限制注入量；对低渗透油层注入低分子量聚合物，以增加聚合物驱控制程度。聚合物驱单管分质分压注入技术可实现对注入量和分子量的双重调节，在不降低高渗透层聚合物驱效果的同时，有效增加进入低渗透油层孔隙体积，提高聚合物驱控制程度，改善聚合物驱总体开发效果。

2）管柱结构

通过分子量调节器和压力调节器的组合使用，实现分质分压注入，聚合物驱单管分质分压注入工艺如图 5-6 所示。

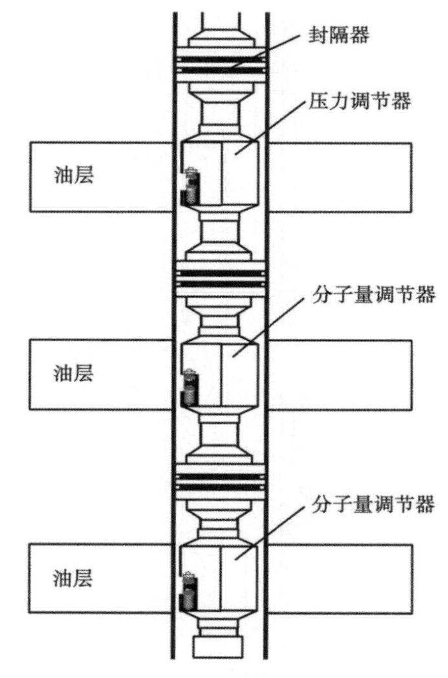

图 5-6　聚合物驱单管分质分压注入工艺示意图

配套工具包括井下偏心工作筒、分子量堵塞器、压力堵塞器等。

偏心工作筒与分子量堵塞器、压力堵塞器配套使用，组成分子量调节器、压力调节器。

偏心工作筒采用上定位方式，主要由上接头、销钉、偏心主体、密封圈、导向体、下接头组成，如图 5-7 所示。上下接头与偏心主体螺纹连接，销钉定位。偏心主体由中心管及偏心管焊接而成。偏心主体中心管内径为 48mm，供井下工具和仪器通过并进行测试，中心管中心线偏离油管中心线 7mm，偏孔直径为 31.5mm，位于主体中心管侧面，各级偏心工作筒的几何尺寸相同，分层级数不受限制，采用同一投捞工具投捞堵塞器，能做到投捞任意级。

聚合物分子微观上是以颗粒、枝状结构及网状结构分布在水溶液中，分子链是柔性链结构，当聚合物溶液由于速度的急剧变化，作用在聚合物分子链上的剪切应力可以导致分子链分解、断裂，使聚合物分子形态和尺寸发生变化，从而造成聚合物分子量的降低。

根据上述机械降解原理，设计了喷嘴形式的分子量调节元件，可通过改变喷嘴直径来控制降解强度，调节聚合物分子量。

分子量堵塞器与偏心工作筒配套组成分子量调节器，通过投捞更换喷嘴来调节注入低渗透油层的聚合物分子量，分子量堵塞器如图 5-8 所示。

喷嘴对聚合物溶液产生两方面降解作用：一是聚合物溶液通过喷嘴时，由于过流面积减小，流速突然增大，产生的一级降解；二是聚合物溶液通过喷嘴后，在调节器腔室产生强烈涡流，从而造成聚合物分子链断裂，形成二级降解，降低聚合物分子量。

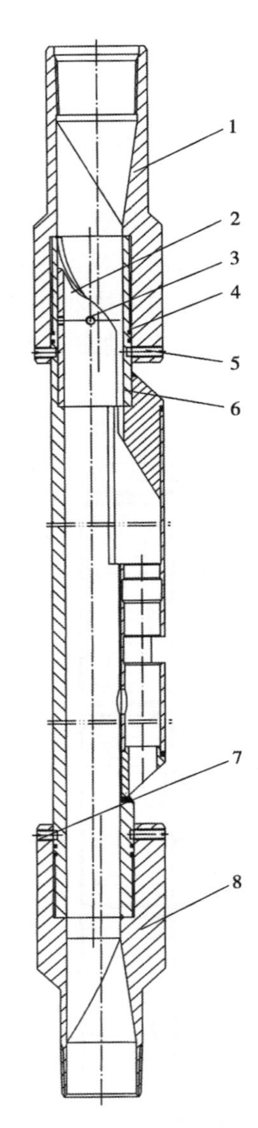

图 5-7　偏心工作筒

1—上接头；2—导向体；3—销钉；4—密封圈；5，7—定位销钉；6—偏心主体；8—下接头

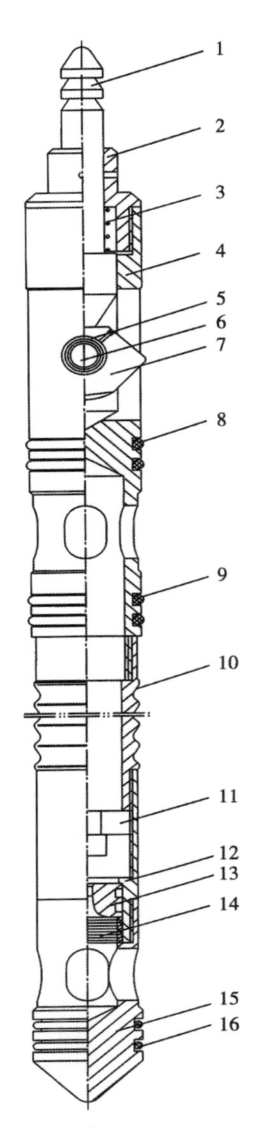

图 5-8　分子量堵塞器

1—打捞杆；2—压盖；3—压簧；4—支撑座；5—扭簧；6—凸轮轴；7—凸轮；8，9，16—密封圈；10—节流芯；11—靶板；12—喷嘴套；13—喷嘴；14—垫片；15—下接头

根据迷宫密封原理研制了环形降压槽结构的节流元件，该节流元件由工作筒和节流芯组成。节流芯为外表面有等距环形槽的圆柱体，与工作筒内壁形成过流通道。聚合物溶液流过每一个节流单元（环形槽）时，过流面积从小到大变化一次，流速从高到低变化一次，流态及流场分布也相应产生一次变化。聚合物分子链始终处于一个拉长、收缩的变形过程中，使一部分能量消耗在聚合物分子链的变形与恢复上，从而产生局部能量损失，形成节流压差。

压力调节器采用偏心式结构，由偏心工作筒和压力堵塞器两部分组成，如图 5-9 所示。通过投捞更换堵塞器的节流芯，改变降压槽数量来调节注入压力。压力堵塞器主要由打捞杆、压盖、支撑座、凸轮、密封圈、节流芯等组成。打捞杆头部供打捞用，底部可控制凸轮反转。压盖上的 4 个 ϕ2mm 孔供投送堵塞器时穿销钉用，通过凸轮的作用把堵塞器定位于工作筒偏孔内。

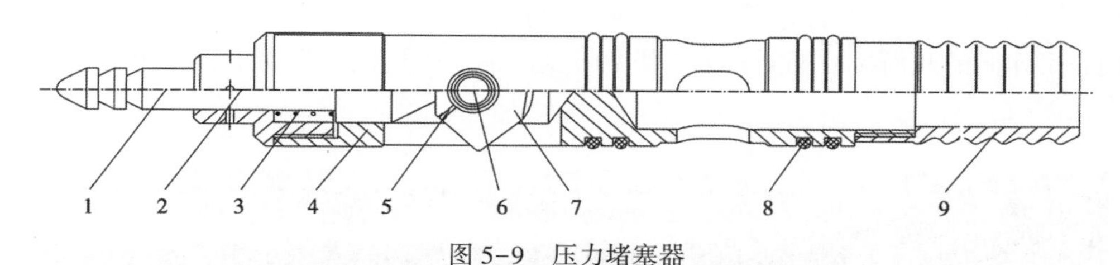

图 5-9　压力堵塞器

1—打捞杆；2—压盖；3—压簧；4—支撑座；5—扭簧；6—凸轮轴；7—凸轮；8—O 形密封圈；9—节流芯

3）工艺参数

流量为 70m^3/d 时，分子量调节器调节范围为 20%～50%，压力调节器节流压差为 3.5MPa、黏度损失为 8%。

4）应用情况

在大庆油田应用了 350 口井，分质分压注入后，剖面动用明显提高，层数比例由 63.8% 提高到 75.9%，厚度比例由 85.9%提高到 94.9%，分质分压井组含水下降幅度比全区见效井高 11 个百分点。

4. 聚合物驱全过程一体化分注技术[4]

随着聚合物驱规模不断扩大，分注井数不断增加，原有的聚合物驱分质分压注入技术暴露出投捞负荷较大、投捞成功率较低的问题，并且不能满足空白水驱、水驱高效测调及后续水驱的分注需要，为此开展了聚合物驱全过程一体化分注技术的研究。

1）工艺原理

聚合物驱全过程一体化分注技术通过优化设计，在确保满足现场节流压差和黏损率的条件下，配注工具外径尺寸与水驱注入井工具相同，投捞负荷降低 50%，一次投捞成功率达到 95%以上；形成了完善配套的新型多功能分注工艺，与水驱高效测调完全兼容，可满足空白水驱、聚合物驱及后续水驱全过程分注。

2）管柱结构

聚合物驱全过程一体化分注工艺如图5-10 所示，主要由封隔器、全过程偏心配注器、

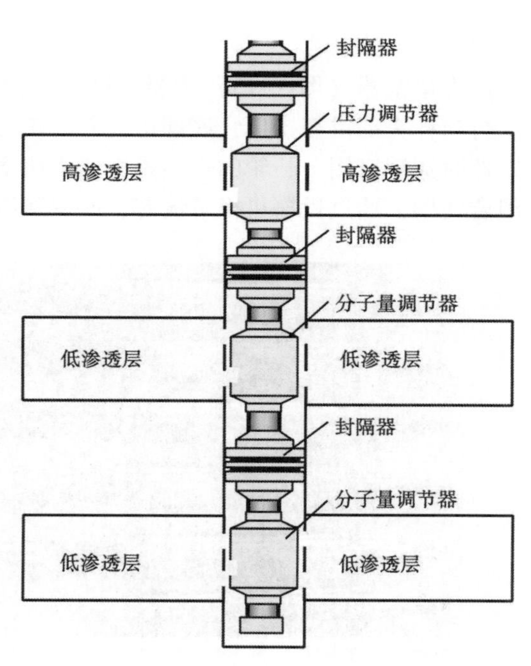

图 5-10　聚合物驱全过程一体化分注工艺示意图

分子量调节器、压力调节器等工具组成。

全过程偏心配注器（图 5-11）与分子量堵塞器、压力堵塞器配套使用，组成分子量调节器、压力调节器。全过程偏心配注器采用上定位方式，主要由上接头、连接套、扶正体、导向体、偏心主体、下接头组成。上接头与连接套螺纹连接后，连接套另一端与带有导向体和扶正体的偏心主体螺纹连接，下接头与偏心主体下端连接。偏心主体中心通道内径为 46mm，供井下工具和仪器通过并进行测试。偏孔直径为 20mm，位于主体中心通道侧面。各级偏心工作筒的几何尺寸相同，分层级数不受限制。采用同一投捞工具投捞堵塞器，能做到投捞任意级。

图 5-11　全过程偏心配注器

分子量堵塞器（图 5-12）由打捞头和新式调节元件组成，与全过程偏心配注器配套组合使用。通过投捞更换分子量堵塞器，改变调节元件直径来调节注入低渗透油层的聚合物分子量。

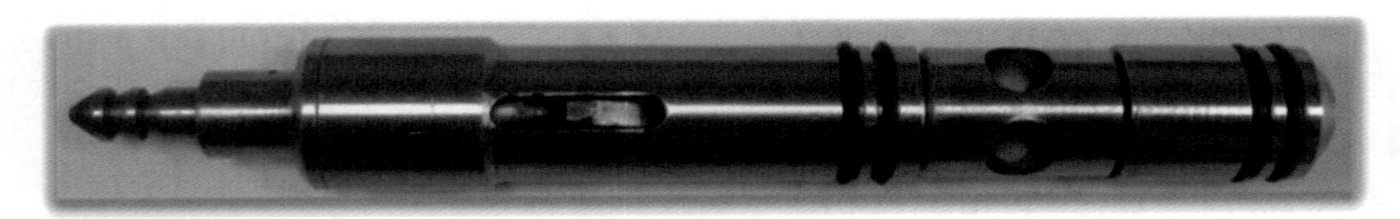

图 5-12　分子量堵塞器

压力堵塞器（图 5-13）主要由打捞杆、压盖、支撑座、凸轮、密封圈、节流芯等件组成。打捞杆头部供打捞用，底部可控制凸轮反转。压盖的 4 个孔设计成 ϕ2mm，供投送压力堵塞器时穿销钉用。凸轮的作用是把压力堵塞器锁于工作筒偏孔内。工作时与偏心工作筒配套组合使用，通过投捞更换节流芯，改变降压槽数量，调节注入压力。

图 5-13　压力堵塞器

3）工艺参数

流量为 $70m^3/d$ 时，分子量调节器最大调节范围为 50%，压力调节器节流压差为 2.0MPa、黏度损失为 8%。

4）应用情况

现场应用4000多口井，中低渗透层动用程度平均提高5.6个百分点，与原分质分压工艺相比，投捞负荷降低50%，并与水驱高效测调技术完全兼容，工艺管柱可同时满足空白水驱、聚合物驱及后续水驱需要，降低生产成本，提高测试调配效率。

表5-1　分层注入工艺技术对比表

类型	技术指标	工艺特点
同心分注技术	配注器可控制注入量 $20\sim150m^3/d$，最大控制压差3.0MPa，聚合物溶液的黏损率小于4.2%	适用于主力油层2~3层分注，测试调配需逐级投捞
偏心分注技术	偏心配注器单层控制注入量范围 $10\sim50m^3/d$，最大控制压差3.0MPa，对聚合物剪切降解率小于15%	适用于二类油层多层分注，可对任意层直接投捞测试
分质分压注入技术	流量 $70m^3/d$ 时，分子量调节器调节范围20%~50%，压力调节器节流压差3.5MPa、黏度损失8%	适用于二类油层多层分注，可对任意层直接投捞测试，实现同井分层注入量与分子量的双重调节
全过程一体化分注技术	流量 $70m^3/d$ 时，分子量调节器最大调节范围50%，压力调节器节流压差2.0MPa、黏度损失8%	适用于二类油层多层分注，可对任意层直接投捞测试，投捞负荷与水驱基本相当，实现同井分层注入量与分子量的双重调节，工艺管柱可同时满足空白水驱、聚合物驱及后续水驱需要

二、配套测试工艺

目前，聚合物驱注入井分层注聚管柱主要分为同心式分层注聚管柱、偏心分层注聚管柱、分质分压注聚管柱和全过程一体化注聚管柱。基于聚合物的特性，其分层注聚管柱主要在配注器的结构上与水驱分层注水管柱的配注器不同，而整体管柱结构基本是一样的。因此，聚合物驱分层注聚井的测试方法与水驱的分层测试方法基本一样，只是在注入量的调整、压力的控制方法上有区别。

1. 同心分注配套测试工艺[5]

1）同心分注验封测试

同心式分层注聚井封隔器验封是在测试密封段（图5-14）中放入两支堵塞式压力计，上面一支测量地层压力，下面一支测量井筒压力，安装完成后，投入井中，在计量间关闭母液，开大清水，做“开—关—开”操作，每个动作停留5~10min，捞出后回放数据并保存。这样，就完成了一级封隔器的验封。

2）同心分注流量测试

这种管柱主要适用于2~3个层段的分层注聚井，测试仪器主要采用非集流式电磁流量计。该流量计采用非集流设计，无可动部件，过流面积大，不易发生卡堵，适用于脏污、黏弹性非牛顿流体的测量。

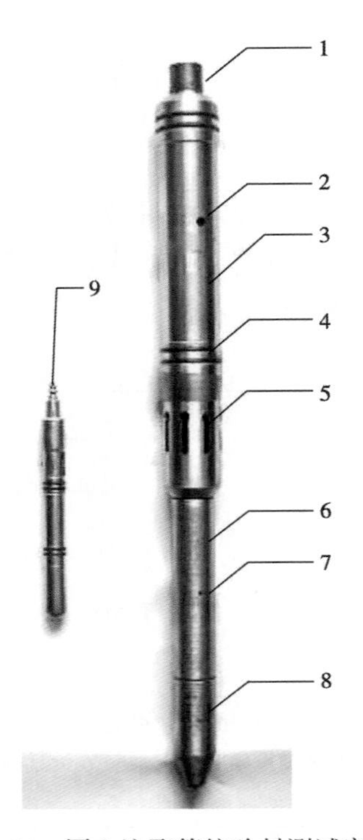

图 5-14　同心注聚管柱验封测试密封段

1—接头；2—地层导压孔；3—地层压力计仓；4—密封圈；5—出液孔；6—压力计仓；7—井筒导压孔；8—导向头；9—堵塞压力计

（1）在下入同心式分层注聚管柱后，要将配注芯投送到相对应的配注器内，开井注入一段时间后，待注入压力、注入量稳定即可测试，在注入压力、注入量相对稳定的情况下，每半年测试一次分层流量。

（2）测试前调整好注入泵的转速、清水调节阀，在注入浓度、注入压力、注入量稳定的情况下，采用非集流式电磁流量计进行分层流量测试。测试方法、步骤同非集流式电子流量计测试方法、步骤基本相同。

（3）测试完起出仪器后，应立即回放分层测试数据，如果资料合格，达到分层配注的要求，即可投入正常生产；如果资料不合格的应立即重测，注入量不合格应进行层段配注芯的调整。

3）同心分注配套调配工艺

（1）当接到调配新方案或在测试过程中发现层段注入量不合格（层段实测注入量超过配注量的±30%），都要重新进行层段注入量的调整。

（2）同心式分层注聚井的加强层一般不投配注芯控注，而只有需要控制注入量的限制层才有配注芯。所以，测试层段注入量不合格，需要调整的主要是限制层。

（3）层段注入量调整的步骤：第一步，要用钢丝连接投捞器捞出需要调整层段或不合格层段的配注芯。第二步，调整节流芯的长度，如果是控制层段注入量或测试层段超注的，就将配注芯的节流芯调长；否则，就将配注芯的节流芯调短。第三步，将调整后的配注芯重新投送到井下配注器内。

（4）当配注芯重新投送到井下配注器后，观察压力、注入量的变化，待稳定后再重新测试。如果达到层段配注要求，可投入正常生产；否则，还需再调整，再测试，直至合格为止。

（5）在调整配注芯的同时，还要密切观察全井压力、注入量的变化，根据需要及时调整母液注入泵的参数和清水调节阀开度。

2. 偏心分注配套测试调配工艺

这种管柱主要适用于 3 个层段以上的分层注聚井，由于采用的是桥式偏心分层技术，与水驱的桥式偏心管柱有很多地方相同。测试仪器采用集流式或非集流式电子流量计都可以，如果采用集流式电子流量计测试，其方法与桥式偏心管柱基本一样，但层段注入量的调整与桥式偏心不同。

1）偏心分注验封测试

聚合物驱的注入井不论是分层井还是笼统井，只要调整聚合物溶液配比、压力、注入量就必须调整注入泵的参数和清水调节阀的开度，偏心分层注聚井也不例外，在测试时也同样要控制注入压力，它的操作方法与同心式分层注聚井一样。

进行验封测试时，按由上到下的顺序，依次将绳帽、加重杆、振荡器、反应层压力计、测试密封段总成与激动层压力计连接好，先将验封仪器串下过最下一级偏心配注器3~5m，然后上提验封仪器串至偏心配注器以上3~5m，使测试密封段定位爪张开，再将验封仪器串坐入该级配注器，然后根据实际情况采用“开”、“关”（控）、“开”的操作过程进行层段验封。

在层段验封的过程中，每个工作状态应持续5~10min，验完最下一级封隔器后，逐级上提验封仪器串，按照相同的操作方法验完各级封隔器。

2）偏心分注流量测试

（1）偏心分层注聚井测试采用的是集流式存储电子流量计和密封段组成的聚合物分层测试仪（也可使用非集流式电子流量计，不连接测试密封段），然后将组装好的仪器用钢丝连接下送至井内进行分层测试。

（2）待仪器通过最下一级的工作筒后打开定位爪开始上提（如果只测某一层段的流量时只要下过目的层段即可）。上提仪器至最下级偏心配注器以上，再下放仪器，使张开的定位爪坐于工作筒导向体支架内的定位台阶上，流量计被定位。此时，测试密封段的一对密封圈正好密封偏心配注器中心主通道的进液孔处，使注入地层液体从进液管进入流量计，经密封段中心管的出液孔返出，流向堵塞器进入地层，分层流量由此测出。

（3）测完最下一层后，提流量计至上一层定位、测试，这时流量计记录的是该层段注入量。而最下层段注入的混合液体则由桥式通道流过，依此类推，由下而上仪器一次下井在各层正常注入的情况下完成所有层段的测试。

（4）采用非集流式电子流量计测试偏心分层注聚井，其测试方法、步骤与同心式测试方法、步骤基本相同。

（5）测试完起出仪器后，应立即回放分层测试数据，如果资料合格，达到分层配注的要求，即可投入正常生产，如果资料不合格的应立即重测，注入量不合格应进行层段注入量的调整。

3）偏心分注配套调配工艺

（1）在作业后初次投送堵塞器时，根据地质上划分的油层性质，对加强层的堵塞器不装配注芯，节流压差小，属放大注入。对接替层和限制层分别装上配注芯并调整配注芯上环形降压槽数来控制分层注入压力，注入稳定后进行分层测试。

（2）当接到调配新方案或在测试过程中发现层段注入量不合格（层段实测注入量超过配注量的±30%），都要重新进行调整环形降压槽数来调整层段注入量。

（3）与桥式偏心注水管柱层段水量调整操作方法一样，用钢丝连接投捞器将需要调整的不合格层段的配注芯捞出。根据方案要求和不合格的情况，如果需要放大注入量就减少环形降压槽数；反之，就增加环形降压槽数。

（4）将调整完的配注芯再用钢丝投送到目的层配注器上，注入稳定后再进行分层测试，达到配注要求可以正常注入；否则，应反复调整、测试，直至达到要求为止。

（5）在调整配注芯的同时，还要密切观察全井压力、注入量的变化，根据需要及时调整母液注入泵的参数和清水调节阀。

3. 分质分压及全过程分注配套测试调配工艺

1）分质分压及全过程分注验封测试

对二级二段的分注井应选择上层为反应层，下层为激动层的方式；对三级三段的分注井，应选择中间层为反应层，上下层为激动层的方式；对四级四段的分注井应选择1段和3

段为反应层，2 段和 4 段为激动层的方式。将压力计装入验封堵塞器主体内，自上而下连接绳帽、加重杆、震荡器、投捞器、验封堵塞器，工具下至距保护封隔器 30m 左右，减速下放至反应层偏心工作筒以下 3~5m，用低速上提工具至反应层的偏心工作筒以上 3~5m，打开投捞器投捞爪及导向爪，下放投捞器将验封堵塞器投入偏心工作筒偏孔内，起出下井工具。停母液泵后，进行关井、开井、关井操作以改变激动层压力，操作相隔 5~10min。

最后用投捞器捞出验封堵塞器，取出压力计回放压力数据，对比激动层和反应层的压力曲线，验证封隔器是否密封，并记录井号、压力计号、验封日期、验封层位等数据。

2）分质分压及全过程分注流量测试

分质分压及全过程分注流量测试与偏心分注流量测试完全相同。

3）分质分压及全过程分注配套调配工艺

分质分压注入井的分层测试仪器采用现场使用的存储式电磁流量计进行。

（1）测试准备工作及仪器起下与常规聚合物分注井相同。

（2）测试。

①测试前认真做好注入压力、注入量等参数的记录。

②自下而上逐层停测，停测位置在两级调节器之间，尽可能选择离封隔器或调节器远一些的位置，以减小由于聚合物溶液流速、流态变化对测试结果的影响。

③在井口以下 50m 的位置测全井注入量。

（3）调配操作。

分质分压管柱中有压力调节器和分子量调节器，调配过程中，根据层位性质选择压力堵塞器和分子量堵塞器。

①投捞堵塞器的操作及注意事项与偏心配水管柱相同。

②验封合格的井，首先按配注方案中分层分子量及配注量的要求，选择喷嘴规格，并按分子量堵塞器的组装要求将其装好。

③将分子量堵塞器与投捞器的投送头连接后，将其投入相对应的偏心工作筒或偏心配注器内。

④按配注方案中分层配注量的要求选择一定槽数的节流芯，并按压力堵塞器的组装要求将其装好。

⑤将压力堵塞器与投捞器的投送头连接后，将其投入相对应的偏心工作筒或偏心配注器内。

⑥待注入压力稳定后，进行分层测试。

（4）调配原则。

①通过压力堵塞器来控制高渗透层段的分层注入压力，从而达到控制注入量的目的。在相同的流量下，节流芯的槽数越多，节流压差越大；反之越小。

②通过分子量堵塞器来控制低渗透层段聚合物分子量及注入量，在相同流量下，喷嘴直径越小，聚合物分子量的降解率越大；反之越小。

第二节　举升工艺技术

一、抽油机采油

聚合物驱油技术作为一项系统工程，在大庆油田经过了多年的先导试验和工业性矿场试验，取得了较好的效果。自1996年开始大面积工业化推广以来，取得了显著成就并已成为油田稳产的主要措施。由于聚合物驱采油注入流体及其渗流特性的变化，使注入和采油工艺技术相对水驱发生了较大的变化，随着采出液浓度的增加，黏度逐渐加大，杆举升负荷和下行阻力增大，这种差异给生产井举升设备提出了新的要求，因此，针对聚合物驱采出井举升工艺特殊性，研究并应用了有杆泵采油和螺杆泵举升工艺技术，使其满足聚合物采油工艺的需求。

1. 系统组成及泵的工作原理

有杆泵采油包括游梁式有杆泵采油和螺杆泵采油两种方法。其中游梁式有杆泵采油方法以其结构简单、适应性强和寿命长等特点，仍然是目前最主要的聚合物驱机械采油方法。

1）抽油机系统组成及抽油装置

图5-15为游梁式有杆泵采油井的系统组成，它是以抽油机、抽油杆和抽油泵“三抽”设备为主的有杆抽油系统。其工作过程是：由动力机经传动皮带将高速的旋转运动传递给减速箱，经三轴二级减速后，再由曲柄连杆机构将旋转运动变为游梁的上、下摆动，挂在驴头上的悬绳器通过抽油杆带动抽油泵柱塞做上、下往复运动，从而将原油抽汲至地面[6]。

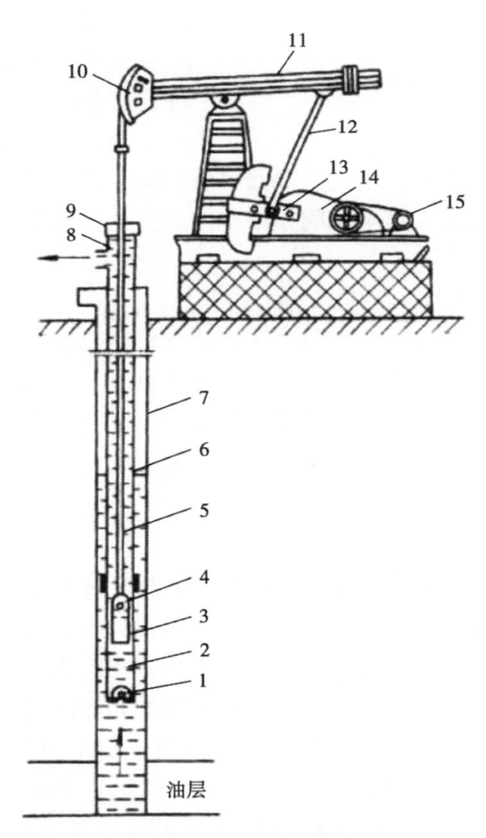

图5-15　游梁式有杆泵采油井系统组成

1—吸入阀；2—泵筒；3—活塞；4—排出阀；5—抽油杆；6—油管；7—套管；8—三通；9—密封盒；10—驴头；11—游梁；12—连杆；13—曲柄；14—减速箱；15—动力机（电动机）

2）抽油泵的工作原理

图5-16是抽油泵的工作原理图。抽油泵属于一种特殊形式的往复泵，动力从地面经抽

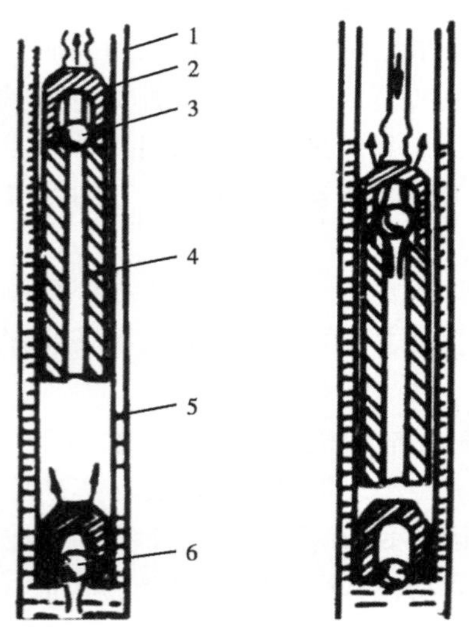

图 5-16 抽油泵工作原理图

1—套管；2—油管；3—出油阀；4—柱塞；5—泵筒；6—进油阀

油杆传递到井下，使抽油泵的柱塞做上下往复运动，将油井中石油沿油管举升到地面上，完成人工举升采油。

抽油泵主要是由泵筒、柱塞、进油阀（吸入阀或固定阀）、出油阀（排出阀或游动阀）组成。上冲程时，柱塞下面的下泵腔，容积增大，压力减小，进油阀在其上下压差的作用下打开，原油进入下腔；与此同时，出油阀在其上下压差作用下关闭，柱塞上面的上泵腔内的原油沿油管排到地面。同理，下冲程时，柱塞压缩进油阀和出油阀之间的原油，关闭进油阀，打开出油阀，下泵腔原油进入上泵腔。柱塞一上一下，抽油泵完成了一次循环，如此周而复始，重复进行循环。

2. 抽油机井防偏磨技术

随着聚合物驱生产规模的扩大，抽油机井举升含聚流体过程中存在的问题也越来越突出。随着含聚浓度上升，黏滞阻力增大，导致杆管偏磨，脱接器坏等故障频繁发生，从而造成抽油机井检泵周期大幅缩短，检泵率明显增加，油井生产维护工作量增大，制约了聚合物驱井经济效益的进一步提高[7]。

1）*杆管偏磨机理*

产生这种杆管偏磨现象的机理，主要由采出液含聚合物溶液的黏弹性以及聚合物的参与改变了采出液的成分，并导致采出系统受力状态发生变化[8]。其严重程度与聚合物分子量、溶液浓度、原油黏度、含水率、原油析蜡量、气油比、是否含腐蚀气体、杆管的匹配、杆管材料性质、抽汲参数以及抽油配套技术等诸因素有关。

2）*防治措施*

（1）低摩阻泵。

低摩阻泵通过增大柱塞与泵筒的间隙，柱塞表面加工环形槽实现降低摩阻和漏失量的目的。流体经过收缩、扩张的部位，局部阻力增加，漏失减少，特别是采出液具有聚合物黏弹性，长分子链在低摩阻泵的缝隙中收缩、扩张，产生拉伸应力，减缓了聚合物流体在缝隙中的流动速度，漏失量减少。同时，增大了柱塞与泵筒的间隙降低了柱塞下行阻力。

低摩阻柱塞泵是为了解决由于柱塞与泵筒间摩阻造成的抽油杆柱与油管摩擦[9]，依据环形槽降压密封的原理而设计，图 5-17 为低摩阻柱塞泵结构简图。

低摩阻柱塞泵由柱塞、泵筒、游动阀组成。游动阀通过螺纹连接在柱塞内，柱塞与泵筒为间隙配合，在柱塞外圆上加工多个宽度相同的环形槽，通过加环形槽，加大了柱塞与泵筒间的间隙，槽宽 b、槽间距 a、槽深 c 及柱塞与泵筒间的间隙 d 根据所抽液体的含聚浓度确定。

抽油时，低摩阻柱塞泵工作原理与常规柱塞泵基本相同，低摩阻柱塞泵的泵筒与油管相连，柱塞与抽油杆相连，抽油杆带动柱塞及游动阀运动，下冲程时，游动阀打开，液体进入油管内；上冲程时，游动阀关闭，液体被举升到地面。低摩阻柱塞泵由于在柱塞上加工了大

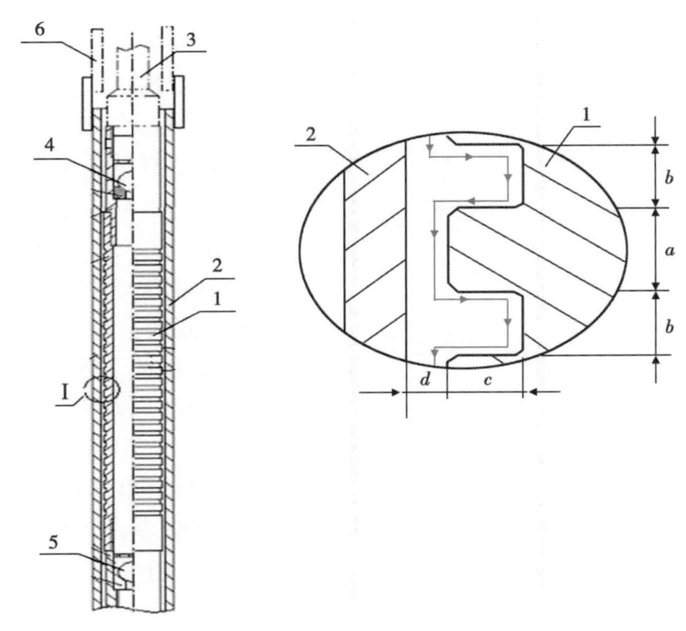

图 5-17　低摩阻泵结构简图

1—柱塞；2—泵筒；3—抽油杆；4，5—游动阀；6—油管；

a—槽间距；*b*—槽宽；*c*—槽深；*d*—柱塞与泵筒间的间隙

量的槽，改变了柱塞与泵筒间隙漏失液体的流道，使漏失的液体在漏失的过程中，由于流道断面积的变化，流动的动能产生变化，使这部分液体沿着如图 5-17 箭头所指的方向流动，这样就增加了流动的时间，降低了泵的漏失量，提高了泵的容积效率。同时，间隙增大，降低了柱塞与泵筒之间的摩擦阻力。

低摩阻柱塞泵是针对聚合物流体的黏弹性特征，利用环行降压槽密封原理，通过适当增大柱塞与泵筒间的间隙降低摩阻；同时，通过在柱塞上加开环形槽，使漏失的液体在漏失的过程中，由于流道面积的变化，流动的动能产生变化，使这部分液体沿着环形槽流动，从而增加流动时间，降低泵的漏失量，具有如下特点：

①低摩阻柱塞泵与同样间隙大小的常规泵相比减小了漏失量，提高了泵效。

②低摩阻柱塞泵与同样漏失量的常规泵相比减小了柱塞与泵筒间摩擦力。

③低摩阻柱塞泵利用聚合物流体的黏弹性特征减少了漏失量。

（2）杆柱加重。

目前油田有两种杆柱加重方法：一种是将抽油杆自身加重（杆柱下部直接接加重杆）[10]，下面是对加重抽油杆的受力分析（只考虑加重杆）：

假设上顶合力为 $P=50$kgf，每根杆的加重量是 10kgf，那么在 A_1 端面处，上顶的力是 50kgf，在 A_2 处的上顶力为 $P-P_1=50-10=40$kgf，依此类推，在 A_3 和 A_4 端面处分别为 30kgf 和 20kgf，中心点是在 A_6 面，即第 6 根加重抽油杆的下端，在第 6 根杆上不受压，而第 6 根往下的加重杆仍处于受压状态。仍然存在着杆柱弯曲偏磨的问题。另一种在柱塞上面抽油杆外加上加重锤，如图 5-18 所示。

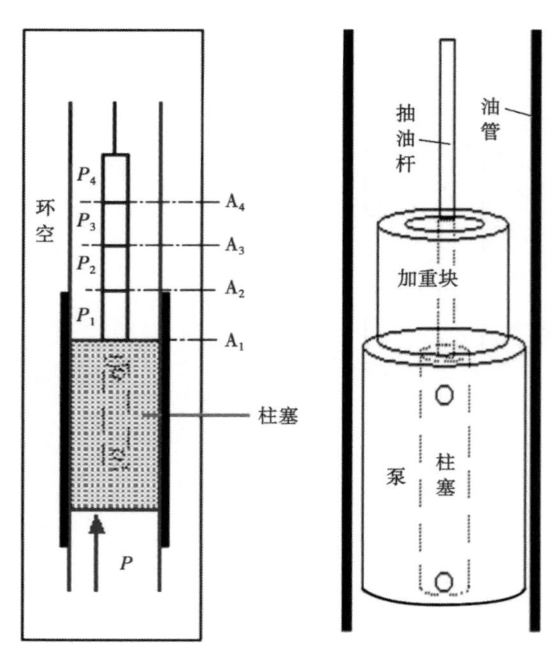

图 5-18　杆柱加重示意图

将加重锤直接套在抽油杆上，重力直接作用在柱塞的上端，使所有的抽油杆都处于受拉状态，防止了弯曲偏磨。另外，由于加重降低了杆柱交变应力的应力幅，也就是说，杆柱所受的最大应力和最小应力之差缩小，降低了交变应力。

该方法已在严重偏磨的聚合物驱井上试验，采取措施前后下行程静载荷上升了6.2kN，而最小载荷上升了14.8kN。通过计算，中和点下移263m，距柱塞上部仅137m，偏磨区域明显缩小，平均免修期（检泵周期）比措施前的检泵周期延长了140天，显示出良好的推广应用前景。

措施前后下行程静载荷上升了6.2kN，而最小载荷上升了14.8kN。通过计算中和点下移263m，距柱塞上部仅137m，偏磨区域明显缩小，平均免修期（检泵周期）比措施前的检泵周期延长了140天，显示出良好的推广应用前景。

（3）在抽油杆上合理优化布置扶正器，克服杆管间的径向接触力。

（4）使用轻质抽油杆代替现有抽油杆，由于钢丝绳、碳纤维抽油杆、玻璃钢抽油杆本身重量轻，在保持抽油机悬点载荷不变的条件下，可以在下部加相对较重的加重杆，从而大幅降低中和点，达到延长检泵周期的目的。

（5）使用提高采出液温度方法降低黏度。

聚合物溶液的黏度随着温度的升高而降低（图5-19）。在相同条件下，聚合物溶液的温度越高，其黏度越低。在30~60℃区内，随温度升高，黏度显著下降，可以通过电加热油管的方法来控制采出液的温度，从而降低采出液的黏度，减小杆柱运行的黏滞阻力，达到延长检泵周期的目的。

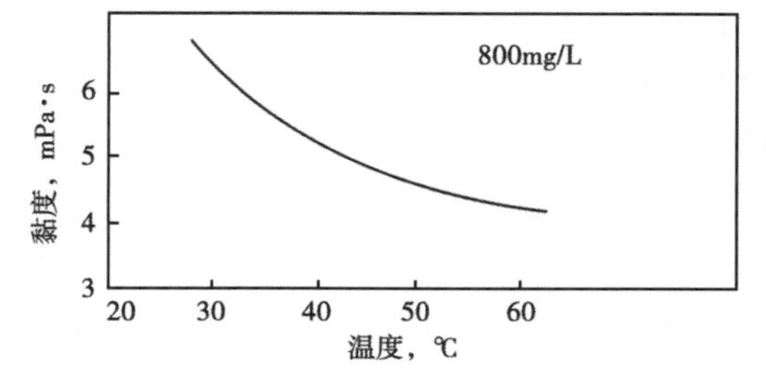

图 5-19　温度对黏度的影响

（6）改变热洗工作制度。

根据室内对比实验，采出液含聚合物、油、水要比不含聚合物时原油析蜡量有较大增加。因此，当采油井见聚合物后，应缩短热洗周期，并增加热洗时间，以洗净井内残留聚合物、油、蜡等物，减少杆柱摩阻。并可向油井环空中加入清蜡降黏剂，如2070高分子破乳防蜡剂。

（7）保证出油通道。

出油通道问题是抽油杆柱与油管柱的匹配问题。对于聚合物驱采油井应按SY/T 5029—2013《抽油杆》规定的匹配尺寸放大一些，以保证聚合物驱采出液的流通通道，防止因液体黏性增大而增加流动阻力。

3. 抽油机井工况分析

抽油泵工作状况的好坏，直接影响抽油井的系统效率，因此，需要经常进行分析，以采取相应的措施。分析抽油泵工作状况常用地面实测示功图，即悬点载荷和悬点位移之间的关系曲线图，它实际上直接反应的是光杆的工作情况，因此又称为光杆示功图或地面示功图。

由于抽油机的情况较为复杂，在生产过程中，深井泵将受到制造质量和安装质量以及砂、蜡、水、气、稠油和腐蚀等多种因素的影响，所以，实测示功图的形状很不规则。为了正确分析和解释示功图，常需要以理论示功图及典型示功图为基础，进而分析和解释实测示功图。

1）理论示功图分析

（1）静载荷作用的理论示功图。

静载荷作用的理论示功图为一平行四边形，如图 5-20 所示。ABC 为上冲程静载变化线，其中 AB 为加载线。加载过程中，游动阀和固定阀均处于关闭状态，B 点加载结束，因此 $B'B=\lambda$，此时活塞和泵筒开始相对位移，固定阀开始打开液体进泵，故 BC 为吸入过程，并且 $BC=s_p$。

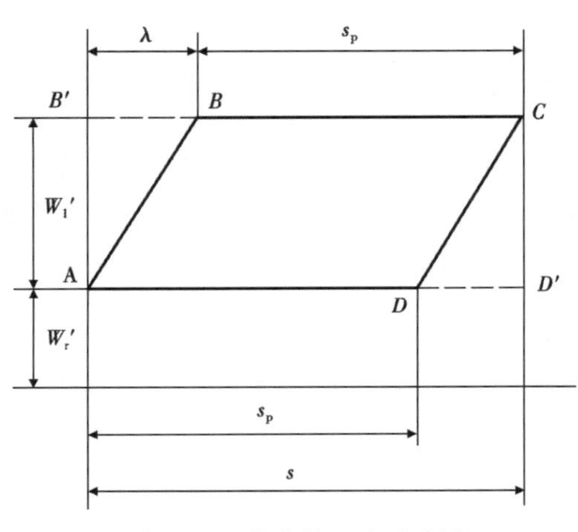

图 5-20　静载荷理论示功图

CDA 为下冲程静载变化线，其中 CD 为卸载线。卸载过程中，游动阀和固定阀均处于关闭状态，到 D 点卸载结束，因此 $D'D=\lambda$，此时活塞与泵筒开始发生相对位移，游动阀被顶开，泵开始排液，故 DA 为排除过程，并且 $DA=s_p$。

（2）惯性和振动载荷的理论示功图。

考虑惯性载荷的理论示功图是将惯性载荷叠加在静载荷上，结果因惯性载荷的影响使静载荷理论示功图被扭曲一个角度，并且变为不规则四边形 $A'B'C'D'$，如图 5-21 所示。

当考虑振动载荷时，则将由抽油杆振动引起的悬点载荷叠加在四边形 $A'B'C'D'$ 上。由于抽油杆柱的振动发生在黏性液体中，为阻尼振动，因此，振动载荷的影响将逐渐减弱。另外，由于振动载荷的方向具有对称性，反映在示功图上的振动载荷也是按上、下冲程对称的。

（3）气体影响下的理论示功图。

由于气体很容易被压缩，表现在示功图上便是加载和卸载缓慢。如图 5-22 所示，气体影响下示功图的典型特征是呈现明显的“刀把”形。

在下冲程末余隙内还残存一定数量的溶解气，上冲程开始后，泵内的压力因气体膨胀而不能很快降低，使吸入阀打开滞后（B'点）、加载缓慢。

下冲程由于气体受压缩，泵内压力不能迅速提高，排出阀打开滞后（D'点），因此使得卸载变得缓慢（CD'）。

（4）漏失影响下的理论示功图。

漏失的影响与漏失程度、运动过程以及抽汲速度有关：即漏失越严重，对示功图的影响越大；漏失的影响只发生在要求其密闭的运动过程中；抽汲速度越快，漏失的影响就越小。

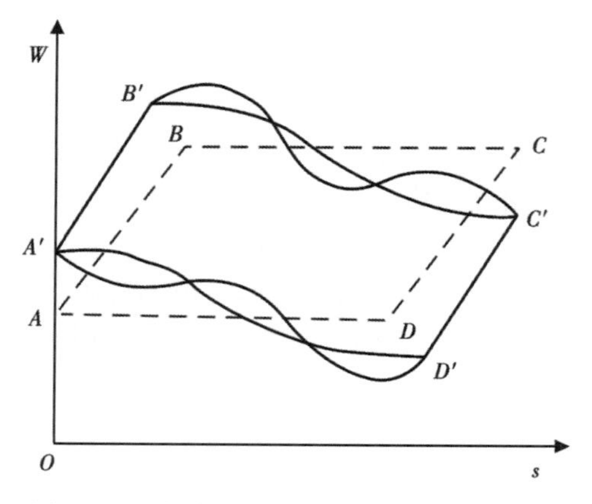

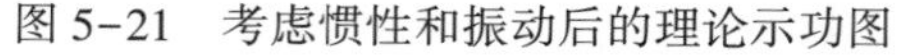
图 5-21　考虑惯性和振动后的理论示功图

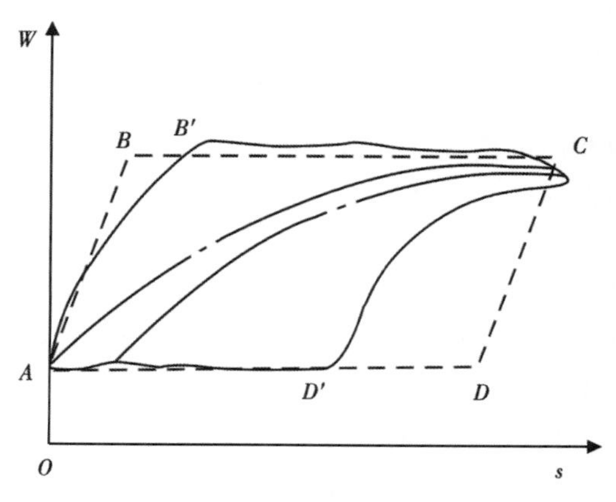

图 5-22　气体影响的理论示功图

排除部分漏失的影响只发生在上冲程，由于运动速度的影响，出现加载缓慢和提前卸载现象，如图 5-23 所示。吸入部分漏失的影响只发生在下冲程，由于运动速度的变化，出现卸载缓慢和提前加载现象，如图 5-24 所示。

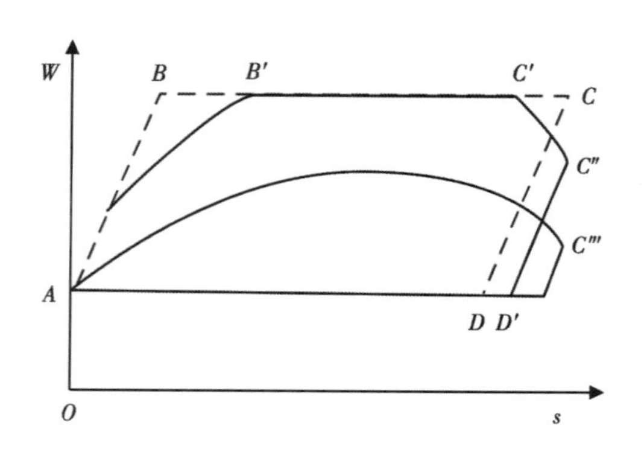

图 5-23　排除部分漏失的理论示功图

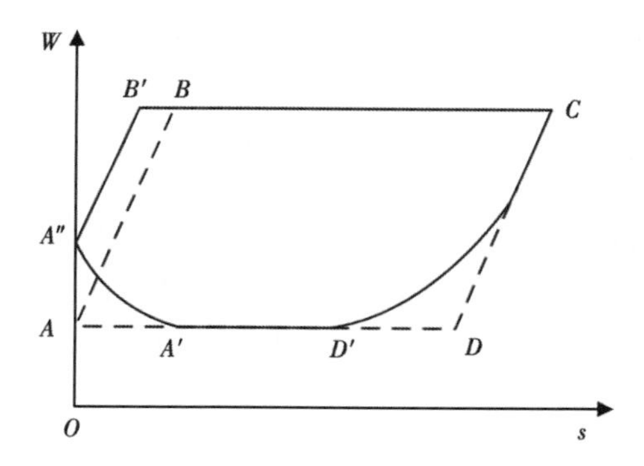

图 5-24　吸入部分漏失的理论示功图

2）典型示功图分析

典型示功图是指某一因素影响十分明显，示功图的形状反映了该因素影响的基本特征。尽管实际情况很复杂，但总是存在一个最主要因素，因此可根据示功图判断泵的工作状况。由于聚合物的影响，聚合物驱杆举升负荷和下行阻力增大，造成聚合物驱功图与同工况下水驱功图相比，表现为上载荷上升，下载荷下降，呈现纵向拉伸情况，其他特征不变。

（1）图 5-25 为正常示功图。该示功图反映出载荷不大，充满良好，漏失较小。

（2）图 5-26 为稠油井的示功图。因摩擦载荷增大，使得最大载荷增大、最小载荷减小。

（3）图 5-27 为气体影响下的典型示功图。图 5-28 为泵充不满影响下的典型示功图。二者的差别在于：当泵充不满时，下冲程中悬点不能立即卸载，只有当活塞遇到液面时才迅速卸载。因此，泵充不满影响下的示功图的卸载线陡峭而直，并且有时因振动载荷的影响出现波浪线。

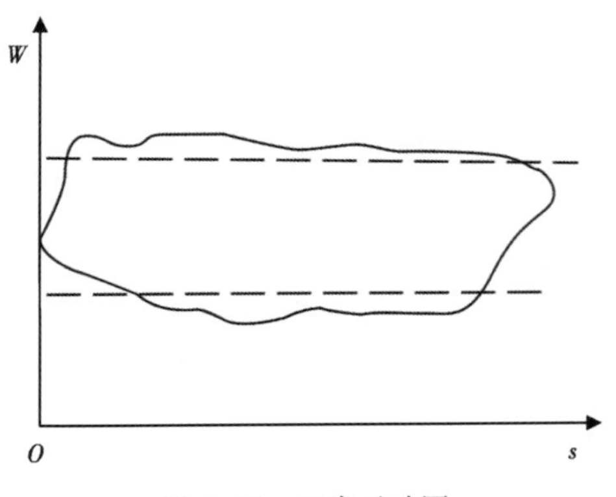

图 5-25 正常示功图

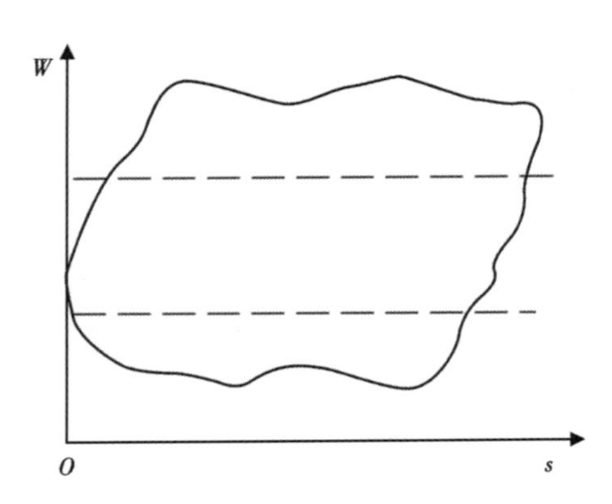

图 5-26 稠油井示功图

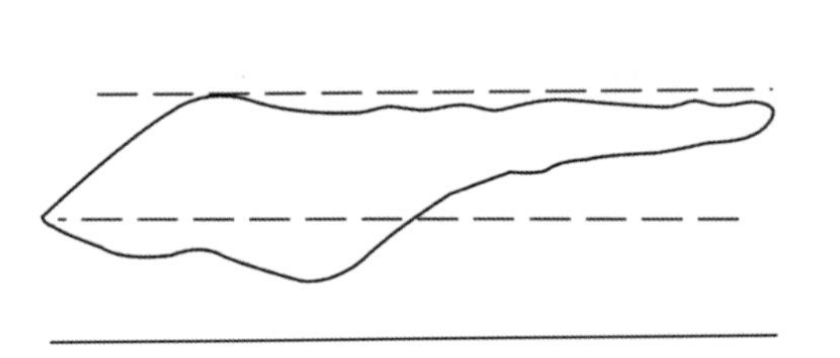

图 5-27 气体影响下的典型示功图

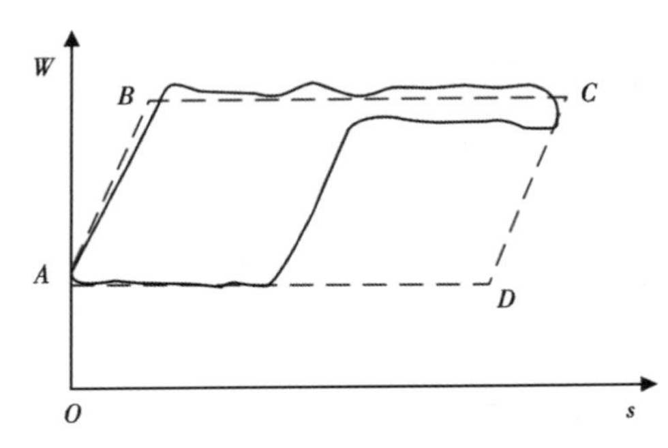

图 5-28 泵充不满影响下的典型示功图

（4）图 5-29 和图 5-30 分别为排出阀漏失和吸入阀漏失的典型示功图。图 5-31 为吸入阀严重漏失的示功图。图 5-32 为吸入阀和排出阀同时漏失的示功图。

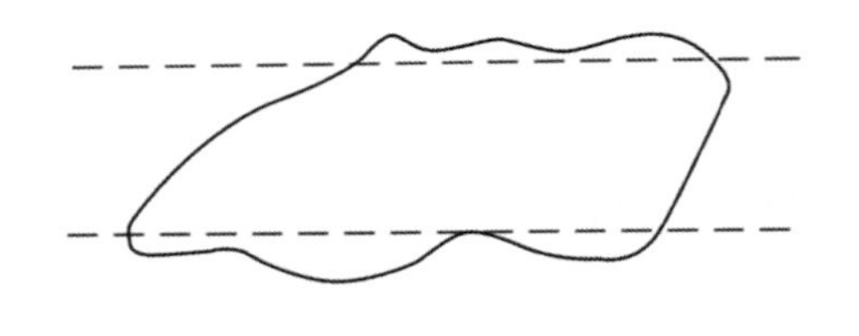

图 5-29 排出阀漏失的典型示功图

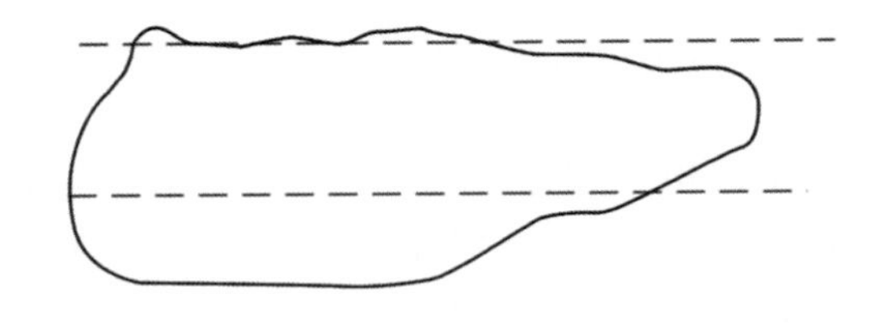

图 5-30 吸入阀漏失的典型示功图

（5）图 5-33 为活塞遇卡示功图。由于在遇卡点上、下，抽油杆柱受拉伸长和受压而缩短、弯曲，表现在遇卡点两端载荷线出现两个斜率段。

（6）图 5-34 为抽油杆断脱的示功图。因悬点载荷仅为剩余杆柱重量，载荷大大降低。

（7）图 5-35 和图 5-36 为不同喷势及不同黏度的喷带示功图。

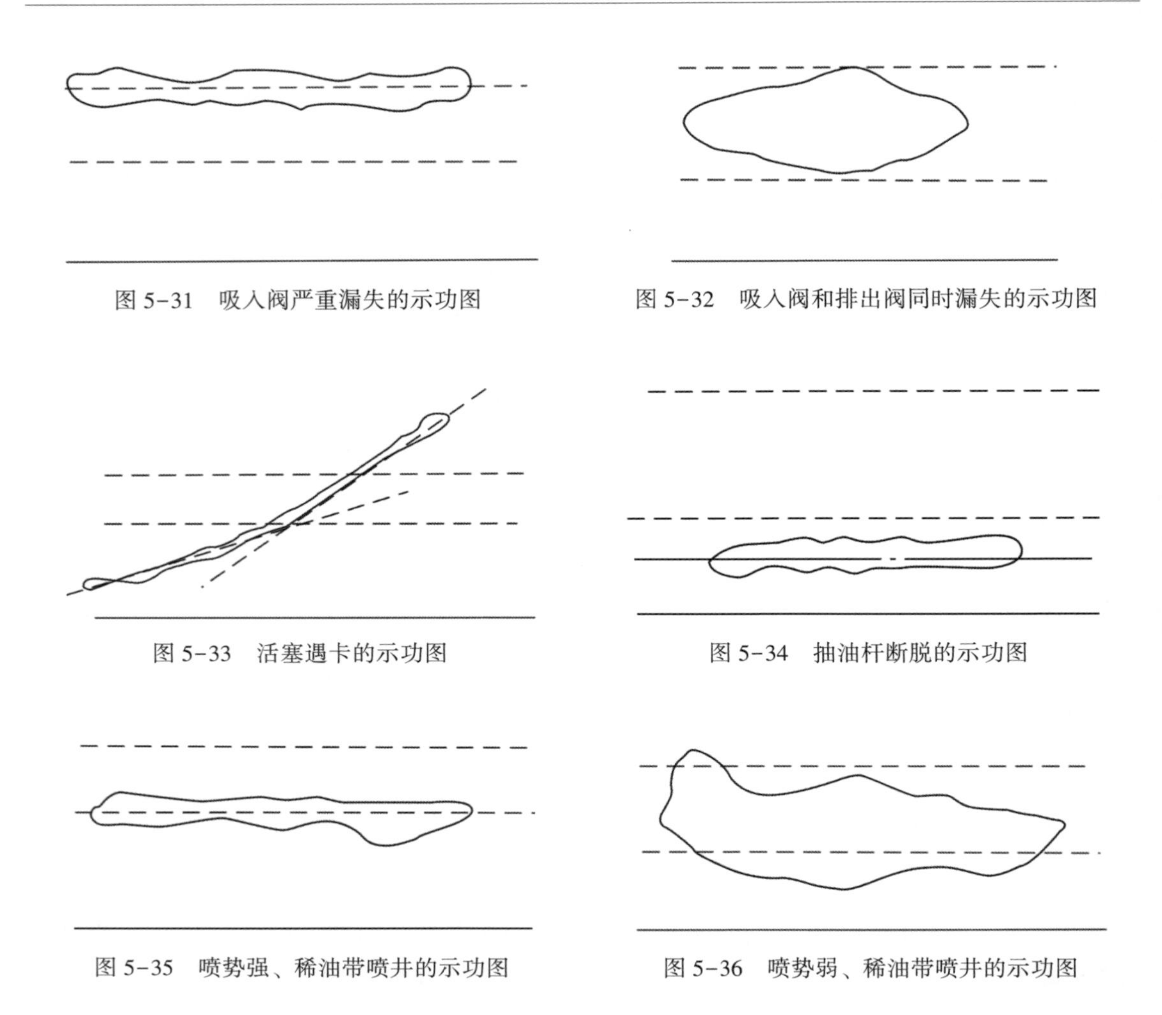

图 5-31　吸入阀严重漏失的示功图

图 5-32　吸入阀和排出阀同时漏失的示功图

图 5-33　活塞遇卡的示功图

图 5-34　抽油杆断脱的示功图

图 5-35　喷势强、稀油带喷井的示功图

图 5-36　喷势弱、稀油带喷井的示功图

二、螺杆泵采油

自 1930 年螺杆泵发明以来，螺杆泵技术工艺不断改进和完善，特别是合成橡胶技术和粘接技术的发展，使螺杆泵在油田开采中得到了广泛的应用。目前在采用聚合物驱油的油田中，螺杆泵已成为常用的举升方式。

螺杆泵采油技术是保证油井正常生产、提高油井运转时率和检泵周期、实现有效举升不可缺少的辅助技术措施。螺杆泵对于井液适应性强，不仅适用于高黏度、高含砂、高油气比的油藏开采，而且对于水驱油藏开发后期高含水油井和聚合物驱等三次采油油井也表现出良好的适应性。随着螺杆泵采油技术应用领域的扩大，其配套技术的研究也得到深入开展。

1. 系统组成及泵的工作原理

1）系统组成

螺杆泵采油系统主要由驱动装置、井口装置、井下螺杆泵以及中间油管组成。根据其驱动方式不同，可分为电动、液动和机动三种类型的螺杆泵采油系统。地面驱动（机动）螺杆泵的应用最为广泛，下面主要介绍机动螺杆泵系统[11]。

机动螺杆泵采油系统由井底螺杆泵、抽油杆柱、抽油杆扶正器及地面驱动系统等组成，如图 5-37 所示。

工作时，由地面动力带动抽油杆柱旋转，连接于抽油杆底端的螺杆泵转子随之一起转动，井液经螺杆泵下部吸入，由上端排出，并从油管流出井口，再通过地面管线输送至计量站。

这种采油方式最为简便，实际使用时井下也不需要安装泄油装置，因为螺杆泵转子一旦脱离泵筒，油套管之间便相互连通，于是起到了泄油的作用。同时，这种装置的使用费用也较低，是较理想的采油方法。

2）螺杆泵的结构与工作原理

图 5-38 是一个单螺杆泵的结构示意图，它是由定子和转子组成的。转子是经过精加工、表面镀铬的高强度螺杆；定子一般是由一种坚固、耐油、抗腐蚀的合成橡胶精制成型，然后被永久地粘接在钢壳体内而成。除单螺杆泵外，螺杆泵还有多螺杆泵（双螺杆、三螺杆及五螺杆泵等），主要用于输送油品。

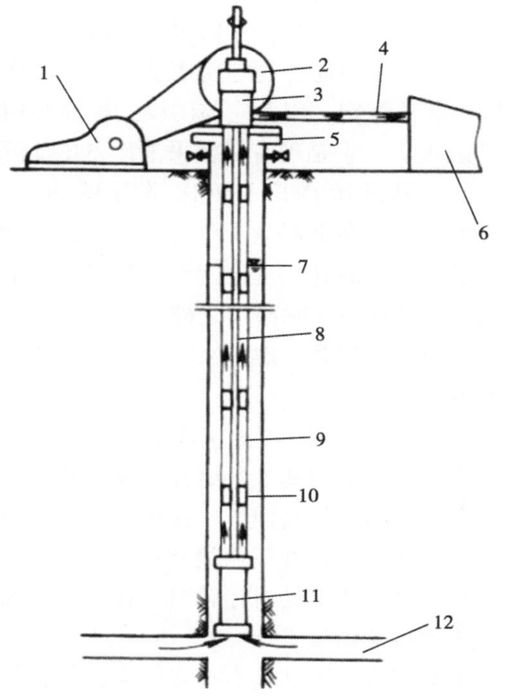

图 5-37 机动螺杆泵井的系统组成

1—动力系统；2—转盘；3—三通；4—地面管线；5—井口；6—计量间；7—动液面；8—抽油杆；9—油管；10—抽油杆扶正器；11—螺杆泵；12—油层

螺杆泵是靠空腔排油，即转子和定子间形成的一个个互不连通的密封腔室，当转子转动时，封闭空腔延轴线方向由吸入端向排出端方向运移。封闭腔在排出端消失，空腔内的原油也就随之由吸入端均匀地挤到排出端。同时，又在吸入端重新形成新的低压空腔将原油吸入。这样，封闭空腔不断地形成、运移和消失，原油便不断地充满、挤出和排出，从而把井中的原油不断地吸入，通过油管举升到井口。

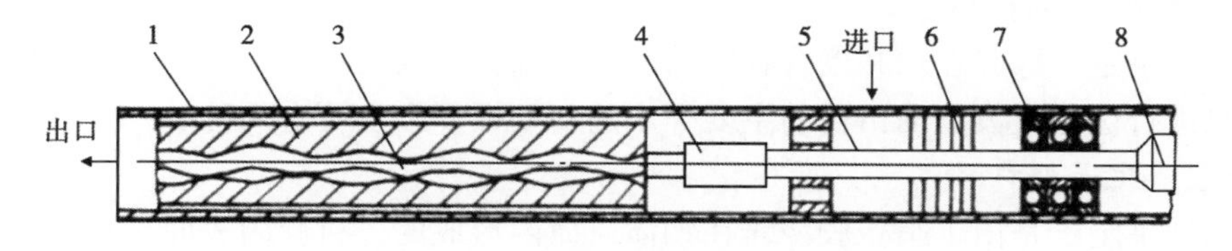

图 5-38 单螺杆泵的结构示意图

1—泵壳；2—衬套；3—螺杆；4—偏心联轴器；5—中间传动轴；6—密封装置；7—径向止推轴承；8—普通连轴节

2. 螺杆泵采油系统的特点

螺杆泵与其他机械采油设备相比，具有以下优点[11]：

节省一次投资。与电动潜油泵、水力活塞泵和游梁式（链条式）抽油机相比，由于其结构简单，所以价格低。

地面装置结构简单，安装方便，可直接坐在井口套管四通上，占地面积小，除原井口外，几乎不另占面积，可以很方便地罩上一个防盗井口房。

泵效高、节能、管理费用低。由于螺杆泵是螺旋抽油的容积泵，流量无脉动，轴向流动连续，流速稳定，因此它与游梁式抽油机相比，没有液柱和机械传动的惯性损失。泵容积效率可达90%，它是现有机械采油设备中能耗最小、效率较高的机种之一。

适应黏度范围广，可以举升稠油。一般来说，螺杆泵适合于黏度为8000mPa · s（500℃）以下的各种含原油流体，因此多数稠油井都可应用。

适应高含砂井。理论上看，螺杆泵可输送含砂量达80%的砂浆。在原油含砂量高，最大含砂量达如%（除砂埋之外）的情况下螺杆泵可正常生产。

适应高含气井。螺杆泵不会气锁，故较适合于油气混输，但井下泵入口的游离气会占据一定的泵容积。

适应于海上油田丛式井组和水平井，螺杆泵可下在斜直井段，而且设备占地面积小，因此适合于海上油田丛式井组甚至水平井的采油井使用。

允许井口有较高回压。在保证正常抽油生产情况下，井口回压可控制在1.5MPa以内或更高，因此对边远井集输很有利。

当发动机或电动机停转时，在某些情况下，砂沉积在泵的上部。与有杆泵比较，螺杆泵有更大的可能恢复工作。

虽然螺杆泵采油具有很多优点，但在某些方面也存在一定的缺点：

定子最容易损坏，若定子寿命短，则检泵次数多，每次检泵，必须起下管柱，增加了检泵费用。

泵需要流体润滑，如果泵只靠极低黏度的液体润滑而工作，则泵过热将会引起定子弹性体老化，甚至烧毁。

定子的橡胶不适合在注蒸汽井中应用。

虽然它操作简单，若操作人员不经适当操作训练，操作不正确，也会造成泵损坏。

它与有杆泵比较，总压头较小。目前，大多数现场应用是在井深1000m左右的井。批量生产的泵装置压头都比较低。对高压头泵正在试验，但是，当下泵深度大于2000m时，扭矩大，杆断脱率较高，使井下作业工作量增大，技术还不过关。

3. 聚合物驱用螺杆泵技术

由于螺杆泵定子橡胶在水和聚合物中的溶胀、温胀有很大不同，这就需要螺杆泵针对聚合物驱工况进行优化。大庆油田目前主要采用的新型螺杆泵主要有两种。

1）等壁厚定子螺杆泵

常规螺杆泵定子是由丁腈橡胶浇铸在钢体泵筒内形成的，衬套内表面是双螺旋曲面，其厚薄不均，这种结构存在着诸多不足：一是在聚合物驱工作条件下的溶胀、温胀与水驱不同，降低了定子橡胶衬套的型线尺寸精度，改变了定子与转子啮合作用，增大了摩擦损失，降低了泵工作效率和使用寿命。二是螺杆泵工作过程产生的热量主要聚集在橡胶最厚的部分，过高的温度使橡胶物性发生改变，导致定子过早失效[12]。

等壁厚定子螺杆泵较常规定子具有较高的刚性，即在工况条件下定子型线精度高，螺杆泵的工作特性会得到明显改善，使其具有更好的工作性能、更长的使用寿命，对实现其高效运行和效益最大化具有重要意义。

（1）工作原理。

对等壁厚定子螺杆泵的研究，通过改变定子外管形状，将定子橡胶衬套设计为均匀厚度，改善了螺杆泵工作性能，进一步延长其使用寿命，提高系统效率，更好地发挥螺杆泵举升技术优势，图 5-39 所示为等壁厚定子螺杆泵截面图、图 5-40 所示为常规螺杆泵截面图。

图 5-39　等壁厚定子螺杆泵截面图

图 5-40　常规螺杆泵截面图

（2）工艺特点。

①发明了等壁厚定子外管挤压成型方法。

毛坯管修整：根据定子外管成型尺寸，将材料截成所需长度的毛坯管，加工前先对其进行校直，然后进行外圆粗加工。

表面处理：是冷挤压工艺的一道关键工序，对表面质量及模具寿命都有很大的影响。本工艺定子毛坯管喷砂去除氧化皮后，采用磷化处理方法。

润滑处理：毛坯管经磷化处理，清洗干净后，挤压前应进行润滑处理。润滑处理的目的是降低毛坯管和模具之间的摩擦力，防止毛坯管和模具热胶着，延长模具使用寿命。本工艺可采用皂化润滑法或水剂石墨润滑法，考虑到环保和成本因素，选定水剂石墨润滑剂，其优点是无污染，成本低廉。

软化处理：毛坯管具有硬度高 、变形抗力大等特点，为了降低其变形抗力，提高塑性，延长模具的使用寿命，使坯料适合进行冷挤压，需要进行球化退火处理，退火处理后硬度降到 HB190±HB5。

挤压成型：根据定子外管结构和技术要求，选用了无芯棒冷挤压。

②注胶工艺技术研究。由于等壁厚螺杆泵定子外管型线复杂，橡胶层厚度减小，使注胶通道变窄，橡胶的流动性变差，注胶时不易充满腔室，增大了注胶难度，为了解决这一问题，采取了下列措施：第一，为平衡腔室注胶压力，将注胶孔、排气孔和定位位置进行对称设置，保证注胶后橡胶层厚度均匀；第二，由于等壁厚定子外管形线复杂，注胶时扶正定位困难，为了解决这一问题，提高扶正定位精度，研究了钻孔模定位方法（图 5-41 等壁厚定子螺杆泵）；第三，设计了专用的注胶工装（图 5-42 等壁厚定子专用注胶工装），采用多点注胶工艺，减少橡胶流动阻力和流动距离，并将注胶压力由 16MPa 提高到 18MPa，保证橡胶致密性和粘接强度；第四，设计了定子外管加热保温带，注胶过程始终保持一定的注胶温度，提高橡胶的流动性。

图 5-41　等壁厚定子螺杆泵

图 5-42　等壁厚定子专用注胶工装

(3) 技术特点分析。

①改善了散热性能。螺杆泵定转子的啮合运动在实际工况中存在摩擦，摩擦将导致橡胶定子的温升。由于橡胶的导热性较差，所以等壁厚定子橡胶散热比常规定子散热效率高，即等壁厚定子橡胶的工作温度比常规泵低。而温度是影响定子橡胶使用寿命最敏感的因素之一，所以等壁厚定子螺杆泵的使用寿命比常规泵会有所延长。

②提高了工作特性。因等壁厚定子橡胶厚度相同，那么温胀、溶胀以及液压力、转子作用力对定子型线精度的影响比常规定子小得多，从而有效地改善了螺杆泵工作特性，提高系统效率，延长检泵周期，且高泵效维持时间长。

同时，等壁厚定子螺杆泵单级承压明显提高，定转子间的过盈也会明显减小，同常规螺杆泵相比，其工作特性得到明显改善。等壁厚定子螺杆泵工作特性得到明显改善主要是定子型线精度得到提高。

2) 双头短幅内摆线螺杆泵

随着螺杆泵举升技术的成熟与完善，螺杆泵得到了规模应用。同时，螺杆泵采油技术暴露出了新的不适应性，螺杆泵生产井沉没度与抽油机井相比存在偏高的问题，这种高沉没度现状主要以两方面体现：一是螺杆泵提转后，产量不升的现象；二是螺杆泵工作超一年后泵效的下降幅度较大，分析认为这种现象主要与螺杆泵的型线设计相关；针对螺杆泵应用过程中高沉没度、低检泵周期的问题，通过优化螺杆泵型线设计，并有针对性地调整螺杆泵结构、工作参数的优化设计、配套工具设计及整体方案的设计，达到降低螺杆泵沉没度、提高泵效的目的，并进一步延长螺杆泵的检泵周期，充分发挥螺杆泵的节能、高效举升的优势。

(1) 双头短幅内摆线螺杆泵型线设计方法。

双头短幅内摆线单螺杆泵，包括转子、定子，其定子曲线是短幅内摆线等距曲线，而转子曲线则是由定子曲线按外滚法运动所得的内包络线，如图 5-43 所示，为双头短幅内摆线单螺杆泵结构示意图，图 5-44 为 A—A、B—B、C—C、D—D、E—E 各位置的截面示意图。

(2) 双头短幅内摆线螺杆泵结构参数优化方法。

线型优化的总体原则：在保证转子、定子共轭副接触受力状况良好的前提下，力求获得较大的过流面积和较小的偏心距。同时，要考虑控制变幅系数、等距圆半径和定转子相对滑动速度等目标，因此，采用多目标问题的优化设计方法，得到图 5-45 优化前普通内摆线和图 5-46 优化后短幅内摆线。

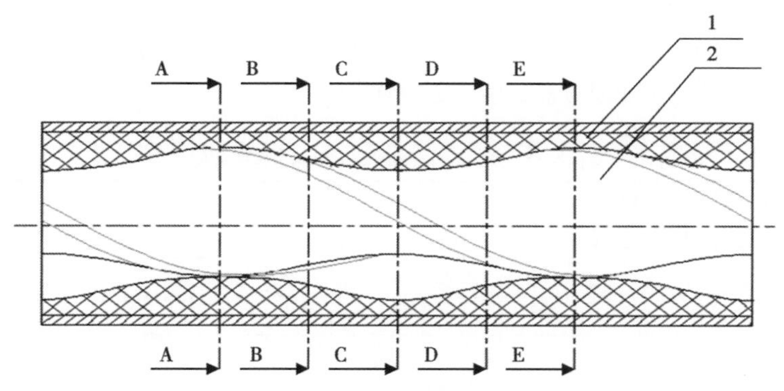

图 5-43　双头短幅内摆线单螺杆泵结构示意图

1—定子；2—转子

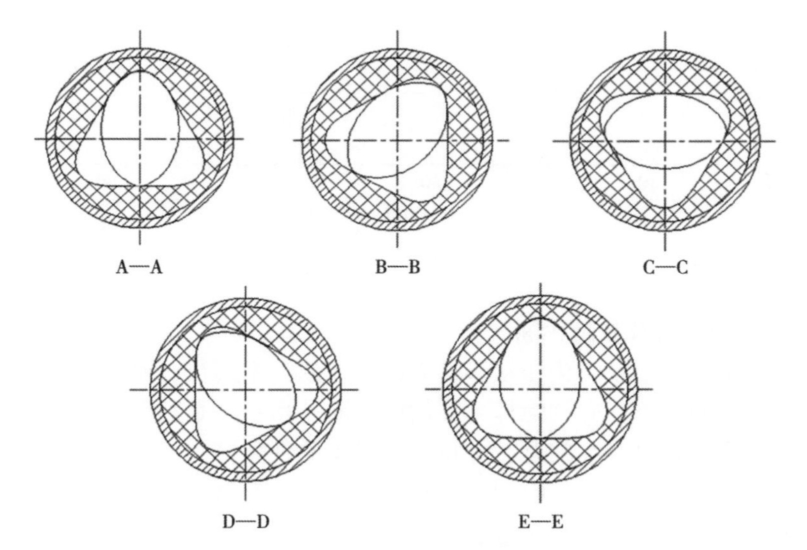

图 5-44　双头短幅内摆线单螺杆泵不同位置横截面示意图

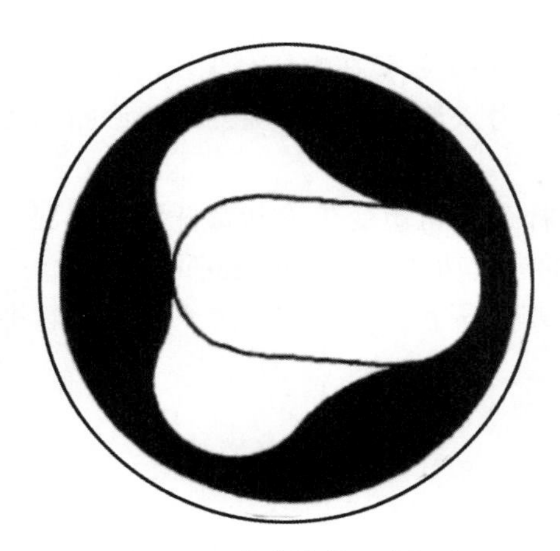

图 5-45　优化前普通内摆线

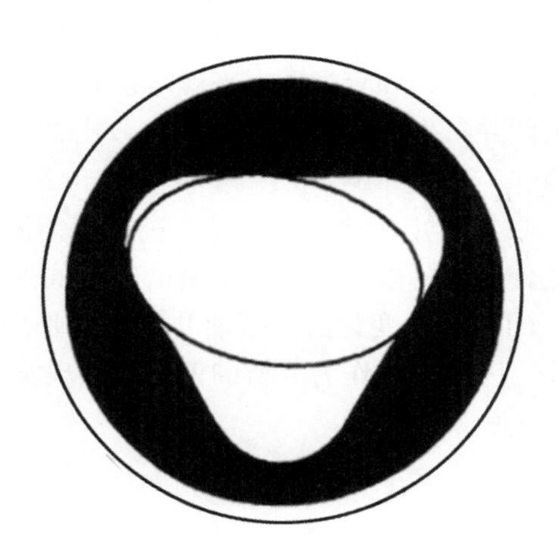

图 5-46　优化后短幅内摆线

比较普通内摆线和短幅内摆线双头单螺杆泵定子横截面不同位置处橡胶厚度变化曲线如图 5-47 所示。在相同理论排量的条件下，与普通内摆线螺杆泵相比，短幅内摆线型螺杆泵定子橡胶厚度均匀，使温溶胀差别较小，受力均匀。

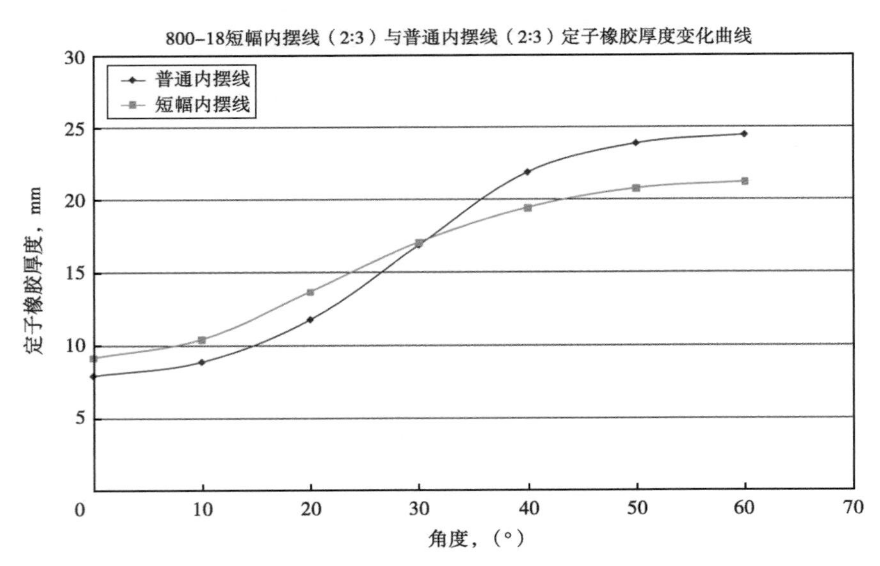

图 5-47　短幅内摆线与普通内摆线双头单螺杆泵定子橡胶厚度曲线

4. 螺杆泵井工况分析及故障诊断

螺杆泵抽油系统比较复杂，为使从事这方面工作的技术人员、操作人员较快地了解螺杆泵抽油技术，本节从两个方面介绍螺杆泵抽油的诊断技术：一是利用诊断方法分析螺杆泵存在的问题；二是假设螺杆泵存在问题，分析可能暴露的现象。

随着螺杆泵应用规模的扩大、时间的延长，诊断方法会越来越多，其技术水平也将会越来越高，就目前的状况推荐以下几种方法[13]：

（1）电流法诊断油井故障。是通过测试驱动电动机的电流变化来诊断泵工作状况。

（2）憋泵法诊断油井故障。在螺杆泵工作的条件下，采取关闭井口生产阀门憋压，测井口出油压力和套管压力来诊断泵的工况，以此诊断出各类故障在螺杆泵工作的条件下，采取关闭井口生产阀门憋压，测井口出油压力和套管压力来诊断泵的工况，以此诊断出各类故障。

（3）扭矩法诊断。对光杆进行扭矩测试，以光杆工作扭矩变化诊断螺杆泵的工况。测定光杆扭矩可以用系统效率测试车测试驱动电动机的有效功率与转数间接获得。

（4）液量变化法诊断油井故障。是现场非常直观的资料，天天取、天天用，比较准确可靠，因此用它作为分析的依据比较现实。

第三节　解堵增注技术

聚合物驱油过程不仅会对地层产生与常规注水共有的危害，而且还伴有聚合物溶液与油层岩石、流体不配伍的现象；同时，高分子聚合物会在油层中产生吸附、滞留等伤害。国内外通常采用氧化剂来解除这种在注入过程中的聚合物和细菌产物造成的地层伤害。常用于聚合物注入井解堵处理的氧化剂有两种，分别是次氯酸钠和过氧化氢。

在聚合物解堵技术方面，国外已积累了一些成功经验[14,15]。1984 年，在美国得克萨斯州霍克利县的油气田聚合物驱矿场试验中，美国人研究了一种聚合物解堵技术，即采用一种固态氧化剂，通过它释放的过氧化物来溶解地层中残存的聚合物，在现场矿场试验中取得了很好的效果。M. McGlalhery 在 1987 年首次利用二氧化氯的强氧化作用来消除聚丙烯酰胺聚合物对井底造成的堵塞。D. Brost 在 1989 年开始利用二氧化氯与酸的协同作用来消除聚合物、硫化铁等对井底的堵塞。截至 1993 年，用二氧化氯作为强氧化剂来处理聚合物、硫化铁堵塞的聚合物注入井达到 1000 多口。

20 世纪 90 年代以来，国内步入了大规模的聚合物驱油工业化应用阶段，由于聚合物堵塞而造成注入困难的井数也日益增多。为了消除聚合物注入井井眼附近的聚合物堵塞，提高聚合物注入量，大庆油田主要采用了普通水力压裂和过氧化氢氧化剂解堵措施，虽见到一定效果，但普遍存在着有效期短的问题。

在聚合物驱注入井压裂解堵工艺技术方面，针对聚合物驱注入井注入聚合物溶液黏度高，携砂能力强，造成压裂的缝口支撑剂在注入压力波动的条件下，向裂缝深部运移，使缝口闭合，而导致聚合物注入井压裂有效期短的问题。

国内外压裂用固砂剂主要有核桃壳、包裹砂、树脂、纤维等。20 世纪 90 年代以来，美国采用纤维防砂技术进行油水井压裂施工，它经济成本较低，应用了 500 多口井，取得了比较好的效果。国内大庆油田曾使用包裹砂技术进行聚合物注入井压裂防砂，也取得了较好的效果，但是包裹砂成本较高，大大地增加了压裂施工措施成本。

一、聚合物注入井堵塞机理

聚合物注入井的堵塞是主要由以下几个方面因素综合作用的结果：

（1）完井作业过程中的污染或试注措施不当造成近井地带堵塞，使注入量降低。主要包括外来杂质侵入以及油层黏土矿物吸水后膨胀、运移等引起的伤害，也包括无机垢、有机垢和细菌堵塞等。

（2）聚合物溶液与油层岩石、地层流体及有关化学剂不配伍，可形成沉淀，堵塞地层，造成伤害。

①聚合物溶液和油田水的配伍性。聚合物溶液和油田水的配伍性应考虑各种离子含量，特别是高价阳离子含量的影响。当聚合物溶液与油田水不配伍时，特别是遇到富含钙离子、镁离子的水时，黏度迅速下降，形成絮状沉淀，可堵塞地层。地层水中存在的高价铁离子（Fe^{3+}）也容易和聚合物发生交联反应生成微凝胶从而堵塞地层。以往资料表明，当油田水中 Fe^{3+}浓度接近 1mg/L 时，就很有可能发生堵塞，当 Fe^{3+}浓度大于 1mg/L 时，就会产生明显堵塞，同时聚合物注入压力显著上升。

②聚合物与化学剂的配伍性。井筒附近或油层内存在如示踪剂、残酸液、杀菌剂等有关的化学剂时，若聚合物与这些不配伍的化学剂相遇时，就可能产生沉淀，从而堵塞地层。实验结果表明，聚合物遇到强酸时，将发生分子内和分子间亚胺化反应，生成沉淀。

（3）聚合物在多孔介质中吸附、滞留，会改变岩石孔隙结构，降低渗透率，伤害地层[16]。

聚合物在岩石孔隙壁上吸附，将产生位阻效应，引起流动截面积减小。分子量为 100×10^4 的聚丙烯酰胺大分子在溶液中的形态像一个直径 0.4μm 的线团。因此，预计覆盖在孔隙壁上的聚丙烯酰胺单分子层可以使平均孔隙直径减小 0.8μm。100D 砂岩的平均孔隙直径约 3μm，显然可预计在孔隙壁上存在这种聚合物吸附层，它将大大地降低油层岩石的渗透率。

（4）聚合物产品本身质量不好或者在现场配制过程中未能完全溶解而形成“鱼眼”，造成堵塞地层。

（5）聚合物溶液变性造成地层堵塞。

聚合物溶液物理、化学性质均相对稳定，可以很好地保持原有性质。但是，它作为一种高分子化合物溶液，富含大量的活性官能团，对许多化学品存在着一定的敏感性，造成局部或整体的变性。现场造成聚合物溶液变性的主要原因有以下几个方面：

①注入管线或注入井内的泥浆、化学剂造成聚合物絮凝，形成沉淀，堵塞地层。

②地层水中富含的高价离子、有机物，如醛、酚类化合物与聚合物溶液不配伍，形成凝胶团块，造成近井地带堵塞，影响聚合物的注入。

（6）聚合物注入速度与油层发育状况不匹配，导致注入压力升高，注入能力下降。

现场试验表明，随着聚合物注入体积倍数的增加，聚合物注入速度与油层发育状况不匹配的注入井的流压、静压均上升，但静压上升幅度大于流压上升幅度，造成注入压差变小，注入能力降低。

此外，部分聚合物注入井注聚过程中注入压力高，达不到配注的原因还与注入井自身的油层发育状况及连通性有关。总之，造成聚合物注入井堵塞的因素很多，分析聚合物驱注入井堵塞机理应从注入井的静态与动态资料、以往井上施工出现的问题以及从井内返排出的堵塞物成分等多方面，有针对性地进行分析来判断。

二、化学解堵增注技术

化学解堵增注技术是指按照一定的注入工艺将化学解堵剂注入注入井近井地带，通过解堵剂与堵塞物发生降解反应，使堵塞物溶解，从而解除近井地带堵塞，达到降低注入压力或增加注入量目的的一类措施[17,18]。

1. 复合解堵技术

复合解堵剂主要由聚合物降解剂、复合酸等多种成分组成。各组分的作用如下：

一是聚合物降解剂以强氧化剂为主要成分，它对各种有机高分子聚合物具有氧化降解能力，可以使地层中吸附的高黏度聚合物、熟化不好的聚合物团块等降解成短链的水化小分子，逐渐脱离岩石表面，最终被注入液体溶解并带走。

二是复合酸主要用于溶解堵塞物中泥浆、砂、黏土等机械杂质以及垢质成分，进一步提高砂岩基质渗透率。

1）复合解堵剂对堵塞物的溶解试验

通过对近井地带返排物成分分析，近井地带堵塞物主要为聚合物团块、机械杂质以及垢质成分。复合解堵剂对井底返排物的溶解率可达 98.0%以上（表 5-2）。

表 5-2 复合解堵剂对井底返排物溶解试验

名称	溶解时间 h	现　　象	溶解率 %
复合解堵剂	4	返排物基本溶解，上层溶液基本没有悬浮物，呈灰褐色，下层有少量未溶解的聚合物团块及不容杂质	90
	8	聚合物团块完全溶解，上层溶液没有悬浮物，呈灰褐色，下层有少量不容杂质	95.8
	12	把降解剂溶液从烧杯中倒出，用清水冲洗剩余杂质后，加入一定的复合酸溶液，12h 后，返排物的杂质基本溶净	98.4

2）室内岩心试验

在岩心模拟现场试验条件下，被堵塞后的岩心通过复合解堵剂处理后，岩心渗透率恢复率平均为 132.75%，见表 5-3。这说明复合解堵剂不但可以溶解聚合物堵塞物，还可以进一步改善岩心基质渗透率，具有较好的解堵增注特性。

表 5-3 复合解堵剂室内岩心试验效果表

岩心编号	水相渗透率 mD	堵塞后		降解处理后		复合解堵后	
		渗透率 mD	伤害率 %	渗透率 mD	恢复率 %	渗透率 mD	恢复率 %
1	31.57	4.112	87	23.2	73.5	37.33	118
2	34.71	16.31	53	23.28	67.0	50.6	146
3	46.93	8.1	82.7	34.9	74.4	64.9	138
4	81.2	46.2	43	52.5	64.7	105	129

3）现场施工工艺及应用效果

（1）复合解堵工艺。

施工时，先注入聚合物降解剂解除聚合物及与蜡、沥青、胶质形成的凝胶团块堵塞，再注入复合酸，溶解无机堵塞物，恢复砂岩基质渗透率，达到聚合物注入井增加注入量的目的。

（2）暂堵转向工艺。

当聚合物注入井油层较厚或存在多层时，如果采用笼统注入解堵液技术施工，解堵液可能全部进入高渗透层或堵塞不十分严重的层，使真正需要解堵的低渗透油层和堵塞严重的油层却达不到处理效果。为此，需要采用暂堵转向技术，即先注入解堵液处理高渗透油层，然后利用暂堵转向剂暂时封堵住高渗透层，让解堵液转向进入低渗透层和堵塞严重的层，确保各层段均匀解堵，达到处理多层的目的。

（3）矿场应用效果。

统计大庆油田聚合物驱区块上百口聚合物注入井复合解堵增注现场效果，增注或降压有效率为 85.5%，平均有效期达到 170 天以上。

2. 深部化学解堵技术

聚合物在地层中不可避免地存在着吸附、滞留。适量的聚合物吸附、滞留会有利于降低水相渗透率，进一步达到减小水油流度比的作用。但是在实际驱油过程中，大分子的聚合物在孔隙介质中的吸附、滞留，会改变孔隙结构，降低渗透率，从而伤害地层。并且，随着聚合物注入体积的逐渐增加，聚合物在岩心上的吸附程度会进一步加重，堵塞半径将进一步增大。这种聚合物吸附滞留造成的堵塞导致了部分井的注入状况变差，而近井化学解堵却无法解决。因此，大庆油田研制了一种深部化学解堵技术，即采用深部处理剂，在不影响聚合物驱油效果的前提下，通过竞争吸附驱替掉吸附在岩石表面上的聚合物，同时，阻止再吸附后续聚合物，从而达到降低注入压力、恢复油层渗透率的目的。

1）室内岩心驱替实验

在岩心模拟现场试验条件下，经聚合物吸附堵塞后的岩心，通过深部处理剂解堵后，岩心渗透率平均恢复率为103.0%，并且与近井化学解堵技术相比，岩心注入深部处理剂后再后续注入60PV聚合物，后续聚合物驱平均伤害率为34.75%，相对于化学解堵技术降低了49.45个百分点，这说明深部处理剂不但具有解堵作用，还可以作为油层保护剂，阻止后续聚合物再吸附，以保证化学解堵有效期。

表5-4　深部处理剂岩心动态试验数据

项目	岩心水相渗透率 mD	聚合物驱后水相渗透率 mD	伤害率 %	解堵后水相渗透率 mD	平均恢复率 %	后续聚合物驱水相渗透率 mD	后续聚合物驱伤害率 %	后续聚合物驱平均伤害率 %
深部解堵	77.20	16.02	79.2	81.06	103	51.42	33.4	34.75
	69.88	14.59	79.1	70.58		44.65	36.1	
解堵	79.3	13.72	82.7	109.43	133.5	11.66	85.3	84.2
	81.2	15.2	81.1	104.75		13.72	83.1	

2）应用效果

统计了在大庆油田聚合物工业性推广区块采用深部化学解堵的161口聚合物注入井的效果，施工后初期平均降压0.97MPa，日增注量25.3m^3，平均有效期可达5个月。

通过分析现场试验数据以及注聚区块的有关地质资料，得出以下认识：对于由聚合物凝胶团块堵塞的井，或者对于油污乳化、泥浆堵塞的井，化学解堵效果明显；对于由渗透率低、连通性差、断层影响等地质原因导致注聚能力低、初期压力起点高，甚至间歇注入的聚合物注入井，化学解堵效果不理想，应从调整注聚方案或压裂解堵等地层改造措施考虑。

三、压裂解堵增注技术

水力压裂是聚合物驱中有效的解堵技术，但是在大庆油田初期应用效果不够理想，有效期短，造成压裂失效的主要原因是由于聚合物溶液的黏度高、携砂能力强，聚合物溶液容易将支撑剂带入地层深部，造成井筒附近没有支撑剂，裂缝闭合。

为了防止支撑剂的运移，采用树脂砂等粘连性较强的支撑剂或核桃壳等可变形的软支撑剂，或应用可以在裂缝内形成网络的纤维将支撑剂缠绕在一起的方法均可防止这种运移现象，使井筒周围的支撑剂连接成一个整体，在聚合物注入井注入过程中不会向地层深处移动，实现延长压裂有效期的目的。

1. 核桃壳、碳纤维、树脂砂运移规律研究

在闭合压力 0MPa 和 3MPa 下，研究了聚合物溶液（黏度 30mPa·s）在碳纤维+石英砂（碳纤维和石英砂的体积比为 1:3）、核桃壳+石英砂（核桃壳和石英砂的体积比为 1:1）、树脂砂充填的高度为 3mm 水平裂缝中各支撑剂的运移规律。实验结果如图 5-48 和图 5-49 所示。

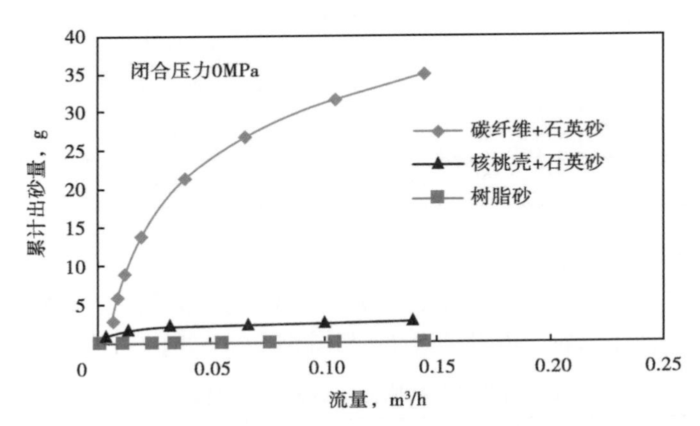

图 5-48　3mm 水平裂缝不同支撑剂聚合物驱（黏度 30mPa·s）模型出口累计流出的砂量与流量之间的关系曲线

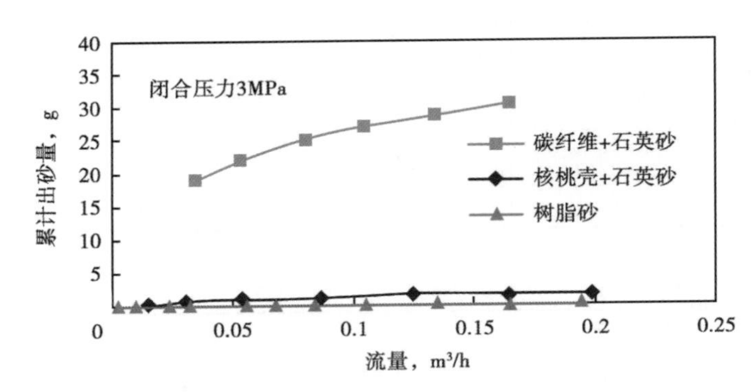

图 5-49　3mm 水平裂缝不同支撑剂聚合物驱（黏度 30mPa·s）裂缝模型出口累计流出的砂量与流量之间的关系曲线

从图中可以看出，核桃壳+石英砂聚合物驱时裂缝模型出口有少量砂粒流出；碳纤维+石英砂聚合物驱时裂缝模型出口有较大量的砂粒流出，说明核桃壳或碳纤维+石英砂聚合物驱时虽然出砂量较石英砂少，但仍有支撑剂大量运移现象，而树脂砂聚合物驱时裂缝中的运移量为零，树脂砂防止支撑剂运移的能力最强，并且树脂砂能够在井筒周围形成一个整体的砂饼，向任何方向都不能移动，故选用树脂砂投入现场试验。

2. 树脂砂性能评价

树脂砂的作用原理是在压裂石英砂颗粒表面涂敷一层薄而有一定韧性的树脂层，该涂层可以将原支撑剂改变为具有一定面积的接触。当该支撑剂进入裂缝以后，由于温度的影响，树脂层首先软化，然后在固化剂的作用下发生聚合反应而固化，从而使颗粒之间由于树脂的聚合而固结在一起，将原来颗粒之间的点与点接触变成小面积接触，降低了作用在砂粒上的单位面积负荷，增加了砂粒的抗破碎能力，固结在一起的砂粒形成带有渗透率的网状滤段，阻止压裂砂的外吐，而且原油、地层水对树脂砂没有影响。详见表5-5。

表5-5　流体对树脂砂的影响

浸泡介质	浸泡时间，d	抗压强度，MPa	结论
原油	90	常温树脂砂6.21	无影响
原油	90	高温树脂砂6.16	无影响
地层水	90	常温树脂砂6.13	无影响
地层水	90	高温树脂砂6.24	无影响

1）树脂砂渗透率及导流能力

低温树脂砂（45℃固化）在不同闭合压力下，对其渗透率、导流能力进行了测试，并与石英砂进行了对比，详见表5-6及图5-50和图5-51。

表5-6　石英砂及树脂砂渗透率、导流能力数据表

闭合压力 MPa	渗透率，D		导流能力，D·cm	
	石英砂	固化后树脂砂	石英砂	固化后树脂砂
10	95.7	78.6	68.3	54.8
20	54.2	45.2	36.3	29.6
30	28.7	29.7	18.3	19.7
40	16.9	22.5	10.5	13.7
50	13.0	16.3	7.8	9.4

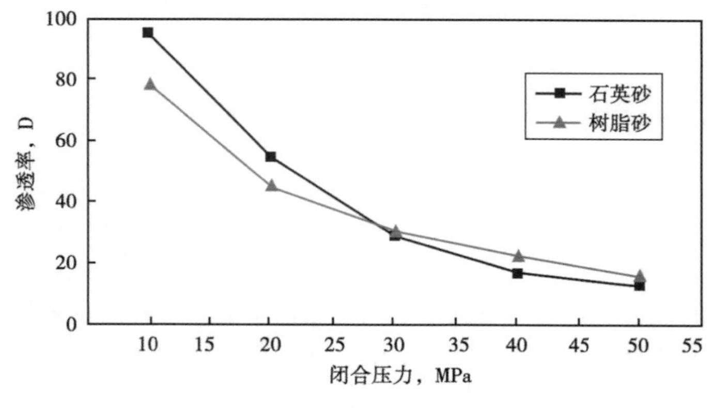

图5-50　石英砂、树脂砂渗透率对比曲线

从图表中可以看出：固化后的树脂砂与石英砂相比，当闭合压力在20MPa以下时，渗透率及导流能力比石英砂低18%左右；30MPa闭合压力以上时，树脂砂渗透率、导流能力比石英砂要高。

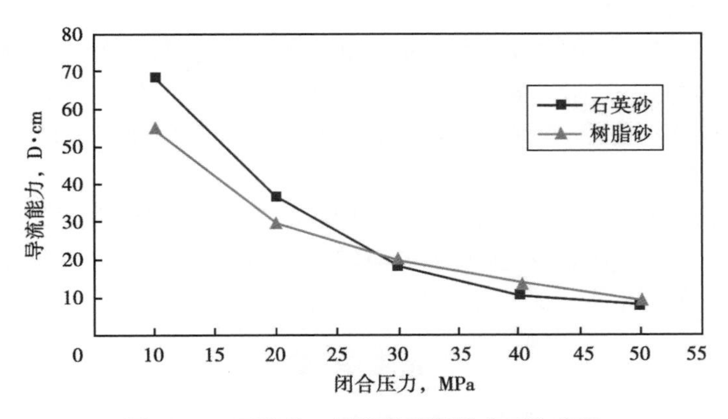

图 5-51 石英砂、树脂砂导流能力对比曲线

2）导流能力降低对增注效果的影响

对于聚合物目的层这类相对高渗透性油层来说，在同样条件下裂缝的导流能力越高，增产（增注）倍数越大。由前面实验结果得出，当闭合压力在 20MPa 以下时，树脂砂渗透率及导流能力比石英砂低 18%左右。为了分析这 18%的导流能力对压裂效果的影响，利用数值模拟法，对不同裂缝导流能力下，压后生产时间与产液量关系进行了计算。计算结果如图 5-52 所示。

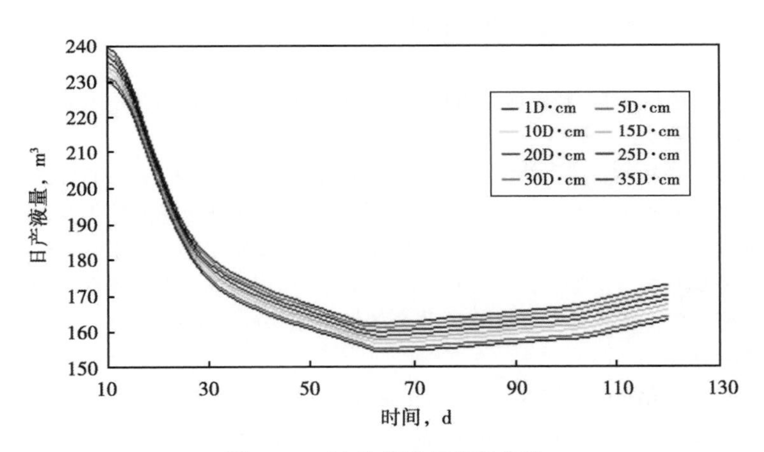

图 5-52 油井产液量动态曲线
（井距 250m，厚度 3.0m，渗透率 600mD，穿透比 20%）

从图 5-52 中可以看出，裂缝导流能力下降 18%时，只影响产液量 1.2~1.9m^3/d（35D·cm 导流能力，初期为 237m^3/d 的产量，120 天后产量为 173m^3；25D·cm 导流能力，初期为 235m^3/d 的产量，120 天后产量为 170m^3，也就是说，导流能力下降 29%时，影响初期产量 2m^3，120 天后影响产量 3m^3），压裂初期产液量下降幅度只有 0.5%~1.1%，聚合物注入井采用树脂砂压裂有效期比普通石英砂压裂长 1 天，即可弥补产量损失，现场树脂砂压裂实际有效期比石英砂长得多，因此，树脂砂导流能力的降低不影响聚合物增注效果。

3）固砂剂现场应用效果

现场压裂采用石英砂+树脂砂（尾追砂）的加砂程序，每条裂缝尾部追加 1.3m^3 树脂砂，使压裂裂缝内靠近井筒附近的支撑剂相互连接形成一体，防止其移动。同时，严格控制替挤量（与油管容积等同），确保裂缝口附近的树脂砂能均匀充填。现场施工后关井 48h，待树脂砂充分固化后再开井生产。

统计在大庆油田现场应用的采用压裂解堵增注的 200 多口聚合物注入井注入效果，单井注入压力平均下降了 2.5MPa，日注入量平均增加了 24m^3，平均有效期可达 10 个月以上，效果远好于常规石英砂压裂。

参考文献

[1] 刘兴君，赵政玮，韩宇．聚合物驱分层注入技术的开发与应用［J］．中国石油和化工，2009（9）：44-46.

[2] 王玲．聚合物驱偏心分注技术研究［D］．大庆：东北石油大学，2007.

[3] 李建云．聚合物驱多层分质分压注入技术研究与应用［J］．内蒙古石油化工，2010（1）：124-126.

[4] 柴方源，徐德奎，蔡萌．二、三类油层聚合物驱全过程一体化分注技术［J］．大庆石油地质与开发，2013（2）：92-95.

[5] 孙智．新型分层注水与测试工艺［M］．北京：石油工业出版社，2003.

[6] 陈涛平，胡靖邦．石油工程［M］．北京：石油工业出版社，2000.

[7] 韩修廷，王秀玲，侯宇，等．抽油机井振动载荷对杆管偏磨的影响研究［J］．大庆石油地质与开发，2004，23（1）：38-41.

[8] 周录方，王秀玲，常瑞清，等．油机井偏磨机理的试验研究［C］．黑龙江省石油学会首届学术年会，2003：233-237.

[9] 韩修廷，王德喜，王研，等．利用地摩阻柱塞抽油泵提高泵效及防偏磨技术的应用［J］．石油学报，2007，28（4）：138-141.

[10] 常瑞清，师国臣，王秀玲，等．新型抽油杆柱加重系统［J］．石油机械，2003，31（7）：73-74.

[11] 韩修廷，王秀玲，焦振强．螺杆泵采油原理及应用［M］．哈尔滨：哈尔滨工业大学出版社，1998.

[12] 师国臣．采油螺杆泵工作特性分析及其配套技术研究［D］．哈尔滨：哈尔滨工业大学，2002.

[13] 申亮．地面驱动螺杆泵工况诊断技术研究［D］．青岛：中国石油大学（华东），2011.

[14] F. W. Peter 等著．李登科译．恢复堵塞油井产能的挤压填砂处理技术［J］．油气田开发工程译丛，1990（7）：31-34.

[15] 樊世忠，王彬．二氧化氯解堵技术［J］．钻井液与完井液，2005，22（增刊）：113-116.

[16] 周万富，赵敏，王鑫，等．注聚井堵塞原因［J］．大庆石油学院学报，2004，28（2）：40-42.

[17] 张岩，岳峰，汪正勇，等．聚合物驱解堵增注技术研究与应用［J］．海洋石油，2005，25（4）：44-50.

[18] 郑俊德，张英志，任华，等．注聚合物井堵塞机理分析及解堵剂研究［J］．石油勘探与开发，2004，31（6）：108-111.

第六章　聚合物驱地面工艺技术

在“十五”和“十一五”期间，聚合物驱配注工艺形成一泵多井注入工艺；研发了双螺带螺杆搅拌器，适用于超高分子量抗盐聚合物溶解熟化。在“十二五”期间，进行了配注系统地面工艺设备参数优化研究。聚合物采出液处理技术在含聚采出液性质研究的基础上，研究开发了高效的采出液和采出水处理工艺及配套的采出液处理化学药剂，实现了聚合物驱采出液的有效脱水。

第一节　聚合物驱对地面工艺的基本要求

聚合物驱地面工程技术需提供一整套满足油田聚合物驱开发要求的地面工程解决方案，包括聚合物配注工艺技术、采出液脱水技术、采出污水回注技术。要求聚合物配注工艺及配注设备能够满足多种类型聚合物配注的需要，聚合物溶液经过配注系统的黏损率低于30%。采出液处理设备实现高效处理，满足各项生产技术指标。采出污水处理设备实现油水的高效分离、聚合物驱采出水回注达标、防止环境污染、达到油田HSE标准的目标。

一、聚合物驱地面工程总体设计原则[1]

聚合物溶液配制及注入工程设计的基本原则是：在满足所要求聚合物溶液配制注入浓度、注入量及注入压力的基础上，最大限度地减少配制及注入过程中聚合物溶液的黏度损失。从某种角度讲，注聚合物就是为了增加水的黏度。因此，保护聚合物溶液的黏度是整个聚合物驱油地面工艺设计的核心，也就是聚合物驱油对地面工艺的基本要求。

除了最大限度地保护聚合物溶液以外，聚合物驱油地面工艺需按地质部门提供的配注方案进行配注，并留有调整配注方案的余地。聚合物溶液的注入要按一定的浓度段塞注入，混合配比是聚合物注入工艺技术成败的关键。配制和注入设备先进可靠，能够长期连续运行配注，保证聚合物驱油全过程的顺利进行。因此，聚合物配注工艺过程的设计应综合、全面、系统地考虑，既要考虑地面条件，又要考虑地下条件；既要考虑注入工艺本身，又要考虑外部条件，以及聚合物注入过程中的连续性等。

二、聚合物驱地面工艺要求[2]

1. 聚合物注入前对地层及最高注入压力的要求

聚合物注入前需用低矿化度清水对地层预冲洗3~6个月，并用不小于300mg/L的甲醛溶液对井底彻底杀菌。再用有机阳离子交换黏土颗粒表面的无机阳离子，利用热化学解堵清除近井地带的地层堵塞。

由于长期注水后岩石孔隙结构发生了很大变化，强水洗段渗透率可以增加几倍或十几倍，使层内或层间非均质程度明显增强。聚合物溶液虽然可以起到一定的调剖作用，但当岩石内存在大孔道或特大孔道时，聚合物溶液就可能大部分甚至全部进入这样的孔道，很快从生产井采出，使聚合物驱的效果变差。在这种情况下，为防止聚合物无益的循坏，在注聚合物前应先进行剖面调整，封堵大孔道。

同时，注入聚合物溶液的最高压力不应超过油层破裂压力。

2. 聚合物注入过程中对注入井射孔的要求

为减少聚合物溶液通过套管炮眼产生机械降解，新钻注入井应采用多相位射孔新工艺，增加射孔孔数和扩大孔径，要求射孔层段每米16~20孔，孔径20mm。

3. 混配聚合物的水对水质比的要求

对于聚合物驱，水质应该尽可能好，因为在聚合物溶液中，悬浮的固体对井的污染比纯水可能更为严重，所以混配聚合物的水，国外要求其水质比要低于50mg/L · mD。

4. 聚合物母液配制黏度的要求（大庆油田）

为保证聚合物溶液注入地层后达到良好的驱油效果，要求地面配制聚合物母液浓度在4900~5100mg/L，黏度在50~60mPa · s；聚合物注入液浓度在800~1200mg/L，黏度大于25mPa · s。

5. 聚合物干粉储存运输的要求

聚合物干粉极易受潮结块，结块的聚合物很难溶解，并且容易造成分散装置下料器堵塞。因此，在储存运输过程中，要求用强度高的料袋盛装，料袋内要有塑料防水层。库房地面采取防潮措施，室内通风。

6. 配制聚合物溶液时对搅拌器的要求

配制聚合物溶液属固液混合过程，由于聚合物干粉的密度比水大，在整个溶解过程中要求聚合物在水中的分散度足够高。否则，聚合物就会沉积，造成母液浓度不均匀，熟化时间增长。

聚合物溶液在搅拌过程中的黏度降解不仅与搅拌器的转速有关，而且还与搅拌器的形状及叶片分布有关。因此，选择搅拌器时应注意对搅拌器桨叶形状和叶片的分布，搅拌器运转时控制叶片外沿线速度不致过高，其转速应在60r/min以下。

7. 聚合物溶液转输过程中对泵、管、阀的要求

当聚合物溶液通过泵、管、阀、孔时，若产生过高的流速，将使高分子链断开，从而造成降黏。因此聚合物溶解后，全部升压过程不宜选用离心泵，一般选用容积泵，如螺杆泵、柱塞泵、齿轮泵等低剪切泵，并适于低速运行。配注系统中所采用的设备、容器和管线，内壁应光滑无焊疤及粗糙不平处，材质不应选用铝、铜材料，在高浓度区（5000mg/L）一般选用不锈钢或玻璃钢，在低浓度区（1000mg/L）一般选用碳钢，并做好防腐处理。全部工艺过程不应设节流阀，工艺要求的截断阀、止回阀也应采用低阻力型直通阀，如蝶阀、球阀，工艺安装上应尽量避免大小头等局部节流的出现。

8. 聚合物溶液输送对管道设计参数的要求

输送管线的长度、内径及聚合物溶液在管线中的流速，对聚合物溶液的黏度损失都有影响。试验研究表明，聚合物配制站到最远注入站的母液输送管线不应大于6km，流速不应大于0.6m/s，剪切速率不应大于$90s^{-1}$。

9. 聚合物配制站自控设计的总体要求

聚合物溶液的浓度、溶解情况的技术要求非常严格、精确，其配制、溶解、熟化的过程手动操作也十分困难，因此聚合物配制站的自动控制十分重要，应采用中央计算机对供水、干粉上料、计量、分散初溶、搅拌熟化、倒罐和转输等全过程实现程序化运行监控。

自控设计应有整体自动控制和分部自动控制两种工作方式，若哪一部分自控出现故障，哪一部分可转成手动操作，而其他部分仍按自动方式工作。在手动状态下，系统中的各种检测量及报警信号仍然由计算机采集、显示及报警。

在供给 0.4~0.5MPa 压力水、干粉、电源（220V，380V）后，分散装置可按配液浓度进行自动运行，配液浓度应可调，且误差应小于±5%。

自控系统应具有定时打印生产报表，包括各设备累计运行时间，每天运行时间，水、电及聚合物干粉用量，配液量及配液浓度等，同时打印各种故障、状态的报表，显示各种工艺流程等功能。

聚合物溶液对流量计量仪表除应达到计量精度要求外，还要求避免机械降解。选择流量计时，不宜选用节流大的孔板、文丘里管等速度式流量计，又因为聚合物溶液为非牛顿假塑性液体，而不宜选择依靠旋翼计量液量的涡轮、叶轮水表等，而只能选用电磁流量计、金属转子流量计或腰轮、刮板等其他容积式仪表，其中应用较为普遍的是电磁流量计。

10. 聚合物溶液配制对混合器选择的要求

对用于最终稀释的静态混合器的选择也须认真慎重。混合的程度取决于流动状态（层流或紊流）、黏度比、流量比以及两种流体的成分。各部件的尺寸和数量由预期的均质性、进出混合器的最大允许压力降，以及尺寸限制（长度或直径）所决定。压力降应尽量最小，以免剪切降解。要求静态混合器要混合均匀，不均匀度在±5%以内。

第二节　聚合物配制注入工艺技术

一、聚合物母液配制工艺技术[2]

根据聚合物的形态，聚合物配制工艺有干粉配制、乳液配制和胶板配制 3 种。最常用的是干粉配制工艺，通常所说的聚合物配制即指干粉配制。将聚合物干粉与低矿化度清水（或含油污水）混合，制成一定浓度的聚合物母液的过程，叫聚合物母液配制，习惯上称聚合物配制。聚合物配制过程中，聚合物干粉在清水中完全溶解后所形成的高浓度水溶液，称为聚合物母液。聚合物配制过程包含分散、熟化、转输、储存、增压、过滤等工艺环节。

1. 聚合物干粉配制工艺

1）聚合物干粉配制工艺流程

典型的聚合物干粉配制工艺流程有两种，一种是长流程，一种是短流程。

聚合物配制长流程是一个包括分散装置、熟化罐、转输螺杆泵、粗过滤器、精过滤器、储罐和外输螺杆泵等设备，流程比较长的工艺过程。清水罐中的低矿化度清水经离心泵升压、过滤，计量后进入分散装置，若需要应加杀菌剂。聚合物干粉加入分散装置的料斗内，计量后风送进入水粉混合器与清水混合，再进入混合罐进行分散初溶。再由螺杆泵输送至熟化罐，经过一定时间的搅拌熟化使聚合物干粉完全溶解后，通过转输螺杆泵经粗、精两级过滤器过滤转输至储罐储存。当注入站需要时，再经外输螺杆泵升压外输给注入站。图 6-1 是聚合物母液配制长流程原理图。

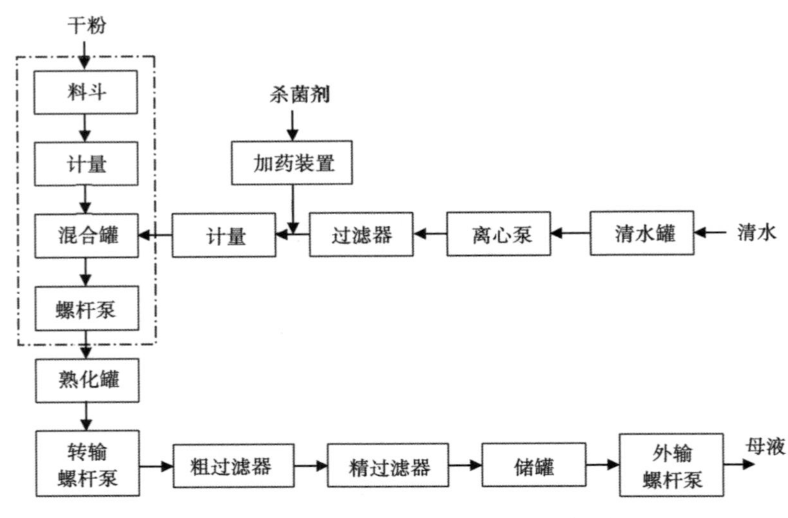

图 6-1　聚合物母液配制长流程原理框图

聚合物配制长流程工艺过程完整，分散、熟化各子系统可相对独立运行，工作可靠性较高，生产运行管理方便，能够较好适应聚合物驱应用初期配制站的生产要求。但长流程中由于转输设备及储罐等工艺设施的存在，增加了中间环节，加大了黏度损失，控制系统相对复杂，占地大，投资高，运行费用较高。

聚合物配制短流程也称“熟储合一”流程，是一个包括分散装置、熟化罐、外输螺杆泵、粗过滤器和精过滤器等设备，流程比较短的工艺过程。聚合物配制短流程是在长流程的基础上简化而来的，取消了储罐和转输螺杆泵，由熟化罐直接向外输泵供液。

清水罐中的低矿化度清水经离心泵升压、过滤，计量后进入分散装置，若需要应加杀菌剂。聚合物干粉加入分散装置的料斗内，计量后风送进入水粉混合器与清水混合进混合罐进行分散初溶。再由螺杆泵送至熟化罐，经过一定时间的搅拌熟化使聚合物干粉完全溶解，然后进行储存。当注入站需要时，再经外输螺杆泵升压，经粗、精两级过滤器过滤后，外输给注入站。图 6-2 是聚合物母液配制短流程原理框图。

聚合物配制短流程简化了配制工艺，减少了中间环节，方便了管理，减少黏度损失 2%左右。较长流程每座配制站减少多座储罐及多套转输螺杆泵，节省了运行耗电，降低了建设投资和运行费用，可降低投资 15%～20%。

2）聚合物干粉的分散工艺

通过特定的工艺设备，实现聚合物干粉按一定比例与水混合的工艺过程，称为聚合物干粉分散工艺。干粉供料方式有三种：一是鼓风机—文丘里管的风送方式：二是水泵—射流器的直吸方式；三是稳压泵—高能喷射器的稳压射流方式。

鼓风机—文丘里管的风送方式，即用鼓风机吹送压缩空气经文丘里管产生负压，抽吸干粉沿风力输送管道送入水粉混合器内的干粉供料方式。用风力输送干粉，可使干粉均匀分散，水粉混合时，水和干粉接触面积大，达到干粉迅速、完全地溶于水中的目的。

水泵—射流器的直吸方式，即用离心泵为清水增压，清水经文丘里管喷射产生负压，直接抽吸干粉的方式。采用这种方式，水和干粉直接混合在一起进入混合罐。

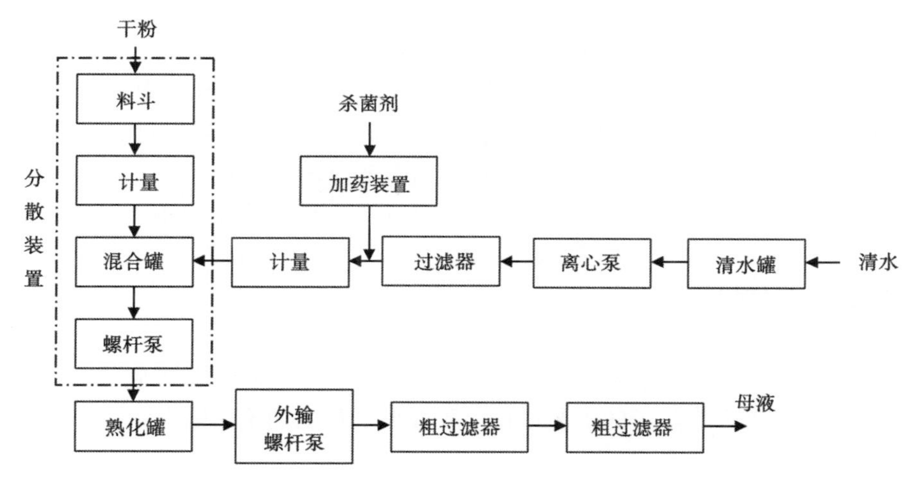

图 6-2　聚合物母液配制短流程原理框图

稳压泵—高能喷射器的稳压射流方式，同样是用离心泵为清水增压，清水经喷射器产生负压抽吸干粉。但在运行时，由稳压水泵控制喷射器，保证喷射器不受清水系统压力波动影响，产生足够稳定的真空吸入压力，将干粉吸进混合腔。

聚合物干粉经过分散装置按比例地与水混合，其单套处理能力必须适应配制站的规模。

3）聚合物母液的熟化工艺

聚合物干粉与水的混合液经搅拌、溶胀至完全溶解，溶液黏度达到稳定的过程称为熟化。熟化是聚合物在水中部分水解并充分溶解的化学变化和物理变化的综合过程。

常规聚合物配制站每个熟化系统设 $100m^3$ 熟化罐 5 座（运 4 备 1），3 套系统共计 15 座罐（运 12 备 3）。需要配套复杂的自控倒罐系统，投资较高，效率较低。

2004 年，开展了连续熟化工艺的研究应用。同样规模的配制站，连续熟化每个系统设 $100m^3$ 熟化罐 4 座（运 3 备 1），三套系统共计 12 座罐（运 9 备 3）。不需要配套的自控倒罐系统。其原理流程图如图 6-3 所示。

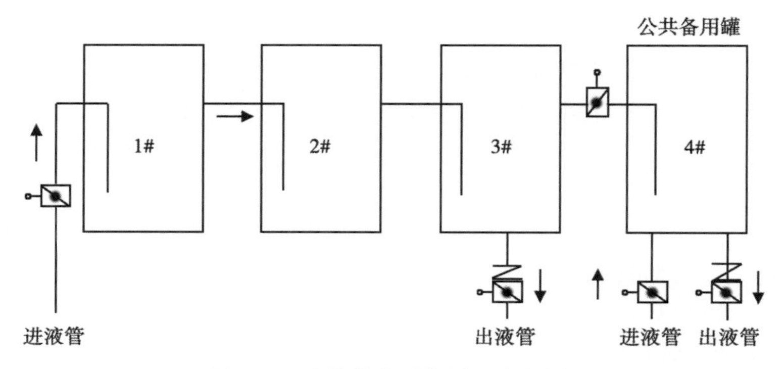

图 6-3　连续熟化系统原理流程图

4）聚合物母液的过滤工艺

为避免堵塞地层，对聚合物溶液进行严格过滤是很必要的。聚合物驱油初期，采用 60

目粗滤器，因精滤器堵塞过快，将粗滤器加密到100目。后来又发现配制用清水中有细小悬浮物，加重了聚合物的过滤负荷，又增加了50～10μm清水过滤器。

为了减轻过滤器的负荷，大庆油田采用二级过滤技术，一级为粗滤，采用100目过滤器；二级为精滤，采用25μm过滤器。使用袋式过滤器。聚合物溶液在过滤过程中会受到剪切而降黏。但降黏程度则是由聚合物溶液浓度、流量和过滤器的孔径、过滤面积等诸多因素决定的。通过增大过滤器的面积，降低过滤器前后压差，使黏度损失不大于1%，满足生产需要。

2. 胶板聚合物配制工艺

1）胶板聚合物配制工艺流程

胶板聚合物配制工艺流程就是将聚合物胶板破碎后，与低矿化度清水混合，经熟化、溶解，配制成一定浓度聚合物溶液的工艺过程。胶板聚合物配制工艺原理流程如图6-4所示。

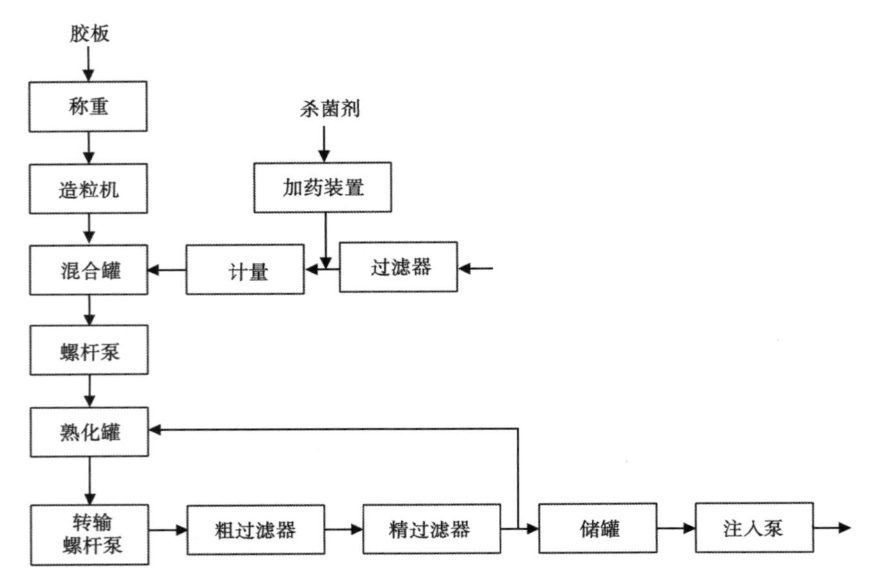

图6-4　聚合物胶板配制工艺流程原理框图

胶板聚合物称重后，经造粒机破碎成一定直径的颗粒进入混合罐，加入适量的清水进行搅拌，而后用螺杆泵输至熟化罐。经过一定时间的搅拌熟化，使聚合物胶板完全溶解后，用转输螺杆泵经粗、精两级过滤器过滤转输至储罐储存。然后经注入泵升压，输送给注入井。

2）胶板聚合物的循环熟化工艺

因为胶板聚合物较难溶解，因此在熟化过程中设有循环熟化工艺。胶板聚合物溶解熟化好后，可以泵输经过滤器过滤进入储罐。若溶解熟化效果不好，可不进储罐，通过循环熟化工艺，再回到熟化罐循环熟化。

3. 乳液聚合物配制工艺

乳液聚合物配制工艺流程就是将聚合物乳液与低矿化度清水混合，经熟化、溶解，配制成一定浓度聚合物溶液的工艺过程。乳液聚合物配制工艺原理流程如图6-5所示。

清水罐中的低矿化度清水经离心泵升压、过滤，计量后进入溶解熟化罐，若需要应加杀菌剂。聚合物乳液经螺杆泵升压，计量后进入溶解熟化罐与清水混合，经过一定时间的搅拌

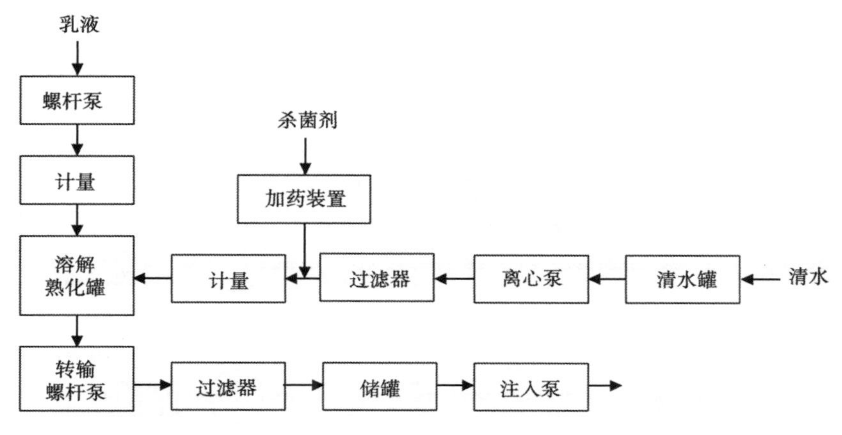

图 6-5　乳液聚合物配制工艺流程原理框图

熟化使聚合物乳液完全溶解后，用转输螺杆泵经过滤器过滤转输至储罐储存。然后经注入泵升压，输送给注入井。

二、聚合物溶液输送工艺技术[2]

1. 聚合物配制站母液外输方案

聚合物母液从配制站外输给注入站有两种方案：一是单泵单站方案；二是一泵多站方案。

1）聚合物母液单泵单站输送工艺

从配制站到各注入站分别建一条母液输送管道，一台外输泵对一座注入站，另设公共备用泵。当注入站缓冲罐装满母液时，通过电话与配制站联系停泵。聚合物母液外输单泵单站方案的优点是一泵一站，压力能利用合理，计量准确，调度方便。只要配制站内的生产装置能够分配开，可以为不同的注入站供不同分子量、不同浓度的母液。缺点是外输泵台数多，互相联络频繁，一般每天要启停泵两次以上，管理十分不便。

2）聚合物母液一泵多站输送工艺

配制站建设母液外输汇管，各外输泵出口管道和各注入站管道与汇管连接。配制站运行一台或若干台外输泵（设备用），保持一定外输压力，视汇管压力高低通过变频器控制泵排量，进注入站缓冲罐的母液由流量调节器根据液位高低自动控制。聚合物母液外输一泵多站方案的优点是用泵少，注入站与配制站的联络少，简化了外输工艺，节省了工程投资。缺点是同一汇管的各注入站只能供给同一种母液，去注入站的管道因距离不同存在一定的压力损失。

2. 聚合物母液管道输送工艺

玻璃钢管、钢骨架塑料复合管、不锈钢管、碳钢内防腐管等均可用于聚合物母液输送。为减少化学降解，聚合物母液管道应选用塑料、玻璃钢、不锈钢等化学性质稳定的材质，也可选用碳钢管，但必须采取可靠的内防腐措施；为减少机械剪切降解，在确定管径时，应保证聚合物母液的剪切速率在规定的范围内。聚合物母液管道输送有单管单站和一管两站两种工艺。

1）聚合物母液输送单管单站工艺

聚合物母液输送单管单站工艺，即一条母液管道为一座注入站输液，母液管道和注入站一一对应。该工艺既可用于聚合物配制站母液外输的单泵单站方案，也可用于一泵多站方案。

聚合物母液输送单管单站工艺的优点是一管一站，对注入站供液灵活方便，只要配制站的生产装置能够分配开，可以实现为整座注入站输送特殊分子量、特定浓度的聚合物母液。缺点是一座注入站一条母液管道，投资较高。图 6-6 是聚合物母液单泵单管单站输送工艺流程图。

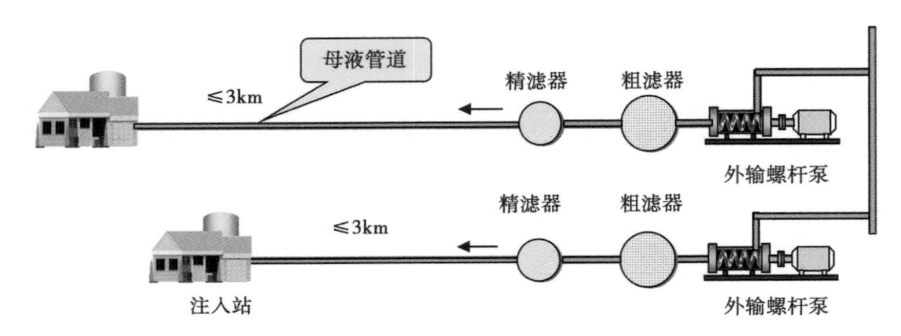

图 6-6　聚合物母液单泵单管单站输送工艺流程图

2）聚合物母液输送一管两站工艺

聚合物母液输送一管两站工艺，即一条母液管道为两座注入站串联输液，在每座注入站安装流量调节器，自动调节、控制母液的进站液量，配制站母液外输泵通过变频器自动调节输量，实现闭环控制。其工艺流程如图 6-7 所示。

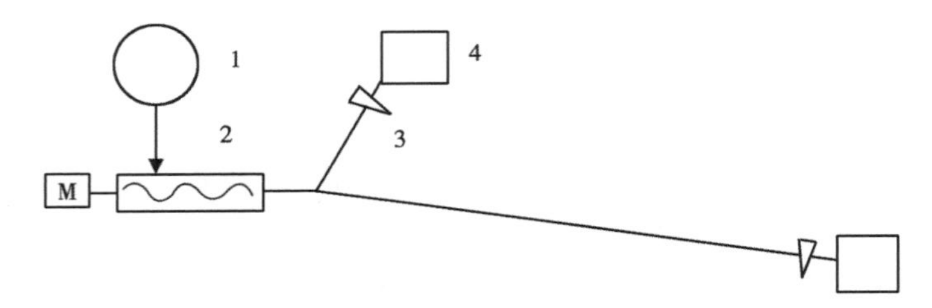

图 6-7　聚合物母液输送一管两站工艺流程示意图

1—PAM 储罐；2—外输泵；3—流量调节器；4—注入站

聚合物母液输送一管两站工艺实现了注入站两两串联，减少了母液输送管道，节省了工程投资。但其缺点是不能为其中的单独一座注入站输送特殊分子量、特定浓度的聚合物母液。用一条母液管道串联两座注入站输送母液时，因为输送距离不同，离配制站较近的注入站所分流的母液流量较大，导致两座注入站母液量分配不均匀。距离远的注入站母液缓冲罐液位较低，而近距离的注入站缓冲罐已满，要求停输母液。当某座注入站缓冲罐输满时，将关闭进液，此时母液管道压力会升高。

三、聚合物溶液注入工艺技术[2]

聚合物母液经过注聚泵加压计量后，进入高压注水管线中，与注入的低矿化度水，经静态混合器混合稀释注入井中。目前主要有两种聚合物注入工艺流程：一种是单泵单井流程，另一种是一泵多井流程。

1. 单泵单井注入工艺

单泵单井注入工艺，即每口注入井独立配制注入泵升压母液，根据单井注入量的要求，调整单泵排量，之后按比例与水混合。该工艺的优点是每台泵与每口井的压力、流量匹配，流量及压力调节时无须大幅度节流，能量利用充分，单井配注方案容易调整；缺点是设备数量多、占地面积大、工程投资高、维护工作量大。单泵单井注入工艺流程如图 6-8 所示。

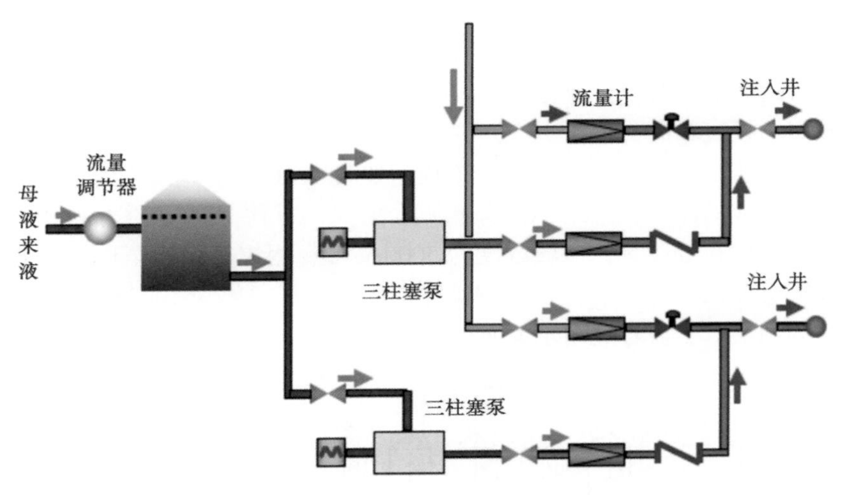

图 6-8　单泵单井注入工艺流程示意图

2. 一泵多井注入工艺

一泵多井注入工艺，由一台大排量注入泵给多口注入井供高压聚合物母液，泵出口安装流量调节器调控液量及压力，将高压聚合物母液对单井进行分配，然后与高压水混合稀释成低浓度聚合物目的液，送至注入井。该工艺的优点是设备数量少，占地面积小，流程简化，维护工作量少；缺点是全系统分为几个注入压力，流量调节存在一定压力损失，并增加了一定的黏度损失，单井流量调节存在互相干扰，增加了流量调节器的投资。一泵多井注入工艺流程如图 6-9 所示。

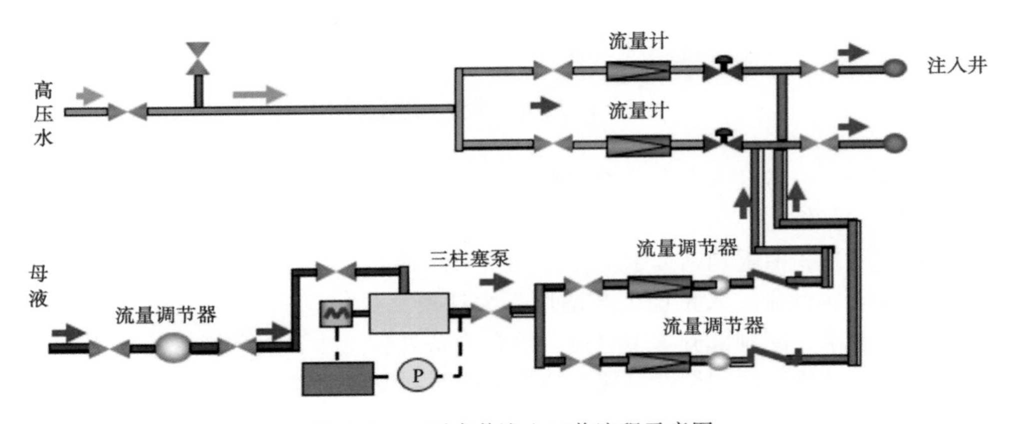

图 6-9　一泵多井注入工艺流程示意图

四、聚合物配制注入系统工艺[2]

典型的聚合物配制注入系统工艺有两种：一种是“配注合一”的聚合物配制注入工艺；另一种是“集中配制、分散注入”的聚合物配制注入工艺。

1.“配注合一”的聚合物配制注入工艺

“配注合一”工艺，即聚合物配制部分和注入部分合建在一起的聚合物配制注入工艺。“配注合一”工艺，流程紧凑，即配即注，配注站聚合物分子量、注入浓度等注入方案调整灵活。缺点是不适用于大规模工业化应用，配制部分分散建设，单台设备处理量小，设备数量多，占地较多，投资较高。

1990 年建设初期，配制注入采用合一流程，如图 6-10 所示。该流程包括聚合物干粉的配制和聚合物水溶液的注入；该站不但有低压水系统，还有 16MPa 压力的高压水系统。聚合物干粉经配制达到充分溶解，一般浓度为 5000mg/L，用螺杆泵输至计量泵入口，经计量泵升压至 16MPa，与高压清水混合至地质设计浓度，大庆一般为 1000mg/L，经注入管道送至注入井，注入油层。本流程适用于大面积工业性试验。

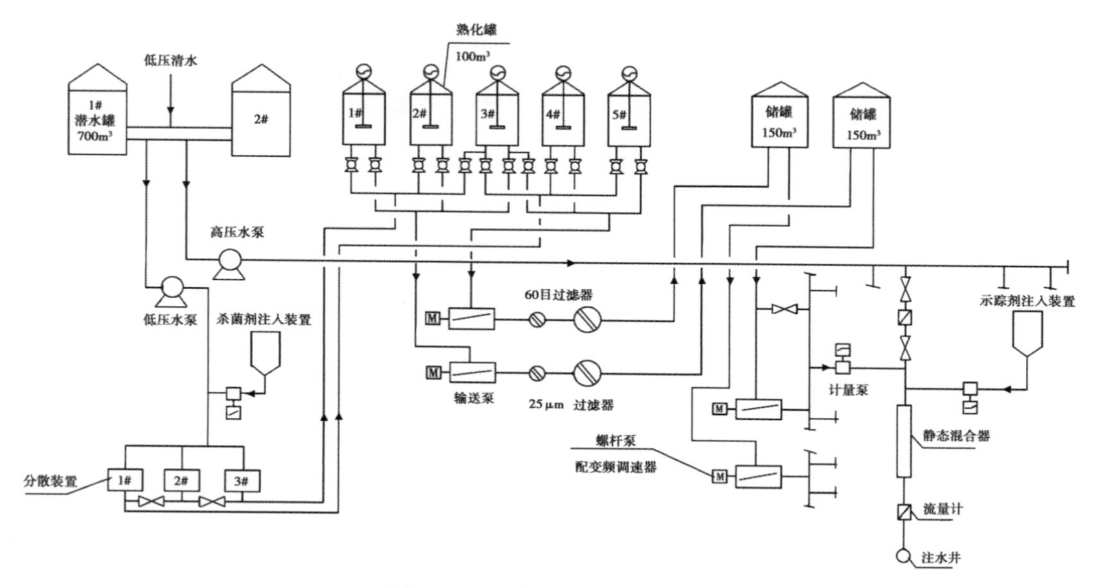

图 6-10 配制注入合一流程图

2.“集中配制、分散注入”的聚合物配制注入工艺

“集中配制、分散注入”工艺，即集中建设规模较大的聚合物配制站，在其周围卫星式分散布建多座注入站，由配制站分别给各注入站供液的聚合物配制注入工艺。“集中配制、分散注入”的聚合物配制注入系统工艺适用于大规模工业化应用，一座配制站同时满足多座注入站的供液要求。配制部分集中建设，单台设备处理量大，设备总数少，工程投资低。而且也避免了油田开发区块周期性注聚合物带来的配制设备闲置或搬迁问题，保证了设备的长期使用，具有明显的技术经济效益。缺点是所辖注入站聚合物分子量、注入浓度等注入方案调整较困难。

1995 年，配制注入由合建改为分建。因为配制站工程寿命长，只要所在地区继续注入聚合物，配制站就可不停产，能够工作几十年。注入站三五年即可完成任务，所以不能与配制站共建。一座配制站可供很多批注入站使用，注完一批，再换一批。为满足各站注入不同分子量聚合物的需要，优化配制站工艺，配制站可配制多种分子量聚合物母液，供注入站按需选用。图 6-11 是集中配制分散注入的聚合物个性化注入工艺流程。

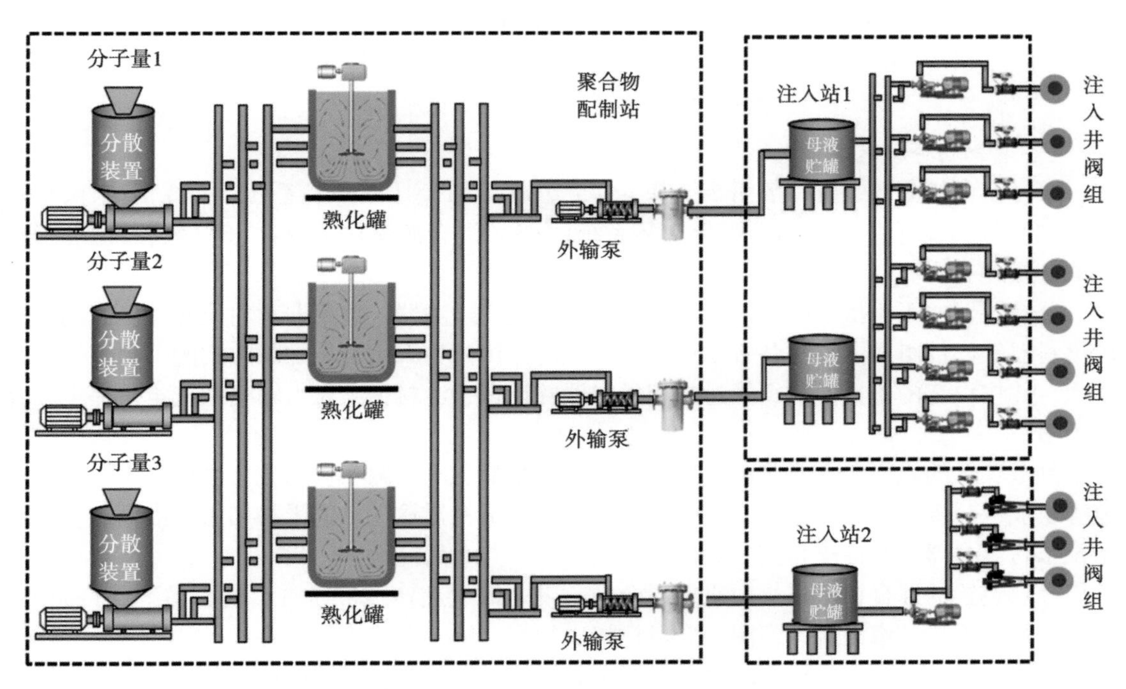

图 6-11　聚合物个性化注入工艺流程（集中配制分散注入）图

五、聚合物配制注入系统主要容器设备

1. 聚合物干粉分散装置

聚合物干粉分散装置是聚合物配制过程中的核心设备，其作用是把一定质量的聚合物干粉均匀地分散于一定质量的配制水中，经过初步溶解，配制成确定浓度的水粉混合液，然后输送到熟化罐进一步溶解熟化。

大庆油田聚合物驱工业化应用的前期，分散装置的最大处理能力为 50m^3/h。自“九五”以来，聚合物驱油的应用规模进一步加大，新建配制站的母液配制量达 10000m^3/d，迫切需要大型的分散装置，以简化配制工艺，降低投资。

1）聚合物干粉分散装置的基本原理[2]

将聚合物干粉加入料斗，通过螺旋给料机把一定质量的干粉均匀连续地加入电热漏斗。然后用鼓风机吹送压缩空气经文丘里喷嘴产生负压，抽吸干粉沿风力输送管道进入水粉混合器内。同时，通过水管道将一定量的清水送入水粉混合器。在水粉混合器内，干粉和水混合后进入混合罐，通过搅拌器搅拌使混合液均匀初溶，然后用螺杆泵输至熟化罐中熟化。原理流程如图 6-12 所示。

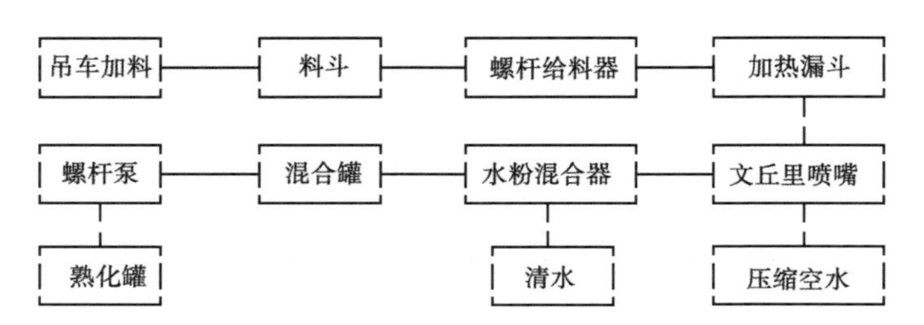

图 6-12　聚合物干粉分散装置原理流程

2）聚合物分散装置的组成[2]

聚合物干粉分散装置一般由 7 个基本部分组成：（1）干粉供料系统；（2）清水供水系统；（3）风力输送系统；（4）混合初溶系统；（5）混合液输送系统；（6）仪表自控部分；（7）供配电部分。

分散装置的干粉供料系统主要由干粉料斗、空气过滤器、振荡器、料位开关、闸阀、螺旋给料器等部件组成。分散装置干粉供料系统的作用是为采用高位加料方式的干粉提供缓存空间，并按设定的工艺参数，通过螺旋给料器的计量、给料，为风力输送系统定量提供聚合物干粉。

分散装置的风力输送系统由鼓风机、文丘里喷嘴、电热漏斗、物流监测仪和风力输送管道等组成。分散装置风力输送系统的作用是把螺旋给料器输送出的干粉用风力沿输送管道输送至水粉混合器，并使干粉充分分散，有利于干粉与水的混合。

分散装置的混合初溶系统由水粉混合器、混合罐、超声波液位计、搅拌器等部件组成，其作用是把干粉与水混合、润湿，并经搅拌，初步溶解，形成水粉混合液。

分散装置的混合液输送系统由流量调节阀、流量计、螺杆泵等部件组成，其作用是把水粉混合液输送至熟化系统。聚合物干粉分散装置结构如图 6-13 所示。

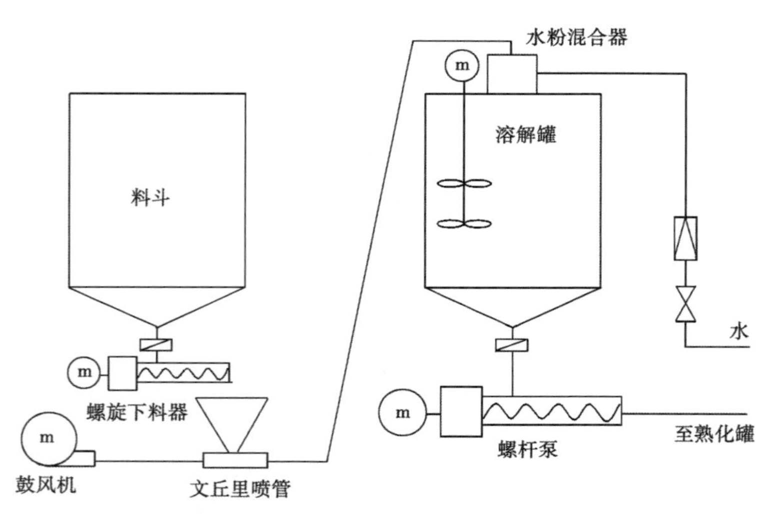

图 6-13　鼓风射流型聚合物干粉分散装置结构示意图

本节所述的聚合物干粉分散装置，除特殊说明外，均指鼓风机—文丘里管风送方式（简称鼓风射流型）的干粉分散装置

2. 熟化搅拌器

黏弹性流体（聚合物溶液）的熟化主要靠桨叶的剪切作用不断地使流体微元细分化，通过流体轴向循环流动，各微元之间不断地交换位置，主要的熟化机理就是“剪切”，剪切作用把待熟化物料撕拉成越来越薄的薄层，从而减小了被一种组分占据的区域的尺寸，最终在分子扩散作用下使全槽流体熟化均一。

1）螺旋推进式搅拌器[2]

随着聚合物驱技术进一步发展提高，油田应用的聚合物分子量越来越高，种类也越来越多，尤其是超高分子量聚合物的应用，以及聚合物干粉粒度的变化，使得聚合物的熟化时间越来越长。通过超高分子量聚合物的流变性研究和实验优化搅拌器形式、确定适宜操作参数，开发了适用于聚合物溶液的改进型螺旋推进搅拌器，由电动机、减速箱、联轴器、搅拌轴、叶片等组成，结构如图 6-14 所示。

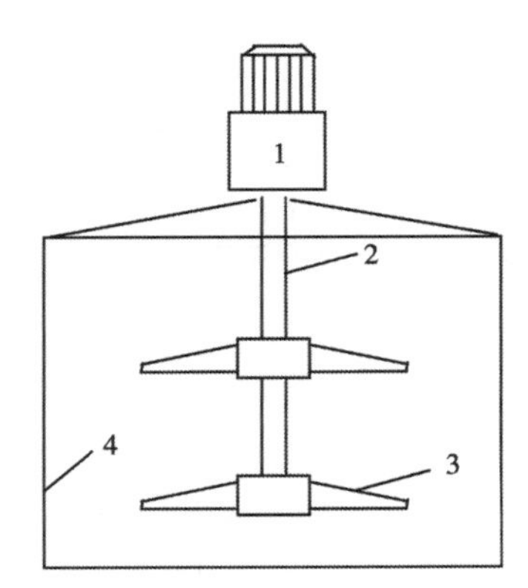

图 6-14　螺旋推进搅拌器结构示意图
1—动力装置；2—搅拌轴；
3—叶片；4—熟化罐

螺旋推进搅拌器较好地改善了聚合物的溶解熟化效果，抗盐聚合物的溶解熟化时间为低于 180h。

2）双螺带螺杆搅拌器

由于高黏弹体系的复杂性，且操作多在层流或过渡流状态，搅拌器叶轮附近的切应力大小和槽内液体循环是否良好以及停滞区域大小对搅拌效果至关重要。双螺带搅拌桨在轴上设计螺杆，改善轴附近区域流体的混合效率，优化的螺杆叶径，消除中间混合死区；桨叶直径选择大直径比，减少近壁区域流体的停滞。

通过水力计算、强度和刚度计算后，确定了工业双螺带螺杆搅拌器的轴、螺带、螺杆等机械部件设计，选定了电动机减速机及其支架形式。工业用双螺带螺杆式搅拌桨总图如图 6-15所示。

双螺带螺杆搅拌桨是一种非常好的加速超高分子量抗盐聚合物溶解熟化过程的搅拌形式，采用双螺带螺杆搅拌桨能够有效改善流场的流动状况，在缩短熟化时间上具有明显效果。

3. 静态混合器

静态混合器是相对动态混合器（如搅拌）而提出的，所谓静态混合，就是在管道内放置若干混合元件，当两种或多种流体通过这些混合元件时被不断地切割和旋转，达到充分混合的目的。用在聚合物驱中，静态混和器要达到高的混合均匀度和低的黏损率。

组合式静态混合器由两个混合单元组成：第一单元完成各股不同性质流体拉伸剪切混合作用（简称 K 型结构）；第二单元对于经过 K 段初步混合的流体进行进一步充分混合（简称 X 型结构），如图 6-16 所示。

在 K 型混合器段，当流体进入此段时，被迫沿螺旋片做螺线运动，另外，流体还有自身的旋转运动。正是这种自旋转，使管内在任一处的流体在向前移动的同时，不仅将中心的流体推向周边，而且将周边的流体推向中心，从而实现良好的径向混合效果。因此，流体混合物在出口处达到了一定的混合程度。

在 S 型混合器段，当流体进入此段时，被狭窄的倾斜横条分流，由于横条放置得与流动

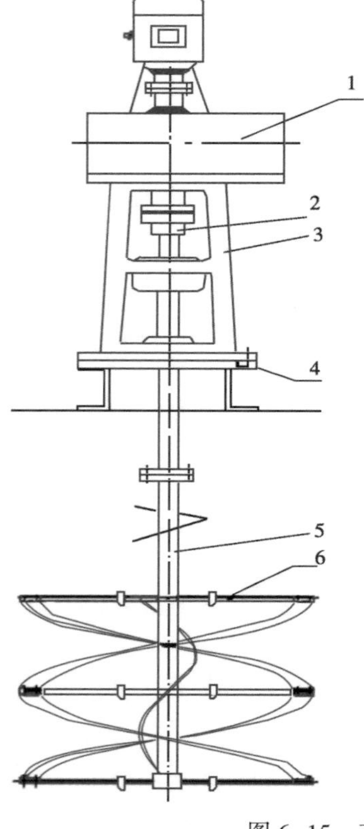

技术特性表

工作压力，MPa	常压
工作温度，℃	-30~40
电动机防护等级	IP 55
电动机型号	Y225M-4
输出转速，r/min	

序号	名称及规格
6	搅拌器
5	搅拌轴
4	安装底板
3	机架
2	联轴器
1	减速机

图 6-15　工业用双螺带螺杆搅拌桨总图

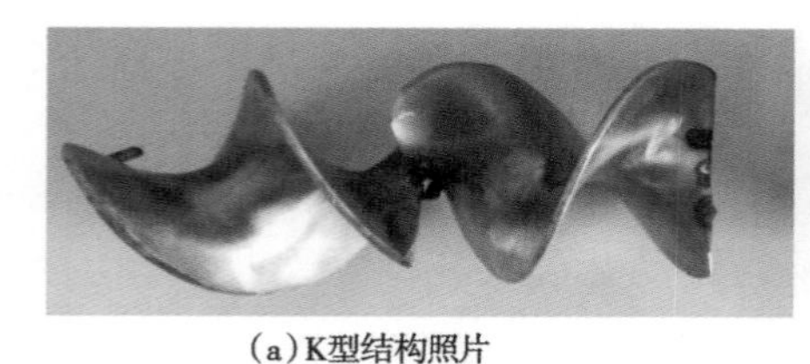

(a) K型结构照片

(b) X型结构照片

(c) K型结构

(d) X型结构

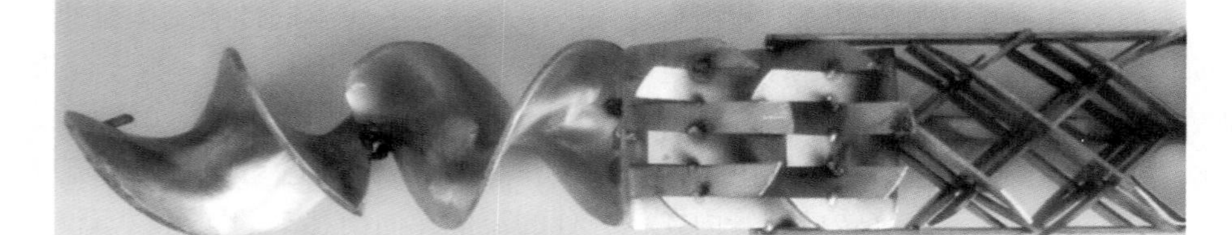

(e) 组合式静态混合器结构照片

图 6-16　组合式静态混合器混合单元

方向不垂直，绕过横条的分流体，并不是简单的合流，而是出现次级流，这种次级流起着“自身搅拌”的作用，使各股流体进一步混合。

图 6-17 所示为组合式静态混合器全流场流线图。

图 6-17　组合式静态混合器全流场流线图

表 6-1 为油田常用的 K 型和 X 型静态混和器与组合型静态混和器的性能对比表。

表 6-1　组合型静态混合器与 K 型和 X 型静态混合器性能对比

序号	静态混合器类型	K 型	X 型	Kenics 与 SMX 组合
1	混合单元数	20	20	20
2	混合器长度，mm	800	800	800
3	聚合物浓度，mg/L	5000	5000	5000
4	聚合物相对分子量	2500 万	2500 万	2500 万
5	流量，m^3/h	1.6	1.6	1.6
6	压降，kPa	4.5	9.2	5.85
7	混合不均匀度，%	5.85	4.3	3.03

如表 6-1 所示，在三种静态混合器具有相同混合单元数及长度的情况下，当通入浓度及流量相同的同种聚合物溶液时：

（1）K 型静态混合器两端的压降最小，新型组合型静态混合器的压降次之，X 型混合器的压降最大，能耗最高。虽然组合型静态混合器的压降略大于 K 型混合器，但仍远低于工业要求的压降最大值。

（2）新型组合型静态混合器具有最小的混合不均匀度，X 型静态混合器次之，K 型混合器的混合不均匀度最高。

4. 低剪切流量调节器[2]

用于聚合物溶液流量调节的低剪切装置，其设计思路是将文丘里管缩径增阻原理和针形阀调控技术结合起来，通过控制压力降→流速来实现聚合物溶液低剪切流量调节。适用于分子量为 1000×10^4～3000×10^4 的聚合物，流量调节范围为 0～$325m^3/h$，在工作压差 4.0MPa 下，聚合物溶液的黏度保留率大于 96%。

1）低剪切流量调节器的工作原理

牛顿流体通过锥形收缩口时的流线径向收缩，而高分子量聚合物溶液流过锥形收缩口时存在着管壁环流，在收缩口处的压降比同等黏度的牛顿流体大数十倍之多，同时，也远大于其在圆管内流动时的摩阻。因此只要控制剪切速率不超过临界条件，就可以通过控制压降，即控制流速来实现聚合物溶液低剪切流量调节。原理示意图如图 6-18 所示。

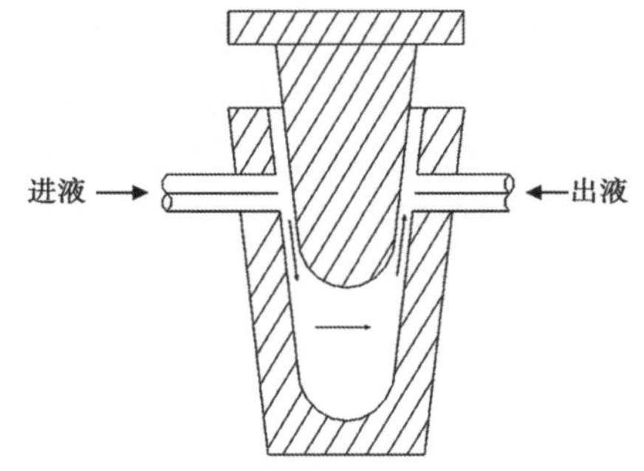

图 6-18　低剪切流量调节器工作原理示意图

2）低剪切流量调节器的组成

低剪切流量调节器主要由进口、出口、调节手轮、电动执行机构、阀杆、阀芯、阀体组成。结构简图如图 6-19 所示。

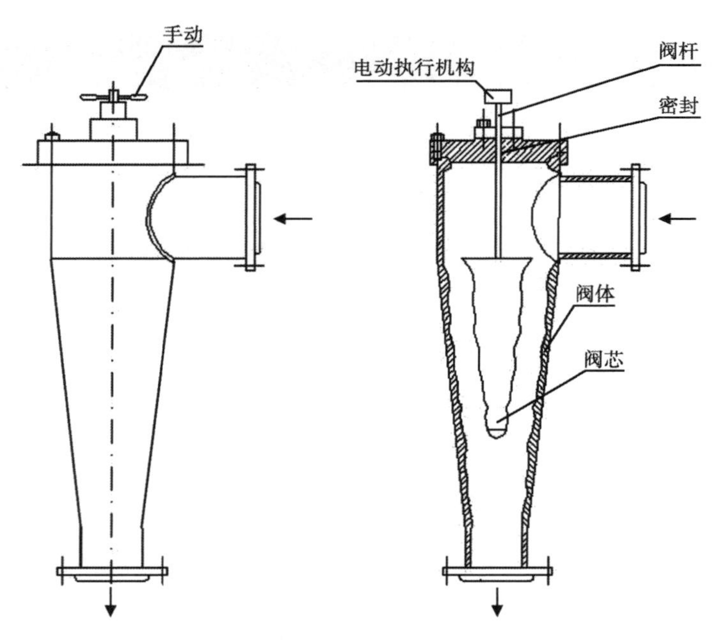

图 6-19　低剪切流量调节器结构简图

第三节　聚合物驱采出液集输处理工艺技术

一、聚合物驱采出液特性

在聚合物驱油过程中，当油井产物含有聚合物时，称其为含聚合物采出液。由于采出液中含有聚合物，增加了水相黏度。外相黏度增加，油水乳状液呈水包油型的趋势更强，从而导致聚合物驱采出液乳化程度增强。采出液中聚合物的浓度和黏度随着聚合物溶液注入量的增加而增高，在后续水驱阶段逐渐降低。

1. 聚合物对油水界面膜强度的影响

应用膜强度分析仪研究了聚合物对人工配制的模拟采出液膜强度的影响。测定油水界面膜击穿电压 V 和膜电容 C，根据 $E=CV^2$ 计算出破点能 E，E 即为膜强度的定量表征值，E 值越大，膜强度越高。图 6-20 是聚合物浓度为 200mg/L 和 600mg/L 时，不同分子量的聚合物对界面膜强度的曲线。

试验表明，在聚合物浓度相同的情况下，油水界面膜强度随着聚合物分子量和聚合物浓度的增加而增大，这说明由于聚合物的存在，使乳状液的稳定性增强，给破乳带来了一定的困难。

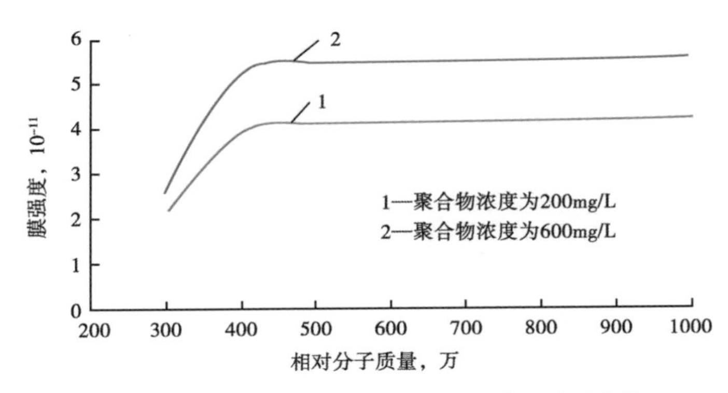

图 6-20　相对聚合物分子质量与膜强度的关系曲线

2. 聚合物对水包油型乳状液界面电性的影响

水包油体系油水界面电性，即水中油珠表面的电性，可用 Zeta 电位来衡量，Zeta 电位的绝对值越大，油珠间的聚并难度也就越大。

在室温下，聚合物分子量为 393 万，不同溶液浓度的 Zeta 电位测试结果如图 6-21 所示。试验结果表明，含聚合物体系 Zeta 电位值与不含聚合物体系相比负值增加。这一方面使油珠或颗粒间静电斥力增加难以聚并和絮凝；另一方面，聚合物的存在使得颗粒间空间位阻变大，聚并更困难，这是含聚合物体系难以处理的重要原因之一。

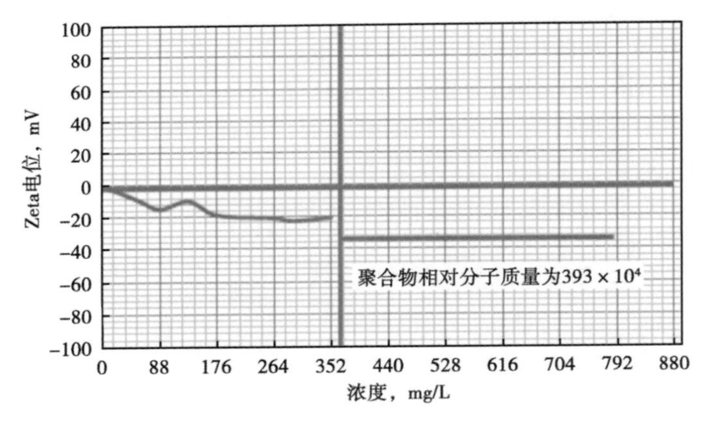

图 6-21　聚合物浓度与 Zeta 电位的关系曲线

3. 含聚采出液的沉降分离特性

1）采出液中聚合物含量及沉降时间对游离水脱除效果的影响

图 6-22 为不同聚合物含量、不同沉降时间的沉降效果曲线。试验油样为 Pt-5 井的产出液（聚合物含量 286mg/L），对该样添加一定量的聚合物后，进行了静止分层自然沉降测试。从图 6-22 可看出，在沉降时间相同的条件下，随着水中聚合物含量的增加，脱后污水含油量近似呈线性增加，并且这种增加趋势在沉降时间较短时尤为突出；随着沉降时间的增加，脱后污水含油量随水相中的聚合物含量的增加而增加的趋势变小。

上述试验表明，采出液中含聚合物后，对高含水原油的沉降脱水有明显影响，由图 6-22

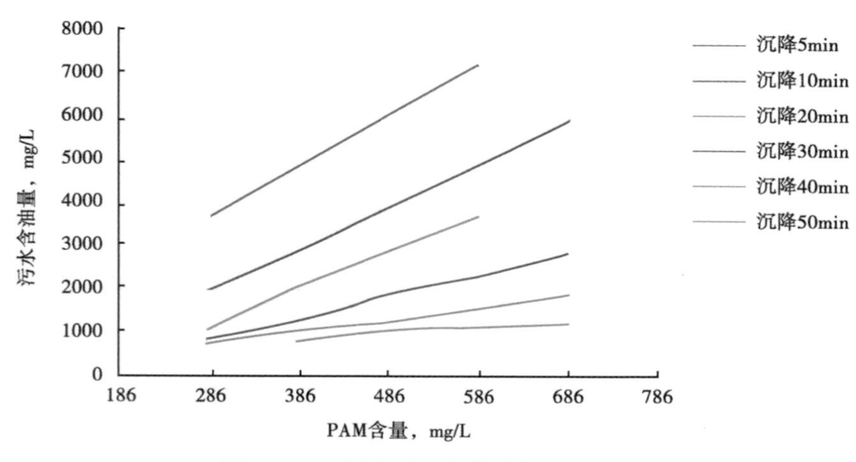

图 6-22　不同含最聚合物测得的沉降曲线

可看出，当聚合物含量为420mg/L左右时，沉降40min后污水含油量仍大于1000mg/L，若在矿场动态条件下，要达到该指标所需的沉降时间会更长。

2）破乳剂加药量对沉降脱水的影响

图6-23为不同油井产出液在不同加药量（SP-169）下的静止分层试验曲线。从图6-23中可以看出，随着破乳剂用量的增加，脱后污水含油量迅速下降，当破乳剂用量增加到一定值时，再增加用量就没有明显的效果了，即达到了临界用量。采出液中的聚合物含量不同，破乳剂的临界用量也不同，从图中曲线1和曲线3的沉降规律看，聚合物含量分别为225mg/L和106mg/L时，破乳剂的临界用量分别为50mg/L和30mg/L左右。说明聚合物对破乳剂有一定干扰作用，这主要是聚合物大分子吸附破乳剂，使破乳剂的有效浓度下降造成的。要想提高脱水效率，加入适当的破乳剂是至关重要的。

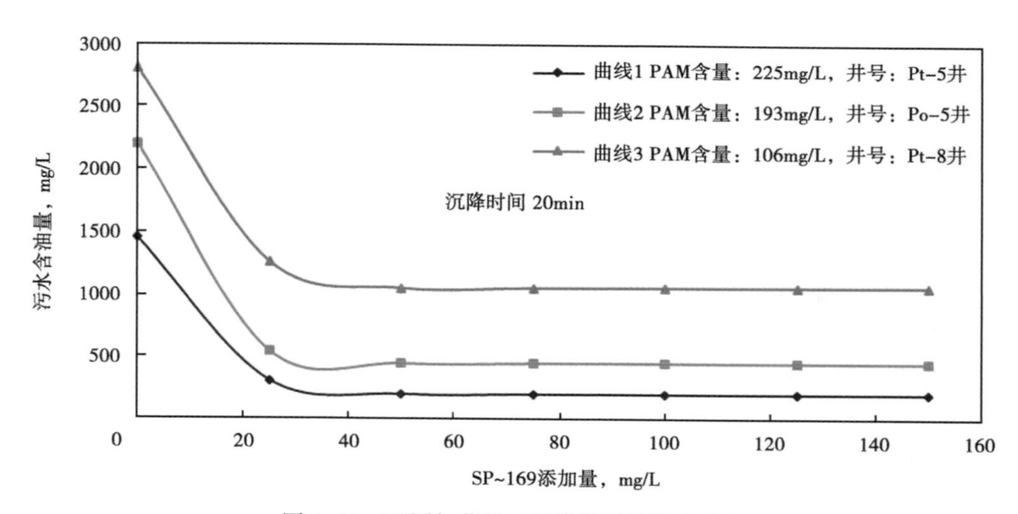

图 6-23　不同加药量对沉降效果的影响曲线

3）沉降温度对脱水效果的影响

图 6-24 是在不同沉降温度下测得的静止分层沉降规律曲线，从中可以看出，提高沉降温度，沉降后污水含油量降低。这表明，提高沉降温度有利于提高沉降脱水的效率。

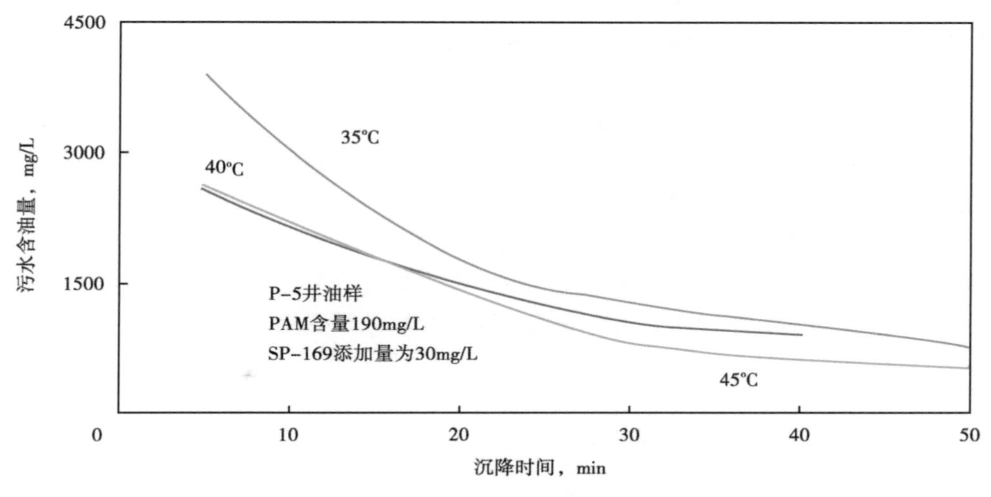

图 6-24 不同沉降温度的沉降曲线

另外，从图 6-24 中还可以看出，当沉降时间小于 20min 时，将脱水温度由 35℃升高到 40℃，对脱水效果的影响较大，随着沉降时间的增加，升温的作用效果越来越小；而将脱水温度由 40℃升高到 45℃，在沉降时间小于 20min 条件下，对脱水效果的影响较小，而随沉降时间的增加，升温的作用效果越来越明显。究其原因，与界面膜特性以及吸附在界面膜上起稳定作用的物质（如胶质、沥青质、环烷酸等）的吸附与脱附的温度效应有关。

4. 含聚采出液的电性质

1）聚合物对油包水型乳状液导电特性的影响

当水中含有不同浓度聚合物后其电导率有所上升，在电场中的导电特性也发生了变化，图 6-25 为空白样和不同聚合物含量样品在电场作用下的导电特性曲线，从图中可以看出，

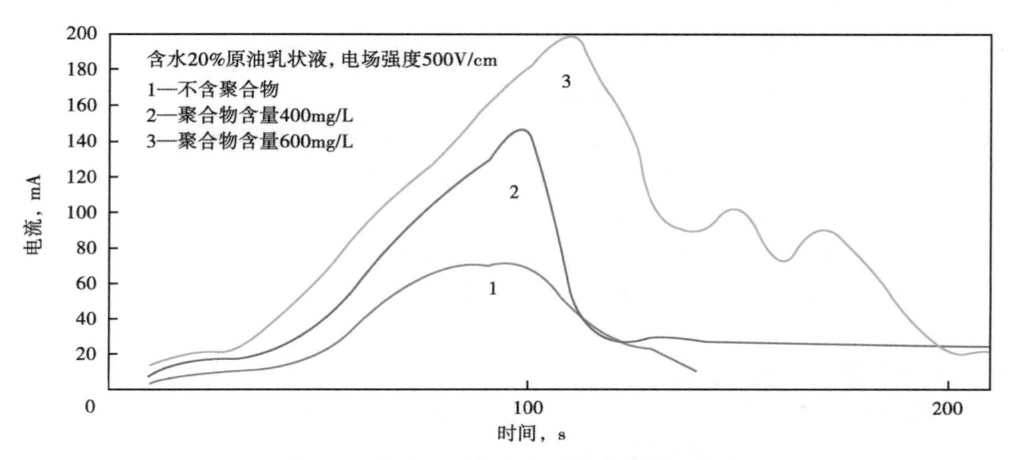

图 6-25 加电压时间与电流的变化关系曲线

含聚合物乳状液与不含聚合物的原油乳状液，在同一电场强度下电流峰值不同，聚合物含量越多，电流峰值越大，并随着聚合物浓度的增加达到电流峰值所需的时间相对延长，从而证明含水率、乳化程度相同的原油乳状液在同一温度、同一电场强度下，含有聚合物的原油乳状液比不含聚合物的乳状液电流大；在电场力的作用下，随着时间的延长，原油中的乳化水拉水链聚集与油分离，含水量逐渐下降，含聚合物与不含聚合物原油乳状液的漏电电流又趋于接近。

2）不同聚合物油包水型乳状液的静态电脱水特性

将含有不同聚合物浓度的原油乳状液，分别置于恒定的直流电场中，来观察脱水的效果。分别对每组试样选定不同处理时间进行对比试验，并对加电压后的原油乳状液的含水情况进行分析。测试结果如图6-26所示，当原油乳状液含有聚合物后，在脱水时间相同的情况下，脱后油中含水增加，脱水效果变差，说明在含聚合物条件下，水滴在电场中的聚结沉降速度下降，由此可见，采出液含聚合物使原油电脱水效果变差，耗电量增加，脱水费用也增加。

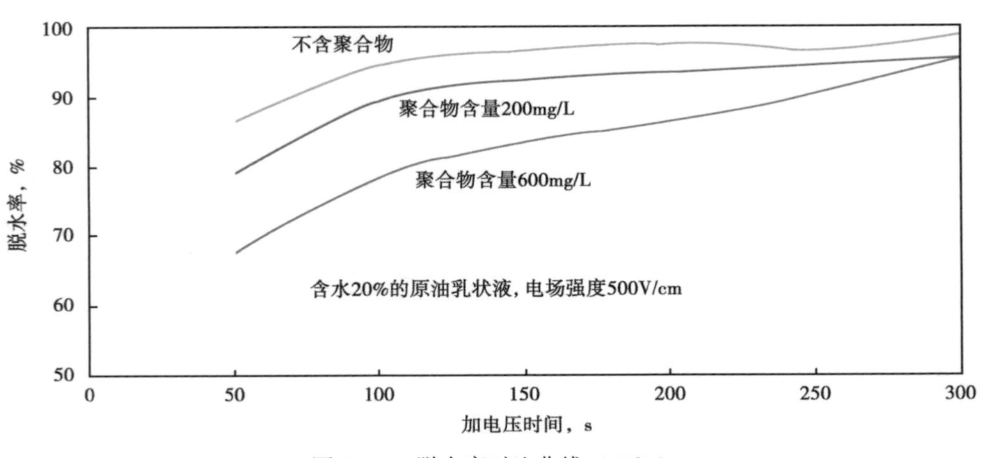

图6-26　脱水率对比曲线（47℃）

二、聚合物驱采出液处理工艺

1. 聚合物驱采出液处理系统总体规划原则[2]

聚合物驱采出液处理系统，充分利用特高含水采油及聚合物驱采油产液量随聚合物浓度变化的特点，放大集油半径，降低供热负荷，缩短水驱阶段及聚合物低浓度阶段沉降时间，发挥填料聚结及化学破乳作用，改善采出液处理技术。并通过降低游离水脱除后油中含水率，减少进入电脱水的聚合物含量，充分利用已建原油脱水站能力，最大限度地减少采出系统投资规模和生产能耗。采出水处理后，近期应作为高渗透层注入水源，也可以作为聚合物注水的前置液。

2. 聚合物驱采出液处理方案[2]

聚合物驱采出液处理主要有两种方案：单独处理方案和稀释处理方案。

1）聚合物驱采出液的单独处理方案

单独处理方案是聚合物驱采出液在油气集输、脱水和污水处理过程中基本自成系统单独进行处理的工艺方案。单独处理方案使聚合物驱采出液单独成系统，集中处理，不污染其他采出液；在现有工艺技术条件下，含聚合物采出水处理后接近高渗透层注水水质指标，对采出水单独处理，回注高渗透主力油层，可以保证低渗透油层注水系统的水质；设计采用的处理工艺和参数因受试验地区和条件的限制而有局限性，单独处理流程具有可调性和高度灵活性，能够适应大面积推广后实际生产情况的差异。

2）聚合物驱采出液稀释处理方案

稀释处理方案是聚合物驱采出液进入已建处理系统，同水驱采出液混合，降低聚合物浓度后进行处理的方案。提出稀释方案主要有两个原因：一是可以适当利用已建系统能力，节省基建投资；二是根据试验情况，当聚合物浓度为150mg/L以下时，已建常规处理装置即可处理。但采用稀释处理方案会使大量含有聚合物的污水进入现有污水处理系统，可能将会对中低渗透层的注水造成不利影响。

3. 聚合物驱原油脱水工艺

聚合物驱采出液的综合含水率一般高于转相点，属水为外相的复杂乳状液体系，聚合物驱采出液脱水适用两段处理工艺，即在集输温度条件下释放出游离水，再升温含水原油进行电脱水处理。中转站来油经过游离水脱除器脱除游离水，含水小于30%的低含水油经加热炉加热到55℃，进入电脱水器脱水，污水去污水处理站。采出液处理两段脱水工艺流程如图6-27所示。

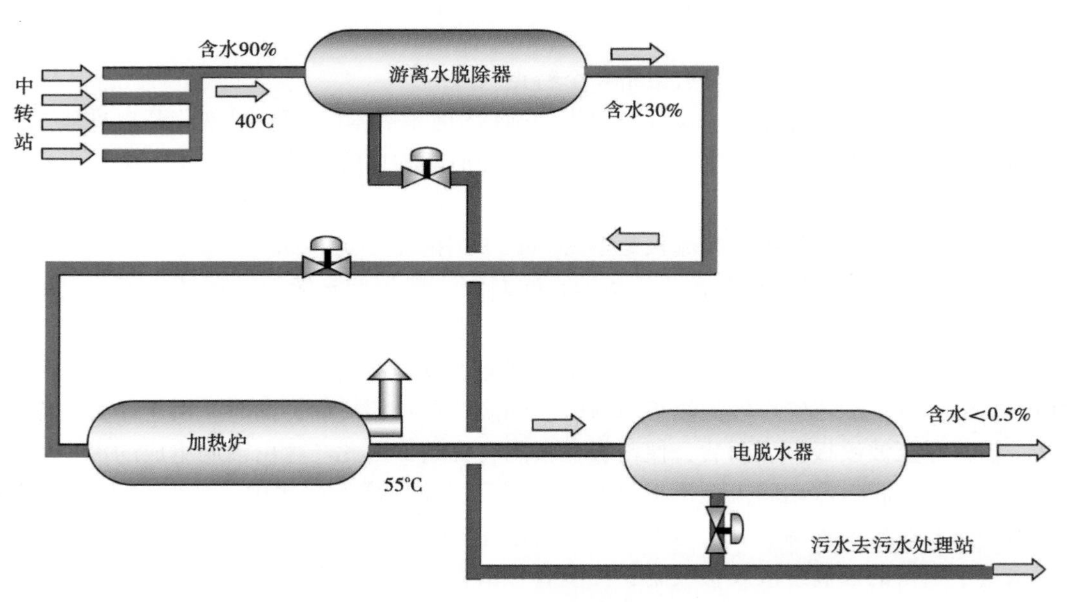

图6-27　聚合物驱采出液两段脱水工艺流程

聚合物驱采出液处理（稀释处理）总流程与水驱处理流程基本相同，只是从聚合物驱采出井经计量站、转油站到一段放水站及含聚合物污水处理这一段自成系统，从电脱水开始与水驱处理流程合并，不同之处有以下几点：

（1）集油系统基本采用不加热集输、两相分离计量；

（2）在转油站提前加破乳剂，管道破乳以改善油水分离条件；

（3）转油站、放水站和污水处理站均留有利用水驱系统采出液来稀释聚合物驱采出液的流程及接口；

（4）一段放水站、脱水站、污水处理站全部采用聚合物驱采出液处理工艺及设备；

（5）聚合物含油污水处理站向高渗透层注水站供水，也向聚合物驱注水站供前置液。

三、聚合物驱原油脱水设备

1. 聚合物驱游离水脱除器

根据采出液的油水分离特性，从改进内部结构提高沉降效率入手，研制了具有浅池沉降和聚结脱水双重作用的新型游离水脱除器，改善了沉降过程的水力条件。其结构如图 6-28 所示。

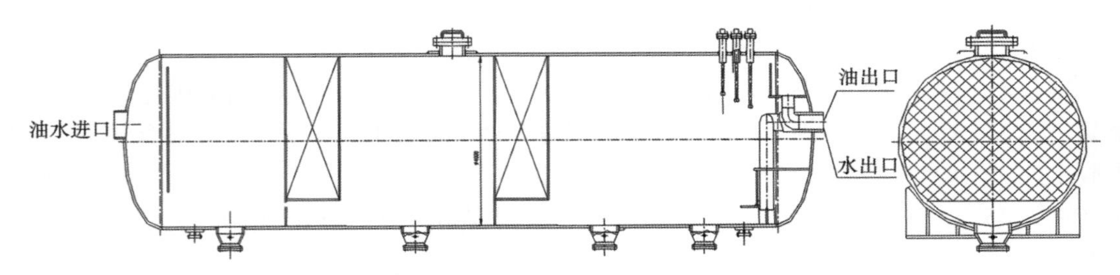

图 6-28　聚合物驱游离水脱除器结构示意图

新型高效游离水在结构上具有以下 4 个特点：

一是进液口设进液分布器。该分布器为一圆形喇叭口结构，用于进液管开口进液，该结构能够使液流呈放射状布液，变径缓流，达到缓冲消能的目的。这样形成了一个较平稳的沉降分离条件。

二是初分离段设整流板。整流板是厚为 6mm 的钢板，在近 $12m^2$ 钢板上均匀分布 200 余个 ϕ60mm 的小孔，来液流经整流板后流速再次减缓，起到调整液流的运动状态，使液流分布均匀，等速前进。减少液流的不均匀流动对油、水分离的影响。

三是使用新型波纹板聚结器。根据设备处理能力及容器结构，采用两段 NP 型聚丙烯波纹板，当液体分层后流经一段波纹板填料时，油滴随着水相流动，同时，由于浮力的作用而上浮。当其浮至波纹板下表面后，便与板面吸附、聚结，由此产生由油滴组成的沿平板壁而向上流动的流动膜。流动膜流至平板上端就升浮到容器顶部油层之中，从而完成分离过程。通过第一段波纹板的整流作用，形成较平稳的层流状态。层流的油水层经第二段波纹板填料，水层中余留的油滴经波纹板吸附，油滴直径增大而上浮，而油层中的游离水聚结成较大的水滴并在重力作用下下沉，使油水分离更加彻底，油水界面过渡段也相应变小。应用规整波纹板填料后，不仅便于管理，而且设备的处理能力和处理效果都有较大的提高。为了有效地防止沉淀物的产生、淤积、固化，对填料的材质与结构进行了研究，加入起润滑作用的 $CaCO_3$，同时，加入抗老化剂，采用适当的比表面积，一方面起到防砂作用，提高油水分离效果，另一方面，也延长了填料的使用寿命。

四是改进收油、收水结构。减小了作为收油、收水装置的油室和水室，增大了脱除设备的有效处理空间，而且结构紧凑、合理。根据含水较高的情况，采用较小的油室，设置高位置油室堰板，使油水界面可控制在较高的位置上，节省处理空间、增大水相沉降面积，进而提高设备的处理能力。同时，在出水口之前增设防砂挡板，便于清砂防砂。

图 6-29 是现场测得的不同沉降时间不同聚合物浓度条件下的试验曲线，从图中可以看出，在沉降时间相同其他条件相近时，脱后污水含油量，随聚合物浓度的增加呈明显的上升趋势，但在试验的整个聚合物浓度范围内，在沉降温度 40～42℃，来液含水不小于 69%，沉降时间 20min 左右，采用新研制的游离水脱除器处理，均能实现有效的处理，处理后污水含油均能小于 3000mg/L，油中含水小于 30%，试验的平均数据小于 23.4%。

用水驱的游离水脱除技术处理含聚采出液，与新开发的游离水脱除技术相比：当采出液中聚合物含量为 450mg/L 左右时，欲达到相同的脱水质量，污水含油小于 2000mg/L，采用新开发的技术，脱水温度可以从 45℃降至 40℃，沉降时间可从 40min 降至 20min，且破乳剂用量可节省 30%～40%。

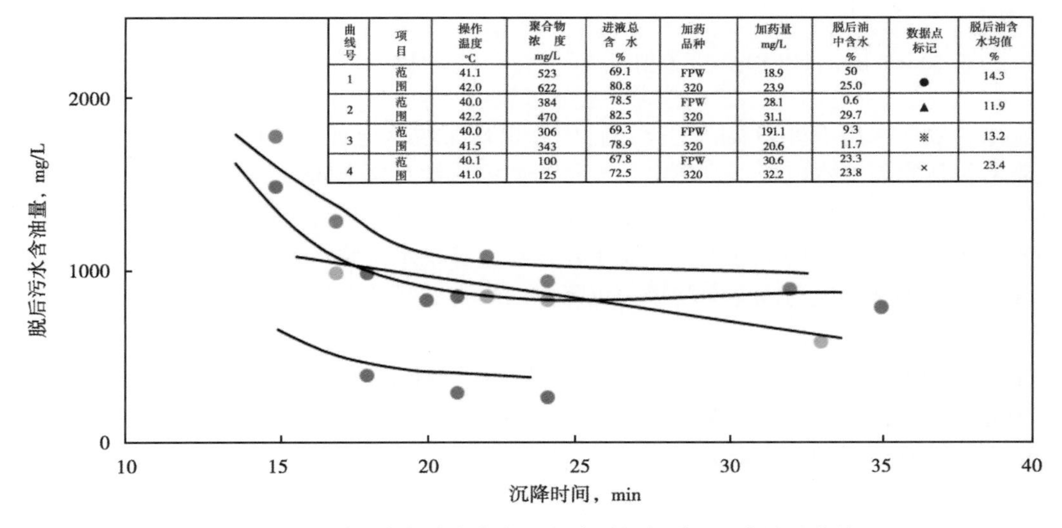

曲线号	项目	操作温度 ℃	聚合物浓度 mg/L	进液总含水 %	加药品种	加药量 mg/L	脱后油中含水 %	数据点标记	脱后油含水均值 %
1	范围	41.1 42.0	523 622	69.1 80.8	FPW 320	18.9 23.9	50 25.0	●	14.3
2	范围	40.0 42.2	384 470	78.5 82.5	FPW 320	28.1 31.1	0.6 29.7	▲	11.9
3	范围	40.0 41.5	306 343	69.3 78.9	FPW 320	191.1 20.6	9.3 11.7	※	13.2
4	范围	40.1 41.0	100 125	67.8 72.5	FPW 320	30.6 32.2	23.3 23.8	×	23.4

图 6-29　不同聚合物浓度条件下沉降时间与脱后污水关系曲线

聚合物驱游离水脱除器与新研制的破乳剂 FPW-320 配套应用后取得了令人满意的处理效果。与常规处理相比，处理温度降低 5℃，沉降效率提高 1 倍，能耗降低 40%，一段脱水基建投资降低 20%左右。

2. 聚合物驱电脱水器

大庆油田常规平挂网状电极电脱水器的电极一般为 4 层（图 6-30），电极间形成 3 个电场，电场力方向与重力沉降方向平行，其电场强度从下至上逐步增强。竖挂电极电脱水器电极是由钢板等距竖挂组成（图 6-31），竖挂电极电脱水器的板状电极间形成 1 个电场，极间向下的边缘形成了由下至上场强逐渐增大的弧形电场，竖挂电极的脱水电场呈水平方向分布（图 6-31），处于极间电场内的原油乳化所受的电场力方向与重力方向垂直，加大了原油中乳化水滴的聚并机会。此外，在同一电压下运行时，竖挂板状电极、平挂网状电极极间最高脱水场强相等，但平均电场强度竖挂板状电极是平挂网状电极的 1.5 倍以上，因此，在同一最高场强下运行的原油电脱水器，采用竖挂板状电极会增加原油中乳化水在电场内的破乳能力，使得竖挂板状电极比平挂网状电极更适合含聚原油乳化液的处理。

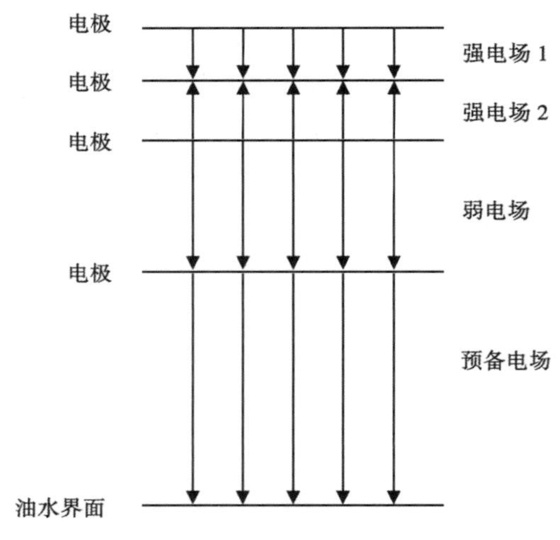

图 6-30　平挂电极脱水电场示意图

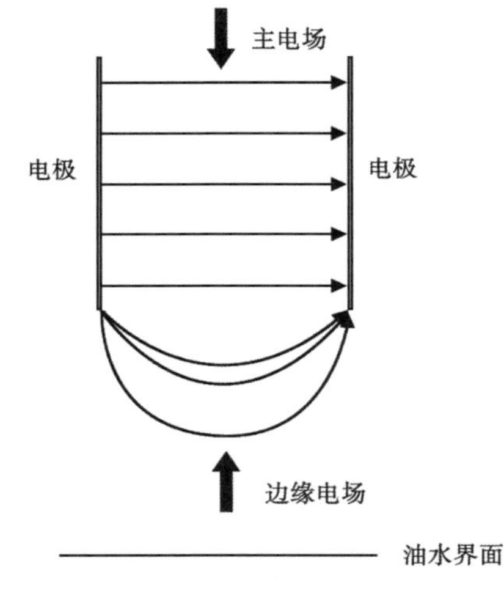

图 6-31　竖挂电极脱水电场示意图

在聚合物驱采出液处理实际生产运行中，出现了脱水电流由 20～30A 骤增至 50～70A，并经常有高压窜至测水电极，烧坏电器设备的现象。针对这个问题，对聚合物驱采出液乳化水滴特性进行了系统地分析发现，由于乳化水滴含聚合物后具有一定的弹性，使得电力线方向与重力沉降方向平行的平挂电极电脱水器运行不够稳定，脱水效率有所下降，进而造成上述现象发生。如采用电力线方向与重力沉降方向垂直的竖挂电极电脱水器，就可能解决这一问题。

水平电场为原油中乳化水聚结创造了条件；而竖挂电极又为脱水电场的提高创造了条件。因此，从理论和实践都说明采用竖挂电极供电的交直流复合电脱水器，对聚合物驱采出原油的电脱水有更强的适应能力。图 6-32 为竖挂电极电脱水器示意图。

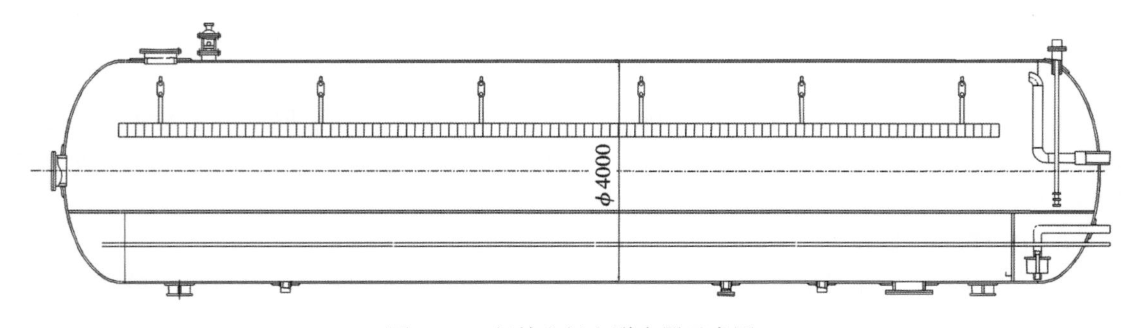

图 6-32　竖挂电极电脱水器示意图

采用竖挂电极供电的交直流复合电脱水器，与平挂电极相比处理量提高了 30%左右，脱水电流为 17A。对聚合物驱采出原油的电脱水有更强的适应能力。与水平电极交直流复合电脱水器相比，投资节省率为 30%。

第四节 聚合物驱采出污水处理工艺技术

20 世纪 90 年代，大庆油田开始应用聚合物驱油技术，开发方式已经由早期的注水开发方式，发展到现在的注水和注聚合物驱油并存的开发方式，但同时也产生了大量的聚合物驱采出水，聚合物驱采出水处理技术就是采用物理设备和化学方法处理聚合物驱采出水，使油水高效分离、去除污水中杂质，实现处理后采出水达标回注，防止环境污染的处理工艺技术。

一、聚合物驱采出污水特性

大庆油田由于聚合物驱驱油技术的大规模推广，目前采油一厂、采油二厂、采油三厂、采油四厂和采油六厂水驱采出水处理站处理液全部见聚。采出水中含有聚合物后，导致采出水的水质特性发生了变化。

（1）污水黏度增加：由 0.60~0.7mPa·s 上升到 1.0mPa·s 以上。

（2）油珠颗粒变细小：粒径中值由水驱 35μm 左右，降到 10μm 左右。

（3）污水 Zeta 电位增大：由-3.0~-2.0mV 上升到-20.0mV 以上。

（4）油珠浮升速度降低：浮升速度变成了水驱的 1/10 左右；随着聚合物含量的增加，油珠浮升速度变慢，也就是油珠难以聚并成大颗粒很快上浮，污水中的油珠多以小颗粒乳化油状态存在，难以去除。

（5）悬浮固体粒径变细小：粒径中值由水驱时的 5~10μm，降到 1~4μm。

（6）悬浮固体呈悬浮状态：见聚后含油污水中的悬浮固体经过不同时间沉降后，在不同高度所取水样中的含量变化不大，说明含油污水中的悬浮固体颗粒粒径更为细小，难以沉降，基本呈现悬浮状态。

污水黏度增加，降低了油珠浮升速度，油珠颗粒变细小，乳化程度增高、难以聚并；悬浮固体颗粒稳定性增强，沉降特性变差，在水中呈悬浮状态；综合作用的结果是原油、悬浮固体乳化严重，形成稳定的胶体体系沉降分离困难，进一步增加含油污水的处理难度。

二、聚合物驱采出污水处理工艺

1. 两级沉降+一级压力过滤处理工艺

1993 年，在室内初步试验的基础上，根据水驱含油污水处理站的经验，在采油一厂聚北一建立了大庆油田第一座聚合物驱含油污水处理站，采用的流程为两级沉降、一级压力单层石英砂单向过滤，总沉降时间为 24h，滤罐的滤速为 8m/h。通过现场测试，在 1997 年以后建设的聚合物采出水处理站，仍然采用“自然沉降+混凝沉降+压力过滤”的三段处理工艺。所不同的是，污水在沉降罐内的停留时间进行了调整，一次沉降罐为 10.3h，二次沉降罐为 5.2h；过滤仍采用单层石英砂滤罐，滤速为 8.0m/h；处理后水质标准也放宽为含油≤30mg/L，悬浮物≤30mg/L，粒径中值≤5μm。

1999 年，大庆油田设计院根据已建的聚合物含油污水处理站多年的实际运行情况和对喇 360 及聚北十三聚合物驱含油污水处理站的现场实际测试，提出将一次沉降罐的停留时间由 10.3h 变成 8.0h，二次沉降罐的停留时间由 5.2h 变成 4.0h，即总停留时间由 15.5h 降为

12h。2005 年，含聚合物注水水质标准修订为含油≤20mg/L，悬浮物≤20mg/L，粒径中值≤5μm。由于重力式单阀滤罐不适应水驱见聚含油污水的水质要求，从 1999 年至 2006 年底，共有 47 座含油污水处理站由重力式单阀滤罐改造为压力式滤罐。

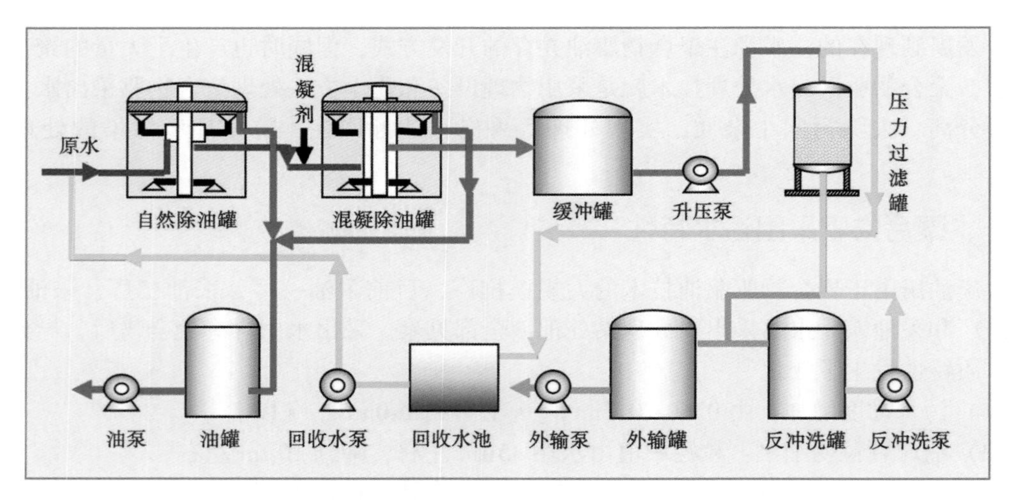

图 6-33　两级沉降+一级压力过滤处理工艺流程示意图

在采油六厂喇 360 聚合物污水站开展现场试验，将一次沉降罐的停留时间由 10. 3h 降为 8. 0h，二次沉降罐的停留时间由 5. 2h 降为 4. 0h，即总停留时间由 15. 5h 降为 12h，试验结果见表 6-2。

表 6-2　喇 360 聚合物污水处理站含油量试验数据表

日期	外输水量 m³/d	反洗水量 m³/d	处理水量 m³/d	沉降时间，h			聚合物浓度 mg/L	含油量，mg/L			反冲洗周期 h
				一次沉降罐	二次沉降罐	合计		原水	一次沉降罐出水	二次沉降罐出水	
9 月 14 日	24040	1221	25261	8. 1	3. 7	11. 8	357	590	60	33	48
9 月 15 日	23718	1221	24939	8. 2	3. 7	11. 9	439	770	53	38	48

从表 6-2 可以看出，在沉降时间约为 12h，聚合物浓度为 357~439mg/L，平均为 398mg/L，原水含油量为 590~770mg/L 条件下，一次沉降出水含油量为 53~60mg/L，二次沉降出水含油量为 33~38mg/L，达到 100mg/L 以下的过滤要求。

采用两级沉降+一级压力过滤流程工艺技术参数为：一次沉降罐停留时间为 8. 0h，二次沉降罐停留时间为 4. 0h；单层石英砂滤罐，滤速为 8. 0m/h；该工艺适应水质范围广，操作简便，耐冲击负荷；但占地面积大、基建投资高。

2. 横向流+两级压力过滤处理工艺

1997 年、1999 年横向流含油污水除油器分别在采油一厂中 110 试验站及采油六厂喇 360 聚合物含油污水处理试验站进行了现场试验，2000 年在采油五厂杏 13-1 聚合物驱含油污水处理站产能建设中，应用了压力式横向流含油污水聚结除油器和二级双层滤料压力过滤器。

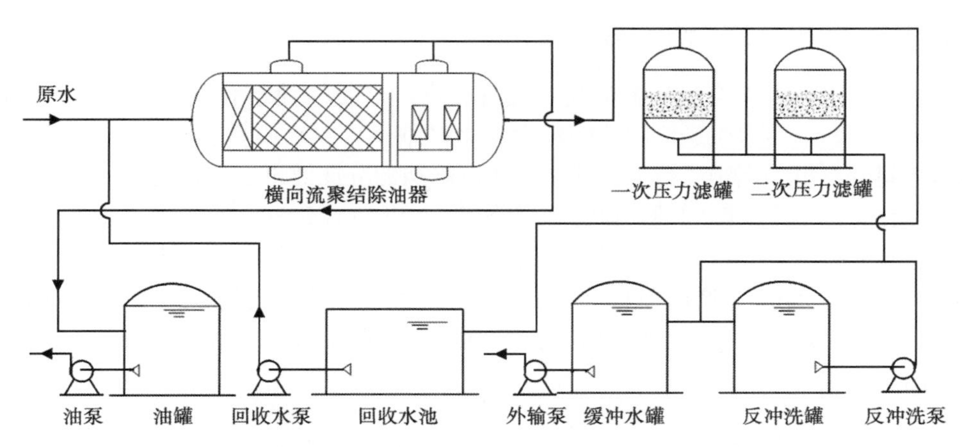

图 6-34　横向流聚结除油器+二级压力过滤处理工艺流程示意图

横向流聚结除油器单体除油试验是在满负荷（100m³/h）、有效停留时间为 1h、在聚合物浓度为 381. 7~518. 4mg/L，黏度为 0. 88~0. 91mPa · s 条件下进行的，其除油试验结果见表 6-3。

表 6-3　横向流聚结除油器满负荷、高聚合物浓度除油试验结果

含油量，mg/L		含油量，mg/L		含油量，mg/L	
进水	出水	进水	出水	进水	出水
363	133	343	157	743	174
608	187	439	196	499	182
480	79	1100	230	1100	180
780	190	1000	200	1300	180
1300	200	1300	210	1500	220
1500	160	740	110	890	210
1500	160	1500	190	1600	180
3100	230	9400	200	1000	200
550	210	690	130	1400	100
3300	86	3800	150	1600	120
1200	150	1200	160	800	150
1500	240	2100	260	1700	230

注：原水平均含油量为 1537. 2mg/L；横向流出水平均含油量：176. 78mg/L。平均除油率：89%。

由表 6-3 可以看出，在聚合物浓度为 381. 7~518. 4 mg/L，平均为 440 mg/L，黏度为 0. 88~0. 91 mPa · s 条件下，进水含油量平均为 1537. 2 mg/L，经横向流聚结除油器处理后其出水含油量平均为 176. 78 mg/L，出水含油量≤200 mg/L，平均除油率为 89%。

横向流+两级压力过滤处理工艺技术参数为：横向流停留时间为 2. 0h；一次过滤滤速为 12m/h，二次过滤滤速为 8m/h；横向流两级过滤处理工艺体积小、停留时间短，节省占地，节省基建投资和运行费用。但对聚合物浓度含量高的采出水处理效果较差，不耐冲击负荷。

三、聚合物驱污水处理设备

由于含油污水含有聚合物后性质发生改变，黏度增加、油水乳化程度高[1]、油珠颗粒细小难以聚并，含油污水中悬浮固体颗粒含量多且细小，在水中呈悬浮状态，导致油、水、悬浮固体之间分离更加困难，造成已建重力式沉降罐的分离效果变差、处理效率降低、水质达标困难。针对该生产实际问题，研究在沉降罐中增加气浮设施，通过对已建含油污水处理设备的改造和完善，有效提高沉降段的处理效率，以便改善最终回注水水质。

2004 年，在采油四厂杏十二联合站开展沉降罐加气浮技术现场小型试验；2008 年，在采油二厂南Ⅱ-Ⅰ联合站开展大型现场试验；2010 年，在采油三厂和采油六厂开展开展工业化推广应用。

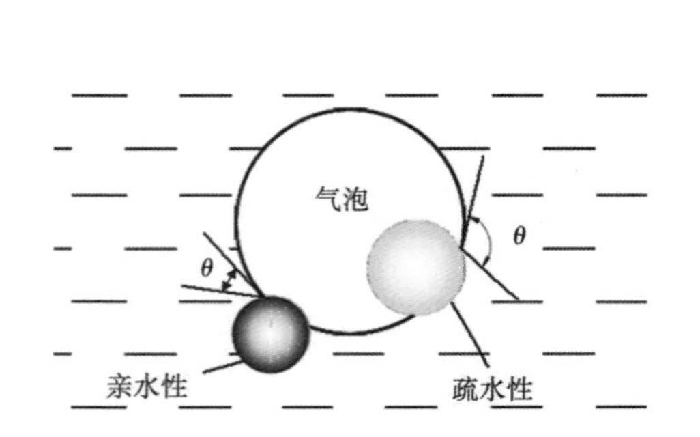

图 6-35　微气泡与油珠颗粒结合示意图

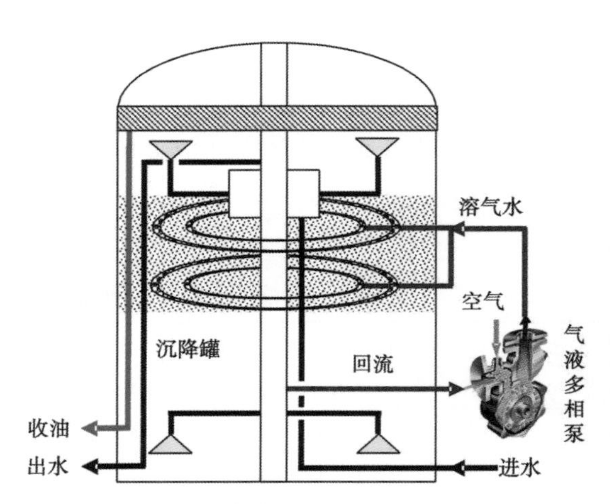

图 6-36　沉降罐加气浮技术结构示意图

自然沉降与沉降罐加气浮技术相比：

自然沉降罐污水中小油珠只能依靠重力作用浮升分离，油珠粒径细小，碰撞后结合成大油珠的概率低；由于聚合物存在污水黏度增加，油珠浮升速度慢。

沉降罐增加气浮设施后，由于微气泡的扰动，颗粒碰撞概率增加；微气泡与小油珠结合形成新型颗粒，颗粒尺寸变大，颗粒之间相互聚并能力增强；微气泡携带小油珠上浮，借助微气泡的浮力颗粒浮升速率增加，沉降时间缩短，提高了分离效果。含油、悬浮固体去除率提高 20%以上。

在回流比为 20%~30%、溶气量为 8%~10%条件下，实施沉降罐加气浮技术，与不加气浮沉降罐相比，处理后出水含油去除率提高 20%以上，悬浮固体去除率提高 20%以上。沉降罐加气浮技术既利用了沉降罐的工艺简单、耐冲击负荷，同时，又增加气浮设施提高了沉降罐的分离效率，是结合沉降罐结构进行的技术改造，实现两者的有机结合。

参 考 文 献

[1] 胡博仲，刘恒，李林. 聚合物驱采油工程［M］. 北京：石油工业出版社，1997.
[2] 李杰训，等. 聚合物驱油地面工程技术［M］. 北京：石油工业出版社，2008.

第七章　聚合物的室内实验评价及检测

聚合物室内检测评价技术是聚合物驱技术中的重要基础，国内外研究已有几十年的历史。国外于20世纪50年代末、60年代初开展了聚合物驱油室内研究，中国于70年代开展聚合物驱室内实验研究，经过几十年的探索与应用，在驱油用聚合物检测评价方面，形成了从固体到溶液、从宏观到微观、从研究到应用的特色技术体系，建立了企业标准、行业标准，正起草国际标准，在驱油用聚合物检测评价技术领域，中国已经走在了世界的前列。

聚合物种类纷繁复杂，应用广泛，驱油用聚合物主要分为两大类，即天然聚合物和人工合成聚合物。天然聚合物使用最多的是黄胞胶，它是有机体在碳水化合物上产生微生物作用而生成的生物聚合物；人工合成聚合物主要是部分水解聚丙烯酰胺（HPAM），它由丙烯酰胺单体经聚合和水解反应得到。黄胞胶的分子结构具有半刚性或刚性，部分水解聚丙烯酰胺的分子结构具有柔曲性，黄胞胶对微生物较为敏感等，使得矿场更多地选择部分水解聚丙烯酰胺作为聚合物驱的增稠剂。针对驱油用聚合物结构特性和油田实际应用情况，建立了驱油用聚合物基本理化性能、溶液性能、应用性能等评价方法和技术指标要求，从而能够准确把握聚合物产品质量和性能特点，科学合理地检测评价和筛选驱油用聚合物产品，有力保障聚合物驱开发效果和经济效益。

第一节　聚合物室内实验评价流程和检验标准

一、聚合物室内实验评价的意义

聚合物室内实验评价主要针对油田目的区块油藏情况和油水物性确定相关的聚合物产品类型，并在此基础上开展聚合物理化性能、增黏性能、抗剪切性能、过滤性能、稳定性能、流变及黏弹性能、流动实验和驱油实验的评价。通过对增黏性、稳定性、过滤性等评价，旨在寻求既能较好控制流度，又具有良好的稳定、流动等性能的聚合物产品；通过流动和驱油实验，进一步验证聚合物在地下的流度控制能力和提高原油采收率的能力，从而筛选出适合该油藏区块的聚合物产品。

二、聚合物室内实验评价流程

聚合物室内实验评价是针对油田目的区块地质条件、油水物性等客观情况，确定驱油用聚合物产品类型及分子量范围，首先开展基本理化性能检测（如黏均分子量、溶液黏度、水解度、过滤因子等），在产品质量达标的前提下，开展聚合物溶液性能评价（如增黏性、稳定性、抗剪切性等），在性能评价的同时，确定流动实验和驱油实验等方案参数（如溶液浓度、段塞大小等）；最后开展岩心实验，评价聚合物溶液的注入能力和提高采收率能力。聚合物室内实验评价流程如图7-1所示。

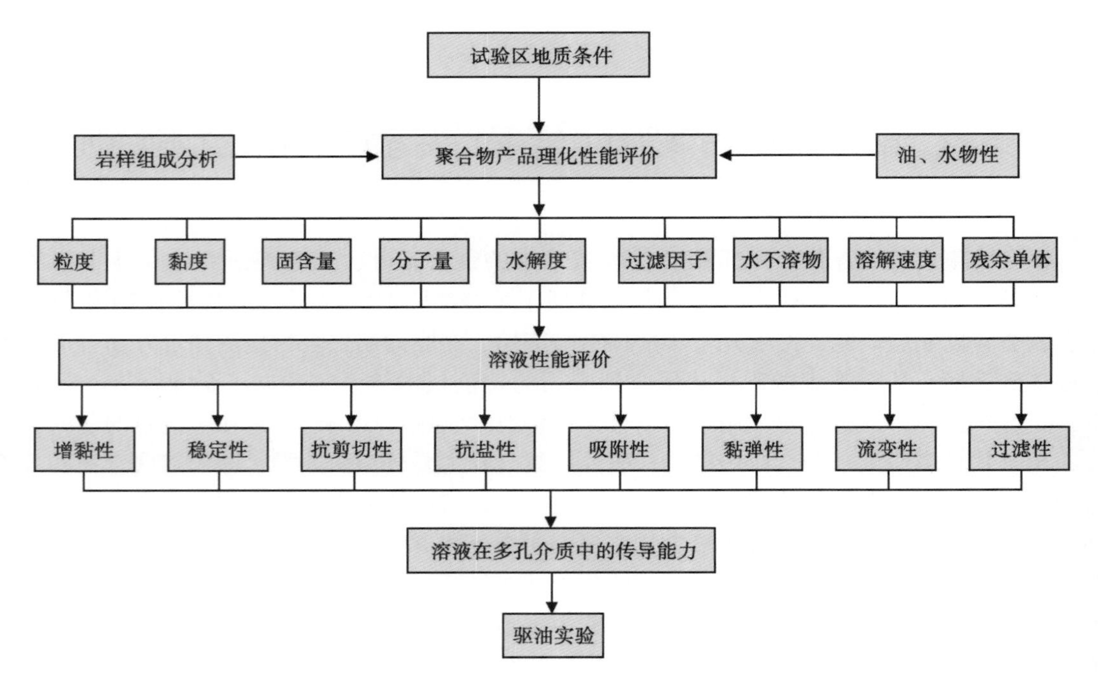

图 7-1　聚合物室内实验评价流程

三、聚合物室内实验评价方法及检测标准

驱油用聚合物产品质量验收和性能评价，目前有行业标准和企业标准，具体检测方法和技术要求可参照执行。

1. 行业标准：SY/T 5862—2008《驱油用聚合物技术要求》

按照地层温度和地层水矿化度将其分为两大类：一类适用于地层温度≤45℃、地层水矿化度≤6000mg/L 的油藏；另一类适用于地层温度≤80℃、地层水矿化度≤30000mg/L 的油藏。

2. 企业标准：Q/SY 119—2014《驱油用部分水解聚丙烯酰胺技术规范》

按照聚丙烯酰胺的黏均分子量将其从低、中、高到超高分为 11 个级别，并针对每个级别规定了严格的技术要求，建立了相应的检验方法和细致的级别判定方法。

四、化验室常用容器、电器设备

1. 常用玻璃容器

化验室常用玻璃容器有：烧杯、量筒、容量瓶、称量瓶、锥形瓶、酸（碱）式滴定管、移液管、（棕色）广口瓶、滴瓶、砂芯漏斗、干燥器等。

2. 常用电器设备

化验室常用电器设备有：电子天平、立式搅拌器、磁力搅拌器、超纯水系统、布氏黏度计、过滤因子评价系统、恒温烘箱、筛分仪、水分测定仪、分子量测定系统、聚合物多功能评价装置、剪切器、流变仪、硫氮分析仪、拉伸流变仪、液相色谱、稳定性分析仪、紫外分光光度计、高速离心机、水浴振荡箱、无氧手套箱等。

第二节　聚合物室内评价的内容

一、基本理化性能评价

对驱油用聚合物样品或工业化产品进行常规理化性能分析检测，通过执行驱油用聚合物行业标准或企业标准，来评价聚合物的样品或产品质量，以判断其能否满足油田聚合物驱的技术要求。

1. 标准盐水

（1）定义：对现场清水、污水进行水质全分析，系统检测总矿化度、各离子含量、硬度、pH 值和水型等，室内根据水质全分析结果，用去离子水和各种无机盐配制与现场水总矿化度、离子含量条件相同的配制用水。

（2）标准盐水按照矿化度等不同，一般分为模拟清水和模拟污水 2 种。

2. 固含量

1）定义

从聚合物干粉、胶体或乳状液中除去水分等挥发物后固体物质的百分含量称为固含量。通常干粉聚合物的固含量能达到 90%左右，而胶体和乳状液聚合物的固含量一般较低。

2）检测方法

（1）接通恒温干燥箱电源，设置烘干温度为 120℃±0.5℃，并恒温。

（2）将干燥盘放在恒温干燥箱内，烘干 2h。

（3）将干燥盘从恒温干燥箱中取出，放入干燥器内冷却 30min。

（4）在精密电子天平上称干燥盘质量，准确至 0.0001g，视为 m_0。

（5）在干燥盘上均匀撒入 1g 左右粉状试样，在精密电子天平上称质量，准确至 0.0001g，视为 m_1。置于干燥箱内烘干 2h。

（6）将烘干后的试样移至干燥器内，冷却 30min 至室温。

（7）在精密电子天平上称质量，准确至 0.0001g，视为 m_2。

（8）该实验应取 3 个平行样同时测定，将 3 个平行试样测试值修约至小数点后第二位，取其平均值。即为待测试样的固含量 S。当粉状试样单个测定值与平均值偏差大于 0.5%时，重新取样测定。

（9）按式（7-1）计算聚丙烯酰胺干粉固含量：

$$S=(m_4/m_3)\times 100\% \tag{7-1}$$

式中　S——试样的固含量，%；

m_4——干燥后试样的质量（m_2-m_0），g；

m_3——干燥前试样的质量（m_1-m_0），g。

3. 粒度

1）定义

聚合物中不同颗粒大小的粉末在试样总量中所占的百分比。颗粒含量反映了试样的均匀程度，直接影响聚合物的溶解速度、溶液均一性以及现场施工。

2）检测方法

（1）称量孔径大小不同的两个试验筛准确至0.01g，记为m_5和m_6，大孔径标准筛孔径为1.00mm，小孔径标准筛孔径为0.20mm。然后把两筛叠套起来，大孔径筛在上，小孔径筛在下，上筛放置筛盖、下筛套上托盘，组成筛堆。

（2）称取100g试样准确至0.01g，记为m_7，置于上筛中。

（3）将筛堆固定在筛分仪上，启动筛分仪，调节定时器，振筛20min。

（4）称量载有筛留物试验筛质量准确至0.01g，记为m_8和m_9。

（5）仔细清理试验筛，若筛孔严重堵塞难于清理时，用水冲洗干净，并自然干燥。

（6）做3个平行试验，分别求取相同规格试验筛中筛留物及筛出物质量百分数的平均值，取有效数字3位，即为试样中不同粒度粉末的质量百分数。

（7）筛分仪必须安装在稳固的实验台上，实验室湿度要求小于70%。

（8）低于下限和高于上限的试样所占总质量的百分数分别按以下方式计算：

$$\text{高于上限的百分数} = (m_8 - m_5)/m_7 \times 100\% \quad (7-2)$$

$$\text{低于下限的百分数} = \{1 - [(m_8 - m_5)/m_7 + (m_9 - m_6)/m_7]\} \times 100\% \quad (7-3)$$

式中 m_7——试样质量，g；

m_5——大孔径试验筛质量，g；

m_8——载有筛留物的大孔径试验筛质量，g；

m_6——小孔径试验筛质量，g；

m_9——载有筛留物的小孔径试验筛质量，g。

4. 水解度

1）定义

水解度是表征聚电解质在水溶液中的离解程度的量值。

2）检测方法

（1）根据试样的固含量S，称取（200−1/S）g的去离子水（准确至0.01g）于500mL烧杯中。

（2）准确称取（1/S）g试样，准确至0.0001g，调整立式搅拌器的转速至400r/min±20r/min，使蒸馏水形成旋涡，在1min内缓慢而均匀地将试样撒入旋涡壁中，继续搅拌2h，配制成浓度为0.5%的溶液。

（3）取浓度为0.5%的溶液40.00g、去离子水160.00g加入500mL烧杯中，用立式搅拌器搅拌15min直到溶液均匀，配制成浓度为0.1%的溶液。

（4）在3个250mL的锥形瓶中，分别加入浓度为0.1%的溶液30.00g，再分别加入100mL去离子水并摇匀。

（5）用两支液滴体积比为1:1的滴管向试样溶液中加入甲基橙和靛蓝二磺酸钠指示剂（甲基橙和靛蓝二磺酸钠指示剂的配制方法按照GB/T 603《化学试剂 试验方法所用制剂及制品的制备》进行）各2滴，搅拌均匀，试样溶液呈黄绿色。

（6）用盐酸标准溶液（盐酸标准滴定溶液的配制及标定按照GB/T 601《化学试剂 标准滴定溶液的制备》进行）滴定试样溶液，直至溶液颜色发生变化为灰绿色且振荡后稳定

30s 不变色，即为滴定终点。记下消耗盐酸标准溶液体积（以 mL 计）。

（7）每个试样至少测定 3 次，将测试值修约至小数点后两位，单个测定值与平均值的最大偏差在±0.50 以内，超过最大偏差应重新取样测定。

（8）水解度计算：

$$HD = (C \cdot V \times 71)/(m - 23C \cdot V) \times 100\% \tag{7-4}$$

式中　HD——水解度，%；

C——盐酸标准溶液的摩尔浓度，mol/L；

V——试样溶液消耗的盐酸标准溶液的体积，mL；

m——0.1%试样溶液的质量，g；

23——丙烯酸钠与丙烯酰胺链节质量的差值；

71——与 1.00mL 盐酸标准溶液（C_{HCl} = 1.000mol/L）相当的丙烯酰胺链节的质量。

5. 黏均分子量

1）定义

黏均分子量是聚合物中重复单元的计量与聚合度的乘积。

2）检测方法

（1）用去离子水配制质量分数为 0.5%的聚丙烯酰胺母液，准备 5 个 100mL 容量瓶。称取母液 4.00g、6.00g、8.00g 和 10.00g 分别装入 4 个容量瓶中，用移液管在 5 个容量瓶中分别加 50mL 缓冲溶液并摇匀，用去离子水分别加至 100mL 刻度并摇匀。

（2）在干燥的乌氏黏度计中装入经 G0 玻璃砂芯漏斗过滤后的待测溶液，将乌氏黏度计垂直置于 30℃恒温水浴中，最少恒温 10min。

（3）测量待测溶液在黏度计两刻度之间的流动时间，精确至 0.01s，重复测定 3 次，测定结果相差不超过 1s，取其平均值。所有溶液必须用同一支黏度计和同一个秒表测定。测定应从低浓度至高浓度的顺序测定，每次测定前，黏度计须用待测溶液冲洗 2~3 次。

（4）缓冲溶液的流出时间按（1）~（3）的规定重复测定 3 次，测定结果相差不超过 0.5s。

（5）计算 4 种溶液的黏度比：

$$\eta_{sp} = (t-t_0)/t_0 \tag{7-5}$$

式中　η_{sp}——增比黏度，无量纲；

t——试样溶液的流经时间，s；

t_0——缓冲溶液的流经时间，s。

（6）计量各溶液的 η_{sp}/C 值，C 为试样溶液质量浓度，即 1mL 试样溶液中聚丙烯酰胺的质量（单位：g）。在坐标纸上以 η_{sp}/C 为纵坐标，C 为横坐标作图，用四点外推法求曲线上直线部分在纵坐标上的截距，读出特性黏数（IV）。

（7）黏均分子量计算：

$$M_{\eta} = (IV/0.000373)^{1.515} \tag{7-6}$$

式中　M_{η}——黏均分子量；

IV——特性黏数，dL/g；

0.000373——经验常数；

1.515——经验常数。

6. 溶液黏度

1）定义

溶液黏度是衡量聚合物溶液流动阻力的量值。

2）检测方法

（1）称取199.00g标准盐水于400mL烧杯中，准确称取1.0000g试样。调整立式搅拌器的搅拌速度至400r/min±20r/min，使标准盐水形成旋涡，在1min内缓慢而均匀地把试样撒入旋涡壁中，继续搅拌2h。

（2）称取按步骤（1）所配溶液20.00g于400mL烧杯中，加标准盐水至100.00g，用磁力搅拌器搅匀。

（3）将恒温水浴设定为45℃±0.1℃。

（4）UL转子与黏度计连接，将约16mL待测溶液移入测量筒中，恒温10min，然后设定转速为6r/min（$7.34s^{-1}$），按黏度计操作规程进行溶液黏度测定，每个样品测定3次，测试值保留小数点后一位有效数字，取平均值为测定结果。

7. 过滤因子

1）定义

过滤因子是衡量聚合物溶液均一性的经验常数。

2）检测方法

（1）根据试样的固含量S，称取（$1/S$）g待测试样，准确至0.0001g。

（2）称取新制备且经0.22μm核孔膜过滤的盐水（$200-1/S$）g于500mL烧杯中，准确至0.01g。

（3）调整立式搅拌器的速度至400r/min±20r/min，使水形成旋涡，在1min内缓慢而均匀地将试样撒入旋涡壁中，继续搅拌2h，直到试样完全溶解，溶液浓度为0.5%。

（4）称100.00g上述溶液于1000mL烧杯中，加400.00g过滤盐水，用立式搅拌器至少搅拌15min，使浓度为0.1%试样溶液充分混合。

（5）安装过滤因子测定装置，将3.0μm核孔滤膜在浓度0.1%试样溶液中浸泡一下，亮面水平朝上装入滤膜夹持器中，并接到过滤因子测试装置上。

（6）关闭球阀，将浓度为0.1%的试样溶液加入过滤装置中，至少加入400mL。

（7）调解系统压力为0.2MPa。把500mL量筒放在装置下面，迅速打开球阀，同时开动计时器，每流出100mL记录一次累计时间，到滤出300mL为止。

（8）过滤因子（FR）的定义为300mL与200mL之间的流动时间差与200mL与100mL的流动时间差之比，按式（7-7）计算：

$$FR = (t_{300mL} - t_{200mL})/(t_{200mL} - t_{100mL}) \tag{7-7}$$

式中 FR——过滤因子；

t_{300mL}——聚合物溶液滤出300mL的时间，s；

t_{200mL}——聚合物溶液滤出200mL的时间，s；

t_{100mL}——聚合物溶液滤出100mL的时间，s。

8. 水不溶物

1）定义

聚合物中各种杂质及助剂不溶部分的质量百分含量。

2）检测方法

（1）用蒸馏水洗净25μm筛网后置于120℃恒温干燥箱中烘干2h，移至干燥器中冷却30min后，称重准确至0.0001g视为W_4。

（2）称取2.5g（准确至0.0001g）待测试样为W，称取500mL去离子水于1000mL烧杯中，用立式搅拌器以400r/min±20r/min的速度搅拌形成旋涡，在1min内，缓慢而均匀地将试样撒于旋涡中使其完全溶解，搅拌2h。

（3）在压力0.2MPa条件下，用已称重的25μm筛网过滤试样溶液，再用500mL去离子水冲洗筛网。

（4）将筛网放回干燥箱，在120℃下烘干2h，移至干燥器冷却30min后，称重准确至0.0001g视为W_5。

（5）水不溶物含量计算：

$$N_d = (W_5 - W_4)/W \times 100\% \tag{7-8}$$

式中　N_d——水不溶物含量，%；

W_4——干燥后筛网的质量，g；

W_5——干燥后筛网和不溶物的质量，g；

W——试样的质量，g。

9. 筛网系数

1）定义

筛网系数是表征聚合物溶液黏弹性的经验常数。

2）检测方法

（1）根据固含量检测方法测出试样的固含量S。

（2）称（$200-1/S$）g新配制的标准盐水（准确至0.01g）于400mL烧杯中。称取（$1.0/S$）g，准确至0.0001g的试样。

（3）调整立式搅拌器速度至400r/min±20r/min使水形成旋涡，在1min内缓慢而均匀地将试样撒入旋涡壁中，继续搅拌2h，直到试样完全溶解（溶液浓度为0.5%）。

（4）称20.00g上述溶液于400mL烧杯中，加180.00g经过0.22μm核孔滤膜过滤的标准盐水，用磁力搅拌器搅拌至少15min，使浓度为0.05%的溶液充分混合。

（5）将标准盐水经过75μm筛网过滤到一个干净的烧杯中，筛网黏度计接上管，且把全套装置均置于25℃的恒温水浴中，调整黏度计的位置使其下端比烧杯底略高。

（6）将液体吸至黏度计顶端的记号以上，停吸，在保持液位的情况下，把仪器提高到烧杯中的液面以上，然后释放液体，用秒表记录两记号之间的流动时间，精确到0.1s。在操作时应注意吸液速度不要太快；如果黏度计的末端未插入液体中则不要抽吸。

（7）用去离子水或蒸馏水彻底冲洗黏度计，并再重复测试两次。计算3次测试结果的平均值，各次测试的偏差不应超过2s，平均偏差应小于0.5s。

（8）用75μm筛网过滤试样溶液于干净的烧杯中，调整溶液的温度25℃，将洁净的黏度计倒插入溶液中，使其下端接近烧杯底约0.5cm，抽液体至滤网处，除去任何可能吸附在筛网上的气泡，停吸，保持液面高度，将黏度计拿出，迅速倒置。放下液体，并记录两刻度间的时间精确到0.01s。用去离子水或蒸馏水彻底清洗黏度计，并重复上述试验2次，取3次平均值。

(9) 两次试验的流动时间超过0.4s，则应检查黏度计是否干净，如果是干净的，则要用标准盐水重新校准；对于新黏度计，如果测定时间的平均值变化超过10%，则应换另一个新的黏度计。

(10) 在吸液之前，用振动的方法把黏度计筛网以上的气泡排除干净，控制流动速度。

(11) 用热水反向冲洗75μm筛网至没有胶状物止，并用蒸馏水漂洗，用去离子水或蒸馏水冲洗黏度计直至干净为止。当不用时，筛网黏度计应存放在去离子水中。

(12) 如果标准盐水和试样溶液测定温度不是25℃，则必须用1.000+0.017（T−25）的因子加以修正。

(13) 筛网系数计算：

$$R_s = t/t_0 \qquad (7\text{-}9)$$

式中 R_s——筛网系数；

t——试样的平均时间；

t_0——盐水的平均时间。

10. 溶解速度

1）定义

溶解速度是表征高分子聚丙烯酰胺完全溶解于水溶剂中的快慢程度。

2）检测方法

(1) 称取298.50g的标准盐水于500mL烧杯中。

(2) 称取1.5g试样，准确至0.0001g，调整立式搅拌器的速度至400r/min±20r/min，使标准盐水形成旋涡，在1min内缓慢而均匀地将试样撒入旋涡壁继续搅拌，在搅拌时间达到t_1（2h）和t_2（2h10min）时，分别取母液各20.00g于250mL烧杯中，加80.00g的盐水，用磁力搅拌器搅拌15min。

(3) 测定上述两种溶液的黏度，当两溶液（t_1和t_2，且$t_1<t_2$）的黏度值（η_1和η_2）符合公式：$|\eta_2-\eta_1|/\eta_2<3\%$时，则视为在时间$t_1$内完全溶解。

11. 残余单体

1）定义

残余单体指未参加聚合反应的单体在聚合物中的质量百分含量。

2）检测方法

(1) 溶液A：将异丙醇1080mL与去离子水900mL混合，用移液管加20mL乙醇，混匀存于2L玻璃瓶中。

(2) 溶液B：将异丙醇1480mL与去离子水500mL混合，用移液管加20mL乙醇，混匀存于2L玻璃瓶中。

(3) 溶液C：用移液管取10mL乙醇加入1L容量瓶中，再用异丙醇稀释到刻度混合均匀并存于2L玻璃瓶中。

（4）用去离子水溶解1.0000g丙烯酰胺，稀释至100mL；

（5）用49mL溶液A与50mL溶液B于容量为200mL玻璃瓶中混合，用移液管吸取1.0mL按步骤（4）配好的丙烯酰胺溶液置于同一玻璃瓶中摇匀，即为100mg/L浓度的丙烯酰胺标准试样。每制备萃取溶液A时，就应制备一个新的标准试样。

（6）称取2.00g，准确至0.01g的待测试样于50mL细口瓶中，加10mL溶液A，盖紧瓶具塞搅拌或用力振荡40min。

（7）再加10mL溶液B，盖紧瓶具塞搅拌或用力振荡40min，如果溶液不黏，可用于仪器分析。

（8）如果加溶液B后，溶液变黏，则重新按步骤（6）称取待测试样，加10mL溶液A，盖紧瓶具塞，搅拌或用力振荡40min。然后加入10mL溶液C，搅拌或用力振荡40min，可以用于仪器分析。

（9）色谱仪调解为以下实验条件：

①检测波长：220nm；

②流动相流速：1mL/min；

③安全压力：21MPa；

④流动相：5/95甲醇/水（体积比）。

（10）残余单体含量计算：

$$R_e = (S_1 \times 10^{-3}) / S_2 \tag{7-10}$$

式中　R_e——残余单体含量，%；

S_1——试样峰面积；

S_2——标样峰面积。

二、溶液性能评价

1. 增黏性

用模拟盐水或现场水配制聚合物溶液，测定溶液在各浓度点的黏度，考察聚合物溶液的增黏性能，找出合理的控制流度的浓度点，为室内驱油实验和聚合物驱方案设计提供技术参数。

HPAM的黏均分子量通常达到1.2×10^7g/mol以上，单个分子的根均方旋转半径达到150nm以上。其分子的流体力学体积远远大于一般的小分子溶质，加上分子之间存在的内摩擦和物理缠结作用，因此其溶液的流动阻力较大，体系的视黏度即表观黏度相对较高。

聚合物溶液黏度随浓度的升高而增加，在水质条件好的清水体系中的溶液黏度要明显高于污水体系中溶液黏度（图7-2）。对三次采油中应用的聚合物要求其体系黏度越高越好。一般指聚合物浓度1000mg/L的溶液黏度在40mPa·s以上。

通过提高HPAM的分子量或在分子主链上引入抗盐单体，能使聚合物溶液随矿化度增加，黏度不降，或下降不多，在油藏矿化度条件下仍能达到设计要求，或者直接用污水配制仍能达到清水配制的效果。

2. 稳定性

用模拟盐水或现场水配制聚合物溶液，在无氧条件下（如无氧手套箱中）将聚合物溶液放置于恒温箱中，测定溶液黏度，考察聚合物溶液工作黏度随时间的变化情况（图 7-3）。

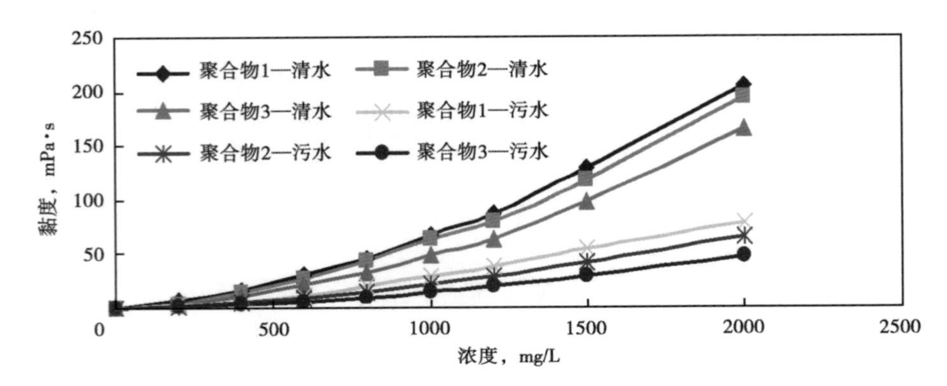

图 7-2　聚合物溶液黏浓关系曲线

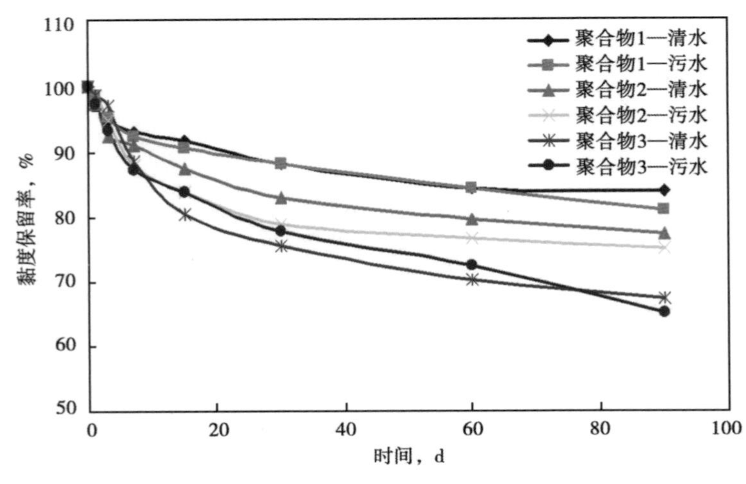

图 7-3　聚合物溶液黏稳曲线

通常聚合物溶液随着放置时间的延长，溶液黏度呈下降趋势，由于聚合物在地下长期的驱油过程中其分子形态和大小往往受到诸多非剪切作用如地层细菌、地层温度、污水杂质等的影响，导致分子链发生链转移反应而降解，从而体系黏度下降。但一些抗盐聚合物在放置初期，溶液黏度还有增长的现象，这和该类聚合物自身的分子结构有关。

3. 抗剪切性

用模拟盐水或现场水配制聚合物溶液，用吴茵剪切器等装置模拟聚合物溶液经过炮眼等剪切作用，评价溶液黏度的损失率，以便更好地掌握聚合物溶液的地下工作黏度（表 7-1）。

聚合物溶液在经过高强度机械剪切后，由于部分分子来不及沿剪切方向进行取向作用，其分子链段通常会发生无规断裂，导致其分子量减小，体系黏度下降。不同的剪切强度往往对应着一定的分子量和分子尺寸极限。聚合物驱要求聚合物溶液要具备一定的抗剪切能力，即溶液黏度不受剪切而大幅度下降，保持在设计要求的工作黏度范围之内。

表 7-1　剪切性能评价结果表

聚合物		聚合物 1		聚合物 2		聚合物 3	
		清水	模拟盐水	清水	模拟盐水	清水	模拟盐水
黏度 mPa·s	剪切前	62.9	21.1	67.2	29.7	52.3	14.9
	剪切后	56.5	18.1	52.3	21.8	31.4	8.9
保留率,%		89.8	85.8	77.8	73.4	60.1	59.7

4. 静吸附性

用模拟盐水或现场水配制聚合物溶液，将油砂和聚合物溶液按一定比例混合，在恒温水浴槽中放置振荡，再用离心机分离聚合物溶液，测定聚合物溶液和油砂混合前后溶液黏度，考察聚合物溶液在地层运移过程中吸附量及黏度的损失情况。

从聚合物静吸附曲线（图 7-4）看，随着聚合物浓度的升高，聚合物在油砂中的吸附含量增加；当聚合物浓度为 2500 mg/L 时，聚合物在净砂中的吸附含量基本达到饱和；聚合物浓度在 2500mg/L 以上，聚合物在净砂中的静吸附含量变化不大。由于聚合物溶液在油砂中的吸附作用，使溶液黏度在吸附后降低。

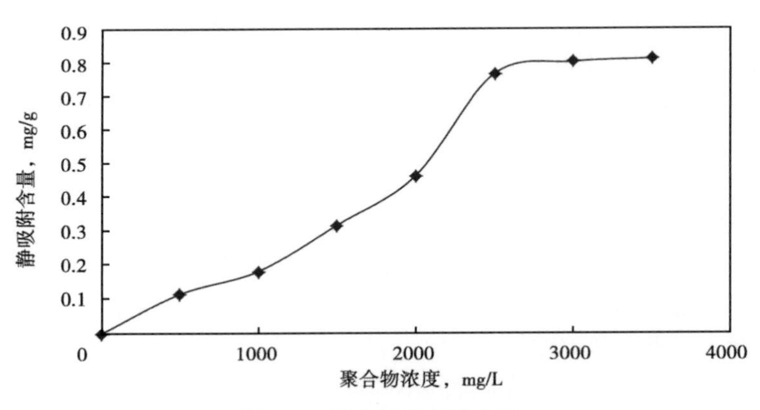

图 7-4　聚合物静吸附曲线

5. 抗盐性

用模拟盐水或现场水配制聚合物溶液，测定溶液在不同矿化度下，溶液黏度的变化情况，考察聚合物溶液在不同水质条件下油藏的工作黏度（表 7-2）。

表 7-2　聚合物抗盐黏度保留率结果

聚合物溶液	黏度，mPa·s		黏度保留率 %
	矿化度 1000mg/L	矿化度 4000mg/L	
抗盐聚合物 1	88.5	66.6	75.3
抗盐聚合物 2	62.2	52.3	84.1
普通 2500 万分子量聚合物溶液	66.1	31.6	47.8
普通 1600 万分子量聚合物溶液	40.7	18.1	44.5

通常聚合物溶液随着配制水矿化度和离子含量的升高，黏度呈现下降的趋势，抗盐聚合物由于增黏机理和分子结构等不同，溶液黏度在高矿化度盐水中能够保持较好的工作黏度。

6. 抗温性

用模拟盐水或现场水配制聚合物溶液，测定溶液在不同温度下，溶液黏度的变化关系，考察聚合物溶液在不同温度油藏条件下的工作黏度（表7-3）。

表7-3　聚合物抗温黏度保留率结果

聚合物溶液类型	黏度，mPa·s				抗温黏度保留率 %
	45℃	55℃	65℃	75℃	
1600万	40.6	35.3	32.2	27.6	68.0
2500万	42.1	40.0	36.3	30.3	72.0
3500万	51.6	48.8	45.6	42.9	83.1

聚合物溶液随着体系温度的升高，溶液黏度呈现下降的趋势，温度的升高加快了分子的作用，在热降解的作用下，分子结构受到破坏，导致体系黏度降低。

7. 流变及黏弹性

用模拟盐水或现场水配制聚合物溶液，用流变仪测定各聚合物溶液的流变及黏弹性曲线，考察溶液黏性随剪切速率的变化和弹性随剪切速率的变化。

HPAM溶液在剪切流动时遵循非牛顿流体的幂率定律 $\sigma=K\gamma^n$ 驱油用HPAM通常为假塑性流体，n 值小于1，即随着剪切速率 γ 的升高体系表观黏度降低，良好的剪切稀释性有利于聚合物溶液进入不同渗透率的油层同时保持较大的分子链长。HPAM溶液在流动过程中表现出的性质介于理想黏性体和理想弹性体之间，因此，HPAM溶液又被称为黏弹性流体。HPAM溶液在流动中除了发生永久形变外，还有部分的弹性形变。这种弹性效应使得剪切流动时的法向应力分量不像牛顿流体那样彼此相等，可以用法向应力差来评价弹性效应。第一法向应力差一般为正值，随剪切速率增加而增加，第二法向应力差一般为较小的负值，随剪切速率增加而下降。对于相同浓度相同体系黏度的不同聚合物，通常黏弹性较强的聚合物其岩心驱油实验效果较好。聚合物溶液流变曲线如图7-5所示，聚合物溶液黏弹曲线如图7-6所示。

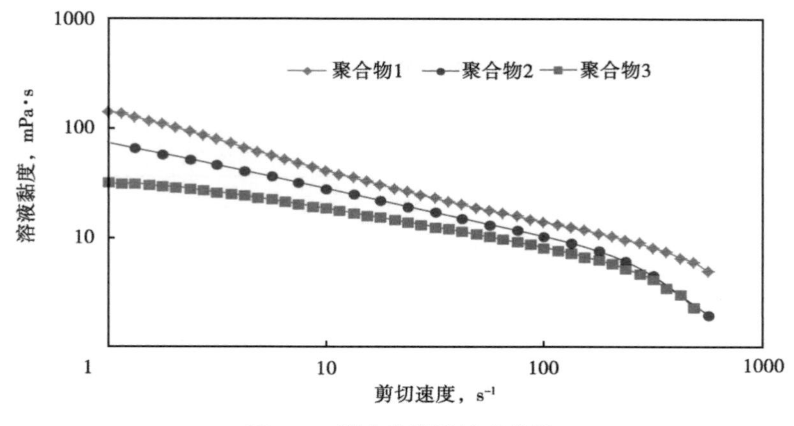

图7-5　聚合物溶液流变曲线

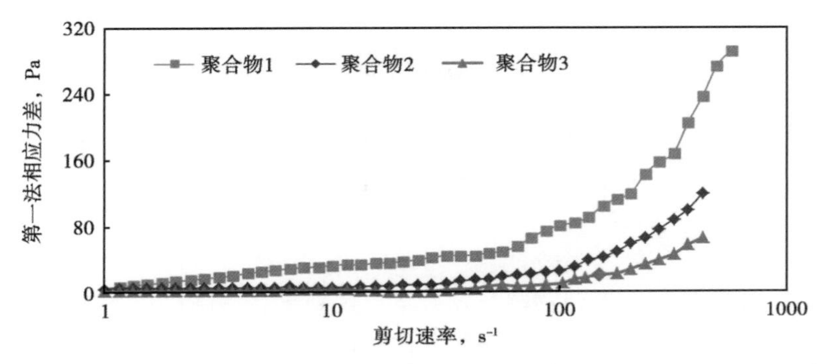

图 7-6　聚合物溶液黏弹性曲线

8. 乳化性

用模拟盐水或现场水配制聚合物溶液，以一定的比例将聚合物溶液和原油混合，评价聚合物与原油是否存在乳化现象、乳化体系黏度、乳化类型及乳化稳定性（图 7-7）。

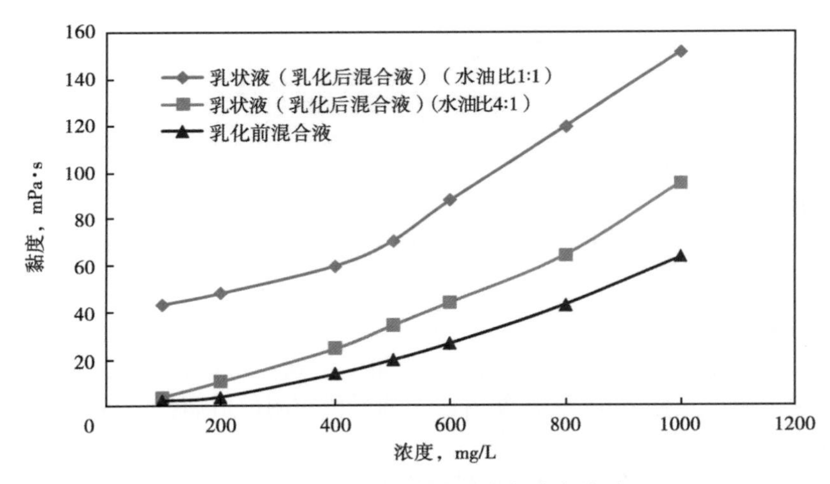

图 7-7　乳化前后溶液黏度与浓度关系

一些功能型聚合物（如聚合物—表面活性剂、乳液聚合物等）都具有乳化能力，与原油形成乳状液后，体系黏度大幅上升，由于这种乳化增黏的性能，使得该类聚合物在较低浓度下，具有较高的提高采收率能力。

第八章　聚合物驱开发经济效果评价方法及应用

开发经济效果评价是编制聚合物驱开发方案、规划部署、制订长远战略的重要依据。本章简述了聚合物驱开发效果评价方法，同时，比较详细地介绍了经济效益评价方法，主要以油藏工程理论、技术经济学、数理方法为基础，考虑聚合物驱开发规律及经济特点，建立基于动因的多因素分类、分阶段操作成本预测方法，突破了目前套用水驱的原有预测方法针对性不强、忽视多种因素交叉影响等方面的局限，提高了成本的预测精度。同时，依据折现现金流和期权理论，建立了纯增量聚合物驱经济效益评价模型，并根据项目评价的不同角度和决策所处的不同阶段目标，创新了两种经济评价模型，可为油田宏观调控和科学决策提供依据。

第一节　聚合物驱开发效果评价方法

一、聚合物驱开发效果评价指标

1. 聚合物驱增油量

聚合物驱增油量指标主要包括：阶段增油量、累计增油量和吨聚合物增油量 3 个方面的内容。

1）阶段增油量

该指标用于评价聚合物驱过程中阶段开发效果。指聚合物驱实际阶段产油量与预测的水驱同阶段产油量之差，单位：10^4t。水驱阶段产油量可应用数值模拟法或动态法进行预测。

（1）数值模拟法。

利用数值模拟方法对聚合物驱目的层综合含水率、阶段产油量和采出程度等开采指标进行预测，根据聚合物驱开采时间对水驱预测指标进行归一化处理，使得预测的水驱开采时间和聚合物驱开采时间一一对应，即求出聚合物驱各个阶段对应的增油量。

（2）动态法。

动态法可应用于在原注采井网的基础上直接转注聚合物驱开发的油田进行水驱阶段产油量的预测。

方法一，丙型水驱特征曲线法，即累计液油比—累计产液外推法：

基本公式

$$\frac{L_p}{N_p}=a_1+b_1L_p \tag{8-1}$$

校正公式

$$\frac{L_p+c_1}{N_p+c_2}=a_1+b_1(L_p+c_1) \tag{8-2}$$

式中　L_p——累计产油量，t；

N_p——累计产油量，10^4t；

a_1——丙型水驱特征曲线法直线截距；

b_1——丙型水驱特征曲线法直线斜率；

c_1——丙型水驱特征曲线法校正系数；

c_2——丙型水驱特征曲线法校正系数。

方法二，乙型水驱特征曲线法，即累计产液—累计产油外推法：

基本公式

$$\lg L_p = a_2 + b_2 N_p \tag{8-3}$$

校正公式

$$\lg(L_p + c_3) = a_2 + b_2(N_p + c_4) \tag{8-4}$$

式中　L_p——累计产油量，t；

N_p——累计产油量，10^4t；

a_2——乙型水驱特征曲线法直线截距；

b_2——乙型水驱特征曲线法直线斜率；

c_3——乙型水驱特征曲线法校正系数；

c_4——乙型水驱特征曲线法校正系数。

方法三，产量递减预测法：

基本公式

$$Q_t = Q_i(1 + Dnt)^{(-1/n)} \qquad (0 < n < 1) \tag{8-5}$$

校正公式

$$Q_t = Q_i[1 + Dn(t + c)]^{(-1/n)} \qquad (0 < n < 1) \tag{8-6}$$

式中　Q_t——瞬时产油量，t/d；

Q_i——水驱归一化第 i 月月产油量，10^4t；

D——水驱归一化月递减率，%；

n——评价年限，a；

t——注入时率，d；

c——产量递减预测法校正系数。

应用条件：当水驱特征曲线出现直线段后，方可应用方法一和方法二；其他情况下应用方法三。

2）累计增油量

该指标用于评价聚合物驱全过程结束后开发效果。指聚合物驱全过程累计产油量与数值模拟预测水驱同阶段累计产油量之差，单位：10^4t。

3）吨聚合物增油量

该指标用于评价聚合物驱全过程结束后的开发效果。指聚合物驱累计增油量除以累计注入聚合物干粉量，单位：t/t。

2. 阶段采出程度

该指标用于评价聚合物驱过程中阶段开发效果。聚合物驱阶段累计采油量占地质储量的百分数，单位:%（OOIP）。

3. 采收率提高值

该指标用于评价聚合物驱全过程结束后总体开发效果。聚合物驱最终采收率与水驱采收率之差。单位:%（OOIP）。

4. 省水量

该指标用于评价聚合物驱全过程结束后开发效果。指聚合物驱累计注入孔隙体积倍数，与数值模拟预测的水驱注入孔隙体积倍数之差，单位：无量纲。

5. 存聚率

该指标用于评价聚合物驱全过程结束后开发效果。区块累计注聚量与累计产聚量的差占累计注聚量的百分数，单位:%。

二、聚合物驱开发效果评价指标计算方法

聚合物驱开发效果评价指标常用数值模拟方法计算获取。

聚合物驱采收率提高值是评价聚合物驱矿场效果的重要指标，通常采用数值模拟方法获取，具体流程如下：

（1）建立油藏地质模型。地质模型内容包括：开发区面积、地质储量、孔隙体积、断层分布、油层条件、油水井数、各井的工作制度。所建地质模型井点间网格数应至少达到3个以上。

（2）水驱历史拟合。对聚合物开发区块进行水驱历史拟合，所拟合的区块地质储量、孔隙体积以及综合含水、累计产油的相对误差不应大于10%。

（3）水驱油开发效果预测。应用数值模拟方法在所建地质模型上按照所确定的预测初始条件进行水驱油效果预测，预测结束时间为全区含水达到经济含水极限采收率。其预测结果就是在与聚合物驱同样的工作制度下水驱的开发效果预测结果。预测指标包括：水驱最终采收率、累计增产油量及累计注入量。

（4）聚合物驱油开发效果预测。应用数值模拟方法在所建地质模型上进行聚合物驱油效果预测，预测结束时间为全区含水达到经济含水极限采收率。预测指标包括：最终采收率，采收率提高值［聚合物驱提高采收率幅度（单位：%）］、累计增产油量、吨聚增油量、综合含水率下降最大幅度（%）及节约注水量（单位：PV）等开发指标。

三、聚合物驱阶段提高采收率预测模型的建立与应用

随着聚合物驱油技术的不断成熟，聚合物驱开发指标预测技术也随之发展起来[1-6]。聚合物驱开发指标预测结果既可以指导油藏动态分析与开发调整，又是评价油田开发效果与经济效益的主要依据[7-9]。而现有的各类聚合物驱开发指标预测方法主要侧重于已开发聚合物驱区块含水回升阶段及后续水驱阶段的开发指标预测，在聚合物驱的其他开发阶段涉及较少。为此，根据A油田聚合物驱工业化区块的实际生产数据，综合应用驱替特征曲线和经验回归方法，建立了聚合物驱阶段提高采收率预测模型，该模型可用于聚合物驱的含水稳定阶段与含水回升阶段的开发指标预测。其通过预测不同聚合物用量条件下的提高采收率值，进而计算出年度产量指标，从而为开发规划方案的编制提供依据。

1. 提高采收率预测模型的建立

乙型水驱规律曲线的基本表达式为：

$$\lg L_p = A + BN_p \tag{8-7}$$

式中　L_p——累计产液量，10^4m^3；

A——截距；

B——斜率；

N_p——累计产油量，10^4m^3。

设油层的孔隙体积为 V_p，10^4m^3；聚合物驱阶段累计注入溶液量为 W_p，10^4m^3，则 W_p 与 V_p 的比值 m 定义为注入油层的孔隙体积倍数，当油田注采平衡时，则累计注入溶液量与累计产液量体积相等，即：

$$L_p = mV_p \tag{8-8}$$

将式（8-8）代入到式（8-7）中，可得：

$$\lg mV_p = A + BN_p \tag{8-9}$$

将 $N_p=RN$，代入式（8-9）中得：

$$\lg mV_p = A + BRN \tag{8-10}$$

式中　R——聚合物驱阶段采出程度,%；

N——地质储量，10^4m^3。

又由提高采收率的值为 $\Delta E_R=R-E_R$，那么式（8-10）可变为：

$$\lg mV_p = A + BN(\Delta E_R + E_R) \tag{8-11}$$

整理，可得：

$$\lg m = A + BNE_R + \lg\frac{1}{V_p} + BN\Delta E_R \tag{8-12}$$

式中　ΔE_R——提高采收率值,%；

E_R——水驱最终采收率,%。

根据聚合物用量 $p_y=mC_p$，可得：

$$\lg P_y = A + BNE_R + \lg\frac{C_p}{V_p} + BN\Delta E_R \tag{8-13}$$

令 $A_1 = A + BNE_R + \lg\frac{C_p}{V_p}$，$B_1 = BN$，则：

$$\lg P_y = A_1 + B_1\Delta E_R \tag{8-14}$$

式中　P_y——聚合物用量，即聚合物溶液注入油层孔隙体积倍数 m 和聚合物质量浓度 C_p 的乘积，mg/L·PV。

从式（7-14）可以看出，聚合物用量 P_y 和提高采收率的值 ΔE_R 在半对数坐标中成直线关系，因此通过回归分析方法，就可以建立聚合物驱阶段提高采收率的预测模型。

2. 模型的分析

将 A 油田已投入开发的聚合物驱区块的生产数据进行整理和分析，可以绘制出聚合物用量与提高采收率关系曲线，其结果显示各区块的曲线都具有“S”形特征。且若将聚合物用量取对数，各区块和井组的聚合物用量与提高采收率关系曲线（图 8-1）在半对数坐标系下，一般都会出现一条近似的直线段。

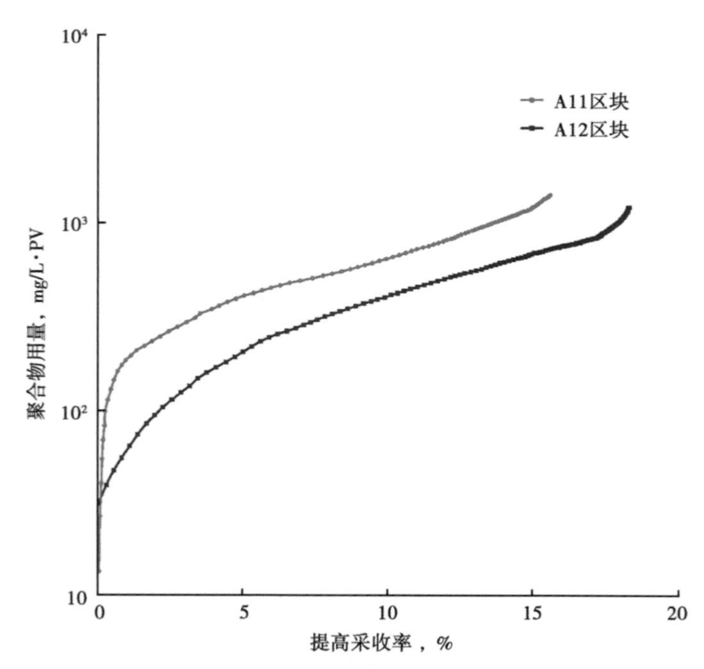

图 8-1 两个区块聚合物用量与提高采收率关系

通过分析聚合物驱油过程中动态变化认为，该直线段的物理意义是在注采平衡条件下近似的聚合物单相稳态渗流阶段，在这一阶段，聚合物溶液在油层中的压力、速度等仅是坐标的函数。因此，在聚合物驱过程中，注采系统调整、注入参数调整等措施，都会对这种近似的单相稳态渗流状态产生影响，使聚合物用量与提高采收率关系曲线出现弯曲，直到达到新的稳定状态。

1）直线段出现时间

为了确定直线段出现和结束的时间，通过统计 21 个聚合物驱区块出现直线段时的聚合物用量与所处的开发阶段（表 8-1 和表 8-2），发现这些区块在进入含水稳定阶段前后开始出现直线段。其中 15 个一类油层区块均在含水下降阶段出现直线段，6 个二类油层区块中有 3 个在含水稳定阶段出现直线段，但距判定是否进入含水稳定阶段的关键点（含水率最低点）的聚合物用量差距较小，为 19~42mg/L · PV。因此，可以看出该预测方法可从含水稳定阶段开始使用。

2）直线段结束时间

在聚合物驱开发过程中，随着聚合物用量不断增加，区块经历含水下降阶段、含水稳定阶段，进入含水回升阶段，日产油量逐步降低，阶段采出程度增幅明显降低，经济效益下降。因此，区块内的注入井开始分批由注入聚合物溶液转为注水，直至区块全部转入后续水驱。由于转入后续水驱的过程中，聚合物用量增幅明显减小，而相应的提高采收率值增幅不会出现明显变化，因此，在半对数坐标系下的聚合物用量与提高采收率将会出现上翘现象。

表 8-1 一类油层聚合物驱区块开发情况

区块名称	出现直线段时				含水率最低点		
	聚合物用量 mg/L·PV	提高采收率 %	含水率 %	开发阶段	聚合物用量 mg/L·PV	提高采收率 %	含水率 %
A1 区块	223	1.88	82.03	含水下降	247	2.46	79.81
A2 区块	145	1.80	76.08	含水下降	186	3.03	73.93
A3 区块	172	2.39	82.45	含水下降	260	4.42	77.92
A4 区块	213	1.96	82.78	含水下降	242	2.42	81.40
A5 区块	304	2.00	65.97	含水下降	379	3.38	61.31
A6 区块	182	2.10	73.50	含水下降	247	4.79	68.07
A7 区块	172	2.03	81.34	含水下降	211	3.28	77.00
A8 区块	105	1.28	70.72	含水下降	126	2.43	63.68
A9 区块	167	1.82	70.76	含水下降	176	2.13	69.13
A10 区块	196	0.95	84.85	含水下降	207	1.23	82.46
A11 区块	223	1.63	82.16	含水下降	282	2.77	77.59
A12 区块	182	1.87	86.27	含水下降	238	3.24	83.89
A13 区块	225	1.74	85.68	含水下降	225	1.74	85.68
A14 区块	288	2.62	84.83	含水下降	303	2.96	84.25
A15 区块	198	2.24	78.77	含水下降	291	5.36	68.08
平均值	200	1.89	80.18		241	3.04	76.83

表 8-2 二类油层聚合物驱区块开发情况

区块名称	出现直线段时				含水率最低点		
	聚合物用量 mg/L·PV	提高采收率 %	含水率 %	开发阶段	聚合物用量 mg/L·PV	提高采收率 %	含水率 %
B1 西块二类	225	2.20	80.99	含水下降	225	2.20	80.99
A1 区块上返	265	2.48	79.33	含水稳定	228	1.85	79.32
A6 区块东部	254	1.68	86.26	含水稳定	235	1.38	85.50
A9 区块二类	194	2.73	81.16	含水稳定	152	1.83	81.40
A13 区块一区	322	2.52	86.00	含水下降	322	2.52	86.00
A12 区块一区	376	1.74	87.53	含水下降	590	4.42	81.63
平均值	273	2.23	83.64		292	2.37	82.68

由于目前数值模拟方法还存在一些问题，计算结果与实际存在较大偏差，因此，依据聚合物驱工业化区块的开发实践，初步认为由于目前已开发的聚合物驱工业化推广区块，在聚

合物用量大于1600mg/L·PV以后，提高采收率值增加幅度明显减小，出现了曲线上翘现象，因此，将1600mg/L·PV作为直线段结束时间。

3. 预测模型的应用

选择6个聚合物驱区块开展聚合物驱阶段提高采收率预测。首先，根据各区块在聚合物用量500mg/L·PV之前的数据进行线性回归，建立预测公式，之后在给定不同聚合物用量条件下预测对应的提高采收率值，并与实际值进行对比（表8-3）。通过对比实际数据与预测数据可以看出，一类油层区块提高采收率预测指标的绝对误差为0.03%~0.34%，平均绝对误差为0.14%，相对误差为0.34%~4.44%，平均相对误差为1.33%；二类油层区块提高采收率预测指标的绝对误差为0.01%~0.40%，平均绝对误差为0.09%，相对误差为0.13%~4.91%，平均相对误差为1.21%。

表8-3　一类油层和二类油层聚合物驱区块提高采收率预测结果与实际值对比

区块	线性回归结果			不同聚合物用量条件下提高采收率，%						
	截距	斜率	相关系数	分类	600 mg/L·PV	700 mg/L·PV	800 mg/L·PV	900 mg/L·PV	1000 mg/L·PV	1100 mg/L·PV
A5区块（一类）	2.3551	0.0618	0.9975	预测	6.85	7.93	8.87	9.69	10.44	11.11
				实际	6.89	8.05	8.90	9.60	10.35	10.80
B2区块西部（一类）	2.1321	0.0469	0.9970	预测	13.78	15.20	16.44	17.53	—	—
				实际	13.64	14.93	16.13	17.47	—	—
B3西部（一类）	2.2061	0.0715	0.9994	预测	8.00	8.94	9.75	10.46	11.10	11.68
				实际	7.66	8.82	9.63	10.39	11.04	11.58
B1区块（二类）	2.2849	0.0664	0.9980	预测	7.43	8.44	9.31	10.08	10.77	11.39
				实际	7.42	8.48	9.37	10.14	10.73	11.32
B3区块西块（二类）	2.1637	0.0663	0.9983	预测	9.28	10.02	11.10	—	—	—
				实际	9.24	10.08	10.96	—	—	—
A13区块一区（二类）	2.3082	0.0894	0.9976	预测	5.26	6.01	6.65	7.23	7.74	8.20
				实际	5.19	5.95	6.62	7.40	8.14	8.45

在此基础上，对A油田其他聚合物用量大于500mg/L·PV的33个一类和二类油层聚合物驱区块进行预测，结果显示其绝对误差为0.01%~0.58%，相对误差为0.09%~6.24%。通过实际应用结果可以看出，该方法的预测结果较为精确，计算精度能够满足开发规划编制和年度配产的需求。

第二节　经济效益评价方法

一、聚合物驱操作成本预测方法

1. 聚合物驱单位操作成本变化特点

成本预测是指依据掌握的经济信息和历史成本资料以及成本与各种技术经济因素的相互

依存关系[1]，采用科学的方法，对企业未来成本水平及其变化趋势做出的科学推测。成本预测是成本管理的重要环节，在实际工作中必须予以高度重视。

操作成本是效益分析最主要的指标[2]，在评价聚合物驱效益前，需对单位操作成本变化规律进行分析。聚合物驱操作成本在不同注聚合物阶段变化趋势不同，具有以下特点：

（1）由于聚合物驱干粉费用的投入，含干粉的操作成本波动较大。

（2）从全过程对比看，聚合物驱平均操作成本均低于水驱。

（3）注聚合物后含水率下降，操作成本也下降；进入注聚合物后期，随着含水率的上升，操作成本也随着上升；进入后续水驱阶段，操作成本随含水率的上升逐渐增加。

（4）水驱开发后期操作成本上升较快，水驱结束时的操作成本远高于聚合物驱结束时操作成本。

聚合物驱操作成本具有阶段性变化特点的主要原因有剩余开采储量减少、井下作业量增加、驱油物注入量的增加、油气处理作业物耗的增加、采油速度的提高、开采周期的缩短等[3]。因此，聚合物驱操作成本预测方法应与水驱不同，不能简单地沿用水驱操作成本预测方法，有必要对影响水驱和聚合物驱开发操作成本的因素进行分析。建立体现聚合物驱开采特点的多因素分类、分阶段预测的方法，突破了套用水驱原有预测方法的针对性不强、忽视多种因素交叉影响等方面的局限。

2. 聚合物驱操作成本影响因素

聚合物驱开发操作成本的影响因素比较复杂[4]，通过收集某油田近 6 年 49 个聚合物驱区块的开发地质、生产动态及相关的宏观经济数据，并对操作成本总额和吨油操作成本与相关因素的关系进行逐项分析。这些因素与成本变化呈现出多种相关性，且无法用单一的相关性方法和单一的影响因素对操作成本进行预测，因此，需要综合多种因素进行多因素分阶段的相关性分析及预测。结合聚合物驱开发规律，根据现行的成本核算方法、生产实际和相关数据的拟合分析，初步选取了开发地质、生产动态和宏观经济 3 类 18 项影响因素（表 8-4）。由于操作成本受到许多不确定因素影响，在进行预测时需要将上述影响因素进行分析，去除相关性高的影响因素，采用灰色关联分析法最终确定影响操作成本的主要因素。

表 8-4　聚合物驱操作成本影响因素及分类

分类	具体指标
开发地质	含油面积、动用地质储量、动用可采储量、油藏中深、平均渗透率、原油黏度
生产动态	采油速度、注入量、油井数、注入井数、产液量、井网密度、递减率、含水率
宏观经济	油价、消费物价指数、生产者物价指数、职工人数

对于两个系统之间的因素，其随时间或不同对象而变化的关联性大小的量度，称为关联度。在系统发展过程中，若两个因素变化的趋势具有一致性，即同步变化程度较高，即可谓二者关联程度较高；反之，则较低。灰色关联分析方法是根据因素之间发展趋势的相似或相异程度，亦即“灰色关联度”，作为衡量因素间关联程度的一种方法。灰色系统理论提出了对各子系统进行灰色关联度分析的概念，意图通过一定的方法，去寻求系统中各子系统（或因素）之间的数值关系。因此，灰色关联度分析对于一个系统发展变化态势提供了量化的度量，非常适合动态历程分析。

由于开发地质和宏观经济某些指标与生产动态类的一些指标，以及每类指标内部具有较强相关关系，例如，开发地质等因素的影响体现在开发动态指标中，区块的职工人数是由区块的井数和生产规模决定，消费物价指数和生产者物价指数有较明显的相关性。同时，开发地质和职工人数等因素不随时间的变化而变化，因此一般不体现在逐年操作成本预测模型中。排除开发地质和职工人数等因素，将剩余的 9 项因素进行灰色关联分析，由于含水率、油价和产油量 3 项因素的关联度小于 0.85，因此，筛选出产液量、注入量、采油速度、注入井数、油井数和生产者物价指数 6 个影响聚合物驱操作成本的开发动态和宏观经济的主要因素（表 8-5）。

表 8-5　影响聚合物驱操作成本因素灰色关联筛选结果

影响因素	产液量	注入量	采油速度	注入井数	油井数	生产者物价指数	含水率	油价	产油量
灰关联度	0.924	0.919	0.915	0.905	0.898	0.878	0.827	0.737	0.564

从灰色关联分析结果看，开发地质因素与操作成本的关联度均低于 0.75，因此，地质因素可以由相应的生产动态和宏观经济指标来体现。从筛选出的 6 个主要影响因素看，定量分析上产液量是影响聚合物驱操作成本的最大因素。分析认为，产液量对操作成本的影响，不仅体现在采出作业费用上，而且还直接影响到处理作业中直接燃料费、直接动力费、直接人员费等相关费用[5]。因此，筛选出的 6 项因素能够表征确定的 18 项聚合物驱的操作成本因素。

3. 分阶段聚合物驱操作成本预测模型

主成分分析通过给综合指标所蕴含的信息以恰当的解释[6]，深刻的解释事物内在规律。具体地说，是导出少数几个主分量，使它们尽可能多地保留原始变量的信息，且彼此间不相关。是考察多个定量（数值）变量间相关性的一种多元统计方法。通过少数几个主分量（即原始变量的线性组合）来解释多变量的方差——协方差结构。通过降维，把多个指标化为少数几个综合指标，而尽量不改变指标体系对因变量的解释程度。聚合物驱开发分阶段操作成本受不同因素影响，波动较大。采取主成分分析可以通过降维，把影响聚合物驱操作成本因素综合形成几个主成分指标，通过主成分的线性组合体现聚合物驱操作成本变化规律和多种因素的交叉影响[7]。

应用主成分回归方法，建立了基于聚合物驱成本变动的多因素、分阶段操作成本预测模型

$$CB = Y_i + Y_s \tag{8-15}$$

$$Y = aZ_1 + bZ_2 + cZ_3 + \cdots + K \tag{8-16}$$

式中　CB——聚合物驱操作成本总额，万元；

Y_i——注聚合物阶段操作成本总额（i=1，2，3），万元；

Y_s——水驱阶段操作成本总额，万元；

Z_i——主成分；

a，b，c，K——常数。

应用某油田数据，采用主成分分析方法建立的聚合物驱不同开发阶段的预测模型。统计某油田2006—2011年聚合物驱区块开发和经济数据，筛选出49个区块。根据区块的油层性质和分布情况，确定其中40个区块为拟合组，9个区块为检验组。得出分阶段的操作成本预测模型：

$$CB = Y_i + Y_s \tag{8-17}$$

其中

$$Y_i = 25.767Z_{c1} - 149.108Z_{c2} - 178.282Z_{c3} + 11024.4 \tag{8-18}$$

$$Y_s = 15.985Z_{s1} + 1.22Z_{s2} - 292.04 \tag{8-19}$$

注聚合物阶段主成分表达式为：

$$Z_{c1} = 0.467x'_1 + 0.275x'_2 + 0.43x'_3 + 0.5066x'_4 + 0.045x'_5 + 0.512x'_6 \tag{8-20}$$

$$Z_{c2} = 0.187x'_1 - 0.405x'_2 + 0.25x'_3 - 0.101x'_4 + 0.212x'_5 - 0.084x'_6 \tag{8-21}$$

$$Z_{c3} = -0.129x'_1 + 0.103x'_2 - 0.125x'_3 + 0.071x'_4 + 0.510x'_5 + 0.053x'_6 \tag{8-22}$$

水驱阶段主成分表达式为：

$$Z_{s1} = 0.634x'_1 + 0.372x'_2 + 0.605x'_3 - 0.293x'_4 + 0.053x'_5 + 0.610x'_6 \tag{8-23}$$

$$Z_{s2} = -0.179x'_1 + 0.503x'_2 - 0.008x'_3 + 0.05x'_4 - 0.769x'_5 - 0.201x'_6 \tag{8-24}$$

式中　Z_{ci}，Z_{si}——注聚合物、注水阶段主成分，$i=1$，2，3，…；

x'_1——产液量，10^4t；

x'_2——注入量，10^4t；

x'_3——采油速度，%；

x'_4——注入井数，口；

x'_5——油井数，口；

x'_6——PPI（工业生产者出厂价格指数）。

采用9个检验区块实际数据对预测模型进行精度检验。从检验的情况看，误差在5%以内，预测方法符合聚合物驱操作成本变化规律，适用于聚合物驱操作成本预测（表8-6）。

表8-6　拟合组分阶段操作成本预测精度

不同开发阶段	区块数量，个	误差，%
空白水驱	9	2.78
注聚合物阶段	9	-4.33
后续水驱	6	2.27

二、聚合物驱经济评价方法

聚合物驱新建产能项目经济评价采用现金流量法[8]，目前国内各石油公司根据公司自身的经营状况、投资贷款利率和行业的平均收益水平情况，制订了投资项目的基准折现率。在投资项目评价时，只要按照基准折现率测算的财务净现值大于零，则项目有效。

动态现金流量方法是油田开发项目经济评价的主要方法[9]。现金流量法主要是通过计算开发项目计算期内各年的现金收支（现金流入和现金流出）、各项动态和静态评价指标，进行项目盈利分析。聚合物驱项目的经济评价方法可以规范为现金流量的动态经济评价方法。聚合物驱项目的本质特征是以增量调动存量，以较少的新增投入取得较大的新增效益，具有典型的改扩建项目特征，因此，在经济评价时应用“增量效益”指标评价项目的经济性。但由于该项目的投入、产出不同于一般类型的建设项目，其经济评价方法也有所差别，聚合物驱项目经济方法原则上可以归属于石油工业的“改扩建”项目，评价方法包括有无对比法和增量评价法。即根据“有无项目对比法”，先计算“有聚合物驱项目”和“无聚合物驱项目”两种情况下的效益和费用，再通过效益和费用“有”“无”的差额（即增量效益与增量费用），进一步计算增量的财务内部收益率、财务净现值、投资回收期、投资利润率、投资利税率等财务评价指标。

根据项目评价的不同角度和决策所处的不同阶段目标，聚合物驱新建产能项目经济评价可分为3个层次的评价。

1. 项目纯效益评价

项目纯效益评价是从项目自身角度出发，测算项目的盈利能力。聚合物驱与原井网继续水驱对比，由于聚合物驱与纯水驱开发相比提高了油田的采收率，缩短了开发时间，加速了资金的回流，据折现现金流原理，建立了纯增量聚合物驱经济效益评价模型，确定聚合物驱有实施潜力的项目，评价考核指标是项目财务净现值大于零。

$$NPV_1 = \sum_{t=1}^{m} \frac{S_t + L_t + SR_t}{(1 + i_c)^t} - \sum_{t=1}^{n} \frac{C_t + T_t + T'_t + TZ_t + \omega_t P_J}{(1 + i_c)^t} \tag{8-25}$$

式中 NPV_1——项目财务净现值，万元；

S_t—第 t 年销售收入，万元；

L_t——第 t 年回收流动资金，万元；

SR_t——第 t 年其他收入，万元；

i_c——基准收益率，%；

C_t——第 t 年经营成本费用，万元；

T_t——第 t 年销售税金及附加，万元；

T'_t——第 t 年所得税，万元；

TZ_t——第 t 年投资，万元；

ω_t——药剂用量，t；

P_J——药剂价格，万元/t。

主要评价指标测算方法如下：

（1）营业收入。

$$S_t = Pr_0 \Delta Q_{o(t)} \tag{8-26}$$

式中 P——油价，元/t；

r_0—商品率，%；

$\Delta Q_{o(t)}$——增油量，10^4t。

（2）营业税金及附加。

$$T_t = S_t R_z (R_c + R_e) + S_t R_r \quad (8-27)$$

式中　R_z——油田近年来平均增值税额与营业收入的比例，%；

R_c——城市维护建设税率，%；

R_e——教育附加费率，%；

R_r——资源税单位税率，%。

（3）建设投资。

$$TZ_t = ZJ_t/n + (DM_t - PZ_t) + PZ_t \times N_J/N_Z + BK_t + SK_t + YL_t + CJ_t \quad (8-28)$$

或

$$TZ_t = ZJ_t/n_{bn} + (DM_t - PZ_t) + PZ_t \times BN_J/N_{Zbn} + BK_t + SK_t + YL_t + CJ_t \quad (8-29)$$

式中　ZJ_t——第 t 年钻井投资，万元；

n——上返总次数；

DM_t——第 t 年地面投资，万元；

PZ_t——第 t 年配制站投资，万元；

N_J——聚合物驱区块地质储量，10^4t；

N_Z——配制站所辖区块的总地质储量，10^4t；

BK_t——第 t 年补孔投资，万元；

SK_t——第 t 年射孔投资，万元；

YL_t——第 t 年投产前压裂投资，万元；

CJ_t——第 t 年测井投资，万元。

n_{bn}——报废年限之内的上返总次数；

N_{Zbn}——复合驱区块地质储量，10^4t。

（4）经营成本和费用。

$$C_t = CB_t + GF_t + YF_t \quad (8-30)$$

$$GF_t = G_f \times \Delta Q_{o(t)} \quad (8-31)$$

$$YF_t = Y_f \times \Delta Q_{o(t)} \quad (8-32)$$

式中　CB_t——第 t 年操作成本，万元；

GF_t——第 t 年其他管理费用，万元；

G_f——其他管理费用定额，元/t；

YF_t——第 t 年营业费用，万元；

Y_f——营业费用定额，元/t。

2. 项目综合效益评价

从目前国内石油公司的管理现状看，以油田公司整体考虑，无论新井是否建设，公司的员工成本和管理费用等相关费用均会照常发生[10]。因此，聚合物驱项目的建设摊薄了整个公司的人工成本和管理费用等；所以，在成本费用测算可不考虑人员费用和厂矿管理费等分摊费用。从公司综合效益角度出发，对常规项目纯效益评价进行改进，得出综合效益评价方法。评价指标是摊薄成本后税前净现值大于零。

$$\Delta NPV_2=\sum_{t=1}^{n}\frac{S_t+L_t+SR_t}{(1+i_c)^t}-\sum_{t=1}^{n}\frac{C_t-\alpha\cdot RG_t-\beta\cdot(CK_t+GF_t)-\delta\cdot QF_t+T_t+T_t'+TZ_t+\omega_tP_J}{(1+i_c)^t} \tag{8-33}$$

式中 ΔNPV_2——综合效益项目财务净现值，万元；

α——人工成本摊薄系数；

RG_t——第 t 年人工成本，万元；

β——厂矿管理费及管理费用摊薄系数；

GK_t——第 t 年厂矿管理费，万元；

δ——其他费用摊薄系数。

3. 项目战略效益评价

从长远角度、战略考虑，油价、储量和技术等具有不确定性，而这些不确定性因素的变化会带来相应的价值变化。期权价值模型由项目价值和期权价值组成[11]，其判断标准是考虑期权综合效益大于零。

$$\Delta NPVN=\Delta NPV_2+C \tag{8-34}$$

其中

$$C=S\times N(d_1)-K\times e^{-rt}\times N(d_2)$$

$$d_1=\frac{\lg(S/K)+rT+\sigma^2T/2}{\sigma\sqrt{T}},\quad d_2=\frac{\lg(S/K)+rT-\sigma^2T/2}{\sigma\sqrt{T}}$$

式中 $\Delta NPVN$——战略效益项目财务净现值，万元；

C——期权价值，万元；

S——标的资产的当前价格，万元；

$N(d_1)$，$N(d_2)$——标准正态分布的累积概率分布函数；

K——期权执行价格，万元；

r——无风险复合利率；

σ——价格波动率，即年复合报酬率方差；

T——期权的到期日期，a。

第三节　聚合物驱经济效益评价实例

一、典型区块选取及评价参数说明

聚合物区块进行效益测算。3 个聚合物区块为南二区西部（N2X）、北一二排西部二类油层（B12X）和南中西一区上返（NZX1）。

评价采用增量现金流量法，按照目前税费标准，油价取 40 美元/bbl。评价周期是从区块投产开始至含水 98%为止。固定投资折旧折耗评价期内完全回收，药剂费用当年使用当年摊销。已发生年采用实际数据，未发生年开发指标应用数值模拟，各项经济指标采用相应的预测方法。

聚合物驱典型区块主要技术参数对比显示，典型区块井距在150~175m；注聚时含水从2000年典型区块的84.95%到2012年的95.3%；提高采收率也差别较大，投产时间较早的N2X区块提高采收率达到17.49%，而投产时间较晚的NZX1区块提高采收率则为9.6%。从区块主要技术参数看，前期投产的区块无论从地质条件还是开发动态和开发效果，均优于后期投产区块。

表8-7　区块主要技术参数概况表

区块	N2X	B12X	NZX1
层位	PⅠ1-4	SⅡ10—SⅢ10	SⅢ1-7
地质储量，10^4t	2096	1255.5	903.7
钻井时间	2000年	2002年	2012年
井距，m	175	175	150
注聚时含水，%	84.96	92.09	95.3
提高采收率，%	17.49	12.55	9.6
聚合物量，mg/L·PV	1023.8	999.9	962.1
阶段累计产油，10^4t	616.3	304.9	173.7
阶段采出程度，%	29.4	26.44	19.2

二、典型区块效益对比

1. 项目纯效益评价结果

典型区块投入和成本对比显示：N2X和B12X两区块的单位生产成本差别不大，单位生产成本中操作成本、折旧折耗和化学药剂相差也不大。NZX1区块与N2X和B12X区块的单位生产成本差别较大，达到3倍以上，主要是由于区块的地质及开发条件、井网结构和开发效果等存在较大差异；另外，由于物价上涨，NZX1的单井投资是另两个块的1.8倍（表8-8）。

表8-8　聚合物驱典型区块投入和成本表

区块名称		N2X	B12X	NZX1
投入，亿元	操作费用	14.1	8.2	9.1
	投资	4.7	2.3	12.8
	化学剂	6.2	3.6	3.2
	合计	25	14.1	25.1
生产成本，元/t	操作成本	221	272	524.7
	折旧折耗	73	77	738.7
	化学剂	98	121	183.8
	合计	392	470	1447.2

典型区块经济效益指标对比显示，前期投产的 N2X 和 B12X 两个区块经济效益较好，在油价为 40 美元/bbl 时，内部收益率在 60%以上，2012 年投产的 NZX1 区块常规纯效益评价没有经济效益（表 8-9）。

表 8-9　聚合物驱典型区块纯效益评价结果表

区块名称	N2X	B12X	NZX1
内部收益率，%	120. 2	68. 8	4. 30
净现值，万元	408576	163865	-9087. 42
投资回收期，a	2. 35	15. 24	7. 51

注：油价为 40 美元/bbl。

2. 项目综合效益评价结果

考虑项目的综合效益后，由于在成本费用测算中不考虑人员费用和厂矿管理费等分摊费用。与项目纯效益评价对比，单位操作成本分别相差 54. 8～120. 8 元/t，按照综合效益评价时不再考虑 317 元/t 的管理费用（表 8-10）。

表 8-10　聚合物驱典型区块投入和成本表

项目		N2X	B12X	NZX1
操作费用 亿元	项目纯效益评价	14. 1	8. 2	9. 1
	项目综合效益评价	10. 6	6. 2	7. 0
	差值	3. 5	2. 0	2. 1
操作成本 元/t	项目纯效益评价	221. 0	271. 9	524. 7
	项目综合效益评价	166. 2	207. 1	403. 9
	差值	54. 8	64. 8	120. 8

N2X 和 B12X 两个区块内部收益率分别达到 138. 5%和 75. 5%，NZX1 区块内部收益率为 5. 2%，仍未达到评价标准 6%（表 8-11）。

表 8-11　聚合物驱典型区块综合效益评价结果

项目	N2X	B12X	NZX1
内部收益率，%	138. 5	75. 5	5. 2
净现值，万元	561221. 9	225085. 7	-4708. 4
投资回收期，a	1. 9	12. 1	7. 6

注：油价为 40 美元/bbl。

3. 项目战略效益评价结果

基于项目战略效益评价方法理论，项目除了本身的效益外，还有期权带来的价值。采用实物期权评价方法测算 NZX1 区块的期权价值为 35334. 2 万元（表 8-12）。NZX1 区块的项目净现值和期权价值合计构成项目的战略净现值，按项目的整体战略净现值考虑，NZX1 区块可以作为战略储备区块。

表 8-12　聚合物驱典型区块战略效益评价结果　　单位：万元

项目	项目净现值	期权价值	战略效益净现值
NZX1	-26717.1	35334.2	8617.2

注：油价为 40 美元/桶。

从三个区块的经济效益评价对比显示：

（1）区块的地质及开发条件、井网结构和开发效果的差异，以及投产时物价水平的不同，使得不同聚合物驱区块效益差别较大；

（2）对于项目纯效益评价无经济效益的区块，考虑综合效益和战略效益评价之后，有效益的区块可将区块作为战略储备，待技术经济条件允许时适时开发。

参 考 文 献

[1] 赵玉萍，王秀芝，樊继宗，等．经济界限值在油田开发中的应用［J］．大庆石油学院学报，2001（2）：79-80.

[2] 董志林，刘伟文，李榕．油田开发经济界限模型的确定及应用［J］．石油规划设计，2002（5）：56-57.

[3] 高尔双，万新德，方庆．聚合物驱不同阶段效果评价方法探讨［J］．大庆石油地质与开发，2001（4）：57-59.

[4] 荆克尧，闵锐，陈霞，等．聚合物驱项目经济评价方法探讨［J］．油气采收率技术，1998（4）：25-30.

[5] 荆克尧，裴建武，刘洪波，等．聚合物驱三次采油项目经济评价方法与参数研究［J］．石油化工技术经济，2000（4）：22-25.

[6] 郭呈全，陈希镇．主成分回归的 SPSS 实现［J］．统计与决策，2011（5）：157-159.

[7] 孙旭光，张兆新，白鹤仙，等．灰色理论在克拉玛依油田操作成本预测中的应用［J］．新疆石油地质，2005（6）：704-706.

[8] 朱燕，陈梅香，温波，等．油田开发成本变动规律研究［J］．商场现代化，2009（22）：7-8.

[9] 李榕，王者琴，李梅．风险投资下的产量结构优化配置方法［J］．石油规划设计，2004，15（5）：13-16.

[10] 毛文芳，张大鹏，张炳会．关于老区改造资金分配测算方法的探索［J］．石油规划设计，1999，10（1）：17-18.

[11] 郝洪，郑仕敏．石油开发项目决策的期权方法［J］．石油大学学报：社会科学版，2003（2）：27-31.

第九章　大庆油田聚合物驱油矿场实例

大庆油田非常重视提高采收率工作，并在实际工作中，严格遵循室内研究—先导性矿场试验—工业性矿场试验—工业化推广的技术路线，早在油田开发初期就开展了聚合物驱油室内实验研究工作。自 1972 年以来，先后开展了小井距特高含水期注聚合物试验、厚层试验区特高含水期聚合物驱油试验、中区西部单层和双层聚合物驱油试验等。在此基础上，又开展了北一区断西和喇嘛甸油田南块的工业性聚合物试验，都取得了比较好的效果，为大庆油田长期稳产起到了决定性作用。

2010 年后，针对聚合物驱工业化开采阶段中面临的新形势与暴露出的新问题，大庆油田重点开展了聚合物驱提效率试验区与多段塞交替注入试验区，取得了一些新认识与新成果。

第一节　大庆油田聚合物驱矿场试验的回顾

一、聚合物驱先导性试验

1. 小井距特高含水期注聚合物矿场试验

1972 年 9 月，在大庆油田小井距 501 井组萨Ⅱ7+8 油层，开展了注聚合物提高采收率的矿场试验。试验区采用反四点法面积注水井网，井距 75m；注聚合物时，试验区的综合含水已达到 98%，水油比高达 49[1]。

萨Ⅱ7+8 油层是典型的正韵律厚油层，油层厚度大，井组平均有效厚度 5. 2m，渗透率高、平均有效渗透率 631mD；油层内部非均质严重，上部为低渗透和砂泥薄互层，中部和下部为中、高渗透率砂岩，平面上连通性好。

试验所采用的聚合物是大连同德化工厂生产的部分水解聚丙烯酰胺胶体，是一种阴离子型的高分子聚合物，有较好的水溶性和增黏性，其分子量为 $300\times10^4\sim500\times10^4$，浓度为 8%，水解度为 30%~40%。

根据油层非均质严重，聚合物段塞前缘采用较高的浓度，使其起到调整剖面的作用。段塞前缘加入 0. 41%的甲醛溶液作为指示剂，以观察聚合物突破时间，聚合物注入过程中还加入 0. 06%的甲醛以保证聚合物的稳定性。从 1972 年 8 月 30 日到 9 月 24 日，历时 26d，共用含量为 8%的胶体聚合物 49. 63t，注入量为 3637. 8m^3，注入孔隙体积 0. 163PV。

试验取得了显著的增油降水效果，采出井含水由 99%最低降到 60. 4%，有效期长达 210d，采收率提高 4. 6%。这一试验结果表明，在特高含水采油期注聚合物，可以获得比较显著的效果。

由于当时工艺水平有限，试验使用的聚合物质量较差，但在水油比十分不利的情况下，仍然取得了每吨聚合物（含量 8%）增产原油 12t、提高采收率 4. 6%的效果，具有一定的经济效益，为大庆油田三次采油的推广应用指明了前进方向。

2. 中区西部单层与双层聚合物驱油矿场试验

萨尔图油田中区西部单层与双层聚合物驱油试验从1984年选区开始至1992年2月注聚合物驱结束，共经历了7年时间，在提高采收率方法筛选、油藏研究和试验方案确定，以及注聚合物驱矿场实际运行上，积累了丰富的经验。

试验区位于萨尔图油田中区5-6井区至5-9井区，由单层和双层两个试验区组成。东边单层试验区，试验层为葡Ⅰ1-4砂岩组；西边双层试验区，试验层为萨Ⅱ1-3砂岩组和葡Ⅰ1-4砂岩组。两个试验区相距150m，井网相同，每个区有试验井15口，五点法布井，注入井4口，采出井9口，取样井和观测井各一口，注采井距106m，试验区边角井包围面积为0.09km^2。

萨Ⅱ1-3砂岩组和葡Ⅰ1-4砂岩组属正韵律或多段多韵律油层，厚度大，渗透率高。层内非均质严重，平面上分布广，连通好但厚度变化大，井点厚度相差4~5倍。

试验区位于中区西部行列注水切割区的中间井排，距中三、中七注水井排各约1000m，于1960年6月投入注水开发，到1989年12月钻试验井时，全切割区萨葡油层已累计注水3624.81×10^4m^3，注入孔隙体积0.3626PV，累计采油1581.37×10^4t，采出程度24.24%，综合含水达82.92%。

试验方案执行情况：聚合物驱注入方案是根据法国石油研究院的数值模拟结果，并结合注聚合物前水驱的实际资料确定的。注入速度保持不变，单层区日注溶液量为400m^3/d，注入速度为0.45PV/a；双层区日注溶液量为800m^3/d，注入速度0.5PV/a。

单层试验区1990年8月5日开始注聚合物，到1992年2月20日停注聚合物，段塞累计注入聚合物溶液213019m^3，占地下孔隙体积的0.667PV，有效聚合物用量161t，平均注入浓度756mg/L，聚合物用量为504mg/L·PV。考虑递减，截至1992年3月21日，试验区累计增油37161t，折算每吨有效聚合物增油231t，中心井累计增油4385t，折算每吨有效聚合物增油159t，提高采收率12.3个百分点。

双层试验区于1990年11月7日开始注聚合物，到1992年2月24日停注聚合物，累计注入聚合物溶液335225m^3，占地下孔隙体积的0.5755PV，有效聚合物用量为285.7t，平均注入有效浓度852mg/L，聚合物用量为491mg/L·PV。考虑递减，截至1992年3月21日，试验区累计增油50559t，折算每吨有效聚合物增油177t，中心井累计增油10534t，折算每吨有效聚合物增油135t，提高采收率9.32个百分点。

通过这一试验认识到，由于双层区纵向上渗透率差异大，注聚合物的驱油效果明显低于单层区，渗透率相对低的油层，效果将会较差，为今后的聚合物驱的层系组合提供了借鉴。

二、北一区断西聚合物驱油工业性矿场试验

这一现场试验是大庆油田聚合物驱油技术由先导性试验阶段步入工业化阶段的重要环节。与先导性试验比较，试验区范围扩大了，中心井增加了，油水井距也加大了，试验结果也为大庆油田更大规模地注入聚合物驱油提供了成功经验。

1. 试验区概况

试验区位于萨尔图油田北一区98号断层以西，以北1-6-27井为中心，北一区六排为对角线的正方形面积内，在原有葡Ⅰ组行列井网的基础上，新钻了50口试验井（包括1口

密闭取心试验观察井），与原有代用井形成了注采井距为250m的五点法面积井网，共有25口注入井和36口采出井（其中包括全部为注入井包围的16口中心井和20口平衡井）。以平衡井为周边围成的试验区面积为3.13km^2，目的层葡Ⅰ1-4的平均有效厚度为13.2m，地质储量为632×10^4t，孔隙体积为$1086\times10^4m^3$。以注入井为周边，则中心井的面积为2.00km^2，地质储量为390.3×10^4t，孔隙体积为$694\times10^4m^3$。

2. 试验目的

（1）研究大面积、大井距、多井组、井网封闭条件下聚合物驱油效果；

（2）研究大面积注聚合物时油水井注采能力变化规律，为大面积布井、编制工业化聚合物驱油方案提供实践依据；

（3）研究大规模配制、注入聚合物溶液的工艺技术及聚合物采出液处理技术，为聚合物驱工业化地面工程提供可靠依据。

3. 试验方案

方案设计注入聚合物用量380mg/L·PV，分3个段塞：

（1）注入浓度1000mg/L，注入体积0.357PV；

（2）注入浓度500mg/L，注入体积0.03PV；

（3）注入浓度250mg/L，注入体积0.03PV。

年注入速度0.19PV/a，聚合物分子量为1000×10^4。

试验区于1993年1月8日正式投入聚合物驱油试验，截至1996年6月，累计注入聚合物溶液$636.4004\times10^4m^3$，占地下孔隙体积的0.586PV，注入有效聚合物5374.8t，平均注入浓度845mg/L，聚合物用量495mg/L·PV。

4. 技术经济效果

试验区自1991年8月底投入水驱到1996年6月，全区累计产油157.7851×10^4t，中心井累计产油75.9928×10^4t，阶段采出程度分别为24.97%和19.47%，聚合物驱油阶段全区产油121.1578×10^4t，中心区产油59.0095×10^4t，阶段采出程度分别为19.17%和15.12%。中心区已累计增油45.3×10^4t，提高采收率11.6%，吨聚增油132t。

通过这一现场试验，在聚合物驱方案设计、注入过程中动态变化特征与方案调整等方面取得了大量经验，为聚合物驱油技术在大庆油田主力油层的推广应用铺平了道路。

第二节　聚合物驱提效率矿场试验

大庆油田聚合物驱经过十几年的工业化推广应用，形成了较为完善的油藏、采油、地面等方面的配套技术。截至2010年，大庆油田已有54个工业化区块开展聚合物驱，动用地质储量超过7×10^8t，2002年以来，年产油量保持在1000×10^4t以上。

通过大量的聚合物驱开发实践，结合对国内外油田的调研、调查、对标等工作，认识到聚合物驱开发还存在着一些问题。

一是随着新区块的增加、油层条件变差以及污水体系规模扩大以及高分子量、高浓注聚的推广，聚合物干粉用量大幅度增加，开发效益逐步变差。2010年，聚合物干粉用量已比“十五”末期增加8.15×10^4t，同期吨聚增油量由81t下降到41t（图9-1）。

二是聚合物驱的主要开发对象已经由一类油层转向二类油层，由于二类油层平面上相带变化复杂，砂体规模差异大，油层厚度发育不均，聚合物驱注入参数设计个性化程度增加，开发调整技术难度增大。

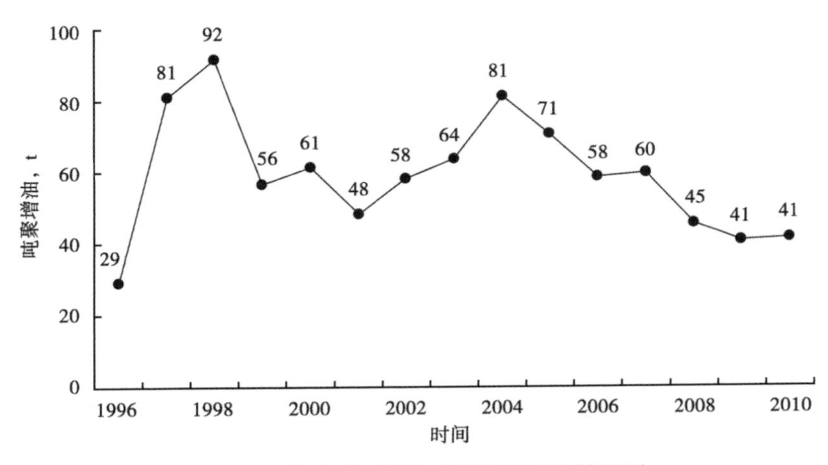

图 9-1　大庆油田历年吨聚增油变化情况图

三是从整体上看，二类油层聚合物驱提高采收率保持在 12 个百分点左右，继续提高的难度较大。

因此，为进一步提高聚合物驱开发效果，需要积极探索聚合物驱提效率的新路子，努力在降低三采成本、提高聚合物驱效率、改善开发效果上取得新突破。因此，从 2011 年起，大庆油田在 6 个开发区（油田）厂选择能代表不同开发阶段的典型区块，开展了“聚合物驱提效率”试验研究，发展和完善聚合物驱提效率的技术方法，并在工业化区块系统推广应用，取得了较为显著的技术经济效果。

一、聚合物驱提效率试验方案

根据大庆油田有限责任公司在“降低三采成本、提高聚驱效率、改善开发效果”上取得新突破的总体要求，新成立的聚合物驱项目经理部组织研究院、采油一厂至采油六厂在认真分析当前面临的矛盾和潜力的基础上，选择能代表不同类型油藏、不同开发阶段的 6 个典型区块，作为聚合物驱提效率试验区块，力争通过试验研究，建立一套综合调整的标准化模板，探索聚合物驱提效率的新途径，并在工业化区块系统推广应用，不断改善聚合物驱的开发效果。

1. 试验区基本情况

6 个提效率试验区块的选择，考虑了不同油层条件、不同开采阶段的典型区块，长垣北部喇嘛甸油田、萨尔图油田聚合物驱开采对象转移到了二类油层，因此，开辟了 4 个二类油层提效率试验区，分别是北一区断东西块、南二区东部 1 号站地区、北三西东南块、北东块一区；长垣南部杏树岗油田目前主要开采一类油层，因此，开辟了 2 个一类油层提效率试验区，分别是杏一—杏三区西部Ⅱ块 3 号和 4 号站、杏十三区 1 号站。

6 个试验区总含油面积为 31.46km^2，地质储量为 4447.06×10^4t，孔隙体积为 8860.63×$10^4$$m^3$。截至 2010 年 12 月，共有注入采出井 1466 口，其中，注入井 703 口、采出井 763 口

（表 9-1）。2010 年 12 月日产油 4395t，综合含水 90.44%。

表 9-1　聚合物驱提效率试验区 2010 年 12 月基本情况

区块名称	油层类型	开发面积 km^2	地质储量 10^4t	孔隙体积 10^4m^3	采出井数 口	注入井数 口	日产油 t	综合含水 %	提高采收率 %	目前所处开发阶段
北一区断东西块	二类	11.17	1912.90	4017.20	221	225	1470	91.76	11.39	含水回升
南二区东部 1 号站	二类	2.82	327.00	595.00	52	38	648	86.30	4.80	含水稳定
北三西东南块	二类	4.59	584.00	1110.00	147	143	625	93.14	—	空白水驱
喇嘛甸油田北东块一区	二类	7.10	960.10	1882.80	190	165	1240	83.00	3.68	含水下降
二类油层小计		25.68	3784.00	7605.00	610	571	3983	89.78	—	—
杏一—杏三区西部Ⅱ块 3 号和 4 号站	一类	3.30	461.30	822.47	102	94	274	93.00	—	刚注聚
杏十三区聚合物驱工业区 1 号站	一类	2.48	201.76	433.16	51	38	138	95.50	2.12	含水下降
一类油层小计		5.78	663.06	1255.63	153	132	412	94.1	—	—
合计		31.46	4447.06	8860.63	763	703	4395	90.44	—	—

试验区的选择体现了以下 4 个特点：

一是试验区选择依托了工业化区块。试验区块选择的均是相对独立的工业化区块或工业化区块内的 1~2 个注入站，不需要新钻井及新建站，而且区块的地质研究、动态分析、生产管理等工作基础较好，因此，能够迅速进入现场试验研究。

二是试验区开采油层对象具有一定的代表性。6 个提效率试验区块的选择，考虑了不同的油层条件，长垣北部开辟了 4 个二类油层提效率试验区；长垣南部杏树岗油田开辟了 2 个一类油层提效率试验区。

三是试验区开发阶段具有一定的代表性。为了加快研究进程，选择了处于不同开发阶段的典型区块开展试验研究，6 个试验区块分别处于不同聚合物驱开发阶段，其中，处于水驱空白阶段（或刚注聚）的 2 个区块，处于含水下降、稳定阶段的有 3 个区块，处于含水回升阶段的有 1 个区块，试验将根据区块所处的开发阶段，开展针对性的攻关研究，可保证试验进程。

四是试验区具有一定的规模。6 个试验区分布于大庆油田的不同区块，合计地质储量占聚合物驱地质储量的 5.6%，总井数占聚合物驱总井数的 10.8%（其中，采出井占 10.4%，注入井占 11.3%）。试验区具有一定的规模，且相对独立，便于开发效果评价，取得的试验效果具备示范作用。

2. 试验方案编制结果及目标

1）试验研究思路

对已投入开发的工业化区块，开展对标分类评价研究，搞清各阶段开发规律。从地质条件和剩余油特点入手，研究最小尺度个性化设计的技术界限；从把控注入压力、注入剖面、油井含水及采出液浓度等关键指标的变化规律入手，优化最及时跟踪调整的时机和技术措施；从研究吨聚增油量、全区采收率和总效益之间的相互关系入手，找出最佳经济效益的关键点。

在此基础上，依托试验区块，深入开展“聚合物驱提效率”研究，根据动态变化规律，深化研究各阶段最及时有效跟踪调整的时机，完善配套技术，形成最小尺度个性化设计和最及时有效跟踪调整技术的标准化模板，建立聚合物驱各阶段精细管理的流程和标准规范，并系统推广应用，指导其他工业化区块的综合调整及开发管理，不断改善开发效果，同时，进一步发展完善聚合物驱提效率技术。

2）试验研究内容

（1）开展精细地质解剖和精细数值模拟，搞清剩余油分布特征。

①依据井震资料，建立三维地质模型，深入认识地下储层；

②进行精细数值模拟，各阶段研究剩余油分布特征；

③研究聚合物驱开发各阶段油层动用状况；

④进行聚合物驱开发效果预测。

（2）开展已注聚区块聚合物驱开发效果对标分类评价，搞清影响开发效果的主要因素。

①评价不同聚合物体系的注入能力与油层的匹配关系；

②评价不同聚合物体系对提高采收率的影响；

③评价聚合物驱开发效果与经济效益。

（3）开展最小尺度个性化设计的技术界限及不同开发阶段跟踪调整技术研究，建立聚驱综合调整技术模板。

①开展合理的层系组合和井网井距研究，建立最小尺度的个性化设计技术界限；

②开展聚合物分子量、注入浓度、注入黏度与油层匹配关系研究，并建立渗透率与分子量、注入浓度的关系图版；

③开展不同类型油藏合理注入速度研究，建立注入速度与压力系统关系的关系图版；

④开展聚合物用量、段塞与提高采收率的关系研究；

⑤开展不同开发阶段跟踪调整技术研究，确定注入参数调整时机、界限，建立聚合物驱综合调整技术模板。

（4）开展各项措施时机与作用研究。

①开展分注、压裂、堵水的适用条件与时机研究；

②研究各项措施对聚合物驱开发效果的作用。

（5）建立聚合物驱各阶段精细管理流程和标准规范，提升开发管理水平。

（6）开展现场试验，应用研究成果改善聚合物驱开发效果。

①依据研究成果，组织实施调整挖潜工作量，改善区块效果；

②评价措施调整效果，进一步完善聚合物驱综合调整技术模板。

3）试验调整工作量安排

按照试验研究思路与研究内容，安排了聚合物驱提效率试验区 2011—2013 年注入采出井措施工作量。其中，2011 年实施注入采出井措施 1255 口，并安排到了每个月；2012 年和 2013 年实施注入采出井措施 1218 口和 355 口（表 9-2 和表 9-3）。

表 9-2　聚合物驱提效率试验区注入井工作量　　单位：口

年份	压裂	酸化	解堵	补孔	方案调整	分注	细分调整	深度调剖	周期注聚	高低浓度交替	分子量调节器	小计
2011	121	18	69	—	407	138	41	46	24	78	3	945
2012	144	—	97	5	434	53	54	35	24	78	2	926
2013	65	—	55	—	46	5	45	30	—	—	—	246
合计	330	18	221	5	887	196	140	111	48	156	5	2117

表 9-3　聚合物驱提效率试验区采出井工作量　　单位：口

年份	压裂	补孔	调参	换泵	堵水	堵压结合	反向调剖	小计
2011	122	19	83	47	26	12	1	310
2012	135	5	74	47	21	10	—	292
2013	60	—	30	14	5	—	—	109
合计	317	24	187	108	52	22	1	711

在工作量安排上，为避免通过采取大量措施来提高试验效果，措施工作量比例增加幅度较小。2011 年，6 个试验区每百口井措施工作量预计为 85 井次左右，比 2010 年多 12.5 井次。由于有 4 个试验区将在 2012 年底结束现场试验，2013 年措施工作量明显减少。从工作量安排上看，突出了以下几个方面的工作：

一是突出了注入井调整工作量。计划实施注入井调整工作量 2117 井次，是采出井的 2.98 倍。

二是突出了注入参数的优化调整。计划实施方案调整、周期注聚、交替注聚 1091 井次，占注入井工作量的 51.5%。

三是突出了注入井分注、细分调整工作。2011 年试验区计划分注、细分注入井 336 口，比 2010 年增加 237 口。

四是突出了注入井增注工作。2011 年试验区安排注入井压裂和解堵 190 口井，占全油田聚合物驱区块增注措施工作量的 18.3%，与试验区 2010 年增注工作量相比增加 27.3 个百分点。通过加强注入井增注，改善油层吸水状况，为合理调整注入方案、保证区块注入速度奠定基础。

4）试验工作目标

（1）试验工作目标。

①建立最小尺度个性化设计的标准化模板；

②建立最及时有效跟踪调整技术的标准化模板；

③形成配套的聚合物驱提效率技术；

④建立聚合物驱各阶段精细管理的流程和标准规范；

⑤在试验区开发效果改善的前提下，聚合物干粉用量减少 10%。

（2）试验区开发指标。

根据试验区所处的不同开发阶段，分别在一类油层、二类油层选择刚注聚或即将注聚的区块，开辟了 2 个全过程聚合物驱提效率试验，试验研究时间为 2011—2013 年；对其他 4

个处于含水下降、稳定及回升阶段的区块，试验研究时间确定为2011—2012年。

①全过程聚合物驱提效率试验。根据试验方案编制情况，对2个试验区2011—2013年开发指标进行了预测（表9-4）。

表9-4 全过程聚合物驱提效率试验区开发指标

试验区名称	年产油量，10^4t				年均含水，%				年注干粉用量，t			
	2010年	2011年	2012年	2013年	2010年	2011年	2012年	2013年	2010年	2011年	2012年	2013年
北三西东南块	13.25	15.72	25.94	26.90	92.72	93.02	86.56	85.38	—	1127	2136	2198
杏一—杏三区西部Ⅱ块3号和4号站	6.17	16.16	19.90	12.30	94.36	87.95	82.04	88.01	422	4295	3477	3314
合计	19.42	31.88	45.84	39.20	93.33	91.13	84.91	86.32	422	5422	5613	5512

2011年，年产油量为31.88×10^4t，年均含水下降2.2个百分点，聚合物干粉用量为5422t，与原规划对比节省600t；2012年，年产油量为45.84×10^4t，含水下降6.22个百分点，聚合物干粉用量为5613t，与原规划对比节省580t；2013年，年产油量为39.2×10^4t，含水上升1.41个百分点，聚合物干粉用量为5512t，与原规划对比节省471t。

②不同阶段聚合物驱提效率试验。根据试验方案编制情况，对4个试验区2011—2012年开发指标进行了预测（表9-5）。

表9-5 不同阶段聚合物驱提效率试验区开发指标

试验区名称	年产油量，10^4t			年均含水，%			年注干粉用量，t		
	2010年	2011年	2012年	2010年	2011年	2012年	2010年	2011年	2012年
北一区断东西块	48.70	36.75	30.07	91.27	93.41	94.4	11779	10601	9541
南二区东部1号站	20.42	15.02	12.10	86.59	89.41	90.82	1500	1440	1350
杏十三区聚合物驱工业区1号站	3.34	4.35	2.89	94.12	92.76	94.96	1248	989	966
喇嘛甸油田北东块一区	35.82	47.04	38.80	87.42	80.94	87.93	6432	5781	5454
合 计	108.28	103.16	83.86	89.70	89.76	91.41	20959	18811	17311

2011年，年产油量为103.16×10^4t，年均含水上升0.06个百分点，聚合物干粉用量为18811t，与原规划对比节省2009t；2012年，年产油量为83.86×10^4t，含水上升1.65个百分点，聚合物干粉用量为17311t，与原规划对比节省2272t。

综上所述，聚合物驱提效率试验区2011年产油量为135.04×10^4t，年均含水下降0.37个百分点，聚合物干粉用量为24233t，与原规划对比节省2609t；2012年产油量为129.7×10^4t，含水下降0.25个百分点，聚合物干粉用量为22924t，与原规划对比节省2852t。2013年，两个试验区块产油量为39.2×10^4t，含水上升1.41个百分点，聚合物干粉用量为5512t，与原规划对比节省471t（表9-6）。

通过开展3年的聚合物驱提效率工作，累计多增油20.66×10^4t，累计减少聚合物干粉量5932t，降低10.12%。

表 9-6 聚合物驱提效率试验区开发指标

项目	年产油量，10^4t				年均含水，%				年注干粉用量，t			
	2010 年	2011 年	2012 年	2013 年	2010 年	2011 年	2012 年	2013 年	2010 年	2011 年	2012 年	2013 年
合 计	127.7	135.04	129.70	39.20	90.49	90.12	89.87	86.32	21381	24233	22924	5512

3. 经济效益预测

1）试验区投入

试验区 3 年预计多投入费用 14110.54 万元，其中科研成本 696 万元，设备费用 1643.4 万元。

2）试验区产出

试验区通过实施精细开发，预计多增油 20.66×10^4t，节约聚合物干粉 5932t，可获经济效益 94637.5 万元，投入产出比为 1∶6.71。

4. 分区块试验方案要点

1）北一区断东西块二类油层

（1）基本情况。

北一区断东西块二类油层含油面积 11.17km^2，地质储量 1912.9×10^4t，采用 150m 五点法面积井网进行开采，开采层系萨Ⅱ10—萨Ⅲ10（为完善注采关系，对较集中的发育差、连通差的 43 口井，开采对象调整为萨Ⅱ1—萨Ⅲ10）。全区于 2006 年 7 月开始投注聚合物，方案设计采用清水配制、污水稀释的中分子量聚合物。

北一区断东西二类油层共有注入采出井 446 口，其中注入井 225 口、采出井 221 口，截至 2011 年 2 月，日注溶液 18981m^3，注入压力 10.6MPa，已累计注入干粉 5.16×10^4t，累计聚合物用量 1128.8mg/L·PV；日产液 17953t，日产油 1455t，综合含水 91.79%，注聚阶段累计采油 326.71×10^4t，注聚阶段提高采收率 11.51 个百分点。

（2）存在的主要问题。

一是井间注入压力差异较大，高、低压区大面积存在。注入压力大于 11.0MPa 的井有 97 口，占 43.11%；10.0～11.0MPa 的井有 73 口，9.0～10.0MPa 的井有 33 口，小于 9.0MPa 的井有 22 口。

二是各类油层动用程度差异加大。河道砂有效厚度吸水比例一直最高，注聚初期由注聚前的 72.6%下降到 62.1%，之后一直上升到含水回升初期的 73.1%；非河道砂小于 1.0m 油层见效高峰期后动用程度开始下降，出现剖面反转趋势。

三是部分井区含水高、河道砂控制程度高的井含水回升速度快。含水大于 96%以上井 37 口，占全区比例 16.3%；含水低于 85%的井 32 口，占全区比例 14.5%。河道砂有效厚度 3-4 向连通比例大于 40%的井含水下降幅度大，但含水回升速度明显高于河道砂有效厚度 3-4 向连通比例小于 20%和 20%～40%的井。

四是区块局部井区聚合物用量大、采聚浓度较高。采聚浓度大于 900mg/L 的井有 66 口，占总井数的 29.86%，其中采聚浓度大于 1000mg/L 的井有 38 口，占总井数的 17.19%，平均采聚浓度达到 1024mg/L，并具有单井产量高、含水低、单井增油量高的特点。

五是部分井区吨聚增油、吨聚产油降低，造成聚合物驱效率、效益低。区块吨聚增油由高峰期的 72t 下降到目前的 57.9t；吨聚产油由高峰期的 55t 下降到 42.7t。

（3）试验主要研究内容。

在深化聚合物驱开采规律认识基础上，加大精细调整和精细挖潜力度，针对井间开采矛盾和层间动用差异，集成应用二类油层注聚后期综合调整技术，探索一套注聚后期控制含水回升和降低化学剂用量的有效方法，改善区块整体开发效果。

①储层精细描述和精细数值模拟研究；

②注聚中后期剩余油分布特征研究；

③最小尺度个性化设计技术界限研究；

④技术措施适用条件及最及时跟踪调整时机研究；

⑤聚合物驱合理注入方式研究；

⑥系统黏损影响因素及控制方法研究；

⑦聚合物驱“四最”（最小尺度的个性化设计、最及时有效的跟踪调整、最大限度地提高采收率、最佳的经济效果）量化标准建立方法研究。

2）南二区东部二类油层一号注入站

（1）基本情况。

试验区位于南二区东部二类油层1号站地区，北起南1-丁40排，南至南2-丁10排，东起140号断层，西至萨大公路。开发面积2.82km^2，开采目的层为萨Ⅱ1-3、萨Ⅱ7-12油层，地质储量327×10^{4}t，孔隙体积595×10^{4}m^3。采用175m井距五点法面积井网开采。共有注采井90口，其中，注入井38口、采出井52口，平均砂岩厚度16.76m，有效厚度9.36m，渗透率310mD。

试验区于2007年10月投产投注工作，2009年5月22日注聚，截至2011年2月，注入地下孔隙体积0.3485PV，聚合物用量429mg/L·PV，综合含水87.64%，阶段累计产油27.96×10^{4}t，阶段采出程度8.56%。

（2）存在的主要问题。

一是二类油层内外前缘相交互沉积，平面和纵向非均质性强，注采连通关系复杂。平面上砂体相变频繁，聚合物驱控制程度只有61.1%，注入采出井之间呈现出厚注薄采或薄注厚采等多种类型的复杂注采关系。

二是注入井注入压力高，注入能力下降幅度大，部分井不适应分层注入。注入压力距允许压力只有0.47MPa，其中距允许压力在1.0MPa以内的有34口井，占总井数比例为89.5%。分层比例由注聚初期的89.5%下降到73.7%，下降了15.8个百分点。

三是部分油层动用厚度比例低。统计试验区26口井注聚后吸液剖面，统计有效吸液厚度比例低于70%的井有11口，平均有效吸液厚度比例只有58.5%。

四是注入井措施效果差，有效期短。平均单井有效期仅为58天，单井累计增注1050m^3，与主力油层相比，有效期短27天，单井累计少增注930m^3。

五是采出井见效程度不均衡，部分井见效程度差或不见效。52口采出井中，阶段采出程度小于7%的采出井有10口，见效程度较差，见效高峰期日产液963t，日产油61.5t，综合含水93.61%，阶段采出程度只有3.18个百分点。

（3）试验主要研究内容。

①开展储层精细描述工作，深化储层非均质性认识；

②开展剩余油分布状况研究，落实聚合物驱各阶段剩余油潜力；

③开展聚合物驱多学科技术研究，指导聚合物驱各阶段开发调整；

④总结和评价各阶段开发调整配套技术的适应性，建立最小尺度个性化设计和最及时有效跟踪调整技术规范和标准，形成提效率的技术方法；

⑤开展配套注入工艺技术研究，探索降低系统黏度损失的有效途径；

⑥开展注入采出井增产增注技术研究；

⑦针对注入井分压分质注入适应性差的状况，开展注入井平面和纵向上分质注入工艺研究；

⑧评价二类油层试验区聚合物驱开发效果和经济效益。

3）北三西东南块二类油层

（1）基本情况。

北三西东南块二类油层位于萨尔图北部北三区西部，含油面积 4.59km^2，地质储量 584×10^{4}t，孔隙体积 1110×10^{4}m^3，采用 125m×125m 井距五点法面积井网，共布注入采出井 290 口，开采目的层为萨Ⅱ10+11a—萨Ⅲ10。2009 年 11 月投产，目前处于空白水驱阶段，2011 年 7 月投注聚，采用清配清稀方式。

（2）存在的主要问题。

一是单砂体发育规模小，油层非均质性强。河道砂体多呈现窄条状发育，河道砂钻遇率为 20.6%，比北二西西块、北三西西块二类油层分别低 10.10% 和 1.99%。有效厚度小于 8m 和大于 14m 的井数比例超过 50%，分布极为零散；有效渗透率小于 300mD 和大于 450mD 的井点比例达到了 42.4%。

二是注入压力水平高，井组间注入状况存在差异。目前，区块平均注入压力 8.71MPa，较破裂压力有 4.38MPa 的压力空间，压力水平明显高于其他二类油层区块同期水平。大于 10MPa 的高压井 17 口，占总井数的 11.9%，压力小于 8MPa 的井 32 口，仅占全区总井数的 22.4%。

三是平面上井组间综合含水分布不均，产液强度差异大。含水高于 96% 的高含水井有 44 口，占总井数的 29.9%，含水低于 90%的低含水井有 31 口，占总井数的 21.1%。产液强度小于 3 和大于 7t/d · m 的井数比例高达 50%以上，产出能力明显不均匀。

四是各单元吸入状况存在差异，薄差层吸入比例较低。有效厚度较大、渗透率高的萨Ⅱ12、萨Ⅱ13+14a、萨Ⅲ2、萨Ⅲ8 和萨Ⅲ10 相对吸水量比例高，占全井吸水量的 47.1%，厚度较薄的萨Ⅲ1、萨Ⅲ7 和萨Ⅲ9b 相对吸水量比例较低，仅为 7.0%。

（3）试验主要研究内容。

试验区目前处于空白水驱阶段，计划利用 3 年时间，开展二类油层聚合物驱全过程提效率技术探索，研究内容如下：

①开展井震结合多学科精细油藏描述和剩余油分布特征研究；

②利用室内岩心驱油试验，开展油层与分子量、浓度匹配关系研究；

③结合试验区跟踪数值模拟，开展多段塞动态变化规律研究；

④总结和对比评价聚合物驱全过程配套调整技术的适应性，研究最小尺度个性化设计技术界限和不同技术措施（包括分质分压）适用条件及不同阶段及时跟踪调整的时机研究，形成二类油层全过程配套调整技术标准；

⑤开展聚合物溶液沿程黏损专项治理方法研究；

⑥建立聚合物驱各阶段精细管理的流程和标准规范。

4) 杏一—杏三区西部Ⅱ块3号和4号站

(1) 基本情况。

杏一—杏三区西部Ⅱ块3号和4号站面积3.3km^2、开采目的层葡Ⅰ1—葡Ⅰ3油层，地质储量461.3×10^4t，五点法面积井网布井，注入井94口、采出井102口。于2010年11月注聚，采用清水配聚深度处理污水稀释聚合物体系。2011年2月，试验区采出井开井97口，日产液3914t，日产油274t，综合含水93.00%，累计产油8.0×10^4t，阶段采出程度1.73%；注入井开井94口，平均注入压力7.59MPa，日注入量4450m^3，注入浓度2018mg/L，注入黏度98.8mPa·s。

(2) 存在的主要问题。

一是高含水井比例较高。有25.8%的采出井含水在98%以上，尤其是基础井网注水井排附近，采出井平均含水达到95.09%，比全区含水高1.79个百分点，含水在98%以上井数比例达到47.6%。

二是平面上注入压力差异较大。部分井区油层发育好，注入压力水平低于全区平均水平1.9MPa，部分井区油层发育或连通较差，注入压力较高，下步调整潜力较小。

三是油层动用程度相对较低。试验区油层矛盾相对较大，水驱空白阶段厚度动用比例比以往聚合物驱区块低6个百分点以上。

四是部分注入井母液泵排量小或泵效低达不到方案设计要求。

(3) 试验主要研究内容。

①精细地质解剖和精细数值模拟研究；

②最小尺度个性化设计的技术界限研究；

③聚合物驱技术措施时机及适应条件研究；

④聚合物驱不同阶段开发规律和最及时跟踪调整的时机研究。

5) 杏十三区1号站

(1) 基本情况。

试验区面积2.48km^2，目的层为葡Ⅰ3层，地质储量201.76×10^4t，地下孔隙体积433.16×10^4m^3，平均渗透率212mD。采用150m注采井距五点法面积井网，共有聚合物驱井89口，其中注入井38口，采出井51口。2009年3月开始注聚，采用清配污稀方式注入2500×10^4t超高分聚合物，截至2011年2月，注入油层孔隙体积0.285PV，聚合物用量469mg/L·PV，累计增油4.81×10^4t，提高采收率2.38个百分点。

(2) 存在的主要问题。

一是油层发育及连通较差，注入压力上升空间小。试验区平均有效厚度7.52m，三、四向连通比例只有41.9%，目前有25口井注入压力超过13.0MPa以上。

二是单井聚合物用量差异大。聚合物用量低于300mg/L·PV的井有6口井，高于500mg/L·PV的井有13口井。

三是动用厚度有待进一步提高。注聚后有效厚度动用比例提高了11.6个百分点，仍有25.9%的有效厚度不吸液。

四是采出井见效程度差异大。试验区目前含水下降幅度大于10个百分点有5口井，含水下降幅度小于5个百分点有21口井。

五是整体产液指数下降幅度大。与注聚初期相比产液指数下降幅度为42.6%，其中下降幅度达到60%以上的有18口井。

六是部分井点聚合物开始突破。目前有11口井见聚浓度达到500mg/L以上。

（3）试验主要研究内容。

试验区目前处于含水稳定阶段，主要研究以下内容：

①开展试验区的精细储层构造研究；

②开展最大幅度提高油层动用厚度和扩大波及体积的开发调整技术研究；

③开展降低聚合物用量的有效手段研究；

④完善聚合物驱配套调整技术，探索聚合物驱开发调整模式。

6）北东块一区二类油层

（1）基本情况。

北东块一区萨Ⅲ4-10油层含油面积7.1km^2，平均射开有效厚度8.8m，地质储量960.1×10^4t，孔隙体积1882.8×$10^4$$m^3$。采用150m五点法面积井网，总井数355口，其中注入井165口，采出井190口。2008年12月开始注聚，方案设计采用2500×10^4分子量聚合物，注入速度0.14PV/a，聚合物用量2000mg/L·PV，平均单井注入浓度为2000mg/L，采用清水配制，清水稀释。

截至2011年2月，累注聚合物溶液584.37×$10^4$$m^3$，注入孔隙体积0.311PV，聚合物用量587.7mg/L·PV，平均注入浓度1933mg/L。共有见效井138口，占总井数的72.6%，已累计增油35.42×10^4t，提高采收率3.67个百分点。

（2）存在的主要问题。

一是厚油层内低渗透层段及薄差层动用差。区块有效厚度小于1m的油层吸水厚度比例仅为61.9%，有效厚度大于2m的油层上部吸水厚度比例只有63.1%。

二是注入压力高井较多。截至2011年2月底，试验区注入压力高的井有33口井，占总井数的20.0%，注入比较困难。

三是采出井未见效井较多。截至2011年2月底，试验区仍有52口采出井未见到聚驱效果，占总井数的27.4%。

（3）试验主要研究内容。

北东块一区目前处于含水下降期，即将进入低含水稳定期，重点研究含水下降期及低含水期的以下内容：

①已投聚合物驱开发区块分类对比评价。

②试验区跟踪数值模拟。

③最小尺度个性化设计的技术界限。

④技术措施适用条件及不同阶段及时跟踪调整的时机。

二、聚合物驱提效率试验过程中的主要做法

由于在聚合物驱不同的开发阶段，聚合物驱提效率试验的做法侧重点不同，下面以3个试验区的做法为例进行总结。

1. 北三西东南块二类油层

通过井震结合对储层砂体的精细解剖，明晰了综合挖潜方向；建立了聚合物分子量浓度

与渗透率匹配图版；开展分类对比评价研究，总结建立了注采井措施技术界限、阶段跟踪调整图版和单井分析调整流程。并在聚合物驱开发实践中逐步形成了萨北开发区“普分普浓、个性设计、规模分注、适时调剖、及时调整”的聚合物驱综合调整模式，改善了聚合物驱开发效果。

（1）深化储层非均质性认识，形成了精细油藏描述的技术流程。

储层沉积和构造特征精细认识是特高含水期剩余油分布规律研究和措施优选的重要基础和依据。萨北开发区 2008 年井网加密后完成了全区三维地震数据采集、处理工作，2011 年对试验区范围内所有注采井开展井震结合精细油藏描述，全面深化构造及储层认识，指导试验区精细挖潜。

①应用地震数据在 Landmark Openworks 及 Petrel 平台开展区块构造精细研究，落实萨Ⅱ和萨Ⅲ顶面构造形态，识别井间小断层和微幅度构造，在 Jason 平台开展储层地震反演，明确 82 号断层的空间展布，构造认识更加清晰。

②依据萨北开发区储层 9 种沉积模式，开展井震结合储层精细解剖，绘制 18 个沉积单元的沉积微相图，储层沉积特征更加清晰。储层的精细地质研究结果表明，目的层可以划分为 2 种亚相 4 种沉积模式。萨二组、萨三组油层属于三角洲分流平原亚相和三角洲内前缘亚相沉积。

③在 Petrel 平台建立区块井震结合的断层、构造、沉积相及储层属性 4 个三维精细地质模型，应用精细数值模拟技术描述各单元动用状况，剩余油描述实现了从井点到井间，从层间到层内，全面深化三维地质认识剩余油分布更加清晰。

④开展试验区精细数值模拟研究，拟合区块开发动态历史，精确量化 18 个沉积单元的剩余油分布，明确潜力井层，优化措施方式，预测措施效果，挖潜方向更加清晰；同时，形成了井震结合构造精细解释技术流程、井震结合精细地质建模及数值模拟技术流程和密井网条件下储层精细解剖技术流程。

（2）优化开发方案编制，形成了油藏工程方案编制的技术流程。

针对二类油层的河道砂规模小、层数多、厚度薄、渗透率低、层间、平面非均质性严重的特点，方案编制过程中，通过优化注聚对象、井网井距和层系组合，提高聚合物驱控制程度。

一是限定注聚对象，优化层系组合。北三西葡一组油层聚合物驱实践及萨尔图油层矿场试验表明，有效厚度 1.0m 以下的油层吸水厚度比例在 30%以下，难以见到聚合物驱效果。萨尔图油层河道砂渗透率为 470mD，而厚度为 0.5~1.0m 的砂体渗透率为 175mD，渗透率级差超过 2.5，对采收率的影响增大，因此二类油层的注聚对象确定为河道砂和有效厚度大于 1.0m、渗透率大于 100mD 非河道砂。根据聚合物驱控制程度、一类连通率增加幅度大，达到较高注入速度，注采能力下降较小的原则，注采井距确定为 125m，限定聚合物驱开发对象，优化层系组合，目的层确定为萨Ⅱ10-16—萨Ⅲ10 油层。

二是明确分单元驱替方式，进一步提高聚合物驱控制程度。按照“纵向上集中成段，平面上连接成片”，形成各自相对独立的注采系统的总体原则，因井因层而异编制射孔方案。在水聚驱接触带附近分出 8 种类型注采关系，区别对待，其他局部井区采用 6 种方法完善注采关系，使二类油层聚合物驱控制程度明显提高。

三是应用优化射孔完井技术，调整油层剖面。二类油层非均质性严重，而传统的射孔工艺设计对这种差异不作考虑，一律采取发挥油层最大注入或采出能力的射孔方案，投产后需要采取调或堵等后续措施改善层间矛盾。因此，对二类油层新井进行射孔剖面调整，高渗透层采用低孔密、穿深小的射孔参数；低渗透层采用大孔密，穿深大的射孔参数，达到射孔调剖的目的。在北二西二类油层中选择层间矛盾突出的6口油井开展试验，低渗透层应用127-4弹16孔/m，高渗透层采用8~10孔/m的低孔密射孔，从投产初期效果看，优化射孔井产液量略低于普通射孔，含水比普通射孔井低3.5个百分点，平均单井日产油增加1.2t。

（3）总结聚合物驱实践规律，形成了聚合物驱综合调整模式。

萨北开发区经历了18年的聚合物驱开发实践，按照“聚驱提效率”的总体要求，逐步总结形成了萨北开发区“普分普浓、个性设计、规模分注、适时调剖、及时调整”的聚合物驱综合调整模式，实现了开发效率、效益的整体提升。

①开展室内实验，建立聚合物分子量、浓度与油层匹配性关系图版。

选择的中分子量、高分子量两种分子量聚合物，采用清水配制清水稀释的驱油体系配注方式，综合注聚流动特征、孔隙微观结构变化的定性分析阻力系数、残余阻力系数、注入能力因子的定量关系，建立了聚合物分子量、浓度与油层匹配性关系图版。

②以油层匹配性关系图版为指导，优化分子量与注入浓度设计。

依据聚合物分子量、浓度与油层的匹配关系图版，结合聚合物驱开发实践，选取普通中分子量聚合物；综合考虑储层发育状况、井网部署和注入能力，应用数值模拟，综合区块间产量衔接、注入能力和开采周期，个性化设计注入速度为0.18PV/a；以采收率最高和吨聚增油量最大化为原则，利用数值模拟方法，通过12套方案对比优选，确定注入浓度1000mg/L、聚合物用量为780mg/L·PV。

③个性化设计注入水质，提高区块注聚质量。注聚初期区块采用清水配制、清水稀释，含水回升后期区块采用清水配制、深度曝氧污水稀释，在改善开发效果的同时，实现了聚合物干粉和清水高效利用。

④个性化实施增注，有效改善注入状况。

空白水驱阶段为了均衡区块压力系统，为注聚留有压力空间，实施增注措施60口，其中注入井压裂10口，注入压力由11.3MPa下降到6.2MPa，下降了5.1MPa；酸化50口，注入压力由10.2MPa下降到8.6MPa，下降了1.6MPa，为注聚预留了4MPa以上的压力空间。

注聚见效阶段为了促进油井受效，针对注入压力高的实施注入井压裂8口，注入压力由13.0MPa下降到11.7MPa，平均单井日增注140m^3；实施注入井解堵16口，注入压力由12.5MPa下降到11.3MPa，日增注150m^3。

含水低值期阶段实施注入井压裂5口，注入压力由13.0MPa下降到11.3MPa，日增注70m^3；实施注入井解堵8口，注入压力由12.7MPa下降到11.9MPa，日增注46m^3，有效地缓解了区块的注采矛盾。

⑤个性化设计提液方式，不断提高聚合物驱效果。量化压裂效果敏感参数，明确聚合物驱不同阶段压裂目的、选井选层原则和工艺方式，形成了聚合物驱采油井压裂技术界限。

⑥适时调剖，聚合物利用率进一步提高。

针对北三西东南块二类油层厚度大、渗透性好、层内矛盾突出、注入压力低、高渗透层突进且周围采油井含水差异大的井区开展注聚前深度调剖25口井，于2011年10月15日开始现场注入，2012 年 2 月 4 日调剖结束。调剖后注入压力由 8.7MPa 上升到 10.9MPa，上升了 2.2MPa，上升幅度 25.3%，视吸入指数由 5.1m³/(d·MPa) 下降到 3.8m³/(d·MPa)，下降幅度 25.5%。注入剖面得到有效改善，不同渗透率级别油层吸入厚度比例均有所增加，其中渗透率小于 300mD 的油层吸入厚度比例增加 31.1 个百分点，相对吸入量增加 10.3 个百分点，渗透率大于 800 mD 的油层吸入厚度比例增加 4.4 个百分点，相对吸水量减少 10.3 个百分点。调剖井周围 32 口采油井，平均单井日增油 3.5t，较非调剖井区多增油 0.8t，综合含水下降了 12.0 个百分点，较非调剖井区多下降 3.1 个百分点。

（4）建立注入井单井动态分析调整技术流程。

按照“注聚初期形成整体段塞，见效阶段均匀推进，回升阶段控制突破”的思路，建立注入井单井动态分析调整技术流程（图 9-2）。

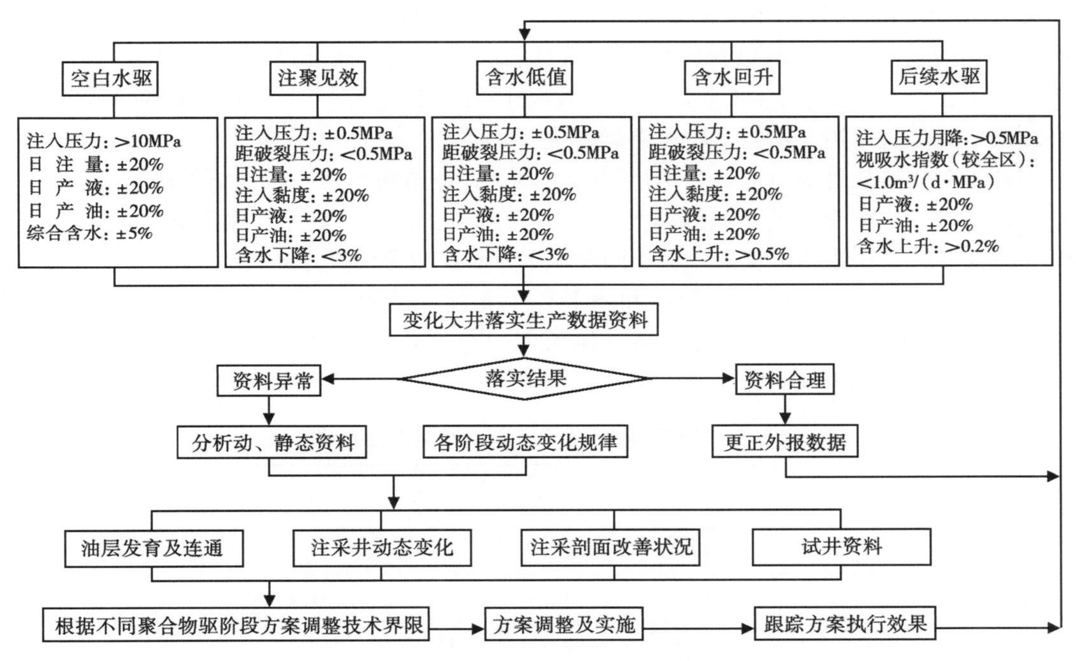

图 9-2　注入井单井动态分析调整技术流程

北三西东南块二类油层 3 年来以聚合物分子量、浓度与渗透率匹配关系图版为指导共进行零星方案调整 361 井次，其中空白水驱阶段调整了 48 井次，将地层压力调整到了原始地层压力附近，空白水驱阶段末区块注入压力 8.8MPa，为注聚预留了 4MPa 以上的压力空间；注聚见效阶段进行方案调整 209 井次，通过优化调整，区块注入参数匹配得较好，注入压力在 11.0~12.5MPa 的井占全区总井数比例的 75%以上；进入含水低值期后，区块及时进行包括对部分压裂措施井提水的方案调整 106 井次，使全区的注入压力始终在 11.5MPa 以上，最大限度地发挥了中低渗透层的潜力，保障了区块的开发效果。

2. 杏十三区聚合物驱工业区 1 号站

在试验过程中，以微观孔隙结构、注入参数与渗透率匹配图版为依据，对单井的注入参数进行个性化设计，有效地提高了油层动用厚度，降低了聚合物用量。在含水低值期改注 700 万分子量抗盐聚合物的基础上，以注采优化调整图版为抓手，进行及时有效的跟踪调整，延长了含水低值期，提高了聚合物驱效果。

（1）形成了基于微观孔隙结构为基础的个性化设计方法。

①明确了平面上同一河道内部注入井动态反应差异大的原因。

从现场的注入状况来看，同一河道内部发育和连通都相近的注入井在注聚后动态反应特征差别较大。例如杏 13-丁 1-P341 井和杏 13-丁 1-P342 井在同一河道内部，两口井的发育和连通状况相似，杏 13-丁 1-P341 井射开砂岩厚度 11.9m，射开有效厚度 10.8m，渗透率 384mD；杏 13-丁 1-P342 井射开砂岩厚度 10.1m，射开有效厚度 9.5m，渗透率 359mD，两口井均连通 3 口采出井。

从动态反应特征来看，这两口井差异较大，截至 2011 年 2 月，杏 13-丁 1-P341 注入压力上升 3.9MPa，平均日注溶液 $77m^3$，平均注入浓度 1759mg/L，而杏 13-丁 1-P342 注入压力上升 4.7MPa，平均日注溶液 $43m^3$，平均注入浓度 1368mg/L。利用《测井曲线识别微观孔隙结构类型软件》对这两口井的聚合物驱目的层进行微观孔隙结构进行识别，从微观孔隙结构来看，杏 13-丁 1-P341 井以一二类微观孔隙结构为主，杏 13-丁 1-P342 以二三类微观孔隙结构为主，两口井的发育状况差异较大。

因此，利用该软件对试验区目的层进行了微观孔隙结构识别，识别结果显示试验区目的层主要以一类、二类和三类孔隙结构为主，比例达到 91.4%，其中二类孔隙结构比例达到 49%，四类和五类孔隙结构较少。从不同沉积单元看，以分流平原相高弯度曲流型分流河道砂体为主的葡Ⅰ3_1、葡Ⅰ3_{2a}、葡Ⅰ3_{2b}和葡Ⅰ3_{3a}单元以一类和二类孔隙结构为主，比例达到 60%以上；以内前缘相顺直型分流河道砂体为主的葡Ⅰ3_{3b}和葡Ⅰ3_{3c}单元以二类和三类孔隙结构为主，比例达到 65%以上（表 9-7）。

表 9-7　试验区目的层微观孔隙结构类型分布状况表

类型＼沉积单元	葡Ⅰ3_1	葡Ⅰ3_{2a}	葡Ⅰ3_{2b}	葡Ⅰ3_{3a}	葡Ⅰ3_{3b}	葡Ⅰ3_{3c}	合计
一类孔隙结构	9.2	19.9	16.2	20.8	19.5	14.0	17.7
二类孔隙结构	54.2	54.4	43.5	52.6	31.4	37.5	49.0
三类孔隙结构	32.1	16.8	23.0	14.0	39.2	30.2	24.7
四类孔隙结构	2.8	8.9	12.7	7.9	8.1	18.3	7.0
五类孔隙结构	1.7	0.0	4.6	4.7	1.8	0.0	1.6

②建立了微观孔隙结构与注入参数的匹配关系。

通过分析微观孔隙结构类型与渗透率的关系（图 9-3）可以看出，试验区一类微观孔隙结构渗透率主要分布在 350mD 以上；二类微观孔隙结构渗透率主要分布在 150~450mD；三类微观孔隙结构渗透率主要分布在 50~200mD；四类微观孔隙结构渗透率主要分布在 50~100mD；五类微观孔隙结构渗透率主要分布在 50mD 以下。结合聚合物注入参数与渗透率匹配关系图版。确定了 2500 万分子量聚合物与一类和二类微观孔隙结构匹配性较好，浓度范围在 1000~2000mg/L；700 万分子量抗盐聚合物与三类微观孔隙结构匹配性较好，浓度范围 1000~1500mg/L；四类微观孔隙结构只能注入 700 万分子量聚合物，浓度上限 1000mg/L；五类微观孔隙结构很难动用。

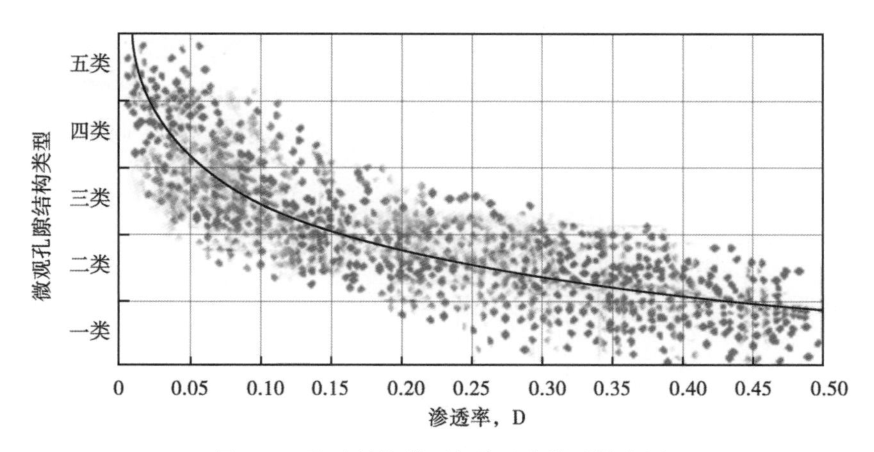

图 9-3　孔隙结构类型与渗透率关系散点图

③形成了个性化注入方式设计方法。

按照微观孔隙结构纵向上的分布形态将井分为三类：复合型、韵律型、均质性。复合型、韵律型井分布较为复杂，各类微观孔隙结构均有分布；均质型井油层发育厚度一般在5m以上，岩性好，整体上以一类和二类孔隙结构为主，比例达到90%以上，且一类和二孔隙结构交互分布，在油层顶部变差部位，出现三类或四类孔隙结构，但比例较低。结合聚合物注入参数与渗透率匹配关系图版（图 9-4）进行方案设计：对于分布形态以复合型和韵律型为主的井，按照“先调后驱”的思路，单井设计采用“先高分后低分，采取梯次注入”的注入方式实现各类油层逐级动用的目的；分布形态以均质型为主的井，按照“边调边驱”的思路，单井设计采用“先高浓后低浓，采取交替注入”的注入方式，保持注入能力，降低用量。

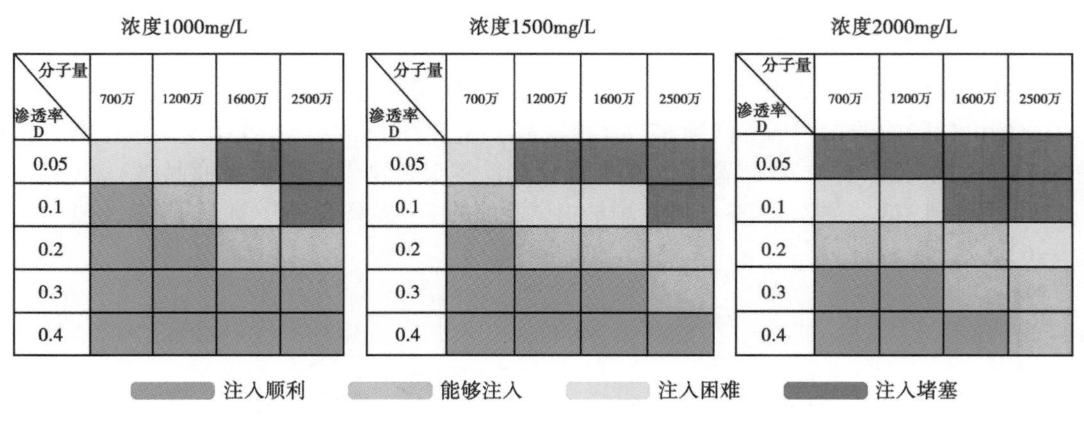

图 9-4　聚合物注入参数与渗透率匹配关系图版

④对单井的注入浓度进行了个性化设计。

从油层渗透率与启动压力曲线来看，随着注聚时间的延长，由于聚合物溶液的封堵作用，启动压力逐渐升高，渗流能力变差，启动压力上升幅度越大，注入 0.2PV 时，渗透率为 0.1D 的油层启动压力由 7.0MPa 上升到 7.8MPa，上升幅度达到 11.4%；渗透率为

0.4μm^2 的油层启动压力由 4.3MPa 上升到 4.6MPa，上升幅度仅为 7.0%。

以井组一二类微观孔隙结构比例为依据，结合启动压力与渗透率关系曲线，对于以正韵律型、复合型为主的 32 口井，设计为梯次浓度注入。设计过程中考虑注聚过程中油层渗流能力的变化，井组一二类微观孔隙结构比例越高，设计注入浓度越高，高浓度段塞比例越高（表 9-8）。

表 9-8　试验区梯次浓度注入段塞表

井组类型	井组一二类微观孔隙结构厚度比例 %	井组数 个	段塞 1		段塞 2		段塞 3		段塞 4	
			浓度 mg/L	体积数 PV	浓度 mg/L	体积数 PV	浓度 mg/L	体积数 PV	浓度 mg/L	体积数 PV
A	>70	13	1800	0.20	1500	0.10	1200	0.10	1000	0.10
B	50~70	8	1500	0.15	1200	0.15	1000	0.10	800	0.10
C	30~50	8	1200	0.10	1000	0.10	800	0.15	600	0.15
D	<30	3	1000	0.10	800	0.10	700	0.10	600	0.20

对于以均质型为主的 6 口井，总体上采用交替注入方式，同时，考虑注聚过程中油层渗流能力的变化，实施过程中注入浓度振荡式降低（表 9-9）。

表 9-9　试验区交替浓度注入段塞表

井组类型	井组主要孔隙结构类型	井组数 个	段塞 1（0.15PV）				段塞 2（0.15PV）				段塞 3（0.20PV）			
			高浓		低浓		高浓		低浓		高浓		低浓	
			周期 d	浓度 mg/L	周期 d	浓度 mg/L	周期 d	浓度 mg/L	周期 d	浓度 mg/L	周期 d	浓度 mg/L	周期 d	浓度 mg/L
A	一类大于 60%	4	120	1800	90	1200	120	1500	90	1000	120	1200	90	1000
B	二类大于 60%	2	90	1500	120	1000	90	1200	120	1000	90	800	120	600

通过个性化的方案设计，实施后试验区油层动用状况得到提高，截至 2013 年底，层数动用比例由试验前的 61.1%提高到 67.3%，提高了 6.2 个百分点，有效厚度动用比例由试验前的 71.2%提高到 76.1%，提高了 5.9 个百分点；年聚合物干粉用量（商品量）由试验前的 1114t 下降到 378t，下降了 738t，吨聚增油由试验前的 32t 提高到 95t，提高了 73t（图 9-5 和图 9-6）。

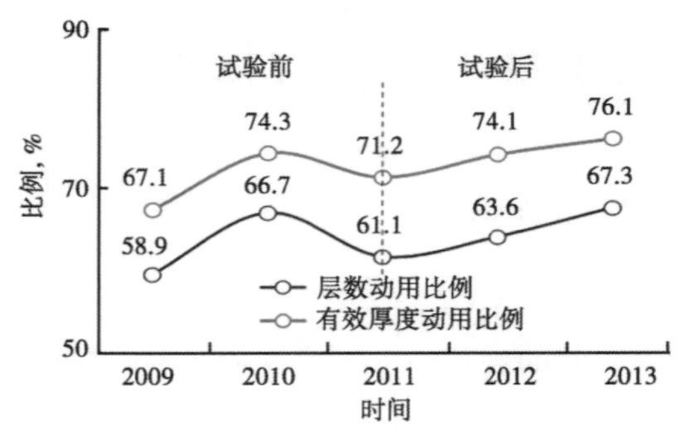

图 9-5　油层动用状况曲线

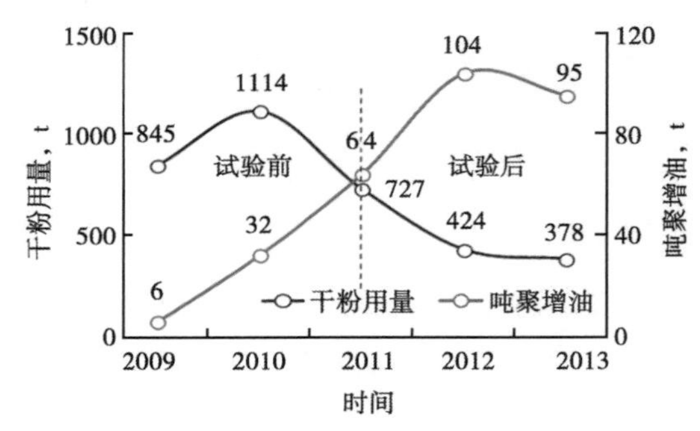

图 9-6　吨聚增油和聚合物用量曲线

（2）优化了适合杏南水质及油层特点的聚合物组合体系。

从聚合物注入参数与渗透率匹配关系图版看，2500 万分子量聚合物适合于 200mD 以上的油层，试验区有 69.2%厚度的油层与 2500 万分子量聚合物匹配性好，有 30.8%的油层与 2500 万分子量聚合物匹配性差，而中低分子量聚合物与这部分油层匹配性较好。

①改注时机的选择。

试验区在注入 0.25PV 左右时进入含水低值期，从试验区连续剖面监测资料来看，当注入孔隙体积 0.3PV 左右时，注入剖面开始返转，小于 200mD 的层有效厚度动用比例由 55.3%下降到 50.4%，下降了 4.7 个百分点，相对吸液量由 29.4%下降到 25.9%，下降了 3.5 个百分点。

薄差层比例大于 70%的井压力从 12.8MPa 上升至 13.8MPa，上升了 1.0MPa，有效厚度动用比例由 69.9%下降到 62.6%，下降了 7.3 个百分点，注入剖面变差，因此，分析认为试验区应该在 0.3PV 时改注（表 9-10）。

表 9-10　试验区剖面变化统计表

低渗透层比例 %	0.05PV		0.15PV		0.25PV		0.3PV	
	注入压力 MPa	有效动用比例 %	注入压力 MPa	有效动用比例 %	注入压力 MPa	有效动用比例 %	注入压力 MPa	有效动用比例 %
<30	7.5	70.5	9.1	75.4	12.0	79.5	12.5	78.1
30~50	8.2	64.3	9.9	68.5	12.3	74.8	12.8	73.5
50~70	8.7	62.5	10.3	66.4	12.6	72.1	13.4	68.5
≥70	8.9	57.3	10.8	64.3	12.8	69.9	13.8	62.6
合计	8.4	63.2	10.4	71.1	12.5	75.3	13.3	72.5

②改注方案设计。

2012 年 11 月，对试验区改注 700×10^4 抗盐聚合物，改注时根据单井的注入状况建立了单井的浓黏度及注入量调整原则（表 9-11）。

表 9-11　单井改注注入参数设计原则

压力上升空间，MPa	一二类孔隙结构厚度比例，%	设计原则
<0.5	40 以下	降浓降黏（措施增注）
0.5~1	30~50	保持改注前黏度
1~1.5	40~60	保持改注前浓度
≥1.5	60 以上	提浓提速

依据单井改注注入参数设计原则对单井的注入参数进行了设计，设计降浓降黏井 10 口，保黏降浓井 13 口，保浓提黏井 9 口，保浓提黏提速井 6 口。改注前后对比，注入浓度由 1108mg/L 降低到 1006mg/L，降低了 102mg/L，注入黏度由 37.1mPa·s 到 38.1mPa·s，保持稳定，平均单井日注入量由 $33m^3$ 提高到 $35m^3$，提高了 $2m^3$（表 9-12）。

表 9-12　改注单井注入参数设计结果

类型	井数 口	改注前			改注后		
		浓度 mg/L	黏度 mPa·s	注入量 m^3	浓度 mg/L	黏度 mPa·s	注入量 m^3
降浓降黏	10	956	29.1	23	807	24.3	26
保黏降浓	13	1056	32.5	32	905	33.4	32
保浓提黏	9	1178	38.8	36	1158	49.2	36
保浓提黏提速	6	1221	42.1	45	1345	64.2	51
合计	38	1108	37.1	33	1006	38.1	35

③改注取得了较好的效果。

一是注入状况得到改善。改注前后对比，注入压力由 13.2MPa 下降到 12.7MPa，下降了 0.5MPa，目前注入压力 12.3MPa，压力上升空间由改注前的 0.9MPa 上升到 1.8MPa。

二是注采能力得到保证。改注前后对比，视吸液指数由 0.34m^3/(d·m·MPa) 提高到 0.38m^3/(d·m·MPa)，提高了 0.04m^3/(d·m·MPa)，目前视吸液指数 0.36m^3/(d·m·MPa)；产液指数由 0.52t/（d·m·MPa）提高到 0.54t/（d·m·MPa），产液能力保持稳定，目前产液指数 0.60t/（d·m·MPa）。

三是注入剖面得到改善。改注后注入剖面得到改善，薄差层吸液能力得到提高，小于 2m 的油层相对吸液量由 36.7%提高到 47.9%，提高了 11.2 个百分点（表 9-13）；小于 0.2D 的油层相对吸液量由 24.8%提高到 37.3%，提高了 12.5 个百分点（表 9-14）。

表 9-13　试验区改注前后按有效厚度分级剖面对比表

按厚度分级 m	层数 个	有效 厚度 m	改注前			改注后		
			层数比例 %	有效厚度比例 %	相对吸液量 %	层数比例 %	有效厚度比例 %	相对吸液量 %
<1	36	18.1	44.4	49.3	7.5	52.8	57.9	10.2
1~2	38	50.8	63.2	65.3	29.2	68.4	71.7	37.7
2~3	15	34.4	80	77.5	26.9	80	80.5	22.4
≥3	16	57.5	87.5	89.2	36.4	87.5	89.2	29.7
合计	105	160.8	62.9	72.1	100	67.3	76.3	100

表 9-14　试验区改注前后按渗透率分级剖面对比表

按渗透率 分级 D	层数 个	有效 厚度 m	改注前			改注后		
			层数比例 %	有效厚度比例 %	相对吸液量 %	层数比例 %	有效厚度比例 %	相对吸液量 %
<0.1	14	18.5	42.9	45.6	5.5	57.1	62.5	9.9
0.1~0.2	26	33.4	53.8	61.2	19.3	61.5	69.7	27.4
0.2~0.3	38	62.1	60.5	65.3	40.2	63.2	70.7	36.3
0.3~0.4	5	10.8	80.0	83.1	7.8	80.0	85.3	5.9
≥0.4	22	36	86.4	89.2	27.2	86.4	89.9	20.5
合计	105	160.8	62.9	72.1	100	67.3	76.3	100

四是部分井二次受效。改注后有 8 口采出井二次受效，受效前后对比：日产液由 273t 提高到 296t，提高了 23t；日产油由 19.2t 提高到 38.8t，提高了 19.6t；含水由 92.9%下降到 86.9%，下降了 6.0 个百分点。

(3) 形成了以注采优化调整图版为依据的及时调整模式。

由于聚合物驱开发过程中阶段性较强，动态变化较快。为了更直观地了解调整重点，建立了注采两端优化调整图版。通过优化调整图版，指导注采两端及时有效的跟踪调整，以解决平面上聚合物用量差异大、注入压力不均衡、采出井受效差异大的问题。注入端依据注入压力和聚合物用量，划分 8 个区间，合理区以外为重点分析调整对象。采出端依据含水、采聚浓度和流压，划分 3 个区间，观察区以外的井为重点分析调整对象（图 9-7 和图 9-8）。

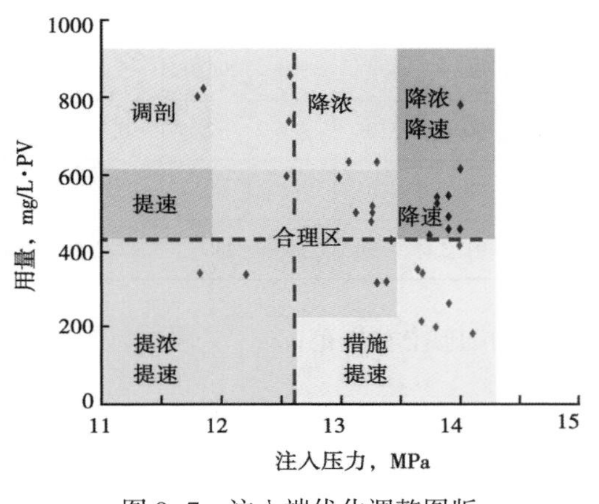

图 9-7　注入端优化调整图版

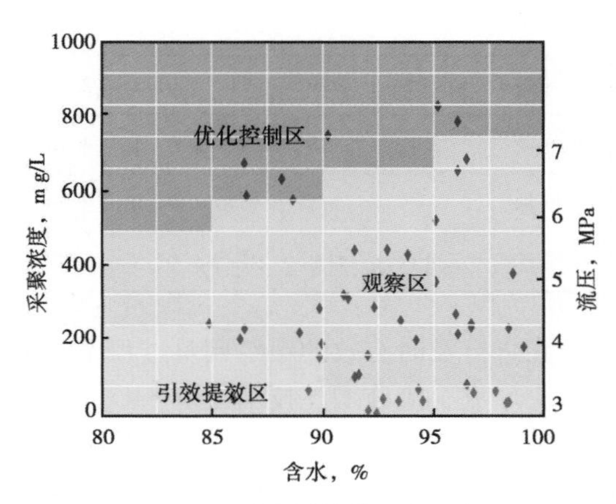

图 9-8　采出端优化调整图版

注入端共实施措施及调整 228 井次，调整前后对比：注入压力由 13.0MPa 下降到 12.7MPa，下降了 0.3MPa；日注入量由 7278m³ 下降到 7164m³，下降了 114m³；注入浓度由 1258mg/L 下调到 1033mg/L，下调了 225mg/L（表 9-15）。

表 9-15　试验区注入井措施及调整效果统计表

分类	实施井数口	措施或调整前			措施或调整后			差值		
		压力 MPa	日注 m³	浓度 mg/L	压力 MPa	日注 m³	浓度 mg/L	压力 MPa	日注 m³	浓度 mg/L
降浓	82	13.3	2465	1432	12.9	2400	835	−0.4	−65	−597
降浓降速	13	13.5	435	1503	13.1	380	869	−0.4	−55	−634
降速	50	13.8	1682	1102	13.3	1106	1082	−0.5	−576	−20
提浓提速	6	12.1	195	956	12.7	265	1432	0.6	70	476
提速	35	12.3	1360	1153	12.7	1710	1158	0.4	350	5
压裂	6	13.7	124	1092	11.8	146	1170	−1.9	22	78
表面活性剂解堵	33	13.4	892	1154	11.5	1032	1172	−1.9	140	18
调剖	3	8.9	125	1625	11.3	125	982	2.4	0	−643
合计	228	13.0	7278	1258	12.7	7164	1033	−0.3	−114	−225

采出端共实施措施及调整133井次，调整前后对比：日产液由4158t提高到4498t，提高了340t；日产油由273.3t提高到392.6t，提高了119.3t；含水由93.4%下降到91.3%，下降了2.1个百分点；流压由4.77MPa下降到4.34MPa，下降了0.43MPa（表9-16）。

表9-16 试验区采出井措施及调整效果统计表

分类	实施井数口	措施或调整前				措施或调整后				差值			
		日产液 t	日产油 t	含水 %	流压 MPa	日产液 t	日产油 t	含水 %	流压 MPa	日产液 t	日产油 t	含水 %	流压 MPa
参数调整	81	2554	160.9	93.7	4.12	2359	141.5	94	4.34	-195	-19.4	0.3	0.22
换泵	10	412	31.3	92.4	7.48	536	44.5	91.7	5.01	124	13.2	-0.7	-2.47
压裂	21	799	71	91.1	2.87	1190	167.9	85.9	4.43	391	96.9	-5.2	1.56
机械堵水	4	178	5.3	97.1	4.18	81	2.9	96.4	3.03	-97	-2.4	-0.7	-1.15
间抽	17	215	4.8	97.8	3.23	232	4.4	98.1	3.51	17	-0.4	0.3	0.28
合计	133	4158	273.3	93.4	4.77	4498	392.6	91.3	4.34	340	119.3	-2.1	-0.43

在进行及时有效的跟踪调整过程中，进一步完善了措施技术规范。

①形成了措施增注技术规范。

精细分析聚合物驱注入井注入状况变差原因，根据注入井的发育差异、连通程度以及动态反应特征不同，形成了措施增注技术规范。

一是建立了注入井压裂的技术规范。注入井压裂主要针对的是发育和连通较差的油层，通过压裂改造提高油层的渗流能力。压裂过程中确定了注入井压裂的选井选层原则：注入压力高于全区10%以上；油层渗透率小于0.2D；注入强度低于全区30%以上。

试验区共压裂注入井6口井，压裂前后对比：注入压力由13.7MPa下降到11.8MPa，下降了1.9MPa；日注入量由124m^{3}提高到146m^3，提高了22m^3；注入浓度1092mg/L提高到1170mg/L，提高了78mg/L。

二是建立了表面活性剂解堵的技术规范。表面活性剂解堵井主要针对的是发育和连通较好，但是由于井筒附近聚合物溶液堵塞而造成压力突然上升的井。确定了表面活性剂解堵的选井选层原则：

注入压力高于全区10%以上；压力上升速度高于全区30%以上；油层渗透率大于0.2D；注入强度低于全区20%以上。

试验区共采用表面活性剂解堵33口井，解堵前后对比：注入压力由13.4MPa下降到11.5MPa，下降了1.9MPa；日注入量由892m^{3}提高到1032m^3，提高了140m^3；注入浓度基本保持不变。

②形成了深度调剖技术规范。

进入含水低值期后，部分井组聚合物溶液单方向突破，严重影响其他采出井的受效。通过深度调剖，可控制聚合物溶液的突破，减缓平面矛盾，扩大波及体积。通过总结提炼，形成了含水低值期调剖选井选层原则（表9-17）。

表 9-17 注入井含水低值期深度调剖选井选层原则

调剖目的	控制聚合物溶液突破
选井原则	（1）注入压力低于平均值 10%以上； （2）启动压力低于全区平均值 10%以上； （3）存在聚合物溶液单层突进； （4）采出井含水回升，采聚浓度高出区块平均值 30%以上； （5）产液指数下降幅度低于全区 10%以上
选层原则	（1）层段相对吸液量占全井的 60%以上； （2）连通的采出井层位是主要产液层； （3）层段含水饱和度大于 55%

在调剖过程中逐渐优化了调剖半径：根据现场试验及相关研究结果表明，调剖半径为注采井距的 1/3～1/2 效果最理想。杏十三区聚合物驱工业区井距 150m，结合油层发育特点确定调剖半径为注采井距的 1/3 左右，并且对调剖井的调剖半径采取了个性化设计。

$$d = \frac{1}{3}d(\alpha C_i/C + \beta I_i/I + \gamma S_i/S + \omega K_i/K) \tag{9-1}$$

式中 d——井组注采井距；

C_i——井组采出液浓度；

C——平均采出液浓度；

I_i——调剖井视吸水指数；

I——平均视吸水指数；

S_i——调剖井含水饱和度；

S——平均含水饱和度；

K_i——调剖层渗透率；

K——平均渗透率；

α，β，γ，ω——权重系数。

试验区含水低值期调剖 3 口井，调剖前后对比，注入压力由 8.9MPa 升高到 11.3MPa，升高了 2.4MPa，层数吸液比例由 57.9%提高到 68.5%，提高了 10.6 个百分点，有效厚度吸液比例由 62.3%提高到 72.1%，提高了 9.8 个百分点，调剖层段吸液量比例由 69.3%下降到 38.5%，下降了 30.8 个百分点。调剖后，调剖井连通的 10 口采出井见到了较好的效果：日产液由 465t 到 446t，保持稳定；日产油由 37.2t 提高到 52.2t，提高了 15.0t；含水由 92.0%下降到 88.3%，下降了 3.7 个百分点；采液浓度由 624mg/L 下降到 491mg/L，下降了 133mg/L。

③形成了采出端提液、控液的调整原则。

在参数调整的过程中，逐渐形成了参数调整原则。调整原则以井组为单位，以注入井为中心，以采出井发育连通状况、采聚浓度、含水、流压为依据，实施提控结合，提高井组整体效果（表 9-18）。试验区共实施参数调整 96 井次，调整前后对比，日产液下降了 207t，日产油增加了 32.5t，含水下降 0.6 个百分点，流压下降 0.6MPa，采聚浓度下降 59mg/L。

表 9-18　参数调整原则

调整目的		控液			提液	
调整类型		调小参	间抽	机械堵水	调大参	换泵
调整原则	采聚浓度	高于井组平均值30%以上	高于井组平均值50%以上	高于井组平均值50%以上	低于井组平均值30%以上	低于井组平均值30%以上
	含水	高于井组平均值3个百分点以上	高于95%	单层高于96%	低于井组平均值3个百分点以上	低于井组平均值3个百分点以上
	其他	参数有下调余地	层间差异小或无接替层	层间差异大	流压高于5MPa	流压高于5MPa，参数最大

试验区共压裂采出井21口，将压裂井分为3种类型：

一是压裂增效。这部分井处于含水下降期或低值期，采液指数下降幅度大、含水低、采聚浓度低，多为厚注薄采型。共实施压裂增效7口井，措施前后对比，平均单井日增液17t，日增油7.4t，含水下降9.0个百分点，流压上升1.53MPa。

二是压裂引效。这部分井油层发育相对较差或注采井距较大，油层连通属薄注薄采或厚注薄采型，注聚后含水下降幅度小，采聚浓度低，通过压裂可加快聚合物溶液的推进，促使采出井受效。共实施9口，措施前后对比，平均单井日增液18t，日增油3.4t，含水下降4.3个百分点，流压上升1.72MPa。

三是压裂提效。这部分井油层发育厚度较大，以多段韵律沉积为主，属厚注厚采型，见效后随着采聚浓度上升，含水回升。通过对这类井的变差部位或接替层采取压裂措施，挖潜油层内部剩余油，进一步改善聚合物驱效果。共实施5口，措施前后对比，平均单井日增液17t，日增油2.0t，含水下降1.9个百分点，流压上升1.63MPa（表9-19）。

表 9-19　含水低值期压裂选井选层效果统计表

压裂类型	措施井数口	压前生产情况				压后生产情况				差值			
		产液 t	产油 t	含水 %	流压 MPa	产液 t	产油 t	含水 %	流压 MPa	产液 t	产油 t	含水 %	流压 MPa
压裂增效	7	39	5.4	86.1	2.75	56	12.9	77.1	4.28	17	7.4	-9.0	1.53
压裂引效	9	36	2.0	94.4	2.95	54	5.4	90.1	4.67	18	3.4	-4.3	1.72
压裂提效	5	25	1.8	92.8	2.69	41	3.8	90.9	4.32	17	2.0	-1.9	1.63
合计	21	38	3.4	91.1	2.87	55	8.0	85.9	4.46	17	4.6	-5.2	1.59

3. 南二区东部1号站

在试验过程中，依据油层的动用状况，量化了注入浓度与油层匹配关系、注入井分层调整界限，注入井调剖技术规范以及采出井压裂技术规范。建立了分区挖潜图版，深化了剖面返转规律认识，实现了个性化区域挖潜。建立了井组对标图版，完善了井组聚合物驱评价方法。

（1）建立了5项技术规范，实现了标准化井层挖潜。

①建立单井浓度设计规范。

建立注入浓度与渗透率匹配图版。利用实际吸水剖面资料，以油层动用厚度70%为界限，量化不同注聚阶段注入浓度与油层动用比例的匹配关系图版，指导参数调整。

建立不同阶段渗透率取值方法。依据单井渗透率分布、井层连通、所处不同阶段，修正以往应用平均渗透率设计单井浓度的做法，采用渗透率中值设计浓度。

在以往的注入浓度调整时，选择依据是调整井的全井平均渗透率，这种选择依据对于油层发育较好，纵向非均质性相对较弱的一类油层而言，具有一定的科学性。但是对于纵向上油层发育差异较大的二类油层，以此为依据选择注入浓度则存在一定问题。二类油层非均质性较强，低渗透率储层厚度比例达到60%以上，渗透率分布整体上没有呈现正态分布规律（表9-20），以此平均渗透率值不能有效代表不同发育注入井真实的渗透率水平。

表9-20 南二区东部二类油层区块不同渗透率油层发育状况统计表

项目	≤50mD	50~100mD	100~200mD	200~300mD	300~400mD	≥400mD
小层数比例，%	3.8	11.2	27.4	17.3	16.3	24.0
厚度比例，%	11.0	20.0	32.4	13.6	11.3	11.8

为合理表征单井的储层渗透率状况，从渗透率构成入手，分析了单井的渗透率厚度比例分布范围，将渗透率分布形态划分为3种模式，即渗透率正态分布模式、偏左态分布模式和偏右态分布模式。通过分析单井渗透率构成规律，引进单井渗透率中值概念，它指的是单井的渗透率累积厚度比例达到50%对应的渗透率值，确立了以渗透率中值来进行浓度设计的渗透率依据。

研究表明，当单井渗透率构成以正态分布时，渗透率中值和平均渗透率水平相当；偏右态分布时，渗透率中值小于平均渗透率，当偏左态分布时，渗透率中值大于平均渗透率。经过统计（表9-21），南二区东部二类油层中渗透率中值偏高的井有7口，相当的井有61口，偏低的井有97口。即共有104口井注入浓度需要进一步的优化调整。

表9-21 南二区东部二类油层区块浓度与油层匹配性统计表

分布类型	$K_{中}$与K相比	偏差 %	井数 口	比例 %	渗透率K mD	渗透率中值$K_{中}$ mD
偏右态分布	略高	<-15	7	4.24	351	389
正态分布	相当	-15~20	61	36.97	206	178
偏左态分布	偏低	>20	97	58.79	357	204

在明确以渗透率中值作为浓度调整选择依据的基础上，结合不同阶段见效特征，确定了分阶段浓度设计原则：

注聚初期以改善油层动用状况为主，匹配绝大多数油层；

含水低值期和含水回升初期以扩大平面驱油效率为主，控制含水回升速度；

含水回升后期以保证薄差油层动用为主，挖掘薄差油层潜力。

具体做法如下：

一是注聚初期以注入井渗透率中值界定浓度，匹配绝大多数油层。试验区在初期优化浓度调整16口，井数比例达到42.1%，调整后动用厚度达到70%井比例达到87.2%。

注聚后不同类型渗透率井组剖面得到改善，以南1-丁5-P238注入井为例（表9-22），

以其渗透率中值 $K_{中}$（224mD）为依据设计注入浓度（1000mg/L）注聚后有效动用厚度比例达到78.8%，提高了25.2个百分点。

表9-22　南1-丁6-P238注聚前后不同单元吸液情况统计表

油层单元	吸水有效比例,%								
	萨Ⅱ1	萨Ⅱ2_1	萨Ⅱ2_2+3	萨Ⅱ7	萨Ⅱ8	萨Ⅱ10	萨Ⅱ11	萨Ⅱ12	合计
注聚前	0.0	100.0	81.1	0	84.2	0	100.0	0	53.6
注聚后	100.0	78.9	81.1	100.0	84.2	100.0	100.0	0	78.8
差值	100	-21.1	0	100	0	100	0	0	25.2

二是稳定期和含水回升初期以井组渗透率中值界定浓度，提高聚合物对平面差异的控制，进一步挖掘油井近井地带剩余油。促进井组均衡受效。试验区见效期实施浓度调整21口井，促进了不同油层进一步见效。

受油层非均质性影响，不同井组油水井发育连通存在较大差异，根据油层连通状况，将井组划分为3种类型，即厚注薄采型井组、薄注厚采型井组和均质型井组（表9-23），分别制定调整原则。对于均质型井组，单独计算的注入井渗透率中值与考虑井组采出井的渗透率中值平均值差异不大，而对于厚注薄采和薄注厚采型井组，中心注入井的渗透率中值与井组平均的渗透率中值差异较大，在经过注聚初、中期的聚合物注入，注入井附近的剩余油已经大部分被采出，而采出井近井地带受渗透率差异影响，与聚合物匹配性较差，很难得到有效动用，因此在注聚中、后期应充分考虑油层近井地带油层发育，合理调整注聚参数，提高与油层配伍性，进一步挖掘油层潜力，提高聚合物驱效果。

表9-23　不同类型井组注聚中后期注入浓度调整原则

井组类型	井数 口	渗透率中值，mD		特点	原则
		水井 $K_{中}$	井组 $K_{J中}$		
厚注薄采型	14	293	208	$K_{中}>K_{J中}$	依据井组渗透率中值 结合分层调整注入浓度
薄注厚采型	15	186	281	$K_{中}<K_{J中}$	结合水井措施改造 进行注入浓度调整
均质型	9	214	207	$K_{中}=K_{J中}$	浓度优化原则不变

以南1-丁4-P238井为例（表9-24），该井从注采连通关系上属于厚注薄采型，全井渗透率 K 为336mD，井组渗透率中值 $K_{中}$ 为265mD，依据含水回升后期注入浓度调整原则，注入浓度由1200mg/L下调至1000mg/L，实施后全井动用厚度比例由71.4%进一步提高到78.6%。

表9-24　南1-丁4-P238调整前后不同单元吸液情况统计表

油层单元	吸水有效比例，%								
	萨Ⅱ1	萨Ⅱ2_1	萨Ⅱ2_2+3	萨Ⅱ8	萨Ⅱ9	萨Ⅱ10	萨Ⅱ11	萨Ⅱ12	合计
注聚前	0.0	100.0	100.0	68.0	0.0	100.0	0.0	0.0	71.4
注聚后	100.0	100.0	100.0	68.0	100.0	100.0	60.0	0.0	78.6
差值	100	0	0	0	100	0	60	0	7.2

三是回升后期以井组动用较差的薄差层段界定浓度优选。调整过程中，结合分层，舍弃发育连通及动用较好层段，以薄差层渗透率中值为依据，实施浓度调整。试验区注聚后期优化浓度36井次，薄层动用比例始终保持在50%左右。

以南1-6-斜P238井为例，其萨Ⅱ2_1—萨Ⅱ2_2+3b单元油层发育差，渗透率中值仅120mD，注聚过程中动用厚度比例仅15.0%，吸水量仅$3m^3$，在含水回升后期，为充分挖掘这一部分油层潜力，控制井组含水回升速度，结合分层对该井实施了浓度下调，将注入浓度由1000mg/L下调至800mg/L，调整后油层得到了有效动用，动用厚度比例达到80%，吸水量增加到$27m^3$。

注聚过程中，始终坚持“以油层匹配定注入浓度”的原则，应用浓度设计规范，指导不同阶段浓度调整189井次，统计27口井剖面，动用厚度达到70%以上井数比例提高13.3个百分点。在不同注聚阶段，不同渗透率油层注入浓度得到合理优化，油层动用厚度比例保持在70%以上。

②建立分层技术规范。

一是根据注聚井层间渗透率级差制定了分层界限标准。通过统计实际注入井剖面资料，量化了渗透率级差与油层动用厚度比例关系，根据油层发育状况，明确了两种分层技术标准。以油层动用厚度比例达到70%以上为界限，针对以主体砂和河道砂体发育油层，渗透率级差应控制在5以内；针对注入井油层发育较差，以非主体和主体砂发育为主时，渗透率级差应控制在6以内。

二是根据注聚井油层发育状况制定了注入井分注时机。利用聚合物驱多学科技术，建立无河道发育、1~2个河道发育但层间差异大和多河道发育3类二类油层典型剖面模型，研究纵向非均质性对聚合物驱开发效果的影响（表9-25）。研究结果表明，层间差异越大，分层注聚的效果越明显，对于钻遇一个河道砂体，在初期分层效果最好，钻遇多个河道在稳定期或回升初期实施分层注聚效果较好。

表9-25　不同类型井组不同阶段分注效果表

井组类型	不分注		注聚初期分注		稳定期分注		含水回升初期分注	
	含水最低点%	阶段采出程度%	含水最低点%	阶段采出程度%	含水最低点%	阶段采出程度%	含水最低点%	阶段采出程度%
无河道发育	78.46	8	78.41	8.12	78.44	8.03	78.45	8.04
发育1~2个河道但层间差异大	78.61	17.5	77.41	18.1	77.6	17.8	77.82	17.7
以河道发育为主	81.52	18.3	80.92	18.7	79.89	19.2	81.52	19

应用分层技术规范指导二类油层区块分层81口，分注率达到53.1%，分层井层间级差得到有效控制，渗透率级差由9.1下降到5.1，有效厚度动用比例由68.3%提高到74.9%，提高了6.6个百分点，提高低渗层吸水比例35.9个百分点，井区开发效果有效改善，采聚浓度上升速度减缓，含水上升速度得到控制，稳定时间达到9个月（表9-26）。

表 9-26　二类油层分层井效果统计表

分注阶段	井数 口	砂岩厚度 m	有效厚度 m	渗透率 mD	渗透率级差	
					分层前	分层后
含水下降期	15	11.5	6.7	423	15.9	8.5
含水低值期	22	13	7.2	417	9.1	4.2
含水回升期	44	14.8	9.3	426	8.8	5.4
合计	81	12.1	7.4	424	9.1	5.1

③建立采出井压裂技术规范。

一是研究了压裂选井主要参数界限。根据压前产液强度、产液降幅、含水降幅与措施增油关系，确定产液降幅20%，含水降幅4个百分点左右时，开展压裂可保证单井增油水平达到7t以上水平。

同时，油井压裂时产液强度也影响压裂效果，统计表明，优选采出井采液强度在3~8t/(m·d) 时实施压裂，压裂效果最好，单井增油量达到7t以上井的比例可以达到90%以上。

二是明确了不同阶段压裂对象。数值模拟资料表明（表9-27），注聚初期及含水低值期压裂河道砂效果好，提高采收率幅度可以达到0.8个百分点以上，较压裂其他层段多提高采收率0.4个百分点以上；注聚后期压裂薄油层效果好，可以提高采收0.5个百分点以上，较压裂其他层段多提高0.47个百分点。

表 9-27　数值模拟不同注聚阶段不同压裂对象结果统计表

压裂时机	方案	压裂层位	累计增油量 10^4t	压裂措施增油量 10^4t	压裂提高采收率 %
—	基础方案	不压裂	3.152		
注聚初期	方案一	>0.5m 主力油层	3.291	0.226	0.86
		薄差油层	3.142	0.078	0.42
含水低值期	方案二	>0.5m 主力油层	3.39	0.238	0.94
		薄差油层	3.25	0.098	0.39
含水回升期	方案三	>0.5m 主力油层	3.175	0.023	0.09
		薄差油层	3.295	0.143	0.56

三是建立采出井压裂技术规范。根据以上研究，以油井压裂单井日增油7t为目标，建立了不同注聚阶段选井选层技术规范（表9-28），建立了以注聚初期压裂引效、含水下降期压裂促效、低含水期压裂稳效、含水回升期压裂增效为目的的各种采油井提液模式。实现了压裂时机优化，压裂目的清晰，压裂层位精细，压裂工艺优化，指导整个南二东二类油层区块实施采出井压裂158口，平均单井日增油9.2t，从不同注聚阶段增油效果来看，日增油均达到7t以上水平，其中提效试验区压裂26口井，单井增油8.1t。

注聚初期优选产液量开始下降，含水降幅小采出井，重点针对含水饱和度低的主产液层段压裂，统计压裂的12口采出井，措施后含水大幅下降；高峰期优选含水低，产液低采出井，以压裂中、高渗透层为主，中、低渗透层为辅，统计压裂的20口采出井，措施后低含水稳定期进一步延长，效果达到13个月以上。

表 9-28　二类油层油井压裂措施选井选层标准

项目	注聚初期	含水下降阶段	含水稳定期	含水回升阶段
压裂目的	促进采出井见效	控制产液下降速度	提高动用程度，延长低含水稳定期	挖潜薄差层剩余油
压裂选井原则	（1）产液量下降幅度大于30%； （2）含水高点稳定或稍有下降； （3）日产液量小于50t	（1）产液量下降幅度大于20%； （2）含水降幅大于4个百分点； （3）沉没度小于300m； （4）日产液量小于80t	（1）产液强度低于全区20%； （2）日产液量小于70t； （3）含水小于85%； （4）沉没度小于300m	（1）日产液量小于80t； （2）含水回升，采聚浓度高出全区30%； （3）含水小于90%
压裂选层原则	以主产液层为主	（1）中高渗透层为主，低渗透为辅； （2）单层有效厚度≥0.5m为主	（1）以接替潜力的中低渗透层为主，高渗透层为辅； （2）单层有效厚度≤2.0m	（1）中、低渗透油层； （2）单层有效厚度≤1.0m
压裂工艺	细分压裂、多裂缝压裂、宽短缝压裂	细分压裂、多裂缝压裂、宽短缝压裂	细分压裂、多裂缝压裂、宽短缝压裂	选择性压裂
实际效果	井数：8口； 单井日增油：12.2t	井数：18口； 单井日增油：9.6t	井数：77口； 单井日增油：9.2t	井数：84口； 单井日增油：7.4t

在含水回升阶段，压裂对象主要为河道砂边部及含水饱和度低的薄差油层，过程中注重油水井对应挖潜和压裂工艺的优化，累计实施15口，单井增油达9.7t（表9-29）。

表 9-29　注聚后期压裂效果统计

压裂方式	井数口	砂岩厚度，m		砂岩厚度，m		单井措施效果		
		全井	压裂	全井	压裂	日增液，t	日增油，t	含水，%
全井压裂	3	14.4	14.4	8.6	8.6	53	10.1	-5.16
油水井对应压裂	7	15.7	12.2	9.6	6.6	64	10.7	-3.03
选压	5	13.1	13.1	7.2	7.2	46	7.4	-0.72
合计	15	14.6	12.9	8.6	7.2	57	9.7	-2.41

④建立注入井增注技术规范。

统计注入井措施增注效果，当油层渗透率大于300mD时，解堵与压裂增注效果基本相当。从不同阶段来看，注聚后期解堵效果变差（表9-30）。

表 9-30　不同阶段水井措施效果统计

渗透率分级＼阶段	下降期		低值期		回升初期		回升后期	
	压裂，m^3	解堵，m^3	压裂，m^3	解堵，m^3	压裂，m^3	解堵，m^3	压裂，m^3	解堵，m^3
≤200mD	40	15	40	15	38	14	38	16
200~300mD	43	18	46	19	42	15	40	17
300~400mD	47	25	52	22	50	17	45	16
400~500mD	54	32	57	25	57	19	51	17
>500mD	60	40	62	27	62	20	53	17

注聚前期：渗透率大于300mD解堵，渗透率小于300mD压裂；回升初期：渗透率大于500mD解堵，渗透率小于500mD压裂；回升后期：解堵效果不理想，以压裂为主。

指导统计试验区措施增注16口井，其中解堵8口井，平均单井日增注19m³，压裂8口井（表9-31），措施后平均单井日增注47m³。

表9-31 试验区措施增注效果统计

措施类型	阶段	井数 口	砂岩厚度 m	有效厚度 m	渗透率 mD	措施效果	
						压力，MPa	注入量，m³
解堵	下降期	1	17.6	11	383	-0.2	21
	高峰期	2	16.3	8.8	413	-0.15	22
	回升初期	5	18.4	11.9	531	-0.26	18
压裂	下降期	2	14	8.3	164	-1.3	51
	高峰期	4	14.1	7.5	233	-0.95	45
	回升初期	1	17.4	10.8	256	-0.9	45
	回升后期	1	15.2	10.3	359	-0.72	47

⑤注入井调剖技术规范。

目前，已经逐步形成了调剖选井选层、调剖参数设计、跟踪调整和效果评价四方面配套技术，有效指导了注聚区块深度调剖工作。

一是建立调剖选井选层标准。为有效改善调剖井区开发效果，抑制高渗层，提高薄差油层动用，调剖井应优选油水井对应关系好、平面和纵向上渗透率差异较大、压力空间大、含水上升快且有一定剩余油潜力的井区。

调剖层段应选择油层发育好、连通率高、渗透率级差大、吸水状况差异较大、吸水比例和吸水强度较大的高渗透层或高水淹段层段（表9-32和表9-33）。

根据以上原则，分别制订了6项调剖井选井指标和8项调剖井选层指标，对满足选井指标4项以上的注入井定为拟调剖井，对满足选层指标5项以上的油层定为拟调剖层。

表9-32 注入井深度调剖选井指标（6项）

油层动用程度低于区块水平15%	视吸水指数高于区块平均水平10%	启动压力低于区块平均水平10%	注入压力低于区块平均水平10%	周围采出井产液强度高于区块10%	井区含水级别高于全区综合含水

表9-33 注入井深度调剖选层指标（8项）

有效厚度在2m以上	有效渗透率高于区块水平	河道连通方向2个以上	高水淹厚度比例大于40%	含水饱和度大于55%	吸水比例大于50%以上	吸水厚度占油层发育40%以下	层段注水强度是全井的2倍

二是确定调剖体系选择原则。目前已经形成颗粒类和凝胶类两大类成熟的调剖体系，明确了两类调剖体系下6种调剖剂对不同油层的适应性，实现了调剖剂的优选（表9-34）。

三是完善调剖后跟踪调整技术。调剖结束后，结合剖面改善状况及调剖层段注入能力和井区含水变化及时开展跟踪调整工作，进一步提高调剖效果，改善井区开发状况，重点从两方面入手。

表 9-34　不同类型油层优选适合的调剖体系

<table>
<tr><th>调剖体系</th><th>调剖剂</th><th>适合油层对象</th><th>体 系 特 点</th></tr>
<tr><td rowspan="3">颗粒类</td><td>体膨颗粒</td><td>一类、二类油层</td><td>具有“变形虫”特性，有良好的选择进入能力，该体系表现出较强的弹性，可提高采收率 2.0%左右</td></tr>
<tr><td>改性缓膨颗粒</td><td>一类、二类油层</td><td>是一种不含无机填充成分的高分子聚合物凝胶颗粒，遇水室温几乎不膨胀，在地层温度下开始缓慢的膨胀，物理化学性质相对稳定</td></tr>
<tr><td>纳米微球</td><td>二类油层</td><td>不受矿化度影响，性能稳定，微球平均直径为几百纳米至几微米，具有良好的变形性和特殊的流动特性，可以进入油藏深部，能有效封堵高渗透层</td></tr>
<tr><td rowspan="3">凝胶类</td><td>复合离子</td><td>一类、二类油层</td><td rowspan="2">由聚合物、交联剂按比例配成交联体系，地面黏度低、成胶可控、封堵率，体系流动性能较好</td></tr>
<tr><td>铬微凝胶</td><td>一类、二类油层</td></tr>
<tr><td>聚合物再利用剂</td><td>一类后续水驱</td><td>利用聚合物再利用剂与地下残留低浓度聚合物产生絮凝体，能够有效堵塞高渗透层，是聚合物驱后较为理想调剖体系</td></tr>
</table>

首先，完善调剖后注入强度调整。及时调整调剖后产生的平面、层间矛盾，结合分层，适当控制高渗透层注入量，增加调剖井注水强度，充分发挥低渗透潜力层潜力；同时，优化注入浓度，保证低渗透层有效动用，充分发挥调剖的高渗透层封堵，低渗透层改善的作用。

其次，加强调剖后产液结构调整。根据注入改善状况，对油井进行相应的调参，换泵，压裂，扩大生产压差，提高低渗透层段产液能力，挖掘油层潜力；对严重影响注入水流线的高采液、高含水油井控液，进一步抑制高渗透层段，防止高含水层段突破，减缓层间矛盾。

四是建立调剖井效果评价标准。根据调剖后油水井动态变化，制定 4 项调剖井评判标准，综合评价调剖效果。

a. 压降曲线法，调剖结束后，压降曲线位置上移，斜率变缓，说明高渗透层被有效控制，层间矛盾减缓，高、低渗透层段吸液能力得到有效调整，注入压力稳定上升。

b. 指示曲线法，调剖结束后，指示曲线位置上移，斜率变陡，说明高渗透层被有效控制，启动压力上升，低渗透层段得到动用。

c. 吸水剖面法，调剖结束后，最高吸水层换位，高渗透层段吸液量比例大幅下降，低渗透层段吸液比例增加，说明高渗透层已被控制，低渗透层段得到动用；同时，吸水厚度增加，说明增加了新的吸液层段，进一步扩大了波及体积。

d. 采油曲线法，调剖结束后，调剖井区日产油量增加，综合含水下降，说明通过调剖高渗透、高含水层段得到有效控制，低渗透、低含水层段得到有效动用。

应用注入井调剖技术规范，自 2011 年以来，指导应用调剖 102 口井，调剖井区均得到有效改善，从南二区东部二类油层区块调剖效果来看（表 9-35），调剖结束后油层吸水厚度比例提高 4.3 个百分点，调剖井区含水比全区多下降 4.91 个百分点。

通过应用 5 项技术，试验区加大了精细跟踪调整力度，三年来，累计油水井措施及调整 198 井次，比例达到 220%，其中油水井措施比例均达到 40%以上。

试验区通过优化措施调整，取得了较好的效果，累计增油 2.98×10^4t，提高采收率 0.91 个百分点（表 9-36），不同措施调整的做法均取得了一定的效果，其中采出井压裂受效 22 口井，提高采收率 0.72 个百分点，注入井分层井区 13 口井受效明显，提高采收率 0.36 个百分点，对试验区采收率贡献多提高 0. 11 个百分点。

表 9-35　南二区东部二类油层区块调剖前后剖面对比

分类	调剖前			调剖后		
	吸水砂岩厚度比例 %	吸水有效厚度比例 %	吸水量比例 %	吸水砂岩厚度比例 %	吸水有效厚度比例 %	吸水量比例 %
目的层	97. 6	98	43. 3	75. 3	74. 8	22. 3
非目的层	44. 8	46. 2	56. 7	55. 2	58. 1	77. 7
合计	54. 1	57. 4	100	58. 7	61. 7	100

表 9-36　试验区措施调整对提高采收率不同贡献程度统计表

类型		受效采出井数 口	有效时间 d	累计增油 10^4t	井组采收率贡献 %	全区采收率贡献 %
措施	油井压裂	22	304	2. 36	1. 92	0. 72
	水井压裂	4	72	0. 03	0. 09	0. 01
调整		9	81	0. 22	0. 33	0. 07
分注		13	111	0. 38	0. 36	0. 11
合计		48	183	2. 98	0. 96	0. 91

提效后，试验区单位厚度产油水平始终高于对比区，并在注聚过程中优势逐渐加大，截至 2013 年底单位厚度产油水平达到 1489t，高于对比区 350t，并保持平稳。

（2）深化了剖面返转认识，形成了分区分类调整模式。

针对区块进入含水回升阶段，剖面返转井逐渐增加的问题，结合见效特征，以油井为中心，按见效特征划分区域，分为合理区、潜力区、治理区和控含水区 4 个区域，分别制订不同的调整原则，采取分区针对性调整。

针对控含水区，以调整剖面控制含水为目的，加大分层细分调整。

针对潜力区，以延长低含水稳定期为目的，做好注采两端调整。

针对治理区，以提高井组见效程度为目的，加强薄差层的挖潜。

①含水回升区重点针对剖面返转井进行专项研究。

一是深化剖面返转规律认识。

理论研究表明：注聚期过程中，高渗透层阻力系数变化率不断下降，低渗透层阻力系数变化率不断上升。当高渗透层阻力系数变化率低于低渗透层时，聚合物溶液回流到高渗透层，即发生了剖面返转。

现场实际资料表明，剖面返转具有 3 个特点：

a. 剖面返转井比例高，注聚后期返转明显。注聚过程中剖面返转井比例达到 40%左右，并且主要集中在含水回升阶段（表 9-37），含水回升阶段剖面返转井比例占全过程返转井比例的 86. 7%。发生剖面返转的井，薄层动用比例下降 20 个百分点以上。

表 9-37 不同阶段剖面返转井动用情况表

油层	项目	动用比例，%			吸水比例，%		
		高峰期	回升初期	回升后期	高峰期	回升初期	回升后期
厚油层	返转前	85.6	91.6	98.6	65.3	56.8	55.9
	返转后	89.7	93.6	93.8	79.1	74.4	76.7
	差值	4.1	2	-4.8	13.8	17.6	20.8
薄油层	返转前	67.2	67.8	77	34.7	43.2	44.1
	返转后	45.6	48.3	48.1	20.9	25.6	23.3
	差值	-21.6	-19.5	-28.9	-13.8	-17.6	-20.8

b. 层段间差异越大，剖面越容易返转。统计 35 个发生剖面返转层段，其中渗透率级差大于 5 的层段超过 70%。

c. 剖面返转时机与层间级差存在一定函数关系。注聚后期剖面返转界限逐渐缩小，含水回升后期下降至渗透率级差 5.0 以下。

二是制订控制剖面返转的原则及做法。

通过对剖面返转规律的研究，重点做好注入井分层和周期注聚工作。

含水回升期细分调整对控制单层突进、含水回升具有重要的作用。注入井细分调整原则：

a. 结合井区的动态变化，以释放潜力层、控制低效循环、提高动用厚度为目的进行细分调整。

b. 注聚后期细分调整以重分层和细分层段为主，级差控制在 2.5 以下。

c. 细分调整与注入参数、措施配套相结合，进一步均衡井层聚用量。

试验区累计实施注入井分层 8 口，分层井细分层段 18 口，调整后试验区分注率达到 92.1%，细分井比例达到 65.8%，动用厚度比例提高 16.7 个百分点，井区含水出现二次下降。

周期注聚通过产生附加压力差形成附加窜流，可以改变不同渗透率层段间及厚油层内部不同渗透率单元的原油流动，使油层动用更加均匀。

针对薄层动用差，高渗透层突进、井区含水上升速度快的实际，优选 14 注 27 采井组实施周期注聚，力争进一步促进均衡井区用量、提高见效程度。

选取阶段采出程度高、井区含水高、注入能力好的 8 口分层井实施层段周期注聚；选取阶段采出程度相对较低、井区含水偏高、注入能力差的 6 口笼统井实施全井周期注聚（表 9-38）。

表 9-38 8 周期注聚井基础数据表

分类	井数 口	砂岩厚度 m	有效厚度 m	单井日实注 m^3	动用厚度比例 %	井组含水 %	阶段采出程度 %
层段周期	8	16.3	9.7	67	66.3	95.05	20.4
全井周期	6	12.9	7.1	40	59.9	93.19	13.5
合计	14	14.8	8.6	56	62.8	94.37	17.8

周期注聚设计原则：

a. 根据油层发育连通状况，分井组、分层段个性化设计。

b. 参数设计注重停注聚与注入浓度、强度搭配相结合。

c. 结合整个注聚过程中油层动用，重点挖掘难动用部位剩余油，力争动用厚度比例提高 5 个百分点。

应用数值模拟技术，选取 4 口中心采出井建立典型井组，分别进行注入周期、注入强度、注入浓度等参数进行优化。

注入周期优化：设计半周期 30 天、60 天、90 天和 180 天等 4 个方案，分别对产油量，干粉用量及吨聚增油水平进行模拟。结果表明，不同周期相对不同油层效果存在差异，发育相对较好油层（渗透率大于 180mD），半周期在 60 天效果最好；发育相对较差油层（渗透率小于 180mD），半周期在 30 天效果最好（表 9-39）。

表 9-39　不同注聚周期条件下不同渗透率油层周期注聚效果统计表

分类		渗透率<180mD				渗透率>180mD			
		30d	60d	90d	180d	30d	60d	90d	180d
不同井组阶段产油 t	南 1-60-P237	212	212	215	220	443	500	519	558
	南 1-60-SP238	227	228	229	230	270	279	282	285
	南 2-丁 10-P236	3470	3412	3432	3338	2619	2691	2694	2674
	南 2-丁 10-P238	489	481	475	463	510	528	530	536
	合计	4399	4333	4351	4252	3841	3998	4026	4053
干粉用量，t		54	54	54	53	103	102	104	102
吨聚产油，t		81.1	79.5	80.5	80.6	37.3	39.2	38.8	39.7

注入强度优化：设计注入周期强度为正常注聚时的 1.5 倍和 2.0 倍等 2 个方案，分别对产油量，干粉用量及吨聚增油水平进行模拟。结果表明，周期注聚过程中注入周期强度控制在 2 倍左右效果较好（表 9-40）。

表 9-40　不同注入强度条件下周期注聚效果统计

分类		注入强度 2 倍				注入强度 1.5 倍			
		30d	60d	90d	180d	30d	60d	90d	180d
不同井组阶段产油 t	南 1-60-P237	443	500	519	558	289	297	301	314
	南 1-60-SP238	270	279	282	285	246	247	248	247
	南 2-丁 10-P236	2619	2691	2694	2674	2521	2517	2541	2542
	南 2-丁 10-P238	510	528	530	536	483	495	493	501
	合计	3841	3998	4026	4053	3539	3556	3583	3604
干粉用量，t		103	102	104	102	102	102	100	100
吨聚产油，t		37.3	39.2	38.8	39.7	34.6	34.9	35.7	36.0

注入浓度优化：设计浓度交替过程中高、低浓度分别为正常注聚时浓度的 1.2 倍和 0.5 倍，1.5 倍和 0.5 倍，1.8 倍和 0.5 倍，2.0 倍和 0.5 倍等 4 个方案，分别对产油量、干粉用

量及吨聚增油水平进行模拟。结果表明，浓度交替过程中黏度比控制在2倍左右效果较好（表9-41）。

表9-41 不同交替浓度条件下周期注聚效果统计

分类		高浓度1.2倍 低浓度0.5倍	高浓度1.5倍 低浓度0.5倍	高浓度1.8倍 低浓度0.5倍	高浓度2.0倍 低浓度0.5倍
不同井组阶段产油 t	南1-60-P237	346	363	377	381
	南1-60-SP238	289	299	309	315
	南2-丁10-P236	2618	2590	2549	2643
	南2-丁10-P238	589	600	607	610
	合计	3843	3852	3842	3949
干粉用量，t		98	98	99	98
吨聚产油，t		39.4	39.4	39.0	40.1

周期注聚设计结果：结合层段发育状况、控制程度以及油层动用状况，在注入周期、强度以及注入浓度优化基础上，按照“周期与交替结合，浓度与强度搭配”原则，建立了4种周期方式，预计提高采收率0.5%，节约干粉16.5%（表9-42）。

表9-42 周期注聚井注入参数设计统计表

井组类型	注入差	厚层发育	薄厚交互	薄层发育
井数，口	6	3	2	3
有效厚度，m	7.1	10.1	11.2	8.4
渗透率，D	0.228	0.256	0.211	0.293
动用厚度，%	65.3	69	56.4	53.4
周期，月	1	2	2	2
方式	全井周期	层段周期	交互停注	交替注入
浓度、强度	注入强度是正常注入状态下的1.2~1.5倍，注入浓度是正常注入状态下的0.5~1.2倍			

周期注聚于2013年6月开始实施，截至2013年底已累计少注溶液1851m^3，井区动用状况得到有效改善，有效动用厚度比例提高11.8个百分点，薄差油层吸液量比例提高8.6个百分点，井区含水下降0.35个百分点。

②针对潜力区重点做好主力油层有效挖潜。

潜力区主要特点是阶段采出程度低，含水低，采聚浓度低，重点以延长低含水稳定期为目的，做好注采两端调整。注入端重点做好精细浓度、强度及措施改造，确保注入质量；采出端重点强化措施挖潜，调整生产参数，放大生产压差。

③治理区重点强化薄差油层有效动用。

治理区主要特点是阶段见效差，采出程度低，综合含水高，重点以改善油层动用，提高见效程度为目的，做好注入井调整，结合注入井分层，优化浓度调整，浓度调整标准以井组薄差油层的渗透率中值为依据，重点提高薄差油层动用，累计实施 25 井次，调整后油层动用提高 7.6%。

在分类治理过程中，注重措施调整配套合。调整方式由单一调整向多种方式组合转变，见效程度更加均衡。试验区调整措施由注聚初期的单一调整逐渐达到目前有 53.2%的井应用 2 种以上措施调整手段相结合技术。

通过含水回升后期分区分类的针对性调整，试验区动用状况得到有效改善，动用厚度始终保持 70%以上，与提效前对比，提高 4.3 个百分点，其中薄差油层动用厚度比例 5 个百分点以上。

试验区含水回升速度得到有效控制，月度含水回升速度大于 0.5%的井比例由 2011 年的 34.6%减少到 2013 年底的 13.5%，下降 23.0 个百分点。试验区综合含水连续 15 个月保持稳定。

通过精细挖潜，在含水回升阶段不同类型砂体得到进一步动用，与提效前对比，采出程度提高 9.1 个百分点，薄差油层也提高 3~5 个百分点。

（3）建立了井组对标图版，完善了井组聚合物驱评价方法。

在已建立的区块对标基础上，完善分井组对标评价方法，通过综合考虑影响单井组聚合物驱效果影响因素，实施个性化的措施挖潜手段，实现分井组的目标化管理。

①确定影响聚合物驱开发效果因素。

从实际资料来看，含油饱和度、聚合物驱控制程度及渗透率级差影响聚合物驱开发效果，通过地质参数对聚合物驱开发效果影响度的敏感性分析，筛选主要地质参数，运用系统评价方法对井组进行分类。

一是剩余油分布是聚合物驱效果的基础，含水饱和度大于 55%后，效果明显变差；二是聚合物驱控制程度达到 70%以上，能够保证含水降幅和提高采收率幅度；三是在低渗透层厚度比例一定条件下，渗透率级差小于 3 可保证采收率幅度。

②建立分阶段井组见效程度标准图版。

从南二东二类油层实际开发效果来看，在不同地质参数条件下，阶段采出程度存在差异，按照 3 个主要影响因素，细分 3 种类型井组，应用数理统计法确定分类井组不同阶段见效程度标准值，建立井组对标提效图版（表 9-43），形成分类井组不同聚用量下合理提高采收率曲线，明确不同井组聚合物驱过程中潜力。

表 9-43　二类油层分类井组采出程度标准图版

分类	含水饱和度 %	聚合物驱 控制程度 %	渗透率级差	阶段采出程度，%			
				下降期	稳定期	回升初期	回升后期
A	<50	<50	>3	1	2.3	7.6	11.4
			≤3	1.1	2.6	9.8	13.9
		50~70	>3	1.5	2.9	10.3	14.4
			≤3	1.4	3.1	11.5	15.2
		>70	>3	1.5	3.2	10.8	15.1
			≤3	1.8	4.1	14.7	18.8

续表

分类	含水饱和度 %	聚合物驱 控制程度 %	渗透率级差	阶段采出程度，%			
				下降期	稳定期	回升初期	回升后期
B	50~55	<50	>3	0.8	1.9	7.2	9.9
			≤3	1	2.4	9.7	13.7
		50~70	>3	1.1	2.5	7.6	11.2
			≤3	1.4	3	11.1	15.3
		>70	≤3	1.5	3.7	11.4	16
C	>55	<70	≤3	1	2.1	7.2	9.6
		>70	≤3	1.1	2.5	7.8	10.2

通过建立井组对标评价图版，实施分井组精细过程控制，试验区不同井组开发效果有效改善，达标井达到75%以上（表9-44）。

表9-44　试验区分类井组达标情况统计

分类	储量 10^4t	砂岩厚度 m	有效厚度 m	渗透率 D	含水 饱和度 %	聚合物驱 控制程度 %	阶段 采出程度 %	总井数 口	达标井数 口	比例 %
A类井	149.3	16.5	8.9	0.247	47.3	60.7	20.8	25	20	80
B类井	147.7	17.4	10.6	0.346	51.7	58.9	17	19	15	78.9
C类井	30	20.3	14.7	0.548	57.1	61.2	15.9	4	2	50
合计	327	17.2	10	0.325	50.4	60.1	18.6	48	37	77.1

三、聚合物驱油试验效果分析

聚合物驱提效率试验从2011年开始实施，于2013年6个试验区块完成了全部试验研究内容。通过3年攻关，深化了聚合物驱规律认识，建立了提效技术体系，提高了聚合物驱效果。

1. 各试验区块指标完成情况与开发效果

1）两个全过程聚合物驱提效率试验区块

（1）北三西东南块。

一是通过开展交替注聚，规模分注、适时调剖、及时快速调整等工作，聚合物干粉用量节约19.9%，油层动用程度达到70.9%。

二是通过对油水井的综合措施挖潜，促进全区均衡受效，见效井达到136口，比例为92.5%，最低点含水达到84.9%，提高采收率5.30%，较油层条件相近的对比区块多提高采收率1.42个百分点，预计最终提高采收率能够达到15.0%。

三是建立聚合物驱各阶段精细管理的流程和标准规范。

四建立最小尺度个性化设计和最及时有效跟踪调整的标准化模板，形成一套配套的二类油层聚驱全过程提效率综合调整技术。

（2）杏一—杏三区西部Ⅱ块3号和4号站。

一是对比杏一—杏三区西部Ⅱ块1号和2号站，节约聚合物干粉13.3%，油层动用程度提高6.7个百分点，多提高采收率1.09个百分点。

二是在精细油藏描述的基础上，依据注入参数与油层的匹配关系图版，结合数值模拟研究，对分子量、注入浓度、注入速度等注入参数进行了合理选择，明确了非均质油层小井距聚合物驱采取“高浓+阶梯式降浓+交替注入”的段塞组合方式驱油效果最佳，形成了聚合物驱驱油方案设计优化编制技术。

2）三个进入含水回升期的试验区块

（1）南二区东部1号站。

一是建立了注入井浓度调整、分层、调剖及油、水井措施等5项技术规范。

二是搞清了不同阶段不同类型油层动用状况，在含水回升阶段不同类型砂体得到进一步动用，其中非主体油层提高7个百分点以上。

三是试验区提高采收率达到12.66个百分点，多提高采收率1.11个百分点。累计吨聚增油水平连续30个月保持70t以上，

（2）杏十三区聚合物驱工业区1号站。

①试验区油层有效厚度动用比例由70.4%提高到76.3%，提高了5.9个百分点，高于指标0.9个百分点。

②开展项目期间，计划注入干粉2401t，实际注入干粉1403t，与对比区块相比节约998t，其中通过措施和调整节约595t，节约24.9%，高于指标14.9个百分点。

③截至2013年底，试验区提高采收率8.35个百分点，预计到含水98.0%时，提高采收率11.0个百分点，高于指标1.0个百分点。

（3）喇嘛甸油田北东块一区。

一是建立了注聚参数个性化设计标准化模板，建立了聚合物驱跟踪调整措施技术规范。

二是建立了聚合物驱分阶段优化注采结构技术规范。

三是多提高采收率1.3个百分点，聚合物干粉用量减少29%。

试验区块低含水期持续24个月；含水下降最大幅度达到14.6个百分点，比对比区块北北块一区多下降3.1个百分点；2013年12月含水90.5%，比数值模拟低3.4个百分点。

从对标分类评价曲线看，试验区块对标分类曲线由C类区进入到的A类区，阶段吨聚增油达到57.1t，相同聚合物用量下，比未开展提效试验的北北块一区吨聚多增油18.2t。

3）一个处于含水回升后期的试验区块

一是北一区断东西块两年动用程度提高7.2个百分点，节省聚合物干粉用量11.8%。

二是区块提高采收率达到13.9个百分点，比未采取提效率技术多提高0.4个百分点。

三是总结形成一套注聚后期提效率综合配套调整技术。

从总体上看，通过实施提效率技术，6个试验区块的开发效果都得到提高，表现在对标曲线持续向提高采收率轴偏转，二类油层全部达到A类（图9-9和图9-10）。

2. 经济效益

开展聚合物驱提效率现场试验以来，6个试验区块共计投入1.45亿元，创经济效益15.28亿元，投入产出比达到1∶10.5。

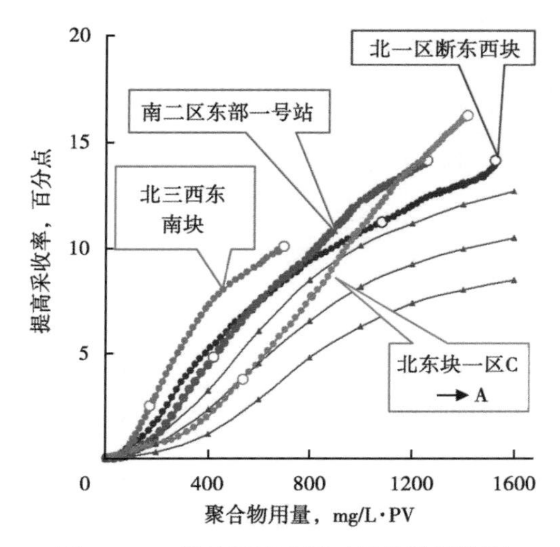

图 9-9　二类油层试验区对标分类评价图

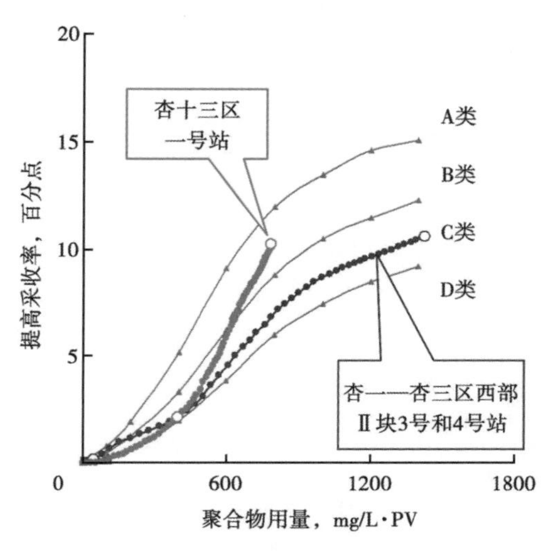

图 9-10　一类油层试验区对标分类评价图

3. 推广应用成果

在取得聚合物驱提效率技术成果基础上，将这一成果推广应用到大庆油田 38 个聚合物驱区块中，取得了明显效果。应用聚合物驱阶段提高采收率值预测模型，对有对比资料的 26 个区块进行测算，预测至注聚结束可多提高采收率 1. 35 个百分点，多增加可采储量 405. 38×10^4t，多增油 309. 45×10^4t。

第三节　聚合物驱多段塞交替注入矿场试验

一、聚合物驱试验方案

1. 试验目的和意义

为落实“高效益、可持续、有保障”4000×10^4t 持续稳产的油田开发方针，按照聚合物驱要在“降低三采成本、提高聚合物驱效率、改善开发效果”取得新突破的要求，选择有代表性区块开展多段塞交替注入试验，通过不同分子量交替、不同浓度交替、不同段塞交替，探索进一步提高聚合物驱采收率、降低聚合物用量，改善聚合物驱开发效果的方法。

2. 试验区概况

按照聚合物驱多段塞交替注入试验原则，确定了 4 个多段塞交替注入试验区，分别是：采油一厂南一区西东块 2 号注入站、采油二厂南三区东部 2 号注入站、采油三厂北三西西块 14 号注入站、采油六厂北北块一区 3-4 号注入站。4 个试验区总含油面积 8. 41km^2，目的层地质储量 1189. 5×10^4t。截至 2011 年 3 月，共有油水井 386 口，其中采油井 213 口，注入井 173 口（各试验区情况见表 9-45）。

试验区的优选应具备以下特点：

一是具有较强的代表性。截至 2010 年底，大庆油田聚合物驱吨聚产油 76t，吨聚增油 41t，试验区的吨聚产油 73. 5t，吨聚增油 46. 2t，与油田聚合物驱整体指标接近。试验区覆盖了一类和二类油层，二类油层不同油层条件、不同注聚阶段、不同分子量都选择了代表性区块，可以代表目前聚合物驱开发状况。

表 9-45　试验区基本情况表

序号	单位	区块名称	开采层位	采出井 口	注入井 口	有效厚度 m	有效渗透率 D	面积 km^2	储量 10^4t
1	采油一厂	南一区西东块2号注入站	一类油层	60	49	11.2	0.638	2.10	406.6
2	采油二厂	南三区东部2号注入站	二类油层	54	36	7.5	0.470	2.81	237.9
3	采油三厂	北三西西块14号注入站	二类油层	46	44	14.3	0.490	1.42	210.0
4	采油六厂	北北块一区3-4号注入站	二类油层	53	44	9.2	0.577	2.08	335.0
合计				213	173	42.2	2.175	8.41	1189.5

二是具有一定的规模。所选的4个试验区面积占注聚区块的3.6%，储量占注聚区块的3.7%，总井数占注聚区块4.9%（其中油井占4.7%，注入井占5%）。

三是试验能够快速进入现场实施。立足现有地面工艺条件，尽量减少配制站、注入站的改造工作量，试验区同属于1个注入站，方案易调整，易管理，能够快速进入现场实施。

3. 试验区方案编制结果和目标

1）试验区研究思路

在室内实验和精细油藏描述的基础上，针对试验区开发现状及存在的问题，采用不同分子量、不同浓度、不同段塞组合等方式进行交替注入，在交替注入的同时，根据油水井动态反应特点和各种监测资料，及时对油水井进行措施改造，以提高差油层动用状况、限制好层低效注采，最大幅度提高采收率，取得最佳的经济效益。同时，总结认识，积累经验，为其他区块的高效开发起到借鉴作用。

2）试验研究内容

（1）交替注入改善非均质油层聚合物驱油效果实验研究。

①研究交替注入提高采收率机理。

②研究不同分子量、不同浓度和不同段塞组合方式，对提高采收率和降低聚合物用量的作用。

③研究聚合物与水交替注入可行性。

（2）交替注入现场试验研究。

①试验区储层精细描述和剩余油分布特征研究。

②交替注入各阶段动态变化规律及跟踪调整方法研究。

③合理交替注入参数优选研究（包括分子量优选、浓度优选、段塞组合方式优选研究）。

④研究不同油层类型、不同段塞组合方式交替注入，对提高采收率和降低聚合物用量的作用。

⑤评价交替注入试验经济效益。

3）聚合物驱多段塞交替注入工作安排

（1）各试验区主要试验目的安排。

①改善一类油层高分子量高浓聚合物驱效果。选择含水回升速度快、产量递减幅度大、吨聚增油和吨聚产油低的采油一厂南一区西东块2号注入站开展多段塞交替注入试验。

②改善二类油层高分子量高浓聚合物驱效果。选择注入困难井比例高，注入井吸水剖面不均匀、未见效比例高，含水下降幅度低的采油六厂北北块一区3-4号注入站开展多段塞交替注入试验。

③研究二类油层常规浓度与高浓度交替注入效果。选择目前采用常规浓度开发效果较好的采油三厂北三西西块14号注入站，研究常规浓度与高浓度交替注入能否再进一步提高类似油层聚合物驱效果。

④研究二类油层全过程交替注入效果。选择二类油层条件居中，2011年刚注聚的采油二厂南三区东部2号注入站。

（2）措施工作量。

为提高差层动用、限制好层突破，充分发挥交替注入与措施改造的协同作用，在交替注入的同时，根据油水井动态反应特点，及时对油水井进行措施改造，安排了试验区2011—2013年油水井措施工作量。其中，2011年实施油水井措施422口（表9-46和表9-47）。

表9-46　聚合物驱多段塞交替注入试验区采油井措施工作量

年份	采出井，口						
	压裂	换泵	解堵	封堵	检泵	大修	小计
2011	49	23	20	10	153	9	264
2012	45	14	23	8	141	3	234
2013	15	5	10		27		57
合计	109	42	53	18	321	12	555

表9-47　聚合物驱多段塞交替注入试验区注入井措施工作量

年份	注入井，口							
	压裂	解堵	调剖	分层	封堵	分质分压	大修	小计
2011	53	22	11	26	9	31	6	158
2012	52	40	4	26	8		2	132
2013	15	7						22
合计	120	69	15	52	17	31	8	312

上述措施安排主要突出3方面工作：

一是加大注入井分层力度，改善注入状况。针对二类油层纵向非均质性强，层间矛盾比较突出的特点，为使低分子量低浓溶液最大幅度进入低渗透层，采用分层注聚技术手段，在试验区内优选具备隔层条件、层间差异较大、注入剖面改善差的注入井进行分层83口。

二是加大注入井深度调剖力度，缓解层内矛盾。对油层厚度大、渗透性好、层内矛盾突出、高渗透层突进、注入压力低且周围采油井含水回升速度快的井开展深度调剖15口，封堵厚油层底部高渗透强吸水层，并优化调剖体系，尽可能形成稳固的段塞，保证中低渗透层顺利注入与之匹配的分子量的低浓溶液。

三是加大注入井增注措施，改善薄差油层吸入状况。针对油层发育差或已经被高分子量高浓堵塞的层实施增注措施，措施后进行低浓注入，压裂 120 口井。对可能存在油层伤害的注入井，解堵 69 口，改善油层吸入状况。

（3）油水井监测工作量。

通过油水井监测资料及时分析油层动用状况，根据不同油层的动用程度，及时调整交替注入参数。安排采出剖面监测 105 口，注入剖面监测 787 口（表 9-48）。

表 9-48　聚合物驱多段塞交替注入试验区油水井监测工作量

年份	油水井数，口							
	采出剖面	采出井测压	采出井 C/O 能谱	注入剖面氧活化	注入剖面同位素	注入井分层压力	注入井同位素找漏	小计
2011	33	40	10	229	112	97	2	523
2012	52	59	5	150	236	144	2	648
2013	20	10	2		60	84	2	178
合计	105	109	17	379	408	325	6	1349

4）试验区工作目标

（1）建立一套交替注聚注入参数优化方法。

（2）通过多段塞交替注入试验，在确保聚合物驱采收率不降的前提下，化学剂用量降低 15%。

二、不同试验区方案要点

1. 南一区西东块 2 号注入站

1）基本情况

南一区西东块 2 号注入站面积 2. 1km^2，地质储量 406. 6×10^{4}t，孔隙体积 763. 84×10^{4}m^3，砂岩厚度 16. 1m，有效厚度 11. 2m，平均渗透率 0. 638D，共有油水井 109 口，采出井 60 口，注入井 49 口，破裂压力 12. 3MPa。于 2004 年 10 月投产，2009 年 1 月投注聚合物。

2）存在的主要问题

一是含水回升速度快，产量递减幅度大。

二是压力空间小，注入困难井数及套损井数较多，影响注入质量。

三是剖面出现反转，油层动用状况变差，尤其薄差层动用程度低。

四是吨聚增油和吨聚产油低，聚合物驱油效率下降。

3）交替注入试验方案设计

针对上述问题设计的周期交替注入方案参数见表 9-49。

交替周期：90 天。

聚合物类型：1600 万分子量聚合物和 2500 万分子量聚合物交替。

注入速度：恒速注入，初步设计为 0. 19～0. 21PV/a。

注入浓度：1400～2500mg/L。

表 9-49　周期交替注入方案优化结果

类别	井数口	第一周期			第二周期		
		分子量	浓度，mg/L	时间，月	分子量	浓度，mg/L	时间，月
分层井	3	2500 万	2545	3	1600 万	2000	3
	13	2500 万	1773	3	1600 万	1500	3
笼统井	10	2500 万	2376	3	1600 万	1800	3
	23	2500 万	1722	3	1600 万	1650	3

4）试验工作目标及效果

（1）试验阶段提高采收率达到 11.4 个百分点。

（2）年节约聚合物成本 15%。

（3）油层动用程度提高 6%。

（4）注入井浓度与黏度合格率达到 99%。

（5）总结一套周期交替注聚的模板。

2. 南三区东部 2 号注入站

1）基本情况

南三区东部萨Ⅱ7—萨Ⅱ12 二类油层 2 号注入站开发面积为 $2.81km^2$，地质储量 237.93×10^4t，孔隙体积 $433.94\times10^4m^3$，采用 175 m 五点法面积井网开采方式，开采层位萨Ⅱ7—萨Ⅱ12油层。采出井 54 口，注入井 36 口。平均单井射开砂岩厚度 12.4m，有效厚度 7.5m，有效渗透率 0.470D。于 2008 年 11 月投产，2010 年 12 月 13 日投注聚合物。

2）存在的主要问题

一是南三区东部二类油层按照驱油方案设计，浓度达到 1650mg/L，与南二东二类油层清配清稀的区块对比，平均注入浓度高 630mg/L，聚合物驱成本高。

二是油层平面、纵向上非均质性强，注采关系复杂。

三是部分油层差注入井与聚合物分子量匹配性差，不能实现中分子量聚合物连续注入。

3）交替注入试验方案设计

根据注入井油层发育状况，结合其连通的采出井发育连通及生产情况，将 2 号注入站注采井区划分为 5 种类型：厚注厚采型、厚注薄采型、薄注薄采型、薄注厚采型和较为均质型，不同交替类型段塞设计方案优化结果见表 9-50。

表 9-50　不同交替类型段塞设计方案优化结果

区域类型	第一周期		第二周期	
	高浓度段塞，mg/L	时间，月	低浓度段塞，mg/L	时间，月
薄注薄采型	800	2	污水	2
薄注厚采型	1600	2	800	2
厚注薄采	2200	2	800	3
厚注厚采	2200	2	1000	3
较为均质型	2200	2	1000	3

通过数值模拟研究，确定不同注采类型的高低浓度界限、不同类型交替段塞组合、交替段塞大小及整体交替段塞用量。针对厚注厚采型部分井组采用铬微凝胶调驱剂与聚合物交替注入方式；针对油层发育较差、层间差异大的薄注薄采、薄注厚采两种注采类型的部分井组，用不同分子量交替注入的措施手段。

4）试验工作目标及效果

（1）试验区聚驱最终提高采收率达到8.09个百分点以上。

（2）年节约聚合物成本15%。

（3）注入井浓度与黏度合格率达到99%。

（4）形成一套二类油层交替注入挖潜配套调整技术。

3. 北三西西块14号注入站

1）基本情况

试验区位于萨北开发区北三西西块二类油层东南部，含油面积1.42km^2，开采层位萨Ⅱ10+11—萨Ⅲ10油层，地质储量210×10^{4}t，采用五点法面积井网。共布二类油层油水井90口，其中注入井44口，采出井46口。试验区于2007年12月投产，2008年11月投注聚合物。

2）存在的主要问题

一是含水回升速度、产液强度差异大。

二是单位厚度累计增油差异大。

三是注入状况差异大。

四是油层吸入状况差异大。

五是聚合物驱各环节均存在一定的黏损。

3）交替注入试验方案设计

对试验区10口注入压力高的注入井开展高浓度与低浓度交替注入，提高中低渗透油层动用程度。第一周期设计注入浓度为1000mg/L，注入周期为4个月；第二周期设计注入浓度为1300mg/L，注入周期为2个月。

对试验区8口注入压力低的注入井开展高浓度与低浓度交替注入，控制含水回升速度。第一周期设计注入浓度为2000mg/L，注入周期为2个月；第二周期设计注入浓度为1000mg/L，注入周期为4个月。

对试验区6口油层厚度大、渗透性好、层内矛盾突出、高渗层突进、注入压力低，且周围采油井含水回升速度快的注入井开展调剖剂与中分子量常规浓度交替注入。

4）试验工作目标及效果

（1）试验区聚合物驱最终提高采收率达到12个百分点以上。

（2）试验区油层吸入厚度比例提高到70%以上。

（3）试验区高低压井数比例控制在20%以内。

（4）注入井浓度与黏度合格率达到99%。

（5）形成一套二类油层进一步挖潜配套调整技术。

4. 北北块一区3-4号注入站

1）基本情况

试验区位于喇嘛甸油田北北一区3-4号注入站，开采层位萨Ⅲ4—萨Ⅲ10油层，含油面积 2.08km^2，平均有效厚度 9.2m，地质储量 335×10^4t，孔隙体积 683×10^4m^3。采用 150m 五点法面积井网，总井数 97 口，其中注入井 44 口，采油井 53 口（其中新钻采油井 52 口，老井代用 1 口）。2006 年 9 月投产，2007 年 10 月投注聚合物。

2）存在的主要问题

一是部分注入井注入困难。注入困难井 13 口，占注入井比例的 29.5%。目前日配注 74m^3，日实注 54m^3，平均注入压力 13.9MPa，注入压力较高，接近破裂压力 0.3MPa。

二是注入井吸水剖面不均匀。目前，有 10 口井吸水剖面严重不均匀，占注入井比例的 22.7%。

三是含水下降幅度小。2011 年 2 月，日产液 2422t，日产油 329t，含水 86.4%，与注聚前相比，日产液下降 174t，日产油上升 209t，含水下降 8.9 个百分点。最低含水 84.1%，与注聚前相比，含水下降 11.2 个百分点。数值模拟结果最低含水 81%，与数值模拟结果相比，最低点含水相差 3 个百分点。

四是部分井未见效。未见效井 7 口，占油井总数的 13.2%，日产液 183t，日产油 11t，综合含水 93.9%。

3）交替注入试验方案设计

（1）分子量交替注入方案设计。

初步确定采用 2500 万和 1200 万分子量聚合物交替注入。初步设计半周期为 3 个月（0.04PV），上半周期采用 2500 万分子量聚合物，下半周期采用 1200 万分子量聚合物。

（2）交替注入试验浓度设计。

设计上半周期平均注入浓度 2065mg/L，目前已结束注入。设计下半周期平均注入浓度为 1500mg/L。其中，注入浓度为 1000mg/L 的有 2 口井，注入浓度为 1200mg/L 的有 18 口井，注入浓度为 1500 mg/L 的有 10 口井，注入浓度为 1800mg/L 的有 10 口井，注入浓度为 2000mg/L 的有 4 口井。

4）试验工作目标及效果

（1）试验区最终提高采收率达到 13.0 个百分点。

（2）年节约聚合物成本 19.29%。

（3）注入井浓度与黏度合格率达到 99%。

（4）高低压井比例控制在 20%以内。

（5）形成一套二类油层交替注入及综合调整的配套技术。

三、聚合物驱多段塞交替注入室内实验研究

1. 实验设计

制作层内非均质物理模型，高、低渗透层有效渗透率分别为 800mD 和 200mD，模型几何尺寸为：长 $L=0.6$m，宽 $W=0.6$cm，厚度 $H=0.045$m。模型平面上均匀埋存 64 对电极，高低渗透层各埋存 32 对，用来测量高低渗透层含油饱和度的变化规律[1,2]。在高渗透层和低渗透层各布置 22 个测压点，用来测量不同渗透层压力场的变化规律，用精密压力表测量压力变化。物理模型如图 9-11 所示。图 9-11 中模型平面上黑色方块代表电极，棕色圆点代表测压点。

设计两种类型实验方案：方案一在整个注聚阶段恒定注入一种黏度的聚合物溶液，为了

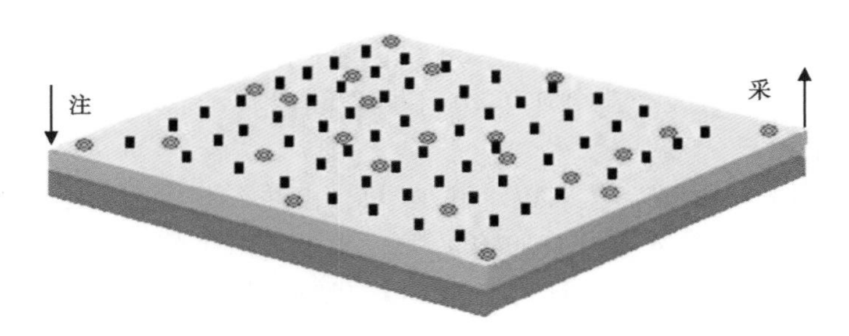

图 9-11 层内非均质物理模型示意图

下文方便表述，称之为单一段塞注入方式或单一段塞注入实验；方案二在注聚阶段选择两种不同黏度的聚合物溶液交替注入，下文称之为交替注入方式或交替注入实验。方案一作为方案二的对比方案，用以说明采用交替注入方式后油层渗流场发生了哪些变化。方案一选择注入聚合物分子质量为 2500×10^4Da[1]、浓度为 2000mg/L 的聚合物段塞（高分子量、高浓度聚合物段塞）；方案二选择聚合物分子质量为 2500×10^4Da、浓度为 2000mg/L 的聚合物段塞（高分子量、高浓度聚合物段塞）和分子质量为 1200×10^4Da、浓度为 1000mg/L 的聚合物段塞（中分子量、常浓度聚合物段塞）等段塞尺寸交替注入。

方案一实验程序为：水驱至采出液含水 98%+0.56PV 聚合物驱+后续水驱至采出液含水 98%；方案二实验程序为：水驱至采出液含水 98%+(0.056PV 高分子量、高浓度聚合物段塞+0.056PV 中分常浓聚合物段塞）×5 个交替周期+后续水驱至采出液含水 98%。从实验程序设计可以看出，两种实验方案注入孔隙体积倍数相同，方案一聚合物用量为 1120mg/L · PV，方案二聚合物用量为 840mg/L · PV，方案二较方案一节省聚合物用量 25%。

2. 油层平面渗流场变化规律

用含油饱和度场、压力场两个指标研究油层平面渗流场的变化规律。含油饱和度场和压力场由计算机绘图软件自动生成。

含油饱和度场反映了油层平面上剩余油分布状况。通过研究含油饱和度场的变化规律，有助于认清油层的动用状况及剩余油分布部位，为优化聚合物驱注入方式、最大幅度地提高采收率提供指导。不同注入方式不同渗透层在驱油不同时刻的含油饱和度场分布如图 9-12 和图 9-13 所示。图中蓝色三角形代表注入井，红色圆点代表采出井。图中蓝色部分代表低含油饱和度区域（0~0.25），绿色部分代表较低含油饱和度区域（0.25~0.45），黄色部分代表中含油饱和度区域（0.45~0.6），红色部分代表高含油饱和度区域（0.6~0.8）。本次实验研究中，高渗透层原始含油饱和度为 80.0%，低渗透层原始含油饱和度为 70.0%，物理模型平均含油饱和度为 76.2%。

从图 9-12 和图 9-13 可以看出，无论何种注入方式、无论是高渗透层还是低渗透层，在开采过程中注入井与采出井之间形成一条主流通道，以含油饱和度较低的绿色区域为主。随着驱替的进行，主流通道即绿色区域不断变宽。注入井周围含油饱和度最低，边角处未波及区域含油饱和度基本为原始含油饱和度，是驱替死油区；无论何种注入方式，在不同驱替

[1] 1Da = 1.66054×10^{-27}kg。

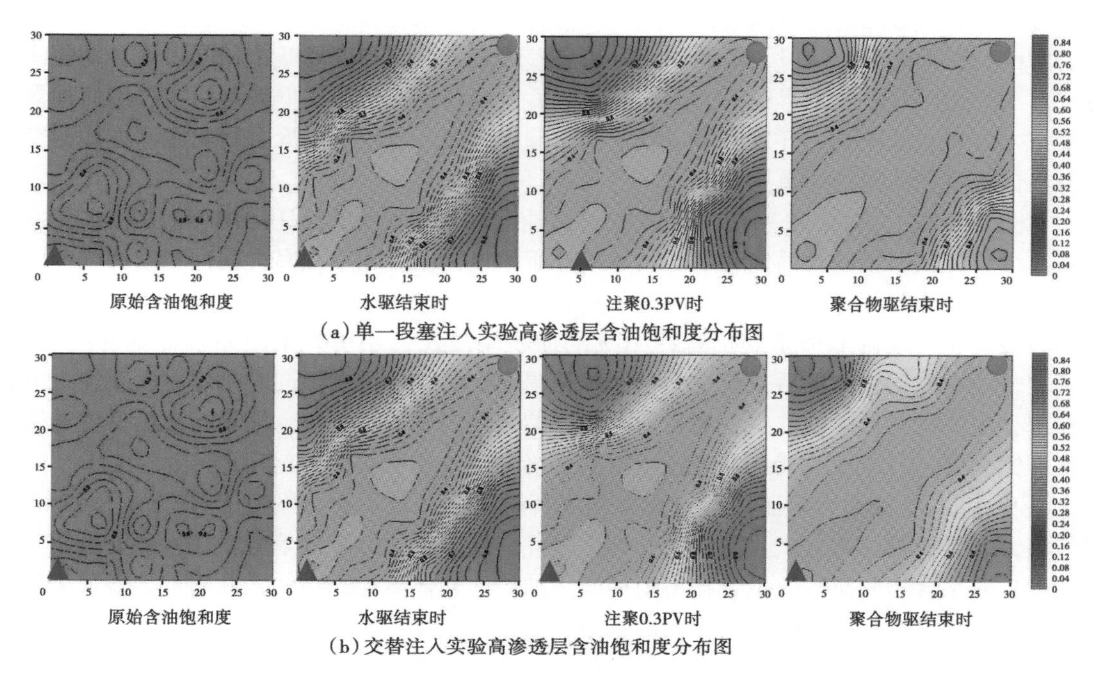

(a) 单一段塞注入实验高渗透层含油饱和度分布图

(b) 交替注入实验高渗透层含油饱和度分布图

图 9-12　不同注入方式高渗透层含油饱和度分布图

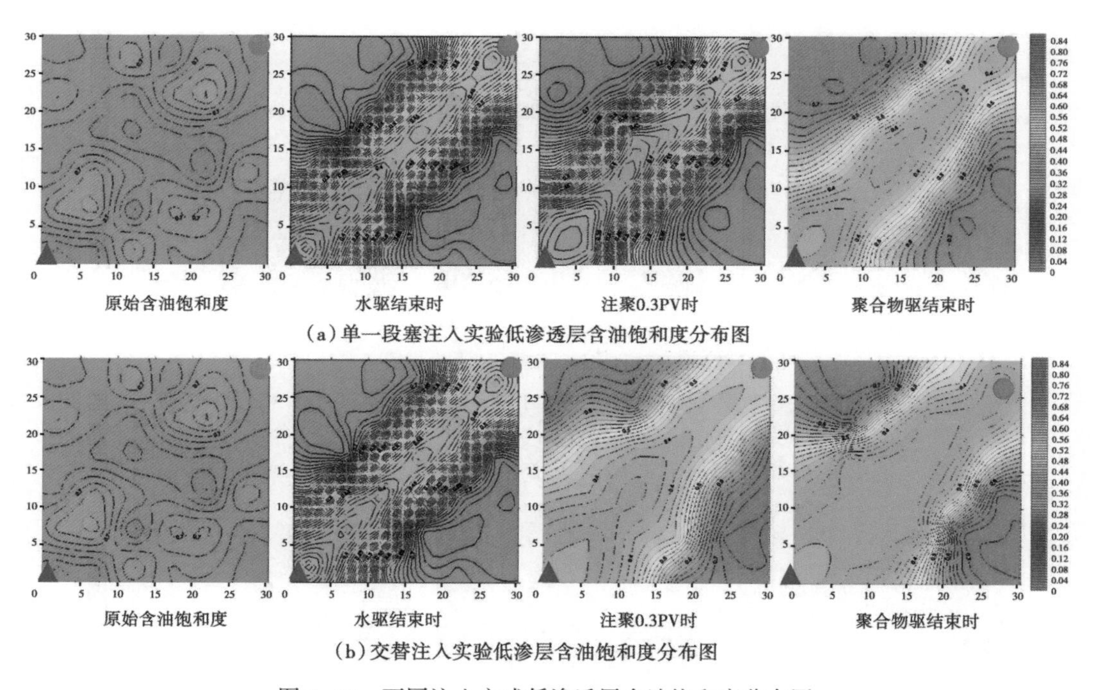

(a) 单一段塞注入实验低渗透层含油饱和度分布图

(b) 交替注入实验低渗层含油饱和度分布图

图 9-13　不同注入方式低渗透层含油饱和度分布图

阶段高渗透层绿色区域明显大于低渗透层，高渗透层驱替强度远大于低渗透层；水驱结束开展聚合物驱后，高渗透层绿色区域增幅不如低渗透层明显，说明水驱时高渗透层开发潜力即以充分发挥，聚合物溶液注入后，扩大了波及体积，低渗透层得到了有效动用；从图 9-12 可以看出，在不同驱替阶段，两种注入方式高渗透层含油饱和度场基本相同，聚合物驱注入方式对高渗透层开发效果影响不大。由于水驱后剩余油主要分布在低渗透层，采用何种聚合物驱注入方式对低渗透层开发效果应有较大影响，因此，比较不同聚合物驱注入方式低渗透层含油饱和度场的差别才更有意义。

在图 9-13 中，对于单一段塞注入方式，随着注聚量的增加（0.3PV 和注聚结束时），主流线绿色区域即较低含油饱和度区域宽幅有所增加，主流线边缘高含油饱和度的红色区域变为中含油饱和度的黄色区域，主流线两翼有所波及，注聚结束时低渗透层平均含油饱和度为 53.0%，主流线两侧边角处仍有约 40%的面积未波及，几乎处于原始含油饱和度状态；对于交替注入方式，注聚后主流线绿色区域宽幅增加明显，远大于同时刻单一段塞注入方式的宽幅，主流线两翼大幅波及，高含油饱和度的红色区域大幅减小。注聚结束后低渗透层平均含油饱和度 41.0%，较单一段塞注入方式多降低含油饱和度 12.0 个百分点。

图 9-14 为不同聚合物驱注入方式不同驱替阶段低渗透层压力场分布图。从图 9-16 可以看出，无论何种注入方式，从注入井到生产井，压力呈逐渐降低趋势，注入井附近压力梯度较大；在聚合物驱阶段，聚合物溶液提高了油层的整体压力，在注入井附近出现显著的压力降漏斗。这是因为聚合物在模型内的吸附、滞留、乳化等物理化学作用下，使模型内阻力系数大幅增加所致。上述现象是两种聚合物驱注入方式低渗透层压力场共有特征，下面对两种注入方式低渗透层压力场的差异进行分析。

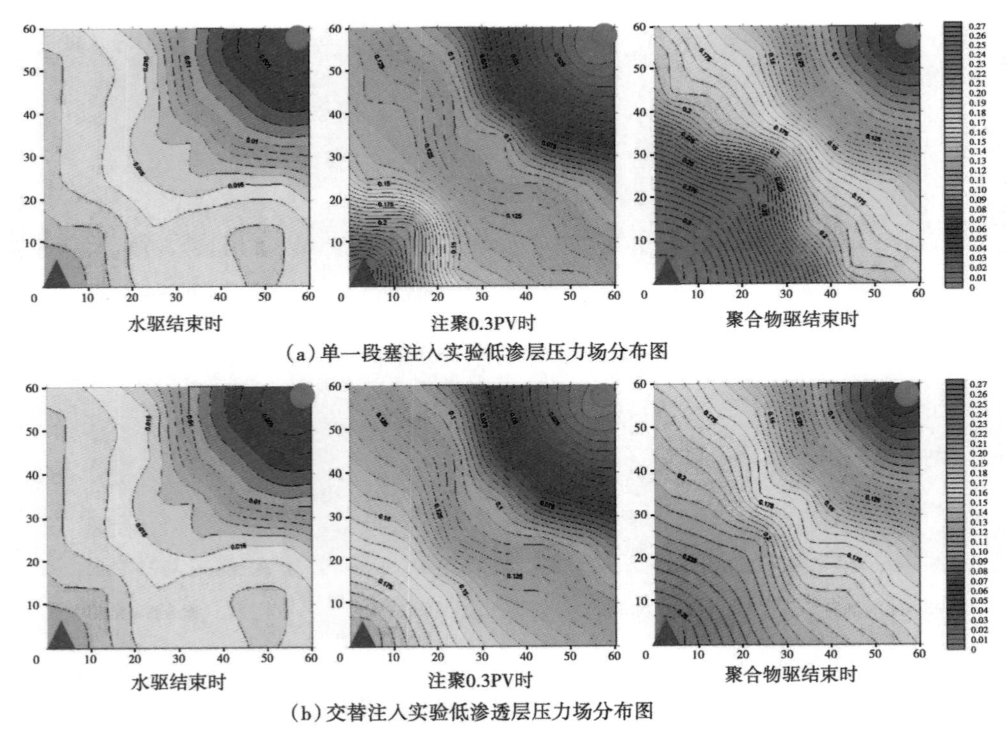

(a) 单一段塞注入实验低渗层压力场分布图

(b) 交替注入实验低渗透层压力场分布图

图 9-14 不同注入方式低渗透层压力场分布图

从图 9-14 可见，单一段塞注入方式低渗透层注入井附近压力高于交替注入方式。注聚期间，单一段塞注入实验低渗透层在注入井附近形成一个密集的等值线条带，即高压力梯度变化带，采出井附近压力梯度等值线分布稀疏，低渗透层注入压力主要消耗在注入井附近，说明聚合物主要堵塞在注入井附近；交替注入实验低渗透层从注入井到采出井之间压力梯度等值线分布均匀，并未出现疏密不均的现象，说明聚合物溶液在低渗透层形成稳定渗流，压力传导均匀，没有出现堵塞在某一部位的现象。两种聚合物驱注入方式低渗透层压力场存在明显差异，说明注入方式对低渗透层流体渗流规律有较大影响。这是因为，采用单一段塞注入方式，注入的高分子量、高浓度聚合物段塞与低渗透层不匹配，低渗透层只吸液很小比例即造成渗流阻力的大幅增加，低渗透层很难大幅吸液，在高渗透层形成优势渗流通道，聚合物溶液在高渗透层突进，低渗透层聚合物溶液驱替前缘形成的“油墙”运移缓慢，无法采出；采用交替注入方式，选择不同分子量和不同浓度的聚合物段塞，匹配不同渗透率级别的油层，高分子量、高浓度聚合物段塞优先进入高渗透层，降低高渗透层的流速，迫使后续相对低黏度的中分常浓聚合物段塞进入与之较为匹配的低渗透层，使高低渗透层驱替剂流度差异减小，实现高低渗透层聚合物段塞尽可能地同步运移，调堵驱相结合，增加了低渗透层的相对吸液量，从而较大幅度地降低了低渗透层的含油饱和度[3-5]。

3. 物理模拟实验驱油效果

前述分析表明，交替注入扩大了低渗透层的波及体积、增加了低渗透层的吸液量，使高低渗透层压力场扰动性增强，该现象对聚合物驱开发效果的影响如何是人们最为关心的问题。两种聚合物驱注入方式实验采收率数据见表 9-51。从表 9-51 可以看出，两种注入方案物理模型原始含油饱和度和水驱采收率重复性较好，为比较两种注入方式聚合物驱开发效果提供了较好对比基础。单一段塞注入聚合物驱采收率提高值为 15.9%，交替注入方式聚合物驱采收率提高值为 19.8%，在节省聚合物用量 25%的前提下，交替注入较单一段塞注入多提高采收率 3.9 个百分点，交替注入改善聚合物驱开发效果明显。

表 9-51　采收率数据表

实验方案	原始含油饱和度 %	聚合物用量 mg/L · PV	水驱采收率 %	聚合物驱采收率提高值 %	总采收率 %
单一段塞注入	76.2	1120	36.7	15.9	52.6
交替注入	76.6	840	36.6	19.8	56.4

四、聚合物驱交替注入试验效果分析

多年室内理论研究及现场试验研究形成了聚合物驱多段塞交替注入创新技术，解决了薄差层动用状况低、聚合物用量大的问题，既进一步提高了聚合物驱采收率又提高了经济效益。

1. 南一区西东块 2 号注入站多段塞交替注入试验效果分析

交替注入可以改善低渗透层动用状况、进一步提高采收率且显著降低聚合物用量。室内研究表明，采用交替注入方式低渗透层吸液比例高于单一段塞注入方式。在注聚中后期实施交替注入可多提高采收率 0.4~1.1 个百分点，聚合物用量可降低 120~240mg/L · PV（图 9-15 和图 9-16）。

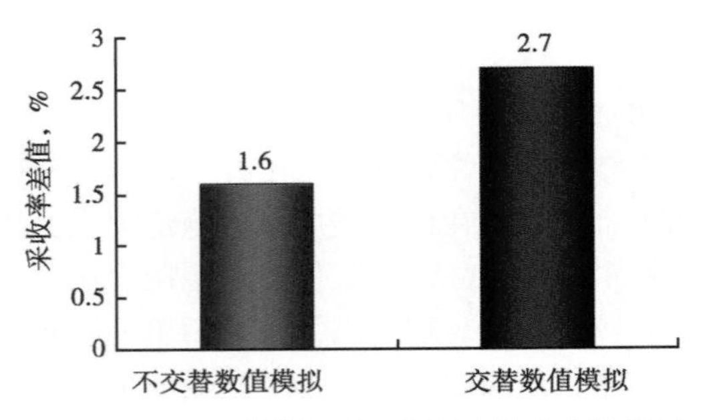

图 9-15　与数值模拟对比驱油效果对比柱状图

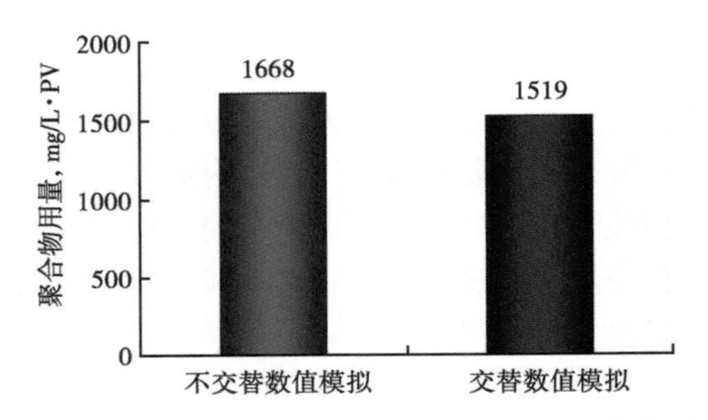

图 9-16　与数值模拟对比聚合物用量对比柱状图

试验区实施交替注入后，不同含水级别井组均受效，含水越低的井组，交替注入后含水回升速度越慢。说明交替注入在含水回升期还能改善开发效果，但实施交替注入时机越早效果越好。试验结果表明，低渗透层动用厚度比例多提高 22.7 个百分点，聚合物驱采收率多提高 1.1 个百分点，降低聚合物用量 149mg/L · PV（表 9-52）。

表 9-52　注聚后最低点含水 30%～40%井组相同含水阶段月上升速度对比表

类型	交替前含水分级 %	交替注入前含水 %	目前含水 %	相同阶段月上升速度，%/月			
				含水<70%	含水 70%～80%	含水 80%～85%	含水 85%～90%
最低点含水 30%～40%	<70	56.5	82.7	0.93	1.48	1.84	3.46
	70～80	77.5	90.6		0.48	1	1.4
	80～85	83.4	95.8			0.44	0.77
	85～90	85.3	96.1				0.38

交替注入适合于低渗透层厚度比例大于 30%的井组。交替注入后，厚度比例在小于 10%以及 10%～30%的井组含水变化趋势一致，提高采收率月增值幅度小。厚度比例大于 30%的井组交替后出现二次见效的特征，提高采收率月增值最高达到 0.081%；交替注入适合于渗透率小于 300mD 的层。该试验区渗透率小于 300mD 的油层动用状况均得到了提高。

应用情况及效益分析：与采用单一段塞注入方式的对比站相比，相同注入孔隙体积倍数条件下，该交替注入试验区聚合物驱采收率提高值比对比站高 2.39 个百分点，比数值模拟预测高 1.1 个百分点（表 9-53）。

表 9-53　试验区与对比站基本情况对比表

站 别	砂岩厚度 m	有效厚度 m	渗透率 D	含油饱和度 %	中心井比例 %	初含水 %	最低点含水 %	交替时含水 %	注入速度 PV/a	注入黏度 mPa · s	采收率 %
试验区	16.4	11.4	0.653	48.5	36.7	93.13	68.7	86.4	0.193	59.6	11.95
对比站	19.4	15.1	0.645	47.1	50	93.16	65.6	89.3	0.218	95.7	9.56

项目总投入 1440.63 万元，创经济效益 18196.61 万元（其中，节约干粉 2416.57 万元，增油 4.4728×10^4t，每桶原油按 80 美元计算，美元兑人民币汇率按 6.3 元），投入产出比为

1∶12.6，节约聚合物成本21.7%

2. 南三区东部2号注入站多段塞交替注入试验效果分析

1）聚合物驱高低分子量交替注入

不同分质方式开发效果存在差异。不同类型井组注入压力变化控制在-0.7～+0.7MPa，出现小幅压力扰动，其中低分子量单一浓度注入井组注入压力变化控制在-0.12～+0.27MPa，低分子量高低浓度交替注入井组注入压力变化控制在-0.1～+0.28MPa，中低分子量交替注入井组注入压力变化控制在-0.73～+0.69MPa，分质注入后不同交替井组注入能力均得到保持。

从不同渗透率油层不同注入方式动用状况来看，厚层发育型中低分子量交替注入剖面改善不明显，分质后吸液有效厚度比例略有降低；薄厚交互型中低分子量交替注入剖面改善较好，吸液有效厚度比例由分质前43.6%提高到68.6%，不同油层均得到有效动用；而低分子量低浓度交替剖面有所变差，吸液有效厚度比例由分质前74.6%降低到61.1%，改善效果不好；薄层发育型两种注入方式油层动用状况均有所改善（表9-54）。

表9-54　不同类型井组分质注入后分渗透率油层动用厚度变化表

类型	分质方式	井数口	有效厚度m	渗透率D	分质前吸液厚度比例，%				分质后吸液厚度比例，%			
					<200mD	200～400mD	>400mD	合计	<200mD	200～400mD	>400mD	合计
厚层发育	中低分子量交替	4	6.3	0.471	51.5	83.1	56.2	60.0	70.0	83.1	50.7	59.5
薄厚交互	中低分子量交替	3	4.1	0.428	33.3	52.4	33.3	43.6	53.2	78.5	63.4	68.6
	低分子量低浓度交替	2	6.3	0.476	68.2	57.6	100.0	74.6	54.5	33.9	100.0	61.1
薄层发育	低分子量低浓度交替	5	4.3	0.380	64.5	87.3	88.6	75.0	96.8	55.7	62.9	82.9
	低分子量单一段塞	5	3.9	0.315	41.5	60.3	78.0	58.6	77.4	81.0	94.9	86.2
合计		19	4.8	0.392	53.4	63.7	65.9	63.8	69.3	65.5	65.7	68.7

从不同厚度油层不同注入方式动用状况来看，分质后1m以下油层吸液有效厚度比例由53.6%提高到59.7%，不同注入段塞井组均得到有效改善。中低分子量交替注入方式，1m以上油层动用厚度比例由分质前的83.5%降低到82.4%，而1m以下油层则由分质前的47.6%提高到50.0%；低分子量低浓度交替注入方式，1m以上油层动用厚度比例由分质前的74.4%降低到69.8%，而1m以下油层则由分质前的49.9%提高到57.3%；低分单一段塞浓度注入方式，1m以上油层动用厚度比例由分质前的68.0%提高到89.6%，而1m以下油层则由分质前的52.0%提高到72.4%（图9-17）。

从中低分子量交替注入方式含水变化情况，厚层发育型分质前月含水上升速度0.07个百分点，分质后含水上升速度升至0.11个百分点，同时，采聚浓度上升也未得到有效控制，与分质前对比上升45mg/L；薄厚交互型含水及采聚浓度均得到有效控制，含水上升速度较分质前减缓0.18个百分点，后期保持含水稳定，采聚浓度也稳定在530mg/L以内。

从低分子量交替分类井组来看，薄层发育型低分子量低浓度交替及单一低分子量段塞注入井区目前含水92.1%和92.7%，月含水上升速度分别减缓0.07个百分点和0.12个百分点，其中低分子量单一段塞注入井区采聚浓度下降明显。薄厚交互型低分子量低浓度交替注入井区月含水上升速度有加快趋势，从分质前的0.14个百分点加快到分质后的0.16个百分点。

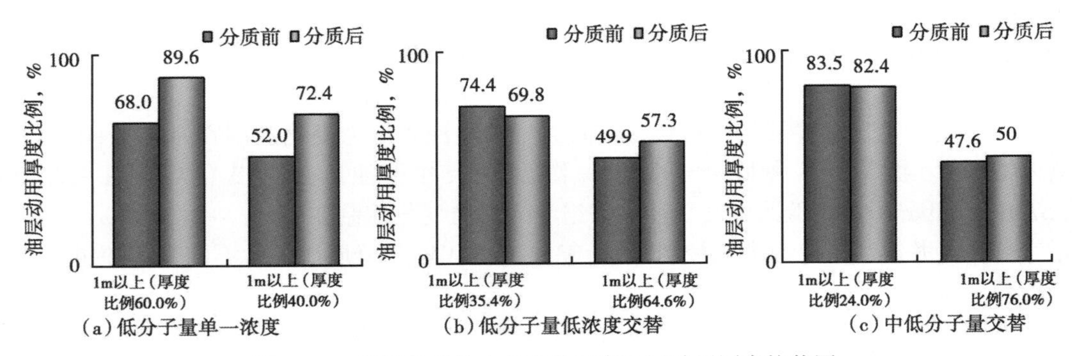

图 9-17　不同分质注入方式分厚度油层动用厚度柱状图

通过以上综合分析，确定了不同分质注入段塞适合的油层类型。明确 1m 以下油层层数比例大于 70%且厚度比例大于 30%的油层发育差井适合开展分质注入。不同注入方式分质注入最佳时机也有所差异，其中薄厚交互型适合在含水回升期开展中低分子量交替注入，薄层发育型适合全过程低分子量注入，低值期实施效果最好，并且单一低分子量段塞注入方式效果更佳。

分质注入井区整体开发效果得到改善，采收率得到进一步提高。分质井区分类型井组阶段采出程度提高 3.65 个百分点，其中低分子量单一浓度注入井组阶段采出程度 3.84 个百分点，提高幅度最大，低分子量高低浓度交替注入井组阶段采出程度 3.36 个百分点，中低分子量交替注入井组阶段采出程度 3.74 个百分点。分质井区阶段提高采收率 2.8 个百分点，与单一中分子量注入井区对比阶段多提高采收率 0.5 个百分点。

2）聚合物驱高低浓度交替注入

交替注入表现出前期见效充分的特点，见效早，低含水稳定期长。试验区注聚后 0.08PV 左右开始实施交替注入，2013 年 12 月注入地下孔隙体积 0.53PV，阶段提高采收率 7.49 个百分点，与正常注聚井区对比，相同孔隙体积条件下，采收率多提高 0.91 个百分点。现场试验表明，交替注入在 0.15PV～0.38PV，提高采收率幅度高于正常注聚，交替注入效果较好，但后期提高采收率幅度减缓，与正常注聚效果差异减小。

交替注入产液变化趋势与正常注聚井区一致，注聚后期产液降幅减缓。交替注入过程产液下降 40%。进入第二周期后，井区产液量下降速度得到有效控制，无量纲产液下降 14 个百分点，较对比区少下降 9 个百分点。

交替注入能力较强。在措施比例较低条件下，压力上升幅度与正常注聚区相当，视吸水指数相对较高

交替注入整体上有效保持了注入能力。试验区注入井压力稳定上升，2013 年 12 月注入压力 11.29MPa，压力上升幅度与正常注聚井区相当，视吸水指数相对较高。注入能力保持较好，与正常注聚井区对比，注入困难井比例低 16.5 个百分点，措施井比例低 13.5 个百分点。

交替注入后油层动用厚度比例明显提高，交替注入薄差油层动用厚度保持较高水平。试验区动用厚度比例为 76.4%，交替过程中不同类型井组动用厚度提高 10%以上，比对比区高 4.2%，其中薄差油层动用达到 61.3%，高 6.03 个百分点。薄注型井改善明显，低浓度段

塞阶段油层动用得到有效保持（表 9-55）。

表 9-55 交替注入试验区与正常注聚井区见效高峰期不同油层动用状况对比表

区块	油层动用比例，%				
	$h \geq 2m$	$1m \leq h < 2.0m$	$0.5m \leq h < 1m$	$0.2m \leq h < 0.5m$	合计
正常注聚井区	88.7	77.1	62.8	44.3	72.2
交替注入试验区	81.4	80.2	70.9	47.3	76.4
差值	-7.3	+3.1	+8.1	+3.0	+4.2

注：h 代表有效厚度。

其中不同类型井组动用剖面存在差异。交替过程中不同类型井组动用厚度比例提高 10%以上，其中对薄注型注入井改善明显，低浓度段塞阶段油层动用得到有效保持（表 9-56）。

表 9-56 分阶段不同注采类型注入井动用厚度变化统计表

注采类型	吸液有效厚度比例，%								
	空白水驱	第一周期高浓度	第一周期低浓度	第二周期高浓度	第二周期低浓度	第三周期高浓度	第三周期低浓度	第四周期高浓度	第四周期低浓度
厚注厚采型	64.5	75.5	77.2	79.7	75.1	79.2	68.2	72.8	62.5
厚注薄采型	57.4	64.2	67.2	67.2	65.2	64.0	68.1	71.1	69.3
均质型	56.2	82.4	85.1	88.1	77.3	79.0	74.2	75.7	71. 6
薄注厚采型	58.5	86.2	77.4	88.7	81.5	91.0	76.4	87.7	79.7
薄注薄采型	64.4	82.7	80.6	79.4	75.6	62.0	78.8	61.3	71.3
试验区	60.5	78.0	79.0	82.0	77.0	76.0	71.0	74.0	71.0

薄注型井组适合开展交替注入。这类井组小于 1m 厚度比例超过 36%以上，层数比例达到 70%以上。相同聚合物用量条件下，交替注入过程中薄注型井组达到 A 类开发水平，阶段效果好（图 9-18 和图 9-19）。

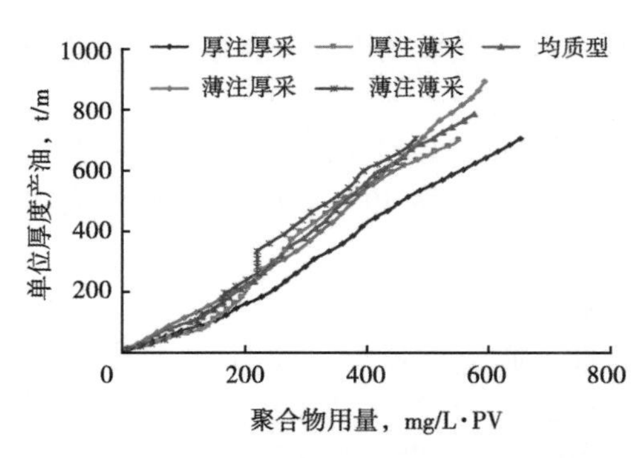

图 9-18 不同类型井组单位厚度产油曲线图

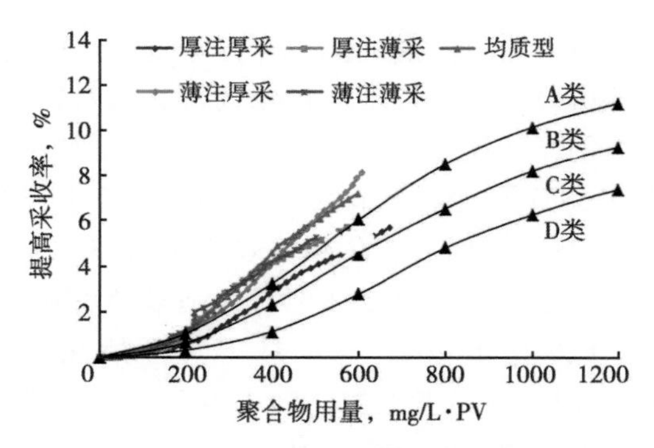

图 9-19 不同注采类型对标曲线图

经济效益评价。从聚合物干粉用量、注入采出井措施工作量、测井测试工作量、产油量等4个方面综合评价交替注入试验区经济效益。试验区通过应用提效技术指导油田开发，累计生产原油22.98×10^4t，投入产出比达到1∶14.2，直接经济效益8.0亿元（表9-57）。

表9-57　试验区经济效益统计表

项目	时间	累计产油量 10^4t	项目产出 万元	项目投入 万元	直接经济效益 万元	投入产出比
交替阶段	2011.4—2013.9	22.98	86542	6106	80436	1∶14.2
与不交替对比	2011.4—2013.9	2.44	8586	-1005	0.881	1∶3.2

3. 北三西西块14号注入站多段塞交替注入试验效果分析

通过实施交替注入综合挖潜调整措施，有效地改善了试验区的开发效果。

1）各项指标圆满完成

3年计划注入干粉3758t，实际注入3015t，节约743t，较干粉节约目标15个百分点多节约4.8个百分点；油层吸入状况得到改善。截至2013年7月底，试验区油层吸入厚度比例由交替前的64.0%增加到71.4%，增加了7.4个百分点，其中渗透率小于300mD的低渗透层吸入厚度比例由54.2%增加到65.2%，增加了10.0个百分点，相对吸入量增加了3.9个百分点；含水回升速度得到有效控制。3年来，试验区含水回升速度0.09个百分点，较对比区低0.05个百分点；采收率、吨聚增油保持较高水平。2013年7月，试验区提高采收率为16.58个百分点，较二类油层提高12个百分点的目标高4.58个百分点；吨聚增油45t，较对比区高5t。

2）开发效率进一步提升

见效井数比例增加，见效井数比例由交替前的93.5%增加到100%；单位厚度累计增油增加，试验区单位厚度累计增油由交替前的364t/m增加到491t/m；吨聚增油和相同用量下提高采收率均高于对比区；通过开展现场试验研究，形成了一套二类油层含水回升阶段交替注入综合配套调整技术，改善了聚合物驱含水回升阶段的开发效果，实施交替注聚、深度调剖等配套调整措施，较对比区常规注聚多提高采收率0.68个百分点，节约干粉743t，达到了项目要求指标。

投入费用：截至2013年7月底，试验支出各种油水井维修材料费、油水井作业监测费和外协研究费等共计为1242万元，较对比区多投入601万元。

创经济效益：实施交替注聚、深度调剖等配套调整措施，较对比区常规注聚多提高采收率0.68个百分点，节约干粉743t，累计增油14280t，原油价格4951.29元/t，操作成本按1188.78元/t计算，创经济效益6487.36万元，投入产出比为1∶9.8。

4. 北北块一区3-4号注入站多段塞交替注入试验效果分析

试验区于2011年4月1日开始注入低分子量、低浓度段塞，累计注入孔隙体积0.892PV，注入聚合物干粉10103t，聚合物用量1479mg/L·PV。其中，交替注入阶段累计注入聚合物溶液265.0×$10^4$$m^3$，注入孔隙体积0.388PV，累计注入聚合物干粉3689t，聚合物用量540mg/L·PV。

注入较大高分子量、高浓度段塞后进行交替注入，两个周期注入压力随交替周期呈波动

下降趋势，吸水能力上升。试验区注入 0.504PV 高分子量、高浓度段塞（分子量 2500 万，注入浓度 2000mg/L)，注入压力上升到 12.7MPa 左右，2011 年 4 月开始交替注入低分子量、低浓度段塞（1200 万分子量、注入浓度 1500mg/L）和高分子量、高浓度（分子量 2500 万、注入浓度 2000mg/L)。注入两个周期之内注入压力基本保持在 12.7MPa 左右。第三个周期之后，注入压力随着交替注入周期波动变化，注入高分子量、高浓度段塞注入压力上升，注入高分子量、高浓度段塞注入压力下降，且注入压力呈下降趋势。2013 年 7 月，注入压力为 12.0MPa，下降了 0.7MPa。视吸水指数波动上升，视吸水指数为 0.63m^3/（d・m・MPa)，上升了 0.01 m^3/（d・m・MPa)。吸水能力增强。

从单井注入压力变化看，交替注入后油层发育状况不同的井注入压力变化存在差异。以低渗透层发育为主的井，交替注入后注入压力基本保持不变。如：喇 8-PS1224 井，以河间薄层砂发育为主，发育砂岩厚度 7.4m，有效厚度 5.2m，有效渗透率 0.333D，采用 2500 万分子量、注入浓度 1500mg/L 聚合物体系和 1200 万分子量、注入浓度 800mg/L 聚合物体系交替注入，交替注入后，注入压力基本保持在 13.6MPa 左右。以高渗透层发育为主，纵向渗透率级差较大，高渗透层厚度比例达到 65%以上的井，交替注入后注入压力随着注入周期波动变化，且随着交替注入时间延长，注入压力呈下降趋势。如：喇 9-PS1414 井，以河道砂发育为主，发育砂岩厚度 14.0m，有效厚度 12.1m，有效渗透率 1.004D，高渗透层渗透率 1.145D，渗透率级差达到 4.4，高渗透层厚度比例达到 70%以上。采用 2500 万分子量、注入浓度 2000mg/L 聚合物体系和采用 1200 万分子量、注入浓度 1000mg/L 聚合物体系交替注入，交替注入后，注入压力随着交替注入周期波动变化，低分子量、低浓度周期，注入压力下降 0.6MPa 左右，第一个低分子量、低浓度半周期注入压力略有下降，之后较明显，第 5 个低分子量、低浓度半周期注入压力为 11.6MPa 左右。渗透率级差在 3 左右，高渗透层和低渗透层厚度比例接近的井，交替注入后注入压力也随着注入周期波动变化，但压力周期性变化变化滞后。如：喇 8-AS1412 井，以河道砂发育为主，发育砂岩厚度 12.1m，有效厚度 8.3m，有效渗透率 0.619D，高低渗透层厚度接近，渗透率级差 3.4，采用 2500 万分子量、注入浓度 1800mg/L 聚合物体系和采用 1200 万分子量、注入浓度 1000mg/L 聚合物体系交替注入，交替注入后，注入压力随着交替注入周期波动变化，但压力变化滞后，改注低分子量、低浓度半周期 1 个月后注入压力下降开始下降。

交替注入提高了低渗透层的动用状况，油层发育状况不同交替注入后吸水剖面调整效果存在差异。27 口井连续吸水剖面资料统计结果表明，注入较大高分子量、高浓度段塞后进行交替注入，前两个注入周期油层吸水厚度比例略有增加，第三个周期后油层动用状况明显提高。低分子量、低浓度半周期吸水厚度比例 90.1%，比交替注入前增加了 5.7 个百分点，高分子量、高浓度半周期吸水厚度比例略有下降。从不同厚度自然层吸水状况统计结果看，厚度小于 1.0m 的自然层，低分子量、低浓度半周期吸水厚度比例增加了 5.9 个百分点，厚度为 1.0~2.0m 的自然层，低分子量、低浓度半周期吸水厚度比例增加 12.9 个百分点，低渗透层动用状况得到改善。交替注入提高了油层动用状况（表 9-58)。

从交替注入与非交替注入井吸水剖面资料统计结果看，交替注入可抑制剖面返转，油层动用状况好于非交替注入井。交替注入油层吸水厚度比例比非交替注入井提高近 6.0 个百分点；有效厚度小于 2.0m 的低渗透油层吸水厚度比例非交替注入井提高近 15.0 个百分点。交替注入提高了低渗透油层动用状况。

表 9-58 试验区交替注入后自然层吸水状况统计表

厚度分级 m	小层数 个	有效厚度 m	渗透率 D	交替注入前		低分低浓半周期		高分高浓半周期	
				吸水厚度 m	吸水厚度比例 %	吸水厚度 m	吸水厚度比例 %	吸水厚度 m	吸水厚度比例 %
<1	19	13.7	0.138	7.5	54.7	8.3	60.6	7.9	57.7
1~2	14	22.6	0.257	13.7	60.6	17.0	75.2	16.6	73.5
2~3	16	37.5	0.317	30.7	81.9	35.1	93.6	34.4	91.7
3~6	23	99.2	0.573	88.2	88.9	92.1	92.8	90.9	91.6
>6	12	86.6	0.798	79.1	91.3	81.3	93.9	80.5	93.0
合计	84	259.6	0.561	219.2	84.4	233.8	90.1	230.3	88.7

从单井吸水剖面调整效果看，油层发育状况不同的井，交替注入对吸水剖面调整效果存在差异。渗透率级差在 3 左右的井，交替注入后吸水剖面调整效果较好。这类井有 9 口，平均单井发育砂岩厚度 9.1m，有效厚度 8.4m，渗透率 0.664D，渗透率级差为 2.4~3.2。交替注入后，吸水厚度比例达到 91.3%，比交替注入前提高了 7.2 个百分点，渗透率小于 0.4D 的油层，吸水厚度比例提高了 8.6 个百分点，吸水比例增加了 8.1 个百分点。渗透率级差相当，交替注入后层内矛盾比层间矛盾吸水剖面调整效果好。对比 4 口井，层内渗透率级差和层间渗透率级差相当，在 3 左右，层内矛盾的井渗透率小于 0.4D 的油层吸水厚度比例提高 7.7 个百分点，吸水比例增加了 6.2 个百分点；层间矛盾的井渗透率小于 0.4D 的油层吸水厚度比例提高 3.1 个百分点，吸水比例增加了 3.4 个百分点。渗透率级差大于 4 的井，交替注入剖面调整效果较差。这类井有 3 口，平均单井发育砂岩厚度 10.4m，有效厚度 9.7m，渗透率 0.772D，渗透率级差 4.4 以上。交替注入后，吸水厚度为 83.2%，比交替注入前仅提高了 2.2 个百分点，渗透率小于 0.4D 的油层吸水厚度比例增加了 1.1 个百分点，吸水比例略有增加。以薄差油层发育为主的井，交替注入剖面改善不明显。这类井有 3 口，以河间薄层砂发育为主，油层厚度小、渗透率低。这 3 口井平均单井发育砂岩厚度 6.8m，有效厚度 4.3m，渗透率 0.381D。交替注入后吸水厚度比例为 76.7%，吸水厚度比例略有增加。

产液能力略有增强，含水和采聚浓度上升速度减缓。从产液指数变化看，交替注入前试验区产液指数 0.47t/(d·m·MPa)，与对比区块基本相当，交替注入 1.5 个周期（9 个月）后，产液指数略有提高。截至 2013 年 8 月底，试验区产液指数 0.49t/(d·m·MPa)，提高了 4.1 个百分点；比对比区块高 0.06t/(d·m·MPa)。对比区块产液指数基本保持稳定。

从含水变化看，交替注入后含水上升速度减缓。交替注入前试验区综合含水 87.96%，比对比区块低 0.41 个百分点。交替注入两个周期内试验区含水上升 2.44 个百分点，月均上升 0.41 个百分点，与对比区块含水上升速度接近；第三个交替注入周期后，含水上升速度开始减缓，截至 2013 年 6 月底，含水上升 3.48 个百分点，比对比区块低 1.09 个百分点，月均上升 0.15 个百分点，比对比区块低 0.05 个百分点。

从采聚浓度变化看，采聚浓度上升速度减缓。交替注入前试验区采聚浓度 533mg/L，与对比区块基本相同。交替注入两个周期内试验区采聚浓度上升 84mg/L，月均上升 7.0mg/L，比对比区块采聚浓度上升速度低 4.7mg/L；第三个交替注入周期后，采聚浓度上升速度进一步减缓，截至 2013 年 6 月底，采聚浓度上升 121mg/L，比对比区块低 126mg/L，月均上升 7. 1mg/L，比对比区块低 4. 1mg/L（表 9-59）。

表 9-59 交替注入后含水、采聚浓度变化情况表

分类	交替注入前		交替注入第二周期结束				2013 年 6 月			
	综合含水 %	采聚浓度 mg/L	综合含水 %	月均上升值 百分点	采聚浓度 mg/L	月均上升值 mg/L	综合含水 %	月均上升值 百分点	采聚浓度 mg/L	月均上升值 mg/L
对比区块	87. 96	533	92. 09	0. 31	673	11. 7	94. 84	0. 16	863	11. 2
试验区	87. 79	532	91. 34	0. 28	616	7. 0	93. 57	0. 13	737	7. 1
差值	−0. 17	1	−0. 75	−0. 03	−57	−4. 7	−1. 27	0. 03	−126	−4. 1

从单井含水变化看，交替注入后低渗透层厚度比例不同的井含水变化存在差异。

渗透率级差大、低渗透层厚度比例大的井含水回升速度减缓，部分井含水有下降趋势。这类井有 16 口，其中，有 4 口井含水有下降趋势，这部分井渗透率级差在 3. 5 左右，低渗透层厚度比例大于 40%。如喇 10-PS1311 井，发育砂岩厚度 12. 3m，有效厚度 7. 1m，渗透 0. 516D。层间渗透率级差 3. 7，渗透率小于 0. 4D 油层厚度比例 40. 1%。交替注入前含水回升，到 2011 年 10 月含水上升到 94. 4%，11 月之后，含水逐步下降，2012 年 7 月含水下降到 88. 2%，含水下降了 6. 2 个百分点。有 12 口井含水上升速度明显减缓，这部分井渗透率级差 3 左右，低渗透层厚度比例在 30%～35%。如喇 8-AS1311 井，发育砂岩厚度 13. 3m，有效厚度 9. 4m，渗透 0. 599D。层间渗透率级差 3. 3，渗透率小于 0. 4D 油层厚度比例 30. 3%。交替注入前含水回升，到 2011 年 7 月含水达到最高点 90. 5%，8 月之后，含水基本保持在 90. 8%左右。

渗透率级差较大、低渗透层厚度比例较小、一类连通率高的井含水变化趋势基本保持不变。如喇 9-PS1313 井，发育砂岩厚度 12. 9m，有效厚度 11. 2m，渗透 0. 681D。层间渗透率级差 3. 9，渗透率小于 0. 4D 油层厚度比例 17. 3%。交替注入前含水回升 91. 9%，含水回升速度基本未发生变化，截至 2013 年 8 月底，含水上升到 94. 1%。

项目成果在喇嘛甸二类油层聚合物推广区块应用，应用后取得了较好的效果，经济效益显著，主要有以下几方面：

一是增油降水效果显著。交替注入后，试验区含水月均上升 0. 15 个百分点，比对比区块低 0. 05 个百分点，累计产油 14. 68×10^4t，比不开展试验多产油 2. 11×10^4t；预测含水达到 98 时，聚合物驱累计产油 55. 98×10^4t，聚合物驱阶段采出程度 16. 71%，提高采收率 13. 55 个百分点，交替注入阶段累计产油 22. 85×10^4t，阶段采出程度 6. 82%，提高采收率 5. 76 个百分点。聚合物驱比数值模拟预测多产油 4. 60×10^4t，比不开展交替注入多产油 8. 49×10^4t，采收率多提高 2. 53 个百分点。

二是经济效益显著。截至 2013 年 8 月，试验区多产原油 2. 11×10^4t，原油价格按 65 美元/bbl 计算，创经济效益 6719 万元；交替注入阶段累计注入聚合物干粉 4835t，比不开展交替注入试验少注干粉 1893t，节约比例 28. 1%。每吨聚合物干粉按 14400 元计算，节约化学剂费用 2726 万元。共创经济效益 9445 万元，吨聚增油 39t，比不开展交替注入试验高 4. 6t。

五、取得的认识

（1）南一区西东块 2 号注入站多段塞交替注入试验得出，一类油层注聚中后期实施交替注入仍能进一步提高聚合物驱效率，但实施交替注入时机越早效果越好。试验区油层动用状况改善明显，油层动用程度提高 6.8 个百分点。试验区进一步提高了采收率、节约了聚合物用量，试验区提高采收率 12.0 个百分点，多提高 1.1 个百分点，节约聚合物成本 21.7%。

（2）南三区东部 2 号注入站多段塞交替注入试验得出，通过细化油层组合类型，合理优化交替分子量、段塞等参数设计，明确了不同类型井组的试验效果。高低分子量交替注入适应油层发育差、薄差层比例高注入井，高低分子量交替注入可有效改善注聚中后期低渗油层动用状况，控制剖面返转，减缓井区含水上升速度，较单一段塞注入多提高采收率 0.5 个百分点以上。

（3）北三西西块 14 号注入站多段塞交替注入试验得出，交替注聚过程中强化参数匹配调整，结合调剖、分层、细分、压裂等措施可以进一步提高采收率，改善区块开发效果。见效井数比例增加，见效井数比例由交替前的 93.5%增加到 100%。吨聚增油和相同用量下提高采收率均高于对比区。较对比区常规注聚多提高采收率 0.68 个百分点，节约干粉 743t。

（4）北北块一区 3~4 号注入站多段塞交替注入试验得出，多段塞交替注入可拟制剖面返转，改善了非均质油层的吸液剖面，提高中低渗透层吸水状况，延长了中低渗透层的聚合物驱受效时间，交替注入后吸水厚度比例达到 90.1%，比交替注入前提高了 5.7 个百分点，厚度小于 2.0m 的低渗透层吸水厚度比例增加了 11.3 个百分点。试验区多提高采收率 2.53 个百分点，节约聚合物干粉 28.1%。

参考文献

[1] 李宜强，隋新光，李洁，等. 纵向非均质大型平面模型聚合物驱油波及系数室内实验研究［J］. 石油学报，2005，26（2）：77-78.

[2] 宋吉水，李宜强，王华箐. 聚合物驱、调剖后聚合物驱三维模型驱油效果评价［J］. 油田化学，2002，19（2）：162-166.

[3] 王家禄，沈平平，陈永忠，等. 三元复合驱提高石油采收率渗流机理的实验研究［J］. 中国科学 E 辑，2005，35（9）：996-1008.

[4] 王锦梅，陈国，历烨，等. 聚合物驱油过程中形成油墙的动力学机理研究［J］. 大庆石油地质与开发，2007，26（6）：64-66.

[5] 张宏方，王德民，王立军. 聚合物溶液在多孔介质中的渗流规律及其提高驱油效率的机理［J］. 大庆石油地质与开发，2002，21（4）：57-60.